Android
编程

（原书第5版）

[美] 布莱恩·西尔斯　布赖恩·加德纳　克莉丝汀·马西卡诺　克里斯·斯图尔特◎著
（Bryan Sills）（Brian Gardner）（Kristin Marsicano）（Chris Stewart）

兰红◎译

清华大学出版社

北京

内 容 简 介

Big Nerd Ranch 是美国知名的移动开发技术培训机构。本书以其 Android 训练营课程为基础,融合作者们丰富的授课经验与项目开发经验编写而成,是一部完全面向实践的 Android 编程指导书。全书共 29 章,系统论述了 Android 移动操作系统架构及其应用程序开发。通过这些精心设计的 Android 应用程序开发,读者可掌握 Android 开发的理论知识和编程技巧。第 5 版较之前版本有很大变化,每章内容都有更新,同时增加了 4 章关于 Jetpack Compose 开发技术的内容。本书适合广大高校计算机科学与技术相关专业本科生和研究生,以及从事 Android 移动开发的工程技术人员阅读。

北京市版权局著作权合同登记号　图字：01-2023-5729

Authorized translation from the English language edition, entitled *Android Programming*：*The Big Nerd Ranch Guide*,*5*[th] *Edition*,*9780137645541* by Bryan Sills, Brian Gardner, Kristin Marsicano and Chris Stewart, published by Pearson Education,Inc,publishing as Big Nerd Ranch,LLC,copyright © 2022 Big Nerd Ranch,LLC.

All Rights Reserved. No part of this book may be reproduced or transmitted in any form or by any means,electronic or mechanical,including photocopying,recording or by any information storage retrieval system,without permission from Pearson Education, Inc. CHINESE SIMPLIFIED language edition published by TSINGHUA UNIVERSITY PRESS LIMITED,Copyright © 2025.

本书中文简体翻译版由培生教育出版集团授权给清华大学出版社出版发行。未经许可,不得以任何方式复制或传播本书的任何部分。

This edition is authorized for sale in the People's Republic of China only,excluding Hong Kong,Macao SAR and Taiwan.

此版本仅限在中华人民共和国境内(不包括中国香港、澳门特别行政区和台湾地区)销售。

本书封面贴有 Pearson Education(培生教育出版集团)激光防伪标签,无标签者不得销售。

版权所有,侵权必究。举报：010-62782989,beiqinquan@tup.tsinghua.edu.cn。

图书在版编目（CIP）数据

Android 编程：原书第 5 版 ／（美）布莱恩・西尔斯（Bryan Sills）等著；兰红译. -- 北京：清华大学出版社, 2025. 6. -- ISBN 978-7-302-69345-1

Ⅰ. TN929.53

中国国家版本馆 CIP 数据核字第 2025TL1284 号

策划编辑：盛东亮
责任编辑：王　芳
封面设计：李召霞
责任校对：郝美丽
责任印制：刘　菲

出版发行：清华大学出版社
　　　　网　　　址：https://www.tup.com.cn, https://www.wqxuetang.com
　　　　地　　　址：北京清华大学学研大厦 A 座　　　　　　　邮　　编：100084
　　　　社　总　机：010-83470000　　　　　　　　　　　　　邮　　购：010-62786544
　　　　投稿与读者服务：010-62776969, c-service@tup.tsinghua.edu.cn
　　　　质量反馈：010-62772015, zhiliang@tup.tsinghua.edu.cn
　　　　课件下载：https://www.tup.com.cn,010-83470236
印　装　者：河北盛世彩捷印刷有限公司
经　　销：全国新华书店
开　　本：203mm×260mm　　　印　　张：27.5　　　　　　　字　　数：757 千字
版　　次：2025 年 6 月第 1 版　　　　　　　　　　　　　　　印　　次：2025 年 6 月第 1 次印刷
印　　数：1～3000
定　　价：119.00 元

产品编号：098719-01

前言

对于新手来说，一开始学习 Android 开发会感觉很难。就像初次踏入异国他乡一样，即使会说当地语言，一开始也绝不会有舒服自在的感觉。学习者不能理解周围人习以为常的东西，其原有的知识储备在新环境下也完全派不上用场。

Android 有自己使用的编程语言——Kotlin 或 Java 语言（或者两者兼而有之）。但要深入理解 Android，仅掌握 Kotlin 或 Java 还不够，学习者还需要学习诸多新理论和新技术。涉足陌生领域时，有个向导会很有帮助，这就是本书的作用所在。

在 Big Nerd Ranch，要成为一名 Android 开发人员，学习者必须：

◇ 充分理解 Android 应用；

◇ 着手开发一些 Android 应用。

本书将协助学习者完成以上两件事，将指导学习者开发多个 Android 应用，并根据需要介绍各种概念和技术。我们会尽最大努力抽丝剥茧，让学习者知其然更知其所以然。在学习过程中，如果遇到知识疑难点，请勇敢面对。

本书秉承的教学方法是：在学习理论的同时就着手运用它们开发实际应用，而非先学习一大堆理论，再考虑如何将其应用于实践。读完本书，学习者将具备必要的开发经验和知识。以此为起点，深入学习，学习者会逐渐成长为一名合格的 Android 开发者。

阅读前提

使用本书的一个重要前提是学习者熟悉 Kotlin 语言，包括类、对象、接口、监听器、包、内部类、对象表达式以及泛型类等基本概念。如果不熟悉这些概念，可能没翻几页就会看不下去本书了。对此，建议先放下本书，找本 Kotlin 入门书看一看。市面上有很多优秀的 Kotlin 入门书，学习者可以基于自己的编程经验及学习风格去挑选。

如果学习者熟悉面向对象编程，但 Kotlin 知识掌握得不牢靠，那么阅读本书不会有太大问题。碰到 Kotlin 知识点，本书会给出简要说明。不过，在学习的过程中还是建议手边准备一本 Kotlin 参考书，以便查阅。

第 5 版有哪些变化

本书第 5 版于 2019 年 10 月发布，较之前版本有很多改变。

从 2019 年开始，响应式编程作为一种将 Android 代码构建成可维护和可扩展的结构的编程方法越来越受到欢迎。2021 年，随着 Jetpack Compose 的发布，Google 公司又加了把火，推进了响应式编程的进程。响应式编程和 Jetpack Compose 的声明框架无缝结合，为构建现代 Android 应用程序奠定了良好的基础。

Jetpack Compose 是 Android 开发的未来，第 5 版就是为读者应对将来的编程而准备的。除向读者介绍 Jetpack Compose 的 4 个新章节外，第 5 版简化了从使用 Android 现有 UI 工具包开发应用程序到使用 Jetpack Compose 开发应用程序的过渡。例如，有很多方法可以在 Android 上编写异步代码，但第 5 版专门使用 Kotlin 协程实现异步操作。作为一款优秀的交互式 UI 工具，协程是用 Android 现有 UI 工具包编写的，它能够直接嵌入 Jetpack Compose 的 API 中。同时，书中还遵循单向数据流架构模式重新设计了许多项目。单向数据流模式对于使用 Jetpack Compose 构建应用程序至关重要,在使用 Android 现有的 UI 工具包构建应用程序时,也有助于组织代码。

第 5 版的另外一些变化是建立在 Jetpack Compose 之上的。例如,测试是构建现代 Android 应用程序不可或缺的一部分,我们用实际例子从头开始重写了测试内容。此外,为了反映现代 Android 应用程序是如何开发的,第 5 版更加依赖 Google 公司和第三方的库。第 5 版中的应用程序使用导航组件库管理屏幕和库之间的导航,如 Retrofit 库、Moshi 库、Coil 库和 Jetpack 库,以处理其他核心功能。作为 Android 开发人员,每天都在使用这些库。

对于本版的第 2 次印刷作如下说明。我们在第 9 章中改正了一些拼写错误,包括用于 FragmentLayout 的 inflate()方法的变量名称。此外,在第 17 章中,我们将传递给 17.12 节中 createIntent()函数的一个参数从 null 更改为 emptyUri。传递 null 适用于某些版本的 Jetpack 库,但在技术上是不正确的,并且会导致较新版本的库崩溃。createIntent()函数需要一些非 null 输入,即使该输入没有用于任何功能。

Kotlin 与 Java

在 2017 年的 Google I/O 全球开发者大会上 Kotlin 获得了 Android 开发的官方支持。在那之前,一直是民间 Android 开发者力量在推动使用 Kotlin。自 2017 年官宣后,Kotlin 逐渐被人们广泛接受,并迅速成为大多数开发者进行 Android 开发的首选语言。在 Big Nerd Ranch,所有的应用开发项目都采用 Kotlin,即使是过去那些大量使用 Java 的遗留项目。

随着 Google 官宣,Kotlin 已经成为现代 Android 开发工具箱中最基本的工具。除与现有平台兼容外,Android 平台上现在还有一些工具和功能只能与 Kotlin 一起使用(包括 Jetpack Compose),所以无法在 Jetpack Compose 中使用 Java 编写应用程序。

Android 框架最初是用 Java 编写的,这意味着大多数与 Android 交互的类都是 Java。而 Kotlin 可以与 Java 互操作,所以学习者应该不会遇到太大问题。

尽管学习者仍然可以用 Java 编写应用程序,但 Android 平台的未来取决于 Kotlin。Google 和整个 Android 开发者生态系统都在大力投资,使 Kotlin 的开发在 Android 上更容易、更有用。

如何使用本书

本书不是一本参考书。这本书的目标是帮学习者跨越学习的初始障碍,进而充分利用其他参考资料和实例类图书来深入学习。本书基于 Big Nerd Ranch 培训机构的 5 天教学课程编写而成,从基础知识讲起,各章内容循序渐进,所以建议读者不要跳读,以免学习效果大打折扣。

以下建议也许很有帮助:和朋友或同事组成学习小组;集中安排时间逐章学习;参与本书论坛的交流和讨论;向 Android 开发高手寻求帮助。

本书内容

本书会带领学习者学习开发 6 个 Android 应用。有些应用很简单,1 个章节即可讲完,有些则相对复杂。最复杂的一个应用跨越了 11 章。通过这些精心编排的应用,学习者能学到很多重要的理论知识和开发技巧,并获得最直接的开发经验。

(1) GeoQuiz 是本书中的第一个应用,用来学习 Android 应用的基本组成、activity、界面布局和显式 Intent。学习者还将学习如何无缝处理配置更改。

(2) CriminalIntent 是本书最复杂的应用,用来学习 Fragment、list-backed 用户界面、数据库、菜单、相机调用、隐式 intent 等内容。

(3) PhotoGallery 是一个从 Flickr 公共订阅网站下载并用于显示照片的客户端应用,用来学习后台任务调度、多线程、访问 Web 服务等知识。

（4）DragAndDraw 是一个简单的画图应用，用来学习如何处理触摸手势事件，以及如何创建个性化视图。

（5）Sunset 是一个漂亮的日落动画应用，在开阔的水面上创建一个美丽的日落动画，用来学习 Android 动画。

（6）Coda Pizza 主要用于讲解 Jetpack Compose，Jetpack Compose 是创建 Android UI 的最新方法。学习者将学习如何管理应用程序状态，以及如何使用声明性框架来描述 UI 的自我呈现。

挑战练习

本书大部分章末均配有练习题，学习者可借此机会检验所学，查阅文档，锻炼独立解决问题的能力。强烈建议学习者完成这些挑战练习。在练习过程中不妨尝试另辟蹊径，这有助于学习者巩固所学知识，增强未来开发应用的信心。

深入学习

本书部分章末还包含"深入学习"的章节。该节对本章内容进行了深入讲解或提供了更多信息，此部分内容不属于必须掌握的部分，但希望学习者有兴趣阅读并有所收获。

版式说明

所有代码与 XML 清单会以固定宽度字体显示。需要输入的代码或 XML 总是以粗体显示。应该删除的代码或 XML 会打上删除线。例如，在以下代码里，删除了 Toast.makeText().show()方法的调用，增加了 checkAnswer(true)函数的调用。

```
trueButton.setOnClickListener { view: View ->
    Toast.makeText(
        this,
        R.string.correct_toast,
        Toast.LENGTH_SHORT
    )
        .show()
    checkAnswer(true)
}
```

Android 版本

本书面向撰写本书时广泛使用的各个系统版本。就本书第 5 版来说，就是从 Android 7.0 Nougat（N，API level 24）到 Android 12L（Sv2，API level 32）。话虽如此，由于 Google 公司在为 Android 提供向后兼容的解决方案方面投入了大量资金，本书中的大部分代码仍然可以在旧版本的 Android 上运行，例如可以支持像 Android 5.0 Lollipop（L，API level 21）一样旧的版本。

虽然旧版本的 Android 仍有人在用，但对于许多开发人员来说，为支持这些旧版本而付出努力将得不偿失。第 8 章介绍了 Android 的相关版本以及如何选择正确的版本。

Android 和 Android Studio 的新版本会不断发布，学习者在本书中学到的技术不会过时，感谢 Android 的向后兼容性支持。我们将持续跟踪 Android 开发新动向，及时为学习者提供本书与最新 Android 版本的相关说明和指导。我们也可能在以后的印刷中对本书做一些小的修改，例如更新屏幕截图或按钮名称。

开发必备工具

开始学习前,学习者需要安装 Android Studio。Android Studio 是基于流行的 IntelliJ IDEA 创建的一套 Android 集成开发环境。

Android Studio 的安装包括如下内容。

(1) Android SDK:最新版本的 Android SDK。

(2) Android SDK 工具和平台工具:用来测试与调试应用的一套工具。

(3) Android 模拟器系统镜像:用来在不同虚拟设备上开发和测试应用的工具。

撰写本书时,Android Studio 也在积极开发和持续更新中。因此,应注意了解当前版本和本书所用版本之间的差异。

Android Studio 的下载与安装

可以从 Android 开发者网站下载 Android Studio。Android Studio 包括构建和运行 Android 应用程序所需的一切,并且内置了 Java 开发包。

如果学习者想从 Android Studio 之外的地方构建和编译 Android 应用程序,例如从命令行,还需要在本地安装 Java 开发工具包。最新版本的 Android Gradle 插件是构建和编译 Android 应用程序的工具,需要 Java 11 的支持。Java 开发工具包的最新版本也应该可以正常工作。

下载早期版本的 SDK

Android Studio 自带最新版本的 SDK 和模拟器系统镜像。如果想在 Android 早期系统版本上测试应用,可以使用 Android SDK Manager 获取每个平台的组件。

在 Android Studio 中,选择 Tools→SDK Manager(已创建并打开项目时,Tools 菜单才可见)。如果还没创建过项目,可在 Android Studio 的欢迎对话框中打开 SDK 管理器。在对话框右上角的工具栏中单击"…"溢出菜单,然后选择 SDK Manager。SDK 管理器如图 0-1 所示。

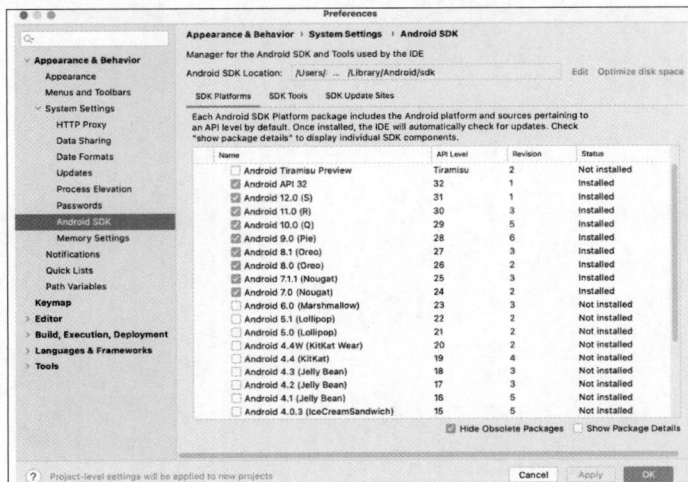

图 0-1　SDK 管理器

选择并安装需要的 Android 版本和工具。下载这些组件需要一点儿时间，请耐心等待。通过 Android SDK 管理器也可以及时获取 Android 最新发布的内容，例如新系统平台或新版本工具等。

硬件设备

模拟器是测试应用的好帮手，但需测试应用性能时，Android 物理设备无可替代。如果手头有物理设备，建议按需使用。第 2 章将会教学习者如何连接设备。

目 录

第1章

Android开发初体验

本章学习构建 Android 应用程序所需的基本概念和常用部件。学完本章，如果没能全部理解，也不必担心，后续章节还会涉及这些内容并给出更详细的讲解。

本章将带学习者开发第一个应用 GeoQuiz，它主要用于测试用户的地理知识。在 GeoQuiz 应用界面，用户单击 TRUE 或 FALSE 按钮回答屏幕给出的问题，GeoQuiz 会即时做出反馈。图 1-1 显示了用户单击 TRUE 按钮后的界面。

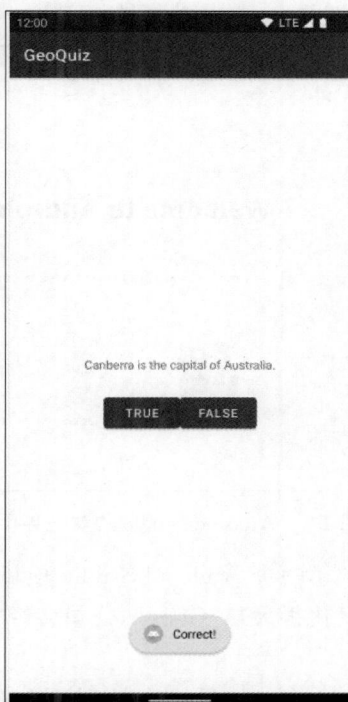

图 1-1　用户单击 TRUE 按钮后的界面

1.1　Android 开发基础

GeoQuiz 应用由一个活动体（activity）和一个布局（layout）组成。

activity 是 Android SDK 中 Activity 类的一个实例，负责管理用户与应用界面的交互。应用的功能通过编写 Activity 子类实现。对于简单的应用来说,一个 Activity 子类可能就够了,而复杂的应用会需要多个 Activity 子类。

GeoQuiz 是个简单应用,它只有一个名叫 MainActivity 的 Activity 子类。MainActivity 用于管理图 1-1 所示的用户界面或接口。

布局定义了一系列 UI(User Interface)对象以及它们显示在屏幕上的位置。组成布局的定义保存在 XML(Extensible Markup Language)文件中。每个定义用于创建屏幕上的一个对象,例如按钮或文本信息。

GeoQuiz 应用中包含一个名叫 activity_main.xml 的布局文件。该布局文件中的 XML 标签定义了图 1-1 所示的用户界面。

熟悉了这些 Android 基本概念后,下面来创建 GeoQuiz 应用。

1.2 创建 Android 项目

首先创建一个 Android 项目,Android 项目包含组成一个应用的全部文件。

启动 Android Studio 程序。如果是首次运行,会看到如图 1-2 所示的欢迎界面。后面再运行时会直接打开最后一个项目。若要返回欢迎界面,在菜单栏选择 File→Close Project 关闭该项目即可。

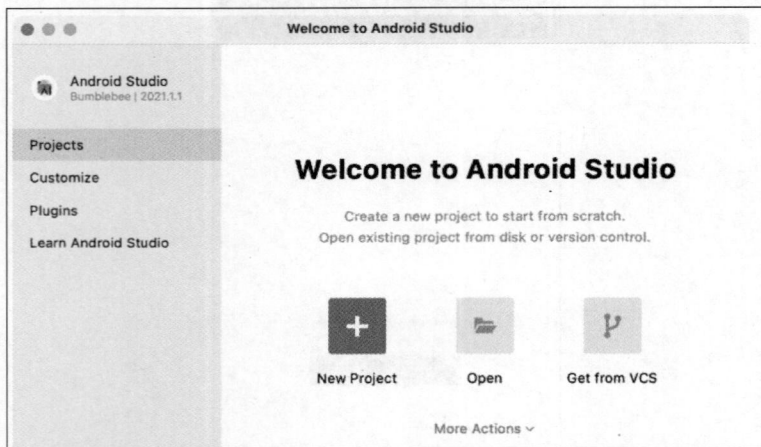

图 1-2   Android Studio 的欢迎界面

在欢迎界面中,可以创建学习者的第一个 Android Studio 项目。由于 Android Studio 不断更新,创建项目的步骤往往会略有变化(有时变化很大)。Google 公司会经常调整 New Project 向导以便生成新项目的模板。

现在回到欢迎界面,选择 New Project。如果没有见到这个对话框,那就选择 File→New→New Project…,然后会出现新项目向导。确认已选中左侧的 Phone and Tablet,然后选择 Empty Activity,单击 Next 按钮继续,如图 1-3 所示。

图 1-4 所示的 New Project 对话框中包含各种用于项目设置的字段,在此界面的 Name 处输入应用名称 GeoQuiz。在 Package name 处输入 com.bignerdranch.android.geoquiz。在 Save location 处输入项目的存储位置,可根据个人喜好填写。开发语言 Language 处选择 Kotlin,Minimum SDK 处设置的最低版本为 API 24:Android 7.0(Nougat)。

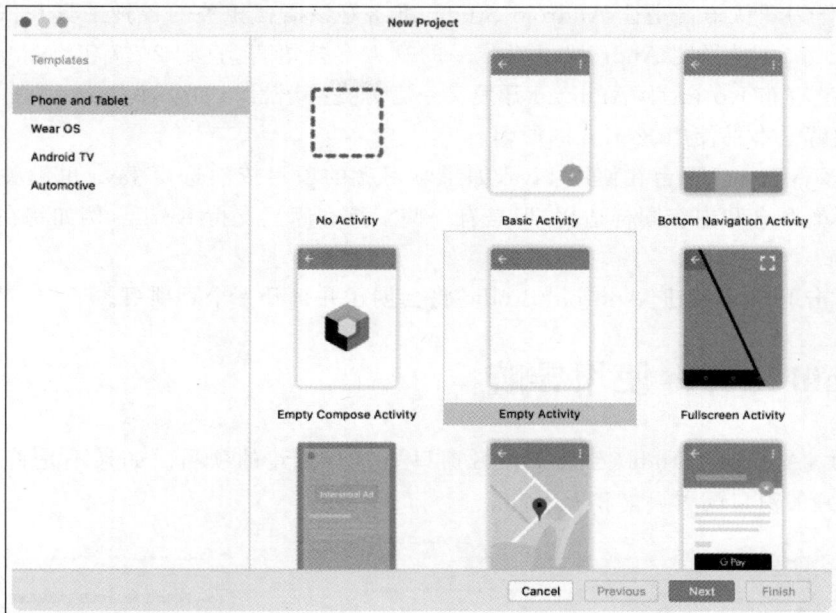

图 1-3　选择项目模板

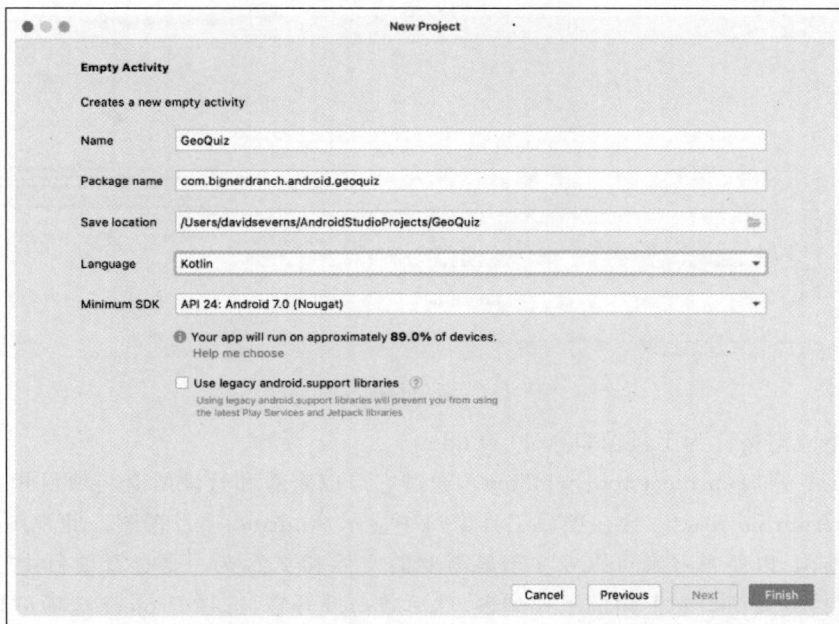

图 1-4　New Project 的设置

第 8 章会介绍 Android 不同 SDK(Software Development Kit)版本的差异。

注意：以上包名遵循了"DNS 反转"约定，也就是将组织或公司的域名反转后，在尾部附加上应用名称。遵循此约定可以保证包名的唯一性，这样，同一设备和 Google Play 商店的各类应用就可以区分开来。

选择 Kotlin 作为默认语言是让 Android Studio 准备好该语言相关的各种工具和依赖,以便编写和构建 Kotlin 应用。Java 是早期 Android 开发唯一的官方支持语言,直到 2017 年,Android 开发团队在 Google I/O 大会上宣布 Kotlin 为 Android 开发又一官方支持语言。如今,Kotlin 已成为大多数开发人员的首选语言,这就是本书使用 Kotlin 的原因。

此刻仍有很多 Android 平台在使用 Java,如果学习者的项目依然选用 Java 也没关系,但一般不建议这样做,本书所教概念和内容同样适用,但是有一些工具和库只支持 Kotlin,例如将在第 26 章学习的 Jetpack Compose。

言归正传,单击 Finish 按钮,Android Studio 将会创建并打开一个新项目。

1.3　Android Studio 使用导航

如图 1-5 所示,Android Studio 已在工作区窗口里打开新建的项目。如果不是首次运行 Android Studio,学习者看到的窗口配置可能稍有不同。

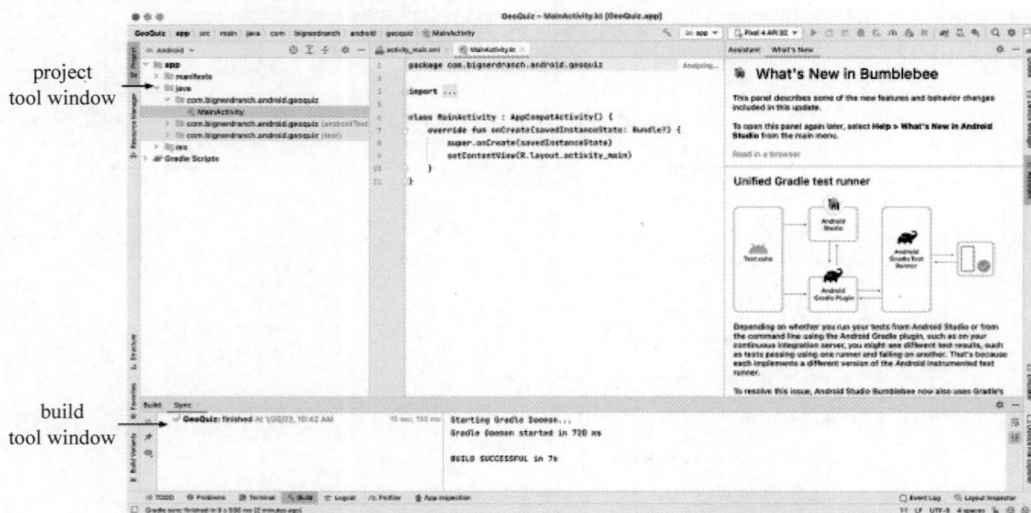

图 1-5　新项目的窗口

项目窗口的不同窗格称为工具窗口(tool window)。

左边是项目工具窗口(project tool window),通过它可以查看和管理所有与项目相关的文件。

默认情况下,Android Studio 会在项目工具窗口中显示 Android 项目视图。此视图隐藏了 Android 项目的真实目录结构,以便学习者可以专注于最需要的文件和文件夹。要查看项目中文件和文件夹的实际情况,找到项目工具窗口左上角的下拉列表,然后单击展开它,选择 Project 选项进行查看即可。

Android 视图和 Project 视图的区别如图 1-6 所示,在本书中主要使用 Android 视图。

Android Studio 的工作区底部是构建工具窗口(build tool window),可以在这里看到项目的编译过程和构建状态。创建项目时,Android Studio 会自动进行。构建已成功完成可在构建工具窗口显示相关信息(如果构建工具窗口没有自动打开,别担心)。

在 Android Studio 工作区的右边有一个辅助工具窗口,此视图展示了 Android Studio 的新功能,可以单击右上角的水平条图标的隐藏按钮关闭此视图。

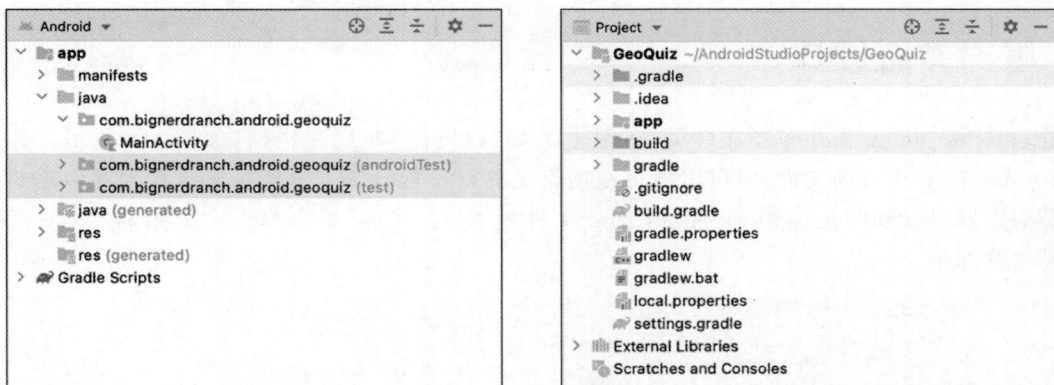

图 1-6　项目工具窗口：Android 视图和 Project 视图的区别

　　Android Studio 会在主视图中自动打开 activity_main. xml 和 MainActivity. kt 文件。如图 1-7 所示，打开文件所在的区域称为编辑工具窗口（editor tool window）或代码编辑区（editor）。如果编辑器不可见或 MainActivity. kt 文件没被打开，在项目工具窗口中单击展开箭头展开 app/java/com. bignerdranch. android. geoquiz/，再双击文件 MainActivity. kt 来打开。

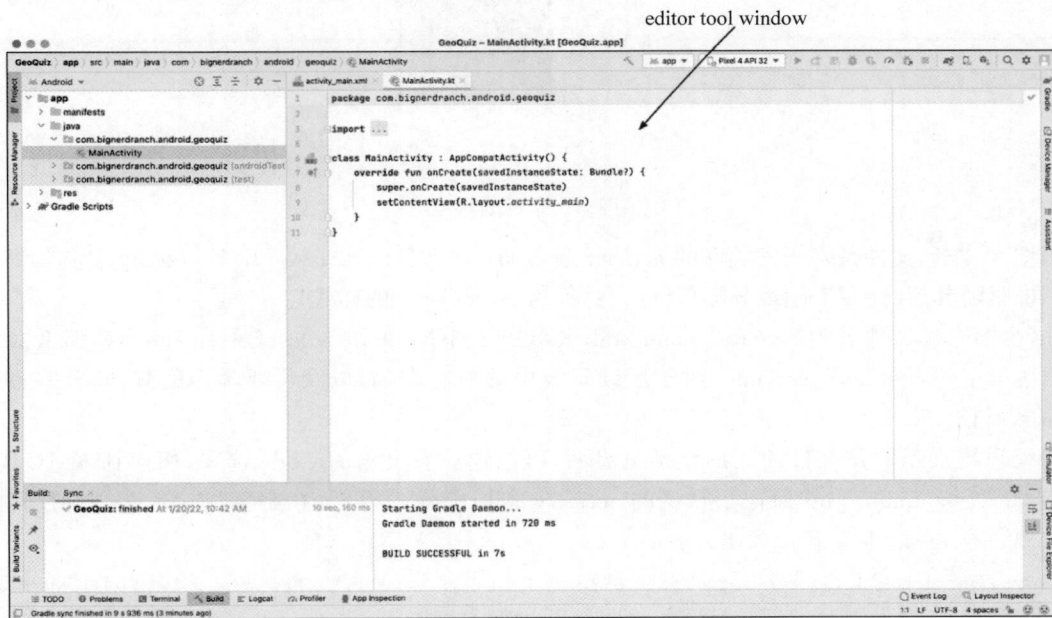

图 1-7　编辑工具窗口

　　注意：Activity 类名的前缀，此前缀不加也可以，但加上是一个很好的习惯。

　　可以通过单击屏幕左侧、右侧和底部工具窗口栏中的名称切换各种工具窗口，可显示或隐藏各类工具窗口。当然，也可以直接使用它们对应的快捷键。如果看不到某个工具窗口，可以通过在主菜单选择 View→Appearance→Tool Window Bars 找到。也可以通过单击右上角的隐藏按钮关闭工具窗口和其他窗口。

1.4　用户界面设计

单击 activity_main.xml 布局文件页,在编辑工具窗口打开布局编辑器,如图 1-8 所示。如果看不到 activity_main.xml 布局文件页,可以通过在项目工具窗口展开 app/res/layout 找到并双击打开。如果在布局编辑器里看到的是 activity_main.xml 文件的 XML 代码,单击靠近右上角的 Design 页,切换显示布局预览即可。

图 1-8　布局编辑器

按照惯例,布局文件是基于其关联的 activity 命名的:其名称以 activity_开头,activity 名称的其余部分以小写字母紧随其后,使用下画线分隔单词(一种称为 snake_case 的样式)。

例如,当前布局文件名为 activity_main.xml,关联的 activity 叫作 SplashScreenActivity,那么对应的布局就命名为 activity_splash_screen。对于后续章节中的所有布局,以及将要学习的其他资源,都建议采用这种命名风格。

布局编辑器展示的是文件的图形化预览界面,可以选择右上角的 Code 选项,切换到 XML 代码。

目前,activity_main.xml 保留了默认的 activity 布局模板。模板内容经常有变,但 XML 代码通常像以下代码一样,一般不会有很大出入:

```xml
<?xml version = "1.0" encoding = "utf - 8"?>
< androidx.constraintlayout.widget.ConstraintLayout
    xmlns:android = "http://schemas.android.com/apk/res/android"
    xmlns:tools = "http://schemas.android.com/tools"
    xmlns:app = "http://schemas.android.com/apk/res - auto"
    android:layout_width = "match_parent"
    android:layout_height = "match_parent"
    tools:context = ".MainActivity">

< TextView
        android:layout_width = "wrap_content"
        android:layout_height = "wrap_content"
        android:text = "Hello World!"
        app:layout_constraintBottom_toBottomOf = "parent"
```

```
app:layout_constraintLeft_toLeftOf = "parent"
app:layout_constraintRight_toRightOf = "parent"
app:layout_constraintTop_toTopOf = "parent"/>
```

`</androidx.constraintlayout.widget.ConstraintLayout >`

默认的 activity 布局定义了两个**视图（view）：ConstraintLayout** 和 **TextView**。

在本书的大部分内容中，视图都是用于创建用户界面的构造模块（从第 26 章开始，将会介绍一种新的创建用户界面的方法）。有些视图展示文本，有些视图展示图形。其他的（例如按钮）可以单击以触发事件任务（用户可以看到或与之交互的视图称为部件，即 **widgets**），但本书中将它们全部称为"视图"。

Android SDK 内置了多种视图，通过视图配置可获得应用所需的外观及行为。每个视图都是 **View** 类或其子类（例如 **TextView** 或 **Button**）的一个具体实例。

要告诉视图它们在屏幕上该位于哪里。**ViewGroup** 就是这样一种特殊的视图，包含并布置其他视图。**ViewGroup** 视图本身不显示内容，但可以规划其他视图内容应该显示在哪里。**ViewGroup** 通常又称为布局。

在当前默认布局里，**ConstraintLayout** 是负责布置其唯一子项 **TextView** 的 **ViewGroup**。有关布局和视图的知识以及如何使用 ConstraintLayout，将在第 11 章详述。

图 1-9 展示了在默认的 XML 文件中定义的 **ConstraintLayout** 和 **TextView** 如何在屏幕上显示。

但图 1-9 所示的默认视图并不是本项目需要的，**MainActivity** 的用户界面需要以下 5 个视图：

（1）一个垂直 **LinearLayout** 视图。

（2）一个 **TextView** 视图。

（3）一个水平 **LinearLayout** 视图。

（4）两个 **Button** 视图。

图 1-10 展示了以上视图如何构成了 MainActivity 用户界面。

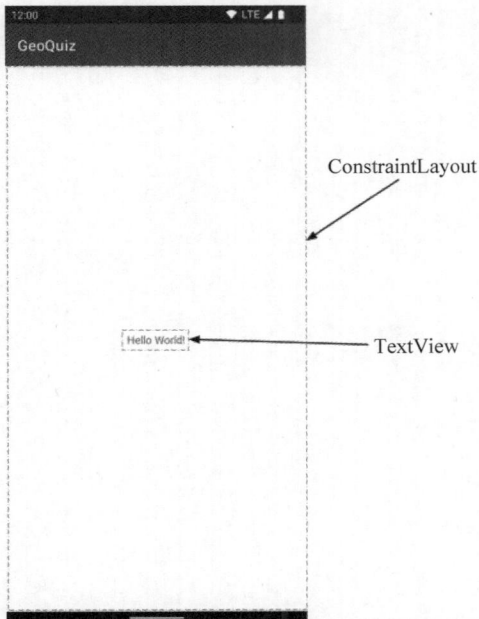

图 1-9　显示在屏幕上的默认视图

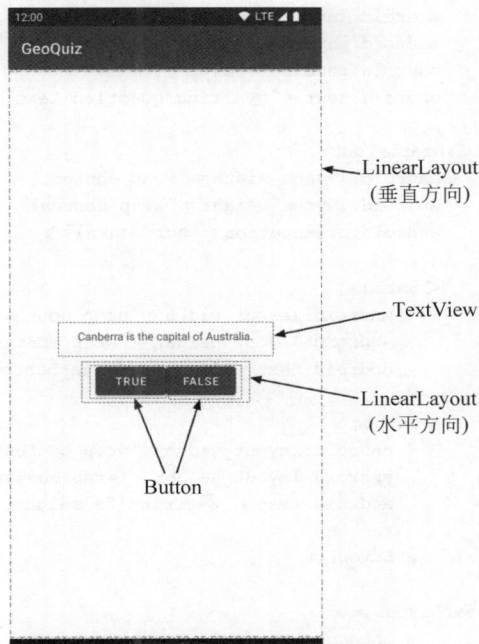

图 1-10　在屏幕上显示的视图布置

现在需要在布局 XML 文件中定义这些视图。对照程序清单 1-1，修改 activity_main.xml 文件的内容。注意，需删除的 XML 代码已打上删除线，需添加的 XML 以粗体显示。本书统一使用这样的代码增删处理模式。

程序清单 1-1　在 XML 文件中定义视图（res/layout/activity_main.xml）

```
<androidx.constraintlayout.widget.ConstraintLayout
        xmlns:android = "http://schemas.android.com/apk/res/android"
        xmlns:tools = "http://schemas.android.com/tools"
        xmlns:app = "http://schemas.android.com/apk/res-auto"
        android:layout_width = "match_parent"
        android:layout_height = "match_parent"
        tools:context = ".MainActivity">

    <TextView
            android:layout_width = "wrap_content"
            android:layout_height = "wrap_content"
            android:text = "Hello World!"
            app:layout_constraintBottom_toBottomOf = "parent"
            app:layout_constraintLeft_toLeftOf = "parent"
            app:layout_constraintRight_toRightOf = "parent"
            app:layout_constraintTop_toTopOf = "parent"/>

</androidx.constraintlayout.widget.ConstraintLayout>

<LinearLayout xmlns:android = "http://schemas.android.com/apk/res/android"
    android:layout_width = "match_parent"
    android:layout_height = "match_parent"
    android:gravity = "center"
    android:orientation = "vertical" >

    <TextView
        android:layout_width = "wrap_content"
        android:layout_height = "wrap_content"
        android:padding = "24dp"
        android:text = "@string/question_text" />

    <LinearLayout
        android:layout_width = "wrap_content"
        android:layout_height = "wrap_content"
        android:orientation = "horizontal" >

        <Button
            android:layout_width = "wrap_content"
            android:layout_height = "wrap_content"
            android:text = "@string/true_button" />

        <Button
            android:layout_width = "wrap_content"
            android:layout_height = "wrap_content"
            android:text = "@string/false_button" />

    </LinearLayout>

</LinearLayout>
```

暂时别担心是否理解那些输入的代码，接下来学习者将了解它是如何工作的。注意，一定要仔细输入，布局 XML 文件未经验证，输入错误迟早会导致问题。

对照图 1-10 所示的用户界面查看 XML 文件,可以看出视图与 XML 元素一一对应,元素名称就是视图的类型。

各元素均有一组 XML 属性,属性可以看作关于如何配置视图的指令。

为方便理解元素与属性的工作原理,接下来以层级视角来研究布局。

1.4.1 视图层级结构

视图包含在视图对象的层级结构中,这种结构又称作视图层级结构(view hierarchy)。图 1-11 展示了程序清单 1-1 所示的 XML 布局对应的视图层级结构。

从布局的视图层级结构可以看到,其根元素是一个 **LinearLayout** 视图。作为根元素,**LinearLayout** 必须指定 Android XML 资源文件的命名空间为 http://schemas.android.com/apk/res/android。

LinearLayout 继承自 **ViewGroup**,**ViewGroup** 是 **View** 的子类,包含并组织其他视图。想要以一列或一行的样式布置视图,就可以使用 **LinearLayout**。其他 **ViewGroup** 子类还有 **ConstraintLayout** 和 **FrameLayout**。

如果某个视图包含在一个 **ViewGroup** 中,该视图与 **ViewGroup** 即构成父子关系。根 **LinearLayout** 有两个子视图:**TextView** 和另一个 **LinearLayout**。作为子视图的 **LinearLayout** 自己还有两个 Button 子视图。

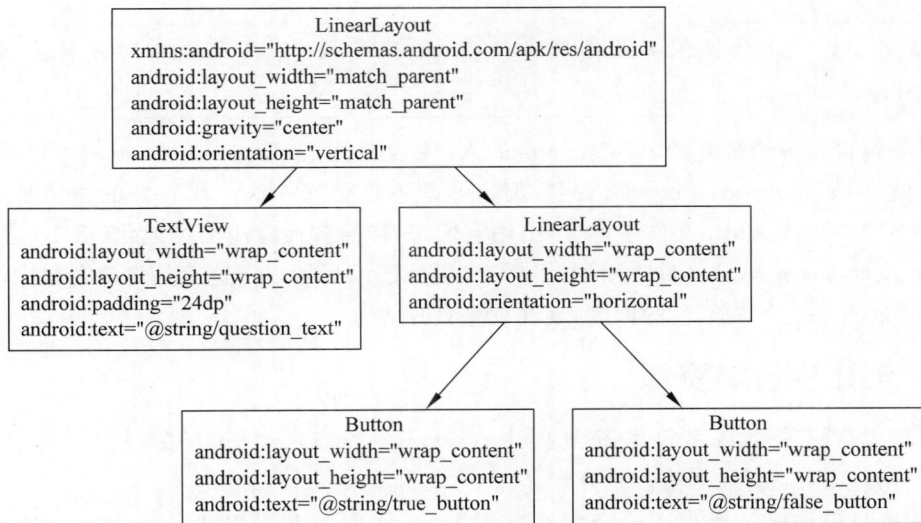

图 1-11 视图与属性的层级结构

1.4.2 视图属性

下面来看看配置视图时常用的一些属性。

1. android:layout_width 和 android:layout_height 属性

几乎每类视图都需要 android:layout_width 和 android:layout_height 属性。这些属性最常见的属性值是 match_parent 和 wrap_content(二选一),其属性值说明如下。

(1) match_parent:视图与其父视图大小相同。

(2) wrap_content:视图将根据其显示内容自动调整大小。

根 **LinearLayout** 视图的高度与宽度属性值均为 match_parent。**LinearLayout** 虽然是根元素,但它也有父视图——Android 为容纳应用程序的视图层级结构而提供的视图。

其他包含在界面布局中的视图,其高度与宽度属性值均被设置为 wrap_content。参照图 1-10 理解该属性值定义尺寸大小的作用。

TextView 视图比其包含的文字内容区域稍大一些,由属性 android:padding="24dp"决定。该属性告诉视图在决定大小时,除内容本身外,还需增加额外指定量的空间。这样,屏幕上显示的文本与按钮之间便会留有一定的空间,整体会显得更为美观(dp 是与密度无关的像素单位,在第 11 章中将会介绍)。

2. android:orientation 属性

android:orientation 属性是两个 **LinearLayout** 视图都具有的属性,它决定子视图是水平放置还是垂直放置。根 **LinearLayout** 视图是垂直的,子 **LinearLayout** 视图是水平的。

子视图的定义顺序决定其在屏幕上显示的顺序。在垂直的 **LinearLayout** 中,第一个定义的子视图出现在屏幕的最上端。而在水平的 **LinearLayout** 中,第一个定义的子视图出现在屏幕的最左端(如果设备文字从右至左显示,例如阿拉伯语或者希伯来语,则第一个定义的子视图出现在屏幕的最右端)。

3. android:text 属性

TextView 与 **Button** 视图都具有 android:text 属性。该属性指定视图要显示的文字内容。

> **注意**:android:text 属性值不是字符串值,而是以 @string/语法形式对字符串资源(string resource)的引用。

字符串资源包含在一个独立的名为 strings 的 XML 文件中(strings.xml),虽然可以硬编码设置视图的文本属性值,例如 android:text="True",但这通常不是个好办法。比较好的做法是,将文字内容放置在独立的字符串资源 XML 文件中,然后引用它们,这样会方便应用的本地化(第 18 章将会介绍)。

需要在 activity_main.xml 文件中引用的字符串资源还没添加——这就是之前在程序清单 1-1 中 3 个以 android:text 开头的值为红色的原因,现在就来处理。

1.4.3 创建字符串资源

每个项目都包含一个默认字符串资源文件 res/values/strings.xml。在项目工具窗口展开 res/values,找到 strings.xml 文件,双击以打开它。

可以看到,项目模板已经添加了一个字符串资源,添加应用布局需要的 3 个新字符串,见程序清单 1-2。

程序清单 1-2　添加字符串资源(res/values/strings.xml)

```
< resources >
    < string name = "app_name"> GeoQuiz </string>
    < string name = "question_text"> Canberra is the capital of Australia.</string>
    < string name = "true_button"> True </string>
    < string name = "false_button"> False </string>
</resources >
```

> **注意**:Android Studio 某些版本的 strings.xml 文件中默认带有其他字符串,这些字符串可能与其他文件有关联,请勿随意删除。

现在,在 GeoQuiz 项目的任何 XML 文件中,只要引用了@string/false_button,应用运行时就会得到 False 文本。

这时,activity_main. xml 布局缺少字符串资源的错误提示信息应该没有了(如仍有错误提示,请检查一下这两个文件,确认没有拼写错误)。

虽然默认的字符串文件已命名为 strings. xml,但学习者仍可以按个人喜好重新命名。一个项目也可以有多个字符串文件。只要这些文件都放在 res/values 目录下,含有一个 resources 根元素,以及多个 string 子元素,应用就能找到并正确使用它们。

1.4.4　预览布局

至此,应用的界面布局已经完成。回到 activity_main. xml 文件,单击编辑器工具窗口靠近右上角的 Design 页,在设计视图里进行布局预览,结果如图 1-12 所示。

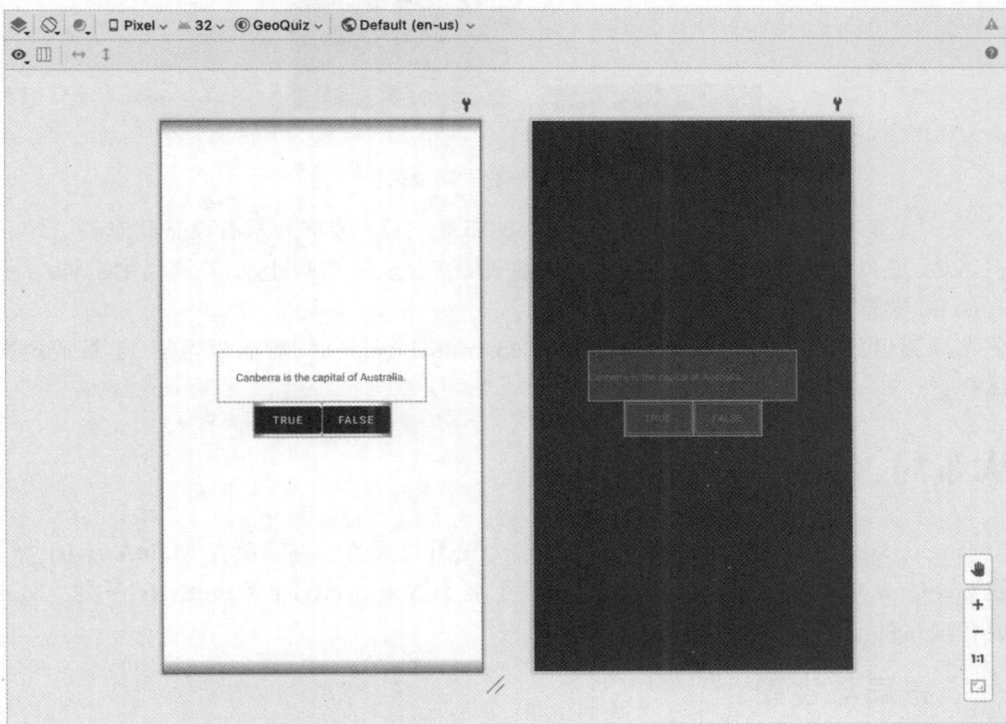

图 1-12　在 Design 页预览 activity_main. xml 布局

图 1-12 展示了两种布局预览模式。在工具栏左上角,有个蓝色的钻石按钮,可以通过它的下拉菜单切换显示不同的布局预览模式,即可以显示一种或两种布局预览模式。

在图 1-12 中,左边是设计预览模式,用来展示布局在设备上的效果,也包括主题样式;右边是蓝图预览模式,用来展示视图的尺寸以及它们之间的位置关系。

在设计预览模式下,开发人员可以查看布局在不同设备配置下的样式,通过预览窗口上方的面板,可以指定设备类型、Android 模拟器版本、设备主题,以及设备使用区域,查看布局的不同渲染结果,甚至可以模拟某个语言区域自右至左的文字显示模式。

除了预览,开发人员还可以直接使用布局编辑器来构建布局,在设计视图左上方有个面板,包含了

Android 所有的内置视图,如图 1-13 所示,将它们从面板直接拖曳到视图上,也可以拖到左下方的视图树上,以便更精准地控制视图的摆放。

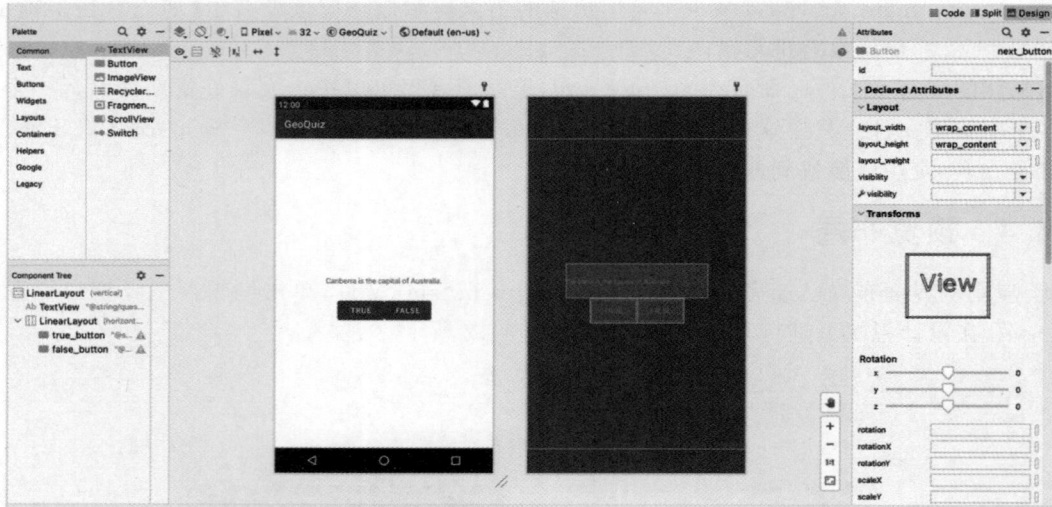

图 1-13 图形化布局编辑器

图 1-13 展示了带布局装饰(layout decoration)的布局预览:装饰元素有设备状态栏、带 GeoQuiz 标签的应用栏,以及虚拟设备按钮栏。要添加这些装饰,单击预览窗口上方工具栏中的眼睛图标,选择 Show System UI 菜单项即可。

图形化布局编辑器非常有用,尤其是在使用 **ConstraintLayout** 时,后面学习第 11 章的内容时,学习者将有所体会。

1.5 从布局 XML 到视图对象

activity_main. xml 中的 XML 元素是如何转换为视图对象的?答案就在 **MainActivity** 类。

在创建 GeoQuiz 项目的同时,向导也创建了一个名为 **MainActivity** 的 **Activity** 子类。**MainActivity** 类文件存放在项目的 app/java 目录下。

1.5.1 布局与视图

在了解布局如何成为视图之前,先简单介绍一下目录名:这里依然使用 java 作为目录名,是因为 Android 最初只支持 Java 代码。新建项目时虽然选了 Kotlin 语言(Kotlin 可以和 Java 完全互操作),但 Kotlin 源码默认还是放在 java 目录里。当然,设计者完全可以新建一个 Kotlin 目录,把 Kotlin 代码文件都放在那里。这不会带来真正的好处,且需要额外的配置,所以大多数开发者都把 Kotlin 文件存放在 java 目录里。

再回到 MainActivity. kt 文件,查看它的内容:

```
package com.bignerdranch.android.geoquiz

import androidx.appcompat.app.AppCompatActivity
import android.os.Bundle
```

```
class MainActivity : AppCompatActivity() {

    override fun onCreate(savedInstanceState: Bundle?) {
        super.onCreate(savedInstanceState)
        setContentView(R.layout.activity_main)
    }
}
```

> **注意**：**AppCompatActivity** 实际就是一个 **Activity** 子类，能为 Android 旧版本系统提供兼容支持。第 15 章会详细介绍 **AppCompatActivity**。

如果没有看到全部的导入状态，单击 import 标签旁边的"…"按钮，可显示全部状态。

该类文件有一个 **Activity** 函数：**onCreate（Bundle?）**。

Activity 子类的实例创建后，**onCreate（Bundle?）**函数会被调用。创建 **activity** 后，它需要获取并管理用户界面。要获取 **activity** 的用户界面，可以调用以下 **Activity** 函数 **Activity. setContentView（layoutResID：Int）**。该函数用于生成指定布局的视图，并将其放置在屏幕上。布局视图生成后，布局文件包含的每个视图也随之以各自的属性定义完成实例化，可以通过传入布局的资源 ID 来指定要显示的布局。

1.5.2 资源与资源 ID

布局是一种资源。资源是应用非代码形式的内容，例如图像文件、音频文件，以及 XML 文件等。

项目的所有资源文件都存放在目录 app/res 的子目录下。在项目工具窗口中可以看到，Activity_main. xml 布局资源文件存放在 res/layout 目录下。strings. xml 字符串资源文件存放在 res/values 目录下。

可以使用资源 ID（Identification，ID）在代码中获取相应的资源。activity_main. xml 布局的资源 ID 为 R. layout. activity_main。

目前还没有定义 R. layout. activity_main，作为应用编译的一部分，构建进程将会自动生成一个资源 ID。实际上，构建进程会为应用中的所有资源都创建一个资源 ID。

在编译和打包应用程序期间，构建工具会生成一个称为 R 类的类。R 类包含一个 ID 为整数常量的长列表，通过 ID 列表来存取和使用应用中的资源。在引用 R. layout. activity_main 时，实际上是在 R 的布局内部类中引用了一个名为 activity_main 的整数常量。

当添加、移除或修改资源时，构建进程会自动更新文件，以便维护资源与其 ID 之间的正确映射。下面是一个类似 Java 的 R 类的示例：

```
package com.bignerdranch.android.geoquiz;

public final class R {
    public static final class anim {
        ...
    }
    ...
    public static final class id {
        ...
    }
    public static final class layout {
        ...
        public static final Int activity_main = 0x7f030017;
```

```
    }
    public static final class mipmap {
        public static final Int ic_launcher = 0x7f030000;
    }
    public static final class string {
        ...
        public static final Int app_name = 0x7f0a0010;
        public static final Int false_button = 0x7f0a0012;
        public static final Int question_text = 0x7f0a0014;
        public static final Int true_button = 0x7f0a0015;
    }
}
```

字符串同样具有资源 ID。目前为止，还未在代码中引用过字符串，如果需要，可以使用以下函数：setTitle(R. string. app_name)。

Android 为整个布局文件以及各个字符串生成资源 ID，但 activity_main. xml 布局文件中的视图除外，不是每个视图都需要资源 ID。本章的项目设计中，要在代码里实现与两个按钮交互，因此只需为它们生成资源 ID 即可。

要为视图生成资源 ID，请在定义视图时为其添加 android:id 属性。如程序清单 1-3 所示，在 activity_main. xml 文件中，分别为两个按钮添加 android:id 属性（需要从布局预览模式切换至 XML 代码模式）。

程序清单 1-3　为按钮添加资源 ID(res/layout/activity_main. xml)

```
< LinearLayout ... >

    < TextView
        android:layout_width = "wrap_content"
        android:layout_height = "wrap_content"
        android:padding = "24dp"
        android:text = "@string/question_text" />

    < LinearLayout
        android:layout_width = "wrap_content"
        android:layout_height = "wrap_content"
        android:orientation = "horizontal">

        < Button
            android:id = "@ + id/true_button"
            android:layout_width = "wrap_content"
            android:layout_height = "wrap_content"
            android:text = "@string/true_button" />

        < Button
            android:id = "@ + id/false_button"
            android:layout_width = "wrap_content"
            android:layout_height = "wrap_content"
            android:text = "@string/false_button" />
    </LinearLayout >
</LinearLayout >
```

> **注意**：android:id 属性值前面有一个@＋标志，android:text 属性值则没有。这是因为按钮属于新创建的资源 ID，而对字符串资源只是做了引用。

1.6　关联视图

接下来需要布置按钮了。这需要以下两个步骤：

（1）引用生成的视图对象。

（2）为对象设置监听器，以响应用户操作。

1.6.1　引用部件

现在按钮有了资源 ID，就可以在 **MainActivity** 中引用它们了。在 MainActivity.kt 文件中输入程序清单 1-4 所示的代码（不要使用代码自动补全功能，直接手动输入）。输完保存文件时，会出现代码错误提示，不用理会，稍后会修复。

程序清单 1-4　通过资源 ID 访问视图对象（MainActivity.kt）

```
class MainActivity : AppCompatActivity() {

    private lateinit var trueButton: Button
    private lateinit var falseButton: Button

    override fun onCreate(savedInstanceState: Bundle?) {
        super.onCreate(savedInstanceState)
        setContentView(R.layout.activity_main)

        trueButton = findViewById(R.id.true_button)
        falseButton = findViewById(R.id.false_button)
    }
}
```

在 activity 中，可以通过调用 **Activity.findViewById（Int）** 函数来获得已生成的视图引用部件。该函数以视图的资源 ID 作为参数，返回一个视图对象。不过，这里直接返回的不是 View 视图，而是其已做类型转换后的 Button 子类。

上述代码使用了按钮的资源 ID 获取视图对象，赋值给对应的视图属性。在 **onCreate（）** 函数里调用 **setContentView（）** 函数后，视图对象才会实例化到内存里。

在尝试使用属性的内容之前，必须在属性声明中使用 **lateinit** 关键字告诉编译器将提供一个非 null 的 View 值。

在 **onCreate（）** 函数中，找到视图对象并赋值给对应的视图属性。第 3 章还会深入学习 **onCreate（）** 函数和 activity 生命周期的知识。

现在来修正前面的代码错误。将鼠标光标移动到红色的错误指示处（Button 类型定义那里），可以看到两个相同的错误提示即 Unresolved reference：Button。

这个提示说明要在 MainActivity.kt 文件中导入 **android.widget.Button** 类。可以在 Kotlin 文件的头部手动输入 **import android.widget.Button**，也可以让 Android Studio 自动导入：使用组合键"Alt＋Enter"或"Option＋Return"即可。可以看到，文件顶部有了新的类导入语句。当代码遇到类引用相关问题时，这种快速导入方法往往很有用，建议经常采用。

现在，错误提示应该消失了，因为 **findViewById** 的错误与无法定位按钮实例有关（如果仍然有错误，记得检查代码或 XML 文件，确认无输入错误）。代码错误解决了，接下来是时候让应用实现交互了。

1.6.2　设置监听器

Android 应用属于典型的事件驱动类型。不像命令行或脚本程序,事件驱动型应用启动后即开始等待行为事件的发生,例如用户单击某个按钮(事件也可以由操作系统或其他应用触发,但用户触发的事件更直观)。

应用等待某个特定事件的发生,也可以说应用正在"监听"某个特定事件。为响应某个事件而创建的对象叫作**监听器**(listener)。监听器实现特定事件的**监听器接口**(listener interface)。

无须自己动手,Android SDK 已经为各种事件内置了很多监听器接口。当应用需要监听一个"单击"事件时,监听器内就会现 **View. OnClickListener** 接口。

首先处理 TRUE 按钮。在 MainActivity. kt 文件中,在 **onCreate（Bundle?）**函数里给变量赋值后,给按钮设置一个监听器,见程序清单 1-5。

程序清单 1-5　为 TRUE 按钮设置监听器（MainActivity. kt）

```kotlin
override fun onCreate(savedInstanceState: Bundle?) {
    super.onCreate(savedInstanceState)
    setContentView(R. layout. activity_main)

    trueButton = findViewById(R. id. true_button)
    falseButton = findViewById(R. id. false_button)

    trueButton. setOnClickListener { view: View ->
        // Do something in response to the click here
    }
}
```

> **注意**:如果遇到 Unresolved reference:View 错误提示,使用组合键"Alt＋Enter"或"Option＋Return"导入 View 类。

在程序清单 1-5 中设置了一个监听器,单击 TRUE 按钮后,监听器会立即发出通知。Android 框架定义了 **View. OnClickListener** 这样只有一个 onClick＜**View**＞单方法的 Java 接口。在 Java 世界里,这种带有单一抽象方法(single abstract method)的接口设计模式很常见,它有个专门的名字叫 **SAM** (Segment Anything Model)。

作为和 Java 互操作实现的一部分,Kotlin 对此模式设计有特别的支持。只需编写一个函数显式声明(function literal),让 Kotlin 负责将其转换为实现这种 SAM 接口的对象。这种内部转换又叫作 **SAM 转换**(SAM conversion)。

单击监听器是使用 lambda 表达式实现的。接下来为 FALSE 按钮设置一个同样的监听器,见程序清单 1-6。

程序清单 1-6　为 FALSE 按钮设置监听器（MainActivity. kt）

```kotlin
override fun onCreate(savedInstanceState: Bundle?) {
    ...
    trueButton. setOnClickListener { view: View ->
        // Do something in response to the click here
    }

    falseButton. setOnClickListener { view: View ->
        // Do something in response to the click here
    }
}
```

1.7　创建 toast 提示消息

现在,按钮完全待命并可操作,接下来要实现的是分别单击两个按钮并弹出 toast 的提示消息。Android 的 toast 是用来通知用户的简短弹出消息,用户无须输入什么,也不用做任何干预操作。这里,要用 toast 来反馈答案,如图 1-14 所示。

回到 strings. xml 文件,为 toast 添加消息显示用的字符串资源,见程序清单 1-7。

程序清单 1-7　增加 toast 字符串(res/values/strings. xml)

```
< resources >
    < string name = "app_name"> GeoQuiz </string >
    < string name = "question_text"> Canberra is the capital of Australia.
</string >
    < string name = "true_button"> True </string >
    < string name = "false_button"> False </string >
    < string name = "correct_toast"> Correct! </string >
    < string name = "incorrect_toast"> Incorrect! </string >
</resources >
```

接下来更新监听器代码以创建并展示 toast 消息。输入代码时可利用 Android Studio 的代码自动补全功能,这可以节省大量时间,所以越早熟悉它的使用越好。

参照程序清单 1-8,在 MainActivity. kt 文件中依次输入代码。当输入 **Toast** 类后的点号时,Android Studio 会弹出一个窗口,给出建议使用的 **Toast** 类的常量与函数列表。

在列表里使用上下键进行选择。如果不想使用代码自动补全功能而想一直手动输入,不要按 Tab 键、Enter/Return 键,或用鼠标单击弹出的窗口。

在建议列表里,选择 **makeText(context:Context,resId:Int,duration:Int)**,代码自动补全功能会自动添加完整的函数调用。

添加 **makeText()** 函数的参数设置,完成后的代码见程序清单 1-8。

图 1-14　toast 消息反馈

程序清单 1-8　创建 toasts 提示消息(MainActivity. kt)

```
override fun onCreate(savedInstanceState: Bundle?) {
    ...
    trueButton.setOnClickListener { view: View ->
        // Do something in response to the click here
        Toast.makeText(
        this,
        R.string.correct_toast,
        Toast.LENGTH_SHORT
        ).show()
    }

    falseButton.setOnClickListener { view: View ->
        // Do something in response to the click here
        Toast.makeText(
        this,
```

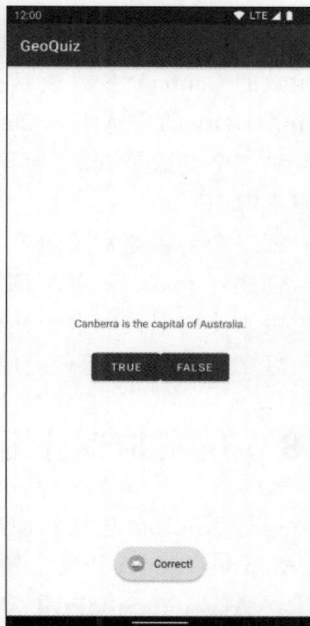

```
        R.string.incorrect_toast,
        Toast.LENGTH_SHORT
    ).show()
    }
}
```

创建 toast，即调用 **Toast.makeText(Context,Int,Int)** 静态函数。该函数会创建并配置 **Toast** 对象。该函数的 **Context** 参数通常是 **Activity** 的一个实例（**Activity** 本身就是 **Context** 的子类）。这里传入 **MainActivity** 的实例作为 **Context** 的参数值。

第二个参数是 toast 要显示的字符串消息的资源 ID。**Toast** 类必须借助 **Context** 才能找到并使用字符串资源 ID。

第三个参数通常是两个 **Toast** 常量中的一个，用来指定 toast 消息的停留时间。

创建好 toast 后，就可调用 **Toast.show()** 在屏幕上显示 toast 消息。

由于使用了代码自动补全功能，因此无须手动导入 **Toast** 类了，Android Studio 会自动导入相关类。好了，现在可以运行应用了。

1.8   在模拟器上运行应用

运行 Android 应用需使用硬件设备或虚拟设备（virtual device）。虚拟设备由 Android 模拟器生成，Android Studio 开发工具附带了 Android 模拟器。

在 Android Studio 主菜单中，选择 Tools → AVD Manager 菜单项来创建 Android 虚拟设备（Android Virtual Device，AVD）。当 AVD 管理器窗口弹出时，单击窗口中间的"＋Create Virtual Device…"按钮，在随后弹出的对话框中，可以看到有很多配置虚拟设备的选项。作为首个虚拟设备，本项目选择模拟运行 Pixel 4 设备，如图 1-15 所示，然后单击 Next 按钮继续。

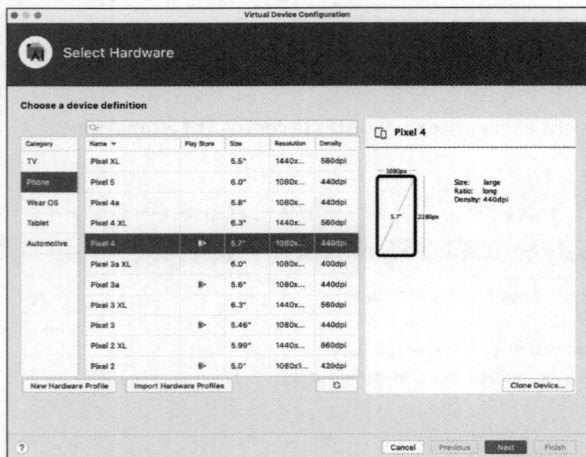

图 1-15   选择虚拟设备

接下来要选择模拟器的系统镜像。针对之前选择的 Pixel 4 设备，从 Recommended 选项卡中选择 API 32 仿真程序，然后单击 Next 按钮，如图 1-16 所示。单击 Next 按钮前，如果需要下载模拟器组件，按提示操作即可。

最后，可以查看和调整模拟器的各项参数。当然，如果需要，后面再修改模拟器的参数也行。现在，

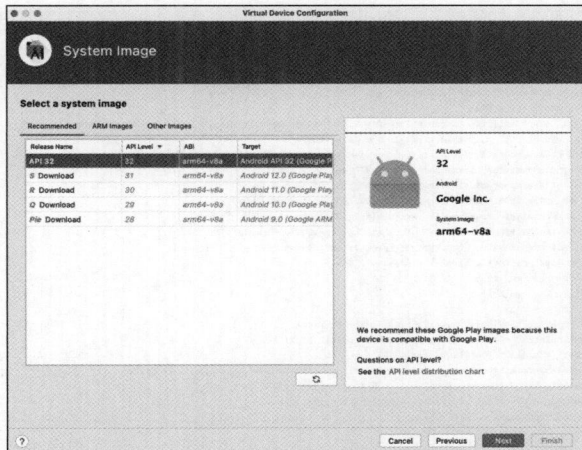

图 1-16　选择系统镜像

按默认名称保存模拟器，其中包括设备类型和 API（Application Programming Interface，API），然后单击 Finish 按钮，如图 1-17 所示。

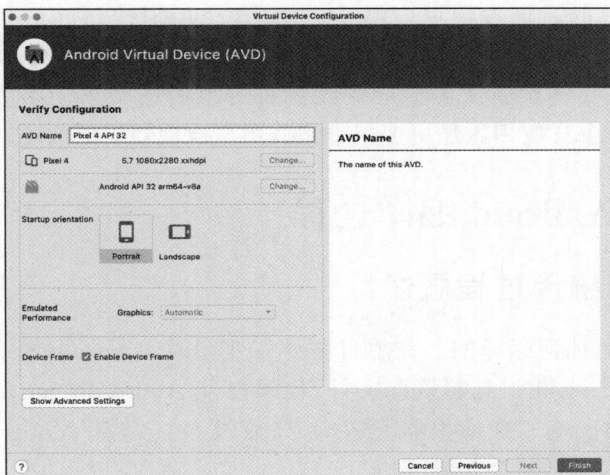

图 1-17　模拟器参数调整

AVD 创建成功后，就可以在其上运行 GeoQuiz 应用了。单击 Android Studio 工具栏上的 Run 按钮（看起来像一个绿色的播放符号），或使用组合键"Ctrl＋R"，Android Studio 会启动虚拟设备，安装应用包（APK）并运行应用。

模拟器的启动过程比较耗时，需要耐心等待。等设备启动、应用运行后，就可以在应用界面单击按钮，通过 toast 显示答案。

启动模拟器需要一些时间，最终 GeoQuiz 应用程序将在创建的 AVD 上启动，单击按钮体验一下。

假如在启动或单击按钮时 GeoQuiz 应用崩溃，可以在 Android 的 Logcat 工具窗口中看到有用的诊断信息（如果 Logcat 没有在 GeoQuiz 运行时自动打开，可单击 Android Studio 窗口底部的 Logcat 按钮打开它）。在 Logcat 工具窗口顶部的搜索对话框中输入 MainActivity 可过滤日志信息。查看日志，可看到醒目的红色异常信息，如图 1-18 所示。

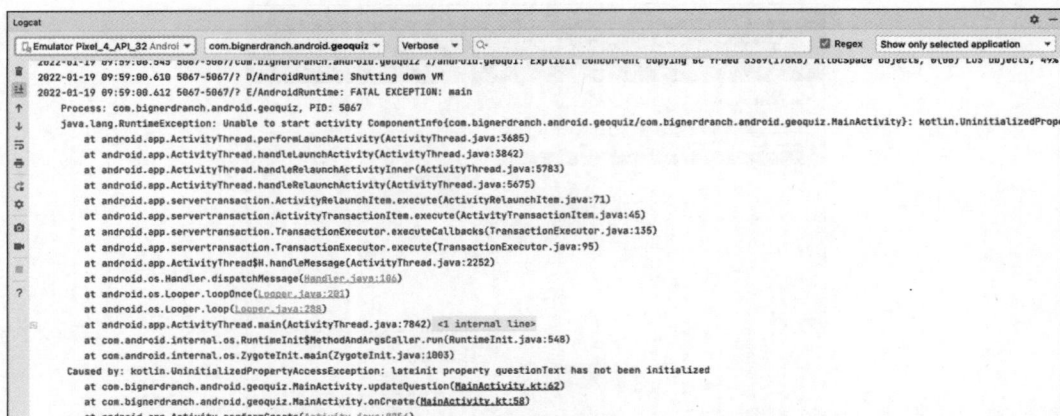

图 1-18 一个 UninitializedPropertyAccessException 异常的示例

将输入的代码与书中的代码做一下比较,找出错误并修正,然后尝试重新运行应用(第 3 章会介绍 Logcat 的使用,第 5 章还会介绍调试的知识)。

学习过程中保持模拟器运行,这样就不必反复运行调试应用时浪费时间等待 AVD 启动。

单击 AVD 模拟器底部的后退按钮可以停止应用(这个后退按钮的形状像一个指向左侧的三角形)。如程序变更后,需要重新调试时,再通过 Android Studio 重新运行应用。

模拟器虽然好用,但在实体设备上测试应用能获得更准确的结果。第 2 章会在实体设备上运行 GeoQuiz 应用,还会为 GeoQuiz 应用添加更多用于测试用户地理知识的问题。

1.9 深入学习:Android 编译过程

1.9.1 Android 编译过程概述

接下来了解 Android 是如何编译的。在项目文件有变动时,Android Studio 无须指令便会自动进行编译。在编译过程中,Android 工具将资源文件、代码以及 AndroidManifest.xml 文件(包含应用的元数据)编译生成 .apk 文件。为了在模拟器上运行,.apk 文件还需有 debug key 签名(分发 .apk 应用给用户时,应用必须有 release key 签名)。

在应用中,activity_main.xml 布局文件的内容是如何转变为 View 对象的呢?作为编译过程的一部分,AAPT2(Android Asset Packaging Tool,AAPT)将布局文件资源编译压缩后,打包到 .apk 文件中。然后,在 MainActivity 类的 onCreate(Bundle?)函数调用 setContentView()函数时,MainActivity 使用 LayoutInflater 类实例化布局文件中定义的每个 View 对象,如图 1-19 所示。

除在 XML 文件中定义视图外,也可以在 activity 里使用代码创建视图类。不过,从设计角度来看,应用展现层与逻辑层分离有很多好处,其中最主要的一点是可以利用 SDK 内置的设备配置变更,这一点将在第 3 章中详细讲解。

有关 XML 不同属性的工作原理以及视图如何显示在屏幕上等更多信息,将在第 11 章中详细讲解。

1.9.2 Android 编译工具

当前看到的项目编译都是在 Android Studio 里执行的。编译功能已整合到 IDE 中,IDE 负责调用 AAPT2 等 Android 标准编译工具,但编译过程本身仍由 Android Studio 管理。

setContentView(R.layout.activity_main)

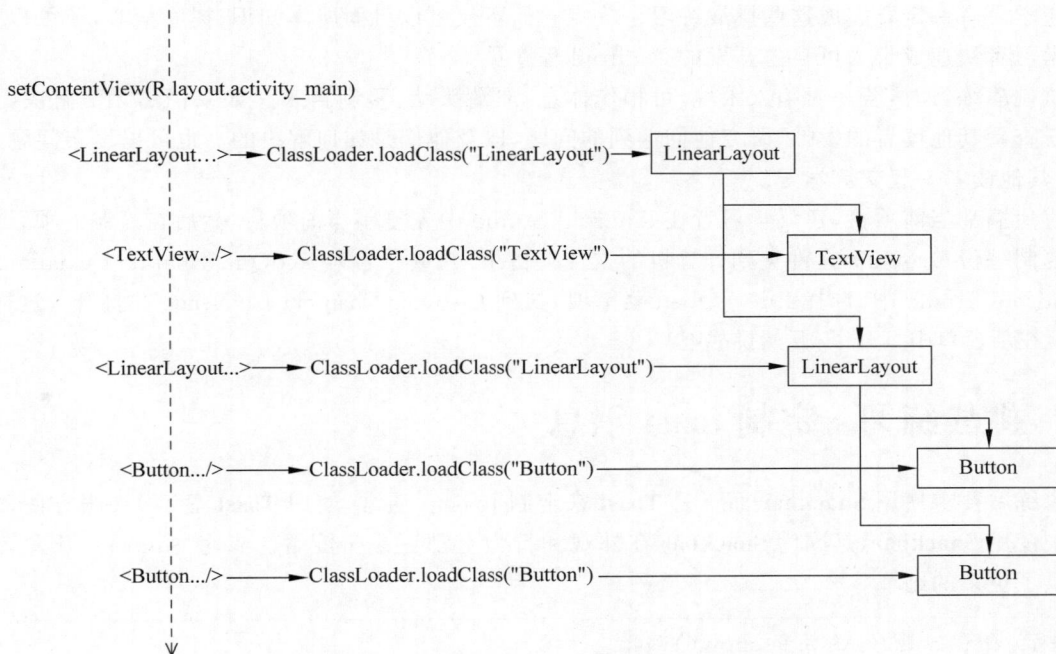

图 1-19　activity_main.xml 中的视图实例化

　　有时,出于某种原因可能需要脱离 Android Studio 编译代码。最简单的方法是使用命令行编译工具。Android 编译系统使用的编译工具叫 Gradle。

> **注意**：能读懂本节内容是最好的。如果不懂,甚至不知道为什么要手动编译代码,或者是无法正确使用命令行,也不必太在意,继续学习第 2 章内容,命令行工具的具体使用不在本书讨论范围内。

　　要从命令行使用 Gradle,请切换至项目目录并执行以下命令：

```
$ ./gradlew tasks
```

　　如果是 Windows 系统,命令略有不同：

```
> gradlew.bat tasks
```

　　执行以上命令会显示一系列可用任务。这里选择 installDebug。执行以下命令：

```
$ ./gradlew installDebug
```

　　如果是 Windows 系统,执行以下命令：

```
> gradlew.bat installDebug
```

　　以上命令将把应用安装到当前连接的设备上,但不会运行运用。要运行应用,需要在设备上手动启动。

1.10　关于挑战练习

　　本书大部分章末均安排了挑战练习,需要学习者独立完成。有些较简单,就是练习章节里所学知识。有些较难,需要较强的问题解决能力。

希望学习者一定要完成这些挑战练习。攻克它们不仅可以巩固所学知识、树立信心,还可以让自己从被动学习者快速成长为可自主开发的 Android 程序员。

尝试挑战练习时,若一时陷入困境,可稍作休息,厘清头绪,重新再来。如果仍然无法解决,可访问本书论坛查看其他读者的发帖,研究他们遇到的问题,以及他们是如何解决的。也可以发布问题和解决方案,与其他读者一起交流学习。

为避免搞乱当前项目,建议学习者在 Android Studio 中先复制当前项目,然后在复制的项目上做练习。即复制一份 GeoQuiz 文件夹到计算机的文件夹目录,并重命名为 GeoQuiz Chapter1 Challenge。再回到 Android Studio 中,选择 File→Open 菜单项,找到 GeoQuiz Chapter1 Challenge 并打开。这样,复制的项目就在新窗口中打开了,开始挑战吧!

1.11 挑战练习:定制 toast 消息

这个练习要求使用 **Snackbar** 而不是 **Toast** 来定制 toast。通常,使用 **Toast** 显示 UI 很方便,但建议在应用中使用 **Snackbar**,是因为 **Snackbar** 在外观和行为上都更易于配置。参考 Android 开发者文档,里面提供了更多的细节。

> 提示:看看 make() 函数和 show() 函数。

第2章

交互式用户界面

本章将升级 GeoQuiz 应用,提供更多的地理知识测试题目,如图 2-1 所示。

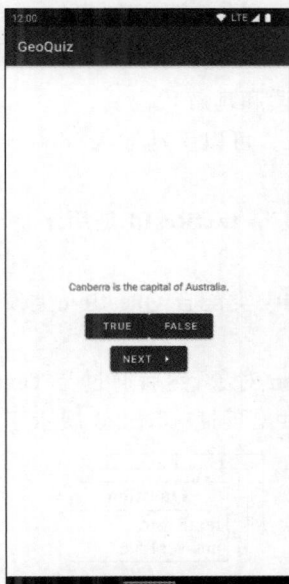

图 2-1　GeoQuiz 应用界面

为实现这个目的,需为 GeoQuiz 项目新增一个名为 **Question** 的数据类,该类的一个实例代表一道题目。然后再创建一个 **Question** 对象集合,并交由 **MainActivity** 管理。

2.1　创建新类

在项目工具窗口中,右击 com. bignerdranch. android. geoquiz 类包,选择 New→Kotlin File/Class 菜单项,在弹出窗口的类名处输入 **Question**,在窗口列表内双击 Class,如图 2-2 所示。

Android Studio 会创建并打开 Question. kt 文件,在文件中新增两个属性和一个构造函数,见程序清单 2-1。

程序清单 2-1　Question 类中的新增代码(Question. kt)

```
class Question {
```

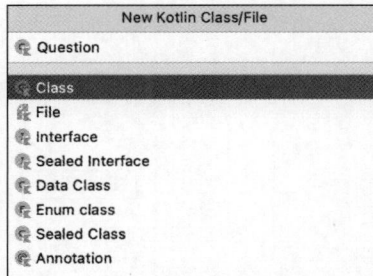

图 2-2　创建 Question 类

```
}
import androidx.annotation.StringRes

data class Question(@StringRes val textResId: Int, val answer: Boolean)
```

许多软件体系结构模式(如模型-视图-控制器、模型-视图-演示器、模型-视图-视图模型等)的一个常见贯穿线是模型的概念,在这些体系结构模式中,模型是包含 UI 将要显示的信息的类。

建议使用 **data** 关键字来创建这些类,这样做可以清楚地说明这个类是用来保存模型数据的。另外,针对数据类,编译器会自动定义像 **equals()**、**hashCode()**、**toString()**这样的有用函数,这样开发工作就轻松了。

Question 类中封装的数据有两部分:问题文本的资源 ID 和问题答案(true 或 false)。

这里,**@StringRes** 注解可以不加,但最好加上,理由有如下两个。

(1) Android Studio 内置有 Lint 代码检查器,有了该注解,在编译时构造函数调用提供的有效字符串资源 ID。这样,构造函数使用无效资源 ID 的情况(例如,资源 ID 指向非 String 类型资源)就能避免,从而阻止了应用的运行时崩溃。

(2) 注解可以方便其他开发人员阅读和理解代码。

@StringRes 注解需要在项目中导入。可以手动输入 import 语句,也可以使用第 1 章中介绍的组合键"Alt+Enter"。

即便最终向用户显示的是文本,但变量 **textResId** 是用来保存问题字符串的资源 ID,资源 ID 总是 **Int** 类型。

Question 类完成后,修改 **MainActivity** 类配合 **Question** 类使用。先整体把握一下 GeoQuiz 应用,看看各个类是如何协同工作的。

首先使用 **MainActivity** 创建 **Question** 对象,然后通过与 **TextView** 以及 3 个 **Button** 的交互在屏幕上显示地理知识问题,并根据用户的回答做出反馈。图 2-3 展示了它们之间的关系。

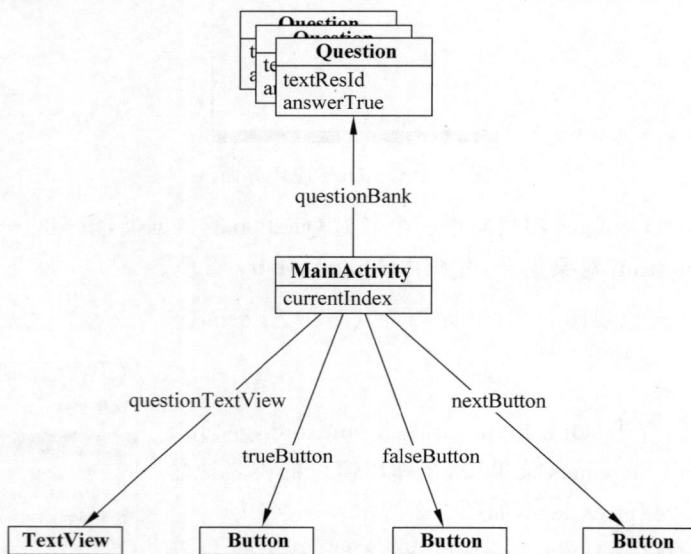

图 2-3　GeoQuiz 应用对象图解

2.2 更新布局

现在,定义好了 Question 类后,接下来更新 GeoQuiz 的用户界面,添加一个 NEXT 按钮。

Android 的 UI 通常由 XML 布局文件生成。GeoQuiz 应用唯一的布局定义在 activity_main. xml 文件中。布局定义文件需要更新的地方如图 2-4 所示(为节约版面,没变化的视图属性就不再列出了)。

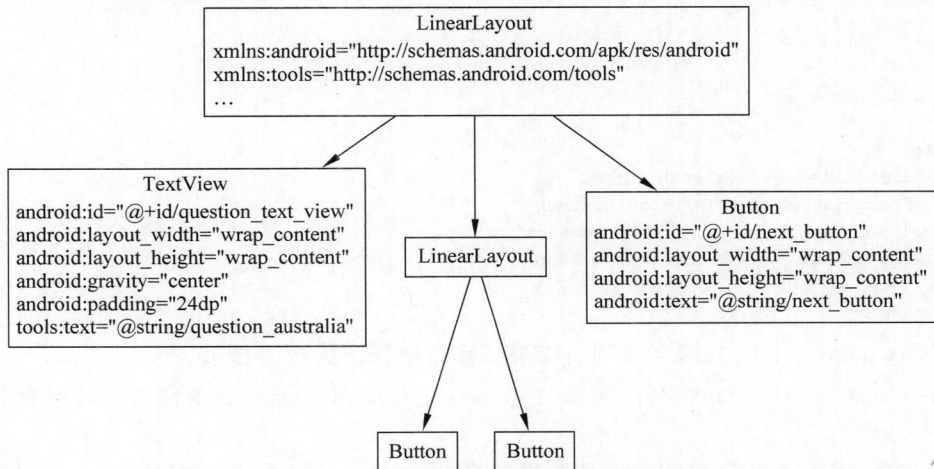

```
LinearLayout
xmlns:android="http://schemas.android.com/apk/res/android"
xmlns:tools="http://schemas.android.com/tools"
...
```

```
TextView
android:id="@+id/question_text_view"
android:layout_width="wrap_content"
android:layout_height="wrap_content"
android:gravity="center"
android:padding="24dp"
tools:text="@string/question_australia"
```

```
LinearLayout
```

```
Button
android:id="@+id/next_button"
android:layout_width="wrap_content"
android:layout_height="wrap_content"
android:text="@string/next_button"
```

```
Button
```

```
Button
```

图 2-4　新增按钮

应用视图层所需的改动如下。

(1) 为 **TextView** 新增 **android:id** 属性。**TextView** 需要一个资源 ID 以便在 **MainActivity** 代码中为它设置要显示的文字。

(2) 设置 **android:gravity = "center"**。这样,**TextView** 要显示的文字就在文本视图上居中显示了。

(3) 将 **TextView** 的 **android:text** 属性替换成 **tools:text** 属性,并用 **@string/** 将其指向表示问题内容的字符串资源。此外,还要在布局根标签处添加 tools 命名空间,让 Android Studio 知道 **tools:text** 属性的意思。

当用户在问题处单击时,代码会动态设置问题文本,而不再需要硬编码这些问题。然而,如果只删除 **android:text** 行,那么 Android Studio 中的布局预览将看起来缺少文本。让布局预览反映最终用户将在其设备上看到的内容是很有帮助的。

tools 命名空间允许覆盖视图上的任何属性,以便在 Android Studio 预览中显示它。而在设备上运行时,系统会忽略该 tools 属性。当然,也可以使用 **android:text**,然后在代码运行时修改它的值,但使用 **tools:text** 更好,因为一看便知它指定的值是仅供预览的。

(4) 新增一个 **Button** 作为根 **LinearLayout** 的子视图。

回到 activity_main. xml 文件中,参照程序清单 2-2,完成对 XML 文件的相应修改。

程序清单 2-2　新增按钮以及对文本视图的调整(res/layout/activity_main. xml)

```
<LinearLayout xmlns:android = "http://schemas.android.com/apk/res/android"
        xmlns:tools = "http://schemas.android.com/tools"
        android:layout_width = "match_parent"
        android:layout_height = "match_parent"
        ... >
```

```
< TextView
    android:id = "@ + id/question_text_view"
    android:layout_width = "wrap_content"
    android:layout_height = "wrap_content"
    android:gravity = "center"
    android:padding = "24dp"
    android:text = "@string/question_text"
    tools:text = "@string/question_australia" />

< LinearLayout ... >
...
</LinearLayout >

< Button
    android:id = "@ + id/next_button"
    android:layout_width = "wrap_content"
    android:layout_height = "wrap_content"
    android:text = "@string/next_button" />

</LinearLayout >
```

保存 activity_main.xml 文件，会看到由于缺少字符串资源的错误提示。

回到 res/values/strings.xml 文件，重命名 question_text，添加新按钮所需的字符串资源定义，见程序清单 2-3。

程序清单 2-3　添加新按钮所需的字符串资源定义（res/values/strings.xml）

```
< string name = "app_name"> GeoQuiz </string >
< string name = "question_text"> Canberra is the capital of Australia.</string >
< string name = "question_australia"> Canberra is the capital of Australia.</string >
< string name = "true_button"> True </string >
< string name = "false_button"> False </string >
< string name = "next_button"> Next </string >
...
```

打开 strings.xml 文件后，可以继续添加其他地理知识问题的字符串，见程序清单 2-4。

程序清单 2-4　添加其他地理知识问题字符串（res/values/strings.xml）

```
< string name = "question_australia"> Canberra is the capital of Australia.</string >
< string name = "question_oceans"> The Pacific Ocean is larger than
the Atlantic Ocean. </string >
< string name = "question_mideast"> The Suez Canal connects the Red Sea
and the Indian Ocean. </string >
< string name = "question_africa"> The source of the Nile River is in
Egypt. </string >
< string name = "question_americas"> The Amazon River is the longest river
in the Americas. </string >
< string name = "question_asia"> Lake Baikal is the world\'s oldest and deepest
freshwater lake. </string >
...
```

> **注意**：最后一个字符串定义中的 \' 为表示符号 '，这里使用了转义字符。在字符串资源定义中，也可使用其他常见的转义字符，例如\n 是指新行符（换行符）。

保存并回到 **activity_main.xml** 文件中，在图形布局工具里预览修改后的布局文件，布局看起来就像图 2-1 那样。

至此,**GeoQuiz** 的用户界面就全部完成了,接下来要更新 **MainActivity** 的内容。

2.3 组织用户界面

首先在 **MainActivity** 类中建立一个 **Question** 对象的列表,并为该列表创建索引,见程序清单 2-5。

程序清单 2-5   增加 Question 对象列表(MainActivity. kt)

```kotlin
class MainActivity : AppCompatActivity() {

    private lateinit var trueButton: Button
    private lateinit var falseButton: Button

        private val questionBank = listOf(
        Question(R. string. question_australia, true),
        Question(R. string. question_oceans, true),
        Question(R. string. question_mideast, false),
        Question(R. string. question_africa, false),
        Question(R. string. question_americas, true),
        Question(R. string. question_asia, true))

    private var currentIndex = 0
    ...
}
```

通过多次调用 **Question** 类的构造函数,创建了 **Question** 对象列表。

> **注意**:在比较复杂的项目里,这类列表的创建和存储会单独处理。在后续应用开发中,可以看到更好的模型数据存储方式。现在,为简单起见,这里选择在 MainActivity 类代码中直接创建列表。

使用 questionBank、currentIndex 变量以及 **Question** 对象读取一连串的问题内容。

在第 1 章中,GeoQuiz 的 **MainActivity** 工作流程很简单,它只是显示在 **activity_main. xml** 中定义的布局。通过 **Activity. findViewById(id:Int)** 获得了两个按钮的引用,然后为两个按钮设置监听器,响应用户单击事件并创建 toast 消息。

现在既然有更多的问题要检索与展示,**MainActivity** 类就需要更多的处理流程来响应用户的输入并更新界面。虽然可以继续使用 **Activity. findViewById()** 获取对新视图的引用,但这样一个个重复写让人厌烦。

Android 提供了 **View Binding**,可以生成样板代码,轻松地与 UI 元素交互。使用 **View Binding** 可编写更少的代码,并轻松管理这个相对简单的应用程序。

与 R 类非常相似,**View Binding** 的工作原理是在应用程序的构建过程中生成代码。但是,**View Binding** 在默认情况下未启用,因此必须手动启用它,见程序清单 2-6。

程序清单 2-6   启用 View Binding(app/build. gradle)

```gradle
plugins {
    id 'com. android. application'
    id 'kotlin - android'
}

android {
    ...
    kotlinOptions {
```

```
        jvmTarget = '1.8'
    }
    buildFeatures {
        viewBinding true
    }
}
...
```

在项目工具窗口中的 **Gradle Scripts** 选项下，找到并打开 **build. gradle** 文件（标记为 Module：GeoQuiz. app)。这个文件实际上位于应用程序模块中，但 Android 视图会收集项目的.gradle 文件，使其更容易找到。

做完此更改后，文件顶部将出现一条横幅，提示同步文件，如图 2-5 所示。

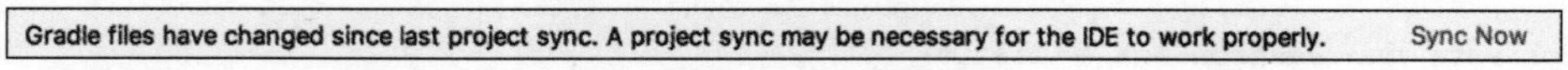

```
Gradle files have changed since last project sync. A project sync may be necessary for the IDE to work properly.     Sync Now
```

图 2-5　同步提示

无论何时对. gradle 文件进行更改，都必须同步这些更改，以便构建的应用程序是最新的。单击横幅中的 Sync Now 或选择 File→Sync Project with Gradle Files 即可。

现在 **View Binding** 已经启用了，打开 **MainActivity. kt** 开始使用此构建功能。参照程序清单 2-7 进行更改，稍后将对此进行讲解。

程序清单 2-7　初始化 ActivityMainBinding（MainActivity. kt）

```
package com.bignerdranch.android.geoquiz

import android.os.Bundle
import android.view.View
...
import com.bignerdranch.android.geoquiz.databinding.ActivityMainBinding

class MainActivity : AppCompatActivity() {

    private lateinit var binding: ActivityMainBinding

    private lateinit var trueButton: Button
    private lateinit var falseButton: Button
    ...
    override fun onCreate(savedInstanceState: Bundle?) {
        super.onCreate(savedInstanceState)
        setContentView(R.layout.activity_main)
        binding = ActivityMainBinding.inflate(layoutInflater)
        setContentView(binding.root)
        ...
    }
    ...
}
```

> **注意**：与 R 类一样，View Binding 在包结构中生成代码，这就是 import 语句包含包名称的原因。如果给包起了一个 com. bignerarch. android. geoquiz 以外的名字，导入语句也要做相应的修改。

View Binding 必须要在 **MainActivity** 中进行一些设置，从而分析一下这里发生了什么。

就像 **Activity. findViewById()** 允许获取对单个 UI 元素的引用一样，**ActivityMainBinding** 允许获取 activity_main. xml 布局中每个 UI 元素的引用。View Binding 根据布局文件的名称生成类，例如，将为

第2章 交互式用户界面 29

名为 activity_cheat.xml 的布局生成 **ActivityCheatBinding** 类。

在第 1 章中,通过将 R.layout.activity_main 传递到 **Activity.setContentView(layoutResID：Int)** 中以显示用户界面。该函数执行了两个操作:首先填充 activity_main.xml 布局;然后将 UI 放在屏幕上。在这里,当初始化绑定时将获得对布局的引用,并同时对其进行填充。

layoutInflater 属性继承自 **Activity** 类,它传递给 **ActivityMainBinding.inflate()** 调用。顾名思义,layoutInflater 负责将 XML 布局填充到 UI 元素里。

之前调用 **Activity.setContentView(layoutResID：Int)** 时,**MainActivity** 在内部使用它的 layoutInflater (布局填充器)来显示用户界面。现在,使用另一个实现方法叫 **setContentView()**,将引用传递给布局中的根 UI 元素以显示 UI。

现在,**View Binding** 已经在 **MainActivity** 中设置好了,那么就用它来组织 UI。从 TRUE 和 FALSE 按钮开始,见程序清单 2-8。

程序清单 2-8　ActivityMainBinding(MainActivity.kt)的使用

```
class MainActivity : AppCompatActivity() {

private lateinit var binding: ActivityMainBinding

private lateinit var trueButton: Button
private lateinit var falseButton: Button
...
override fun onCreate(savedInstanceState: Bundle?) {
        super.onCreate(savedInstanceState)
        binding = ActivityMainBinding.inflate(layoutInflater)
        setContentView(binding.root)

        trueButton = findViewById(R.id.true_button)
        falseButton = findViewById(R.id.false_button)

        trueButton.setOnClickListener { view: View ->
        binding.trueButton.setOnClickListener { view: View ->
        ...
        }
        falseButton.setOnClickListener { view: View ->
        binding.falseButton.setOnClickListener { view: View ->
        ...
        }
    }
    ...
}
```

对于布局 XML 中定义了 android:id 属性的每个视图,View Binding 将在相应的 **ViewBinding** 类中生成一个属性,甚至会自动声明属性的类型来匹配 XML 中的视图类型。例如,binding.trueButton 属于 **Button** 类型,因为 ID 为 true_Button 的视图是一个<Button>。

与 **findViewById()** 调用不同,如果更改 UI 中的视图类型,它可以保持 XML 布局和 activity 的同步。

接下来,使用 questionBank 和 currentIndex 检索当前问题的问题文本的资源 ID。使用 binding 属性可以设置问题的 **TextView** 的文本,见程序清单 2-9。

程序清单 2-9　组织 TextView(MainActivity.kt)

```
override fun onCreate(savedInstanceState: Bundle?) {
```

```
...
binding.falseButton.setOnClickListener { view: View ->
    ...
}

val questionTextResId = questionBank[currentIndex].textResId
binding.questionTextView.setText(questionTextResId)
}
```

保存文件并检查是否有任何错误。然后运行 GeoQuiz。可以看到数组中的第一个问题出现在 **TextView** 中,与前面见到的一样。

现在,通过在 NEXT 按钮上设置 **View.OnClickListener**,使其发挥作用。该监听器将增加索引值并更新 **TextView** 的文本,见程序清单 2-10。

程序清单 2-10　设置新按钮(MainActivity.kt)

```
override fun onCreate(savedInstanceState: Bundle?) {
    ...
    binding.falseButton.setOnClickListener { view: View ->
    ...
    }

    binding.nextButton.setOnClickListener {
        currentIndex = (currentIndex + 1) % questionBank.size
        val questionTextResId = questionBank[currentIndex].textResId
        binding.questionTextView.setText(questionTextResId)
    }

    val questionTextResId = questionBank[currentIndex].textResId
    binding.questionTextView.setText(questionTextResId)
}
```

注意到了吗?同样的 questionTextView 赋值代码出现在了两个不同的地方,用于更新 binding.questionTextView 中显示的文本。将这些公共代码放入一个函数中,见程序清单 2-11。然后在 nextButton 的监听器中调用该函数,并在 **onCreate**(**Bundle?**)的末尾处设置 activity 视图中文本的初始值。

程序清单 2-11　函数封装(MainActivity.kt)

```
class MainActivity : AppCompatActivity() {
    ...
    override fun onCreate(savedInstanceState: Bundle?) {
        ...
        binding.nextButton.setOnClickListener {
            currentIndex = (currentIndex + 1) % questionBank.size
            val questionTextResId = questionBank[currentIndex].textResId
            binding.questionTextView.setText(questionTextResId)
            updateQuestion()
        }

        val questionTextResId = questionBank[currentIndex].textResId
        binding.questionTextView.setText(questionTextResId)
        updateQuestion()
    }

    private fun updateQuestion() {
        val questionTextResId = questionBank[currentIndex].textResId
        binding.questionTextView.setText(questionTextResId)
    }
}
```

运行 GeoQuiz，然后测试 NEXT 按钮的功能。

现在问题内容展示正常，现在要转向答案展示了。目前，GeoQuiz 认为每个问题的答案都是"正确的"，要纠正这一点。在 **MainActivity** 中添加一个私有命名函数来封装代码，而不是在两个地方编写类似的代码，如下所示：

```
private fun checkAnswer(userAnswer: Boolean)
```

此函数将接受一个布尔变量，该变量标识用户按下的是 TRUE 还是 FALSE 按钮。

然后，它将根据当前 **Question** 对象中的答案检查用户的答案。最后，在确定用户的回答是否正确后，它将生成一个 toast 消息反馈给用户。

在 MainActivity.kt 中增加 **checkAnswer（Boolean）** 函数的实现代码，见程序清单 2-12。

程序清单 2-12　增加 checkAnswer（Boolean）函数（MainActivity.kt）

```
class MainActivity : AppCompatActivity() {
    ...
    private fun updateQuestion() {
        ...
    }

    private fun checkAnswer(userAnswer: Boolean) {
        val correctAnswer = questionBank[currentIndex].answer

        val messageResId = if (userAnswer == correctAnswer) {
            R.string.correct_toast
        } else {
            R.string.incorrect_toast
        }
        Toast.makeText(this, messageResId, Toast.LENGTH_SHORT)
            .show()
    }
}
```

在按钮的监听器里调用 **checkAnswer（Boolean）** 函数，见程序清单 2-13。

程序清单 2-13　调用 checkAnswer（Boolean）函数（MainActivity.kt）

```
override fun onCreate(savedInstanceState: Bundle?) {
    ...
    binding.trueButton.setOnClickListener { view: View ->
        Toast.makeText(
            this,
            R.string.correct_toast,
            Toast.LENGTH_SHORT
        )
            .show()
        checkAnswer(true)
    }

    binding.falseButton.setOnClickListener { view: View ->
        Toast.makeText(
            this,
            R.string.correct_toast,
            Toast.LENGTH_SHORT
        )
            .show()
        checkAnswer(false)
    }
    ...
}
```

运行 GeoQuiz 应用,确认 toast 对用户单击给出的回答作出了正确反馈。

2.4 添加图标

GeoQuiz 应用现在已经可以运行了。如果 NEXT 按钮上能够显示一个向右的箭头图标,UI 看起来会更完美。

2.4.1 Android 图形资源

从 Android 5.0(Lollipop,API level 21)开始,Android 平台提供了 **VectorDrawable** 类来支持矢量图形。只要有可能,建议在应用程序中使用 **VectorDrawable** 来显示矢量图形。矢量图形可以无损缩放,看起来总是很清晰,没有图像伪影,而且矢量图形比传统位图图像更节省空间,从而使得应用程序占用空间更小。

接下来,给项目添加一个向右的箭头图标。首先,从菜单栏里选择 File→New→Vector Asset,打开 Asset Studio,如图 2-6 所示。

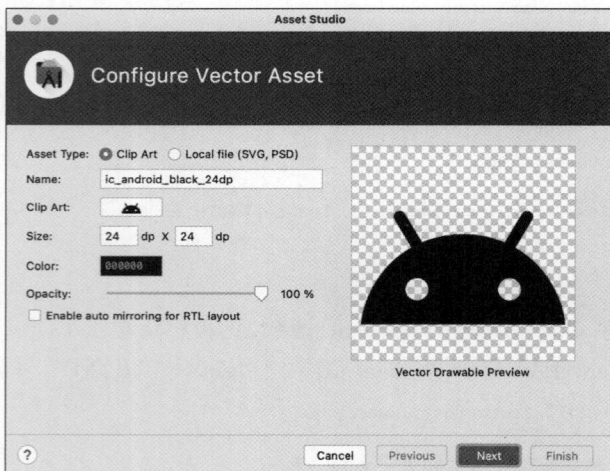

图 2-6　Asset Studio 矢量图

可以导入矢量图形(SVG、PSD)等常见文件格式,建议使用 Google 图标素材库中的免费图标,这些图标有 Apache 许可证 2.0 版本的许可。

在 Configure Vector Asset 对话框顶部的 Asset Type 处,确保已勾选 Clip Art,然后单击 Clip Art 标签右侧的按钮,将会弹出 Select Icon 对话框,如图 2-7 所示。

在搜索栏中输入 arrow right,选择具有该名称的图标,然后单击 OK 按钮。在配置对话框中,Asset Studio 会生成一个很长的名字,将资源重命名为 arrow_right。这些都是需要做的改变,然后单击 Next 按钮,在接下来的对话框中单击 Finish 按钮。

现在,在项目窗口中展开 app/res/drawable 目录,打开 arrow_right.xml。单击编辑器顶部的 Split 选项卡,左侧显示矢量属性的 XML 代码,右侧显示其预览图像,如图 2-8 所示。

从第 3 章开始,将介绍更多关于 Android 资源系统是如何工作的。图 2-8 中显示了将右箭头放在布局里。

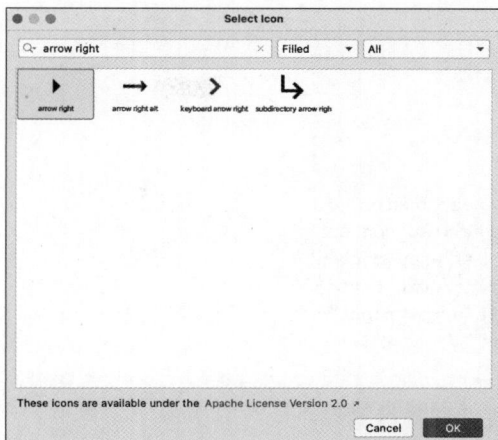

图 2-7 Asset Studio 矢量图库

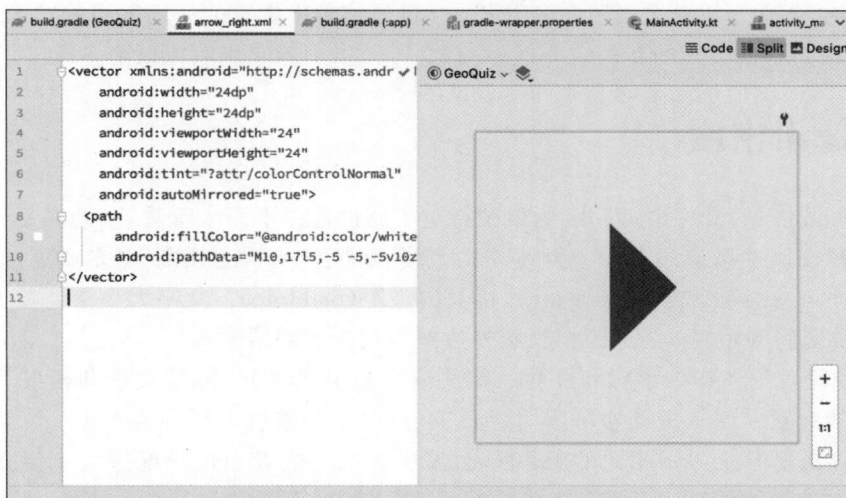

图 2-8 右箭头的矢量属性

2.4.2 在 XML 文件中引用资源

可以使用资源 ID 来引用代码中的资源,下面介绍在布局定义中通过 NEXT 按钮配置来显示箭头是如何从 XML 文件引用资源的。

打开 activity_main. xml,在根元素中添加应用程序命名空间(将在第 15 章中讲解有关此命名空间的更多内容),然后将两个属性添加到第 3 个 Button 视图的定义中,见程序清单 2-14。

程序清单 2-14 向 NEXT 按钮添加一个图标(res/layout/activity_main. xml)

```
< LinearLayout
    xmlns:android = "http://schemas. android. com/apk/res/android"
    xmlns:app = "http://schemas. android. com/apk/res – auto"
    xmlns:tools = "http://schemas. android. com/tools"
    android:layout_width = "match_parent"
    android:layout_height = "match_parent"
    android:gravity = "center"
```

```
    android:orientation = "vertical">
    ...
    < LinearLayout ... >
    ...
    </LinearLayout >

    < Button
        android:id = "@ + id/next_button"
        android:layout_width = "wrap_content"
        android:layout_height = "wrap_content"
        android:text = "@string/next_button"
        app:icon = "@drawable/arrow_right"
        app:iconGravity = "end" />
</LinearLayout >
```

在 XML 文件资源中,可以通过资源类型和名称来引用另一个资源。对字符串资源的引用以 **@string/** 开头。对可绘制资源的引用以 **@drawable/** 开头。在这种情况下,可以使用 **@drawable/arrow_right** 来引用右箭头。

从第 3 章开始,还会介绍更多资源命名以及 res 目录结构中资源的使用等相关知识。

运行 GeoQuiz 并欣赏按钮的新外观。然后测试一下,以确保它仍然像以前一样工作。

2.5　屏幕像素密度

在 activity_main.xml 文件中,以 dp 为单位指定了属性值。下面来看看 dp 到底是什么。

有时需要为视图属性指定大小尺寸值(通常以像素为单位,有时也用点、毫米或英寸)。一些常见的属性包括文字大小(text size)、边距(margin),以及内边距(padding)。文字大小指设备上显示的文字像素高度;边距指视图间的距离;内边距指视图外边框与其内容间的距离。

Android 设备有各种各样的形状和尺寸。即使只是在手机之间,屏幕大小和密度等规格也有很大差异。现代手机的像素密度从每英寸(1 英寸 = 2.54cm)300 像素以下到每英寸 800 像素以上不等。

当在不同密度的屏幕上显示相同的 UI 时,会发生什么? 或者当用户配置大于设备默认文本大小时又会发生什么? 如果按钮在一台设备上显示很小,而在另一台设备上又显示很大,那将是非常令人沮丧的用户体验。

为了在所有设备上提供一致的体验,Android 提供了与密度无关的尺寸单位,可以使用这些单位在不同的屏幕密度上获得相同的尺寸。Android 在运行时使用设备定义的密度转换器将这些单位转换为像素,因此无须进行复杂的计算。转换的范围从低密度(LDPI)到中密度(MDPI)再到高密度(HDPI),一直到特超高密度(XXXHDPI),效果如图 2-9 所示。

px 是 pixel 的缩写,即像素。无论屏幕密度是多少,一个像素单位对应一个屏幕像素单位。不推荐使用 px,因为它不会根据屏幕密度自动缩放。

dp(density-independent pixel)常读作 dip,意为密度无关像素。通常,在设置边距、内边距或任何不打算按像素值指定尺寸的情况下,都使用 dp 这种单位。1dp 在设备屏幕上总是等于 1/160 英寸。无论屏幕密度如何,都会得到相同的尺寸:当显示器密度更高时,与密度无关的像素会相应扩展更多的屏幕像素。

sp(scale-independent pixel)意为缩放无关像素。它是一种与密度无关的像素,这种像素会受用户字体偏好设置的影响。sp 通常用来设置屏幕上的字体大小。

pt、mm、in 类似于 dp 的缩放单位,允许以点(1/72 英寸)、毫米或英寸为单位指定用户界面尺寸。

(a) 中密度	(b) 高密度

(c) 特超高密度

图 2-9　使用与密度无关的尺寸单位时 TextView 的显示效果

实际开发中不建议使用这些单位，因为并非所有设备都能按照这些单位进行正确的尺寸缩放配置。

在本书及实际开发中，通常只会用到 dp 和 sp 这两种单位。Android 会在运行时自动将它们的值转换为像素单位。

2.6　在物理设备上运行应用

虽然在模拟器上和应用交互不错，但在 Android 实体设备上运行应用更有意思。本节将学习如何设置系统、设备和应用，实现在硬件设备上运行 GeoQuiz 应用。

首先，将设备连接到系统上。macOS 系统应该会立即识别出所用设备，Windows 系统则可能需要安装 ADB(Android Debug Bridge, ADB)驱动。如果 Windows 系统自身无法找到 ADB 驱动，可去设备生产商的网站下载。

其次，需要打开设备的 USB(Universal Serial Bus, USB)调试模式，默认情况下 USB 调试模式是关闭的。要启用开发人员选项，需打开设备的设置程序，然后单击右上角的搜索图标，搜索"内部版本号"并选择第一个搜索结果，设置程序将导航到"内部版本号"所在的位置。

连续快速按内部版本号 7 次。按下几次后，将看到一条消息，提示作为一名开发人员需要多少"步骤"(按下内部版本号)。当看到"学习者现在是一名开发人员！"这一消息就可以停下来，然后返回设置程序，搜索"开发人员选项"，并启用 USB 调试。

启用 USB 调试的步骤因设备和 Android 版本而异。如果在设置过程中遇到问题，可访问 Android 开发者网站寻求帮助。

最后，在 Android Studio 运行图标左侧的下拉列表中找到使用的设备，确认设备已被识别。下拉列表中的文本显示的是设备名称。如果设备未被选中，则打开下拉列表，然后从运行设备区下的选项中选中它，如图 2-10 所示。

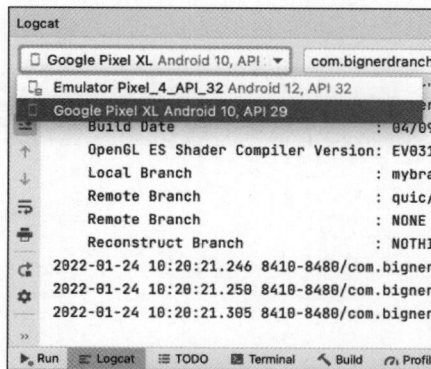

图 2-10　查看已连接的设备

如果设备无法识别,请首先确认设备是否已开机且激活了 USB 调试模式。

如果仍识别不了,请访问 Android 开发者网站寻求帮助。

2.7 挑战练习:为 TextView 添加监听器

单击 NEXT 按钮可以实现跳转了,但如果用户单击应用的 TextView 文字区域(地理知识问题)也可以跳转到下一道题,用户体验会更好。

> 提示:**TextView** 也是 **View** 的子类,因此,和 **Button** 一样,也可为 **TextView** 设置 **View. OnClickListener** 监听器。

2.8 挑战练习:添加后退按钮

为 GeoQuiz 应用增加后退按钮(PREV),用户单击时,可以显示上一道测试题目。完成后的用户界面应如图 2-11 所示。

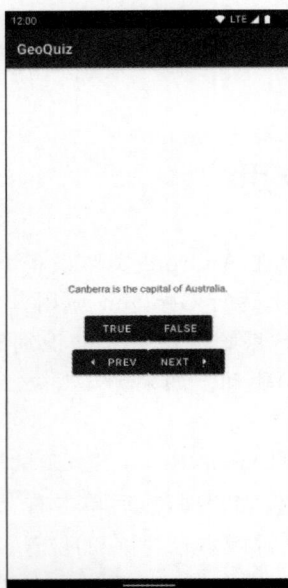

图 2-11 添加了后退按钮的用户界面

这是个很棒的练习,需要回顾本章和第 1 章的内容才能完成。

第3章

activity生命周期

目前，GeoQuiz 应用实现了一些功能。不幸的是，GeoQuiz 应用程序中有一个错误。在本章中，学习者将了解发生此错误的基本机制，以及它们是如何影响应用程序的其他部分的。

3.1 旋转 GeoQuiz 应用

GeoQuiz 应用看起来不错，但设备一旋转问题就来了。在应用运行时，单击 NEXT 按钮显示下一题，然后旋转设备。如果学习者用的是模拟器，单击浮动工具栏上的左旋或右旋按钮来旋转设备，如图 3-1 所示。

如果在按下其中一个旋转按钮后，模拟器没有以横向显示 GeoQuiz，则需要打开自动旋转功能。从屏幕顶部向下滑动，打开快速设置，按下自动旋转图标，如图 3-2 所示。

图 3-1 控制设备旋转　　　　　图 3-2 快速设置自动旋转

设备旋转后，会看到应用又显示了第一道题。为什么会这样？这个问题的答案和 activity 生命周期有关。

第 4 章会解决这个问题。眼下最重要的是探究这个问题产生的根本原因，以避免这样的 bug（程序错误）出现在应用里。

3.2 activity 状态与生命周期回调函数

每个 activity 实例都有其生命周期。activity 有 4 种状态：不存在、已创建、已启动和已恢复，在其生命周期内，activity 在这 4 种状态间转换。每次状态转换时，都有相应的 Activity 函数发消息通知 activity。图 3-3 显示了 activity 的生命周期、状态，以及状态切换时系统调用的函数之间的关系。

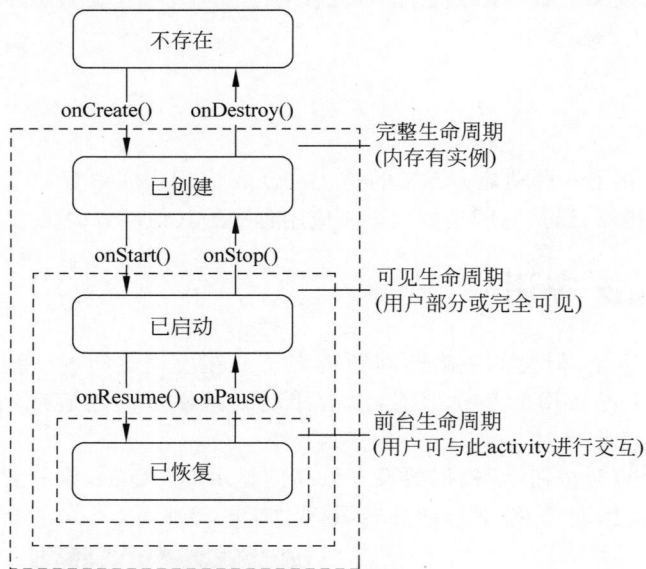

图 3-3 activity 的状态图解

图 3-3 揭示了 activity 在每种状态下的各种情形：内存中是否有 activity 实例、用户是否可见、是否活跃在前台（接受用户输入中）。表 3-1 总结了这些信息。

表 3-1 activity 的状态表

状　　态	内存中是否有实例	用户是否可见	是否活跃在前台
不存在(Nonexistent)	否	否	否
已创建(Created)	是	否	否
已启动(Started)	是	完全可见/部分可见	否
已恢复(Resumed)	是	是	是

> **注意**：某些场景下，已启动的 activity 可能完全可见或部分可见。

不存在（Nonexistent）：表示某个 activity 还没启动或已销毁（例如，用户完全停止了应用），这种状态有时被称为"已销毁"状态。此时，内存里没有这个 activity 实例，也没有用户可见或可交互的关联视图。

已创建（Created）：表示某个 activity 实例在内存里但其关联视图在屏幕上不可见。该状态在 activity 开始出现前作为瞬间状态存在，但在 activity 的关联视图被完全遮挡时又重现该状态（例如，当用户将另一个全屏 activity 启动到前台、导航到主屏幕或使用概览屏幕切换任务时）。

已启动（**Started**）：表示某个 activity 失去焦点，但其关联视图可见或部分可见。如果用户启动一个新的对话框形式，或者在其上有个透明的 activity，就说该 activity 处于部分可见状态。一个 activity 也可能完全可见，但并不处于前台，例如用户在多窗口模式（又称分屏模式）下同时查看两个 activity。

已恢复（**Resumed**）：表示某个 activity 实例在内存里，用户完全可见，且处于前台。用户当前正与之交互。

借助图 3-3 所示的函数，**Activity** 子类可以在 activity 的生命周期状态发生关键性转换时完成某些工作。这些函数通常被称为生命周期回调函数。

对于生命周期回调函数其中之一的 **onCreate（Bundle?）**函数已经很熟悉了，操作系统在创建 activity 实例之后，在将其显示在屏幕上之前会调用此函数。

通常，activity 会重写 **onCreate（Bundle?）**函数，预先处理以下 UI 相关细节。

（1）布置视图并将其放在屏幕上（调用 **setContentView()**函数）。

（2）获取对视图的引用（通过视图绑定或 **findViewById()**函数）。

（3）在视图上设置监听器以处理用户交互。

（4）连接外部模型数据。

> **注意**：不要自己去调用 onCreate（Bundle?）函数或任何其他 activity 生命周期函数，只需覆盖 Activity 子类里的回调函数，Android 在适当的时间调用生命周期回调函数（与用户正在做的事情和系统其他部分正在发生的事情有关），以通知 activity 其状态正在改变。

3.3 日志跟踪 activity 生命周期

本节通过重写 activity 生命周期函数，学习并理解 **MainActivity** 的生命周期。每个实现都会简单地记录一条消息，通知函数已被调用。这将帮助学习者了解 **MainActivity** 的状态在运行时相对于用户正在做的事情是如何变化的。

3.3.1 生成日志信息

Android 的 **android. util. Log** 类能够向系统级共享日志中心发送日志信息。**Log** 类有几个日志记录函数。

本书用得最多的是 **d()**函数，其中 d 代表 DEBUG（一种调试工具）。

> **注意**：有许多级别的日志记录；学习者可以在本章末尾的"深入了解：日志级别"一节中了解更多关于日志级别的信息。

d()函数有两个字符串参数，第一个参数是日志信息的来源，第二个参数是日志信息的具体内容。该函数的第一个参数值通常以类名传入。这样，就很容易看出日志信息的来源。

打开 MainActivity. kt 文件，为 **MainActivity** 类新增一个 **TAG** 常量，见程序清单 3-1。

程序清单 3-1 新增一个 TAG 常量（MainActivity. kt）

```
import ...

private const val TAG = "MainActivity"
```

```
class MainActivity : AppCompatActivity() {
    ...
}
```

在 **onCreate（Bundle?）** 函数里调用 **Log. d()** 函数记录日志，见程序清单 3-2。

程序清单 3-2　为 onCreate（Bundle?）函数添加日志输出代码（MainActivity. kt）

```
override fun onCreate(savedInstanceState: Bundle?) {
    super.onCreate(savedInstanceState)
    Log.d(TAG, "onCreate(Bundle?) called")
    binding = ActivityMainBinding.inflate(layoutInflater)
    setContentView(binding.root)
    ...
}
```

接下来，在 **MainActivity** 类的 **onCreate（Bundle?）** 函数之后，覆盖其他 5 个生命周期函数，见程序清单 3-3。

程序清单 3-3　覆盖更多生命周期函数（MainActivity. kt）

```
class MainActivity : AppCompatActivity() {
    ...
    override fun onCreate(savedInstanceState: Bundle?) {
        ...
    }

    override fun onStart() {
        super.onStart()
        Log.d(TAG, "onStart() called")
    }

    override fun onResume() {
        super.onResume()
        Log.d(TAG, "onResume() called")
    }

    override fun onPause() {
        super.onPause()
        Log.d(TAG, "onPause() called")
    }

    override fun onStop() {
        super.onStop()
        Log.d(TAG, "onStop() called")
    }

    override fun onDestroy() {
        super.onDestroy()
        Log.d(TAG, "onDestroy() called")
    }

    private fun updateQuestion() {
        ...
    }
    ...
}
```

> **注意**：在记录日志信息，即调用 Log. d()函数之前要先调用 super 类实现函数。super 类实现函数调用是必需的，而且 super 类实现函数总在每个回调函数覆盖实现代码的第一行调用。

知道为什么要使用 **override** 关键字吗？使用 **override** 关键字,就是要求编译器保证当前类拥有要覆盖的函数。例如,对于如下拼写错误的函数,编译器会发出警告:

```
override fun onCreate(savedInstanceState: Bundle?) {
    ...
}
```

AppCompatActivity 父类没有 **onCreate(Bundle?)** 函数,因此编译器发出了警告。这样就能及时改正拼写错误,而不是等到应用运行时才发现异常行为,被动去查找问题所在。

3.3.2　使用 Logcat

运行 GeoQuiz 应用时,在 Android Studio 底部的 Logcat 工具窗口里消息开始显现,如图 3-4 所示。如果应用运行时 Logcat 没有自动打开,单击 Android Studio 窗口底部的 Logcat 工具窗口栏打开即可。

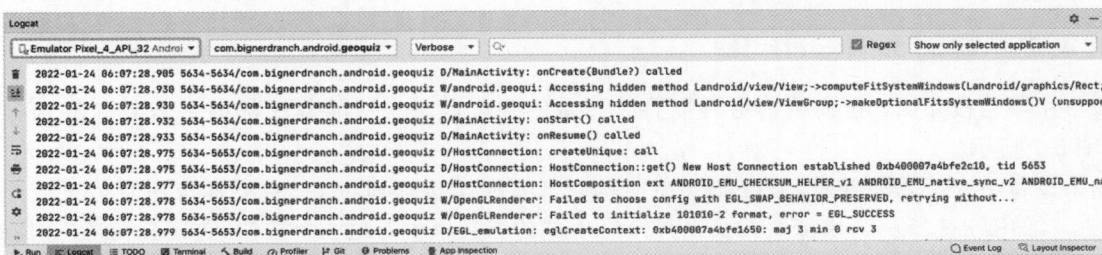

图 3-4　Android Studio 中的 Logcat

Logcat 窗口有应用信息,也有系统输出信息。为方便查找应用信息,可使用 **TAG** 常量设置的值来过滤日志输出。在 Logcat 窗口中,单击右上角的下拉列表,选择 Show only selected application,这是一个过滤器,当前选项控制只显示来自应用的日志信息。

要创建过滤器,选择过滤器下拉列表里的 Edit Filter Configuration 选项。在 Filter Name 处输入 MainActivity,在 Log Tag 处输入 MainActivity,如图 3-5 所示。

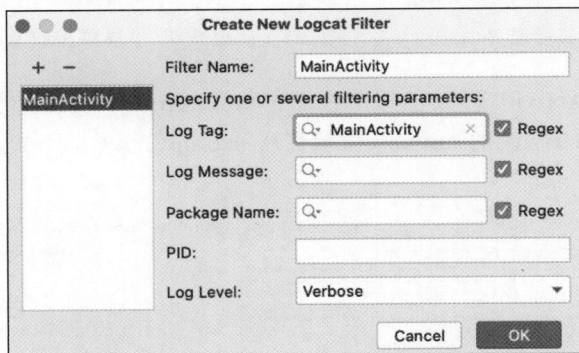

图 3-5　在 Logcat 中创建过滤器

单击 OK 按钮。如图 3-6 所示,Logcat 窗口就只显示 Tag 为 MainActivity 的日志信息了。

GeoQuiz 启动并创建 **MainActivity** 的初始实例后,调用了 3 个生命周期函数:**onCreate(Bundle?)**、**onStart()** 和 **onResume()**。**MainActivity** 实例现在处于已恢复状态(在内存中可见,并且在前台处于活动状态)。

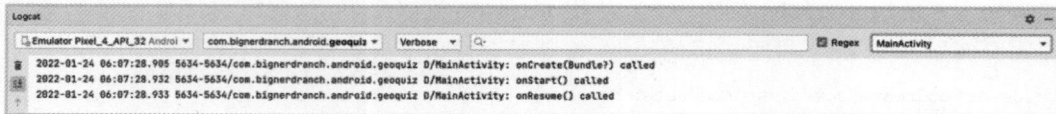

图 3-6   GeoQuiz 应用启动后,activity 的创建、启动和恢复信息

3.4   activity 生命周期如何响应用户操作

在后续学习过程中,本书会覆写各种不同的 activity 生命周期函数,让应用程序做一些实际的任务。在这个过程中,学习者会了解到更多关于每个函数的用法。现在,通过与应用程序交互并查看 Logcat 中的日志,了解生命周期在常见交互场景中的作用。

3.4.1   暂时离开 activity

按下主屏幕按钮(Home)导航到模拟器或设备的主屏幕——从屏幕底部的手势导航界面向上滑动,如图 3-7 所示。

如果设备不支持手势导航,那可能会在屏幕底部有回退按钮(Back)、主屏幕按钮及最近应用按钮(Recents),如图 3-8 所示。模拟器在其工具窗口顶部的工具栏中有这 3 个按钮,它还会在适当时在模拟设备上显示它们。在这种情况下,按下主屏幕按钮进入主屏幕。如果这两种方法设备都不支持,请参阅设备制造商的用户指南。

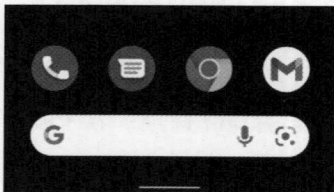

图 3-7   手势导航界面

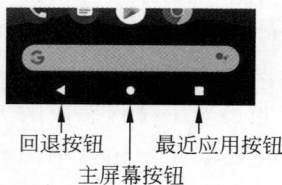

回退按钮   最近应用按钮
主屏幕按钮

图 3-8   回退按钮、主屏幕按钮及最近应用按钮

当显示主屏幕时,**MainActivity** 将完全移出视图。**MainActivity** 现在处于什么状态? 查看 Logcat,可以看到系统调用了 **MainActivity** 的 **onPause()** 函数和 **onStop()** 函数,但并没有调用 **onDestroy()** 函数,如图 3-9 所示。

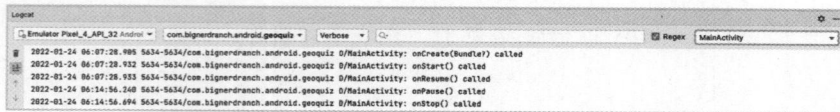

图 3-9   按下主屏幕按钮停止 activity

按下主屏幕按钮回到主屏幕,相当于告诉 Android:"我去别处看看,现在先不做什么,稍后可能回来。"此时,Android 会先暂停当前 activity。

在离开 GeoQuiz 回到主屏幕后,**MainActivity** 实例处于脱离已创建状态(在内存中,但不可见,也不会活动在前台)。这样做,稍后回到 GeoQuiz 时,Android 就能快速响应,即重新启动 **MainActivity**,恢复到用户离开时的状态。

> **注意**：这并不是回到主屏幕时的 activity 状态变化的全部内容。处于创建状态的应用程序可能会被操作系统自行销毁。具体原因请参阅第 4 章。

现在，从设备的概览屏幕选择 GeoQuiz 应用任务卡回到应用界面。要调出概览屏幕，可按下主屏幕按钮旁的最近应用或用手势操作（从设备底部向上滑动并按住，然后松开）。

如图 3-10 所示，概览屏幕中的每张卡片都代表了用户与之交互的应用程序。概览屏幕通常被用户称为"最近屏幕"或"任务管理器"。这里遵循开发人员文档，称为"概览屏幕"。

在概览屏幕中，选择 GeoQuiz 任务卡，**MainActivity** 视图随即出现。

快速查看 Logcat 可以发现 activity 调用了 **onStart()** 函数和 **onResume()** 函数。

> **注意**：系统没有调用 onCreate() 函数。因为在用户按了主屏幕按钮后，MainActivity 依旧处于已创建状态，Activity 实例还在内存中，activity 只需要启动（变成已启动/可见状态），然后再恢复（转到恢复/活动于前台状态）即可。

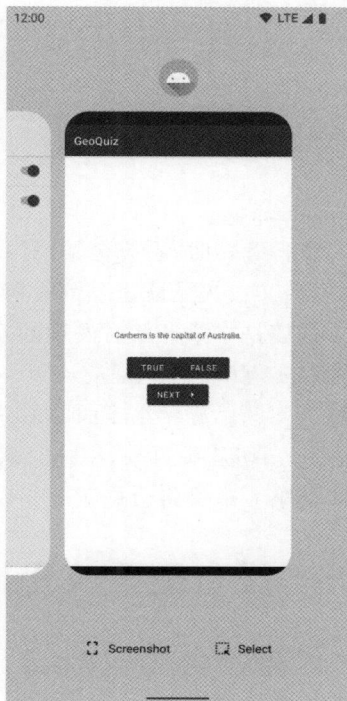

3.4.2 结束使用 activity

再次打开概览屏幕，然后向上滑动应用程序卡片，使其离开屏幕。检查 Logcat，可以看到 activity 接受了对 **onPause()**、**onStop()** 和 **onDestroy()** 的调用，如图 3-11 所示。**MainActivity** 实例现在处于不存在的状态（不在内存中，因此不可见，当然在前台也没激活）。

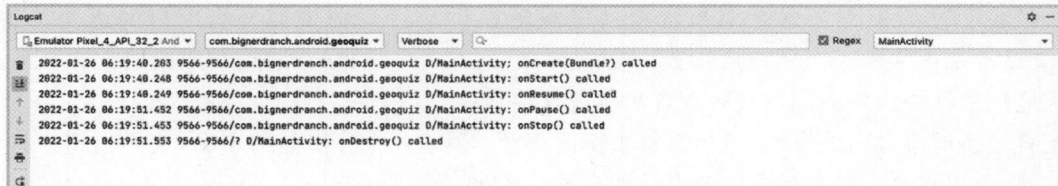

图 3-11 关闭应用并销毁 activity

当滑走 GeoQuiz 卡片时，activity 就已经结束了。相当于告诉 Android："activity 已用完，我不再需要它了。"Android 随后就销毁了该 activity 的视图及其在内存里的所有活动痕迹。这是 Android 系统节约使用设备有限资源的一种方式。

也可以调用 **activity.finish()** 以编程方式结束 activity，第 7 章将介绍通过导航返回来结束 activity 的另一种方法。

3.4.3 旋转 activity

现在可以研究本章开始时发现的应用缺陷了。运行 GeoQuiz，按下 NEXT 按钮显示第二个问题，然后旋转设备。

旋转后，GeoQuiz 将再次显示第一个问题。查看 Logcat，看看发生了什么。输出画面应该如图 3-12 所示。

图 3-10 在概览屏幕单击 GeoQuiz

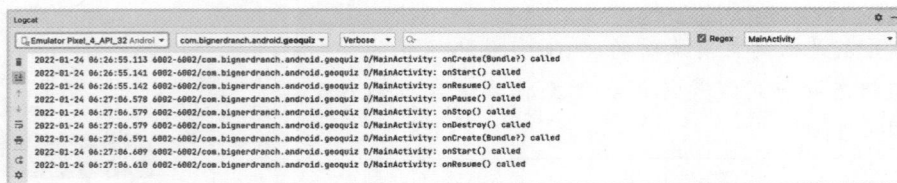

图 3-12　**MainActivity** 已被销毁

设备旋转时,系统会销毁当前 **MainActivity** 实例,然后创建一个新的 **MainActivity** 实例。再次旋转设备,会又一次见证这个销毁与再创建的过程。

这就是本章开始时发现的 GeoQuiz 缺陷。每次旋转设备,当前 **MainActivity** 实例会被完全销毁,存储在该实例中 currentIndex 中的值将从内存中擦除。这意味着,当设备旋转时,GeoQuiz 会忘记用户在看哪个问题。旋转结束时,Android 会从头开始创建 **MainActivity** 的新实例,currentIndex 被重新初始化为 0,一切从头再来,用户又从第一个问题开始。

在第 4 章中将会修正此错误。

3.5　设备配置改变与 activity 生命周期

旋转设备会改变设备配置。设备配置实际是一系列特征组合,用来描述设备的当前状态。这些特征包括屏幕方向、屏幕像素密度、屏幕尺寸、键盘类型、停靠模式、语言等。应用程序会提供替代资源来匹配设备配置。当运行时配置发生更改时,可能存在与新配置更匹配的资源。因此,Android 销毁 activity,寻找最适合新配置的资源,然后用这些资源重建 activity 的新实例。

3.6　深入学习:创建横屏模式布局

围绕设备配置的核心考虑之一是希望基于配置提供最适当的资源。当用户的语言为德语时,activity 应显示德语文本。当用户启用夜间模式时,配色方案应该进行调整,使眼睛看起来更舒适。可以通过在应用程序中对资源属性进行配置来实现这些功能。

要配置设备屏幕方向的属性,可为其提供不同资源:创建一个仅横向的布局,这样当用户将设备旋转到横向时,可以看到专门为横向屏幕设计的布局。例如,可以为 MainActivity 定义一个全新的布局,将 NEXT 按钮移动到屏幕右下角,以便在横向模式下使用更方便,如图 3-13 所示。

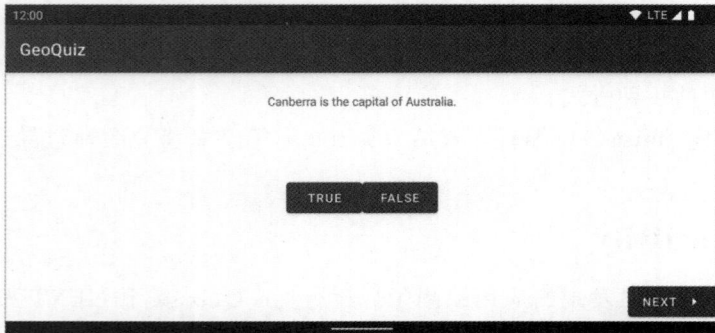

图 3-13　横屏模式下的 MainActivity

横向屏幕方向是 Android 上可用的众多配置限定符之一。在第 18 章中将介绍更多关于配置限定符的信息,以及如何使用它们来提供正确的资源。

3.7　深入学习:UI 刷新与多窗口模式

Android 7.0 Nougat 发布之前,大多数 activity 处于已启动(started)状态的时间极其短暂,会迅速过渡到已恢复(resumed)或已创建(created)状态。考虑到这个因素,很多开发者认为,只有在 activity 处于已恢复状态时,才需要刷新 UI 显示。而且,大家的普遍做法就是使用 **onResume()** 和 **onPause()** 来启动或停止 UI 刷新(例如动画或数据刷新)。

然而,Android 7.0 Nougat 引入多窗口模式后,打破了已恢复状态的 activity 是唯一完全可见的 activity 的假设,这反过来又破坏了许多应用程序的预定运行模式。现在,当用户处于多窗口模式时,启动的 activity 可以在很长一段时间内完全可见,用户会期望那些已启动的 activity 表现得像恢复了一样。

以视频为例。假设有一个在 Android 7.0 Nougat 发布之前开发的应用且可以提供简单的视频播放,设置在 **onResume()** 中启动(或恢复)视频播放,并在 **onPause()** 中暂停播放。但在多窗口模式下,只要用户与多窗口中的另一个应用交互,视频播放应用就会暂停播放。用户会开始抱怨,因为他们就想一边看视频,一边在另一个窗口中发消息。

这种问题很好解决:把继续播放和暂停控制放到 **onStart()** 和 **onStop()** 里。这适用于任何需要实时数据更新的应用,如当上传新图片到 Flickr 时需要刷新显示(本书后续章节会开发这样的应用)。

简单来说,Android 7.0 Nougat 之后,从 **onStart()** 到 **onStop()**,在 activity 可见的整个生命周期都应该可以刷新 UI。

然而,不是所有的开发者都有这样的意识。许多应用在多窗口模式下运行异常。为解决这个问题,Android 团队在 Android 10 版本里引入了 **multi-resume** 方案来支持多窗口模式。**multi-resume** 意味着,当设备处于多窗口模式时,无论用户上次触摸了哪个窗口,每个窗口中完全可见的 activity 都将处于已恢复状态。

尽管如此,在 **multi-resume** 成为市场上大多数设备的标准之前,学习者需利用对 activity 生命周期的了解来思考将 UI 更新代码放在哪里。在这本书中,会有很多这样的练习。

3.8　深入学习:日志记录的级别

在使用 **android. util. Log** 类记录日志时,不仅可以控制日志的内容,还可以控制日志级别,以区分信息重要程度。Android 支持表 3-2 所示的 5 种日志级别,每个级别对应一个 **Log** 类函数。要输出什么级别的日志,调用相应的 **Log** 类函数即可。

表 3-2　日志级别与函数

日 志 级 别	函　　　数	函 数 说 明
ERROR	Log. e()	错误
WARNING	Log. w()	警告
INFO	Log. i()	信息型消息

日 志 级 别	函 数	函 数 说 明
DEBUG	Log.d()	调试输出(可能被过滤掉)
VERBOSE	Log.v()	仅用于开发

此外,每个日志记录函数都有两个签名:一个是 **TAG** 字符串和消息字符串,另一个是这两个参数加上一个 **Throwable** 实例,这样就可以很容易地记录应用程序可能引发的特定异常信息。以下是一些日志函数签名示例:

```
// Log a message at DEBUG log level
Log.d(TAG, "Current question index: $ currentIndex")

try {
    val question = questionBank[currentIndex]
} catch (ex: ArrayIndexOutOfBoundsException) {
    // Log a message at ERROR log level along with an exception stack trace
    Log.e(TAG, "Index was out of bounds", ex)
}
```

3.9 挑战练习:禁止重复答题

一旦用户回答完某道题,请禁用该问题的按钮以防止输入多个答案。

3.10 挑战练习:答题评分

用户答完全部题后,显示一个 toast 消息,给出百分比形式的评分。

第4章

存储UI状态

屏幕旋转时销毁和重建 activity 让人头痛,例如第 3 章提到的,当设备旋转时 GeoQuiz 会回到第一道题目的错误。为了修复这个错误,旋转后新建的 **MainActivity** 实例需要知道 currentIndex 变量在屏幕旋转前的值。这需要一种在更改配置(如旋转)期间保存这些数据的方法。

幸运的是,有一个类可以在屏幕旋转时存储 UI 状态。在本章中,通过将 GeoQuiz 的 UI 数据存储在 **ViewModel** 类中来修复 GeoQuiz 在旋转时的 UI 状态丢失错误。

ViewModel 类是对 **activity** 的完美补充,因为它的生命周期简短,并且能够在配置更改中持续保存数据。它的作用域通常为一个屏幕,对于实现将数据格式化后显示在屏幕上的逻辑很有用。使用 **ViewModel** 将屏幕所需的所有数据聚集在一个位置,格式化数据,使得存取最终结果变得容易。

还可以使用 **SavedStateHandle** 类来解决一个更难发现但同样有问题的错误——进程死亡时 UI 状态丢失。此类允许在应用程序流程的生命周期之外临时存储简单数据。

本章将学习使用 ViewModel 保存 UI 数据,修复 GeoQuiz 应用的 UI 状态丢失缺陷。此外,还会学习使用 Android 的实例状态保留机制解决一个不易发现,但同样严重的问题——进程消亡导致的 UI 状态丢失。

4.1 引入 ViewModel 依赖

在使用 **ViewModel** 类之前,需要在项目中引入两个库。**ViewModel** 类来自于一个叫 **androidx. lifecycle** 的 Android Jetpack 库,它是本书中用到的诸多库中的一个(本章后面内容会谈到 Jetpack 库)。还要引入 **androidx. activity** 库,它为 **MainActivity** 添加了一些功能。

若要在项目中包含库,需要将它们添加到依赖项列表中,就像第 2 章中 **ViewBinding** 的配置一样。项目的依赖项位于 app/build. gradle 文件中。在项目工具窗口的 **Gradle Scripts** 下,打开标记为 Module 的 build. gradle 文件:**GeoQuiz. app**,在文件中添加新的依赖,像下面看到的这样:

```
plugins {
    id 'com.android.application'
    id 'kotlin - android'
}

android {
    ...
}

dependencies {
```

```
implementation 'androidx.core:core-ktx:1.7.0'
implementation 'androidx.appcompat:appcompat:1.4.1'
...
}
```

依赖项部分已经包含了项目所需的一些库,例如 **Espresso** 或 **Kotlin**,Gradle 还允许指定新的依赖项。应用程序编译后,Gradle 将查找、下载并引入依赖项。学习者所要做的就是指定一个精确的关于库的字符串描述,剩下的由 Gradle 来完成。

将 **androidx.lifecycle:lifecycle-viewmodel-ktx** 和 **androidx.activity:activity-ktx dependencies** 添加到 app/build.gradle 文件中,见程序清单 4-1。它们在依赖项部分的具体位置并不重要,但为了保持代码整洁,最好将新的依赖项放在原最后一个依赖项后。

程序清单 4-1　添加依赖项(app/build.gradle)

```
dependencies {
...
    implementation 'androidx.constraintlayout:constraintlayout:2.1.3'
    implementation 'androidx.lifecycle:lifecycle-viewmodel-ktx:2.4.1'
    implementation 'androidx.activity:activity-ktx:1.4.0'
    ...
}
```

正如将 **ViewBinding** 变为激活时所做的那样,Android Studio 将提示同步文件。单击提示中的 Sync Now 或选择 File→Sync Project with Gradle Files,Gradle 将负责剩下的工作。

4.2　添加 ViewModel

现在,准备创建一个 **ViewModel** 子类:**QuizViewModel**。在项目工具窗口中右击 **com.bignerdranch.android.geoquiz** 包,在弹出的对话框中选择 New→Kotlin Class/File,在类名处输入 QuizViewModel,然后在下面的类型列表中双击 Class。

在 **QuizViewModel.kt** 中,添加 **init** 代码块和 **onCleared()** 覆盖函数,另外再调用日志函数记录 **QuizViewModel** 实例的创建和销毁,见程序清单 4-2。

程序清单 4-2　创建 ViewModel 类(QuizViewModel.kt)

```
private const val TAG = "QuizViewModel"

class QuizViewModel : ViewModel() {

    init {
        Log.d(TAG, "ViewModel instance created")
    }

    override fun onCleared() {
        super.onCleared()
        Log.d(TAG, "ViewModel instance about to be destroyed")
    }
}
```

onCleared() 函数的调用恰好在 **ViewModel** 被销毁之前。**onCleared()** 函数适合做一些善后清理工作,例如解绑某个数据源。当前,这里只是记录 **ViewModel** 何时被销毁,以方便观察其生命周期(同第 3 章介绍 **MainActivity** 的生命周期时采用的方式一样)。

现在打开 MainActivity.kt,通过唤起 **viewModels()** 函数的属性委托,将 activity 与 **QuizViewModel**

的实例关联起来，见程序清单 4-3。

程序清单 4-3　访问 ViewModel（MainActivity. kt）

```
class MainActivity : AppCompatActivity() {

    private lateinit var binding: ActivityMainBinding

    private val quizViewModel: QuizViewModel by viewModels()

    override fun onCreate(savedInstanceState: Bundle?) {
        ...
        setContentView(binding.root)

        Log.d(TAG, "Got a QuizViewModel: $ quizViewModel")

        binding.trueButton.setOnClickListener { view: View ->
        checkAnswer(true)
    }
        ...
    }
    ...
}
```

by 关键字表示属性是使用属性委托实现的。在 Kotlin 中，顾名思义，属性委托是将属性的功能委托给外部代码单元。Kotlin 中一个非常常见的属性委托是 **lazy**。**lazy** 属性委托允许开发人员只在访问属性时等待初始化属性，从而节省资源。

viewModels() 属性委托的工作方式也是同样的方法：**QuizViewModel** 将不会初始化，除非访问它。通过在日志消息中引用，可以初始化它并将值记录在同一行。

在后台，**viewModels（）** 属性委托做了许多事情。当 activity 第一次查询 **QuizViewModel** 时，**viewModels（）** 会创建并返回一个新的 **QuizViewModel** 实例。当 activity 在配置更改后查询 **QuizViewModel** 时，将返回最初创建的实例。在 activity 结束后（例如，当用户从概览屏幕关闭应用程序时），**ViewModel-Activity** 配对将从内存中解除。

不要在 Activity 中直接实例化 **QuizViewModel**；相反，要依赖 **viewModels()** 属性委托。似乎自己实例化 **ViewModel** 也可以正常工作，但在 activity 的配置更改后，将不能返回最初创建的实例。

4.2.1　ViewModel 生命周期

如第 3 章所述，activity 一直在已恢复、已启动、已创建和不存在这 4 种状态间转换。activity 何时被销毁有两种情况：一是用户结束使用 activity；二是因设备配置改变时的系统销毁。

当用户结束使用 activity 时，都希望重置应用的 UI 状态。而当用户旋转 activity 时，他们又希望旋转前后 UI 状态保持一致。**ViewModel** 提供了一种在配置更改期间将 activity 的 UI 状态数据保存在内存中的方法。activity 的生命周期反映了用户的期望：在配置更改中不被销毁，只有在 activity 结束时才会被销毁。

当 **ViewModel** 实例与 activity 的生命周期相关联时，如程序清单 4-3 所示那样，**ViewModel** 的作用域被认为是该 activity 的生命期。这意味着无论 activity 的状态如何，**ViewModel** 都将保留在内存中，直到 activity 结束。一旦关联 activity 结束（例如用户从概览屏幕关闭应用程序），**ViewModel** 实例就会被销毁。

这意味着 **ViewModel** 在配置更改（如旋转）期间会保留在内存中。在配置更改期间，activity 实例将被销毁并重新创建,但任何作用域为该 activity 的 **ViewModel** 都将保留在内存中。图 4-1 展示了 **MainActivity** 和 **QuizViewModel** 经历设备旋转过程的情形。

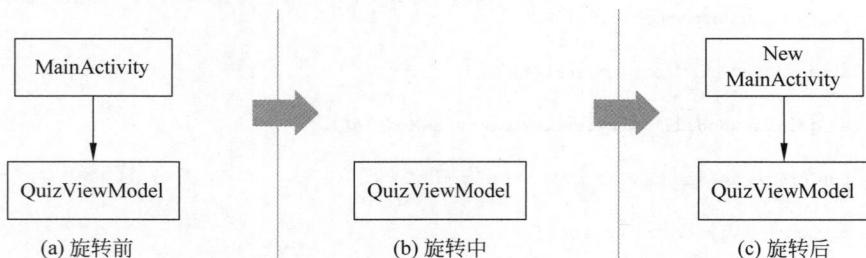

图 4-1　**MainActivity** 和 **QuizViewModel** 经历设备旋转过程的情形

为观察此过程,运行 GeoQuiz 应用。在 Logcat 中的下拉列表里选择 Edit Filter Configuration 创建一个新过滤器。在 Log Tag 处输入 **QuizViewModel ∣ MainActivity**(用管道符"∣"隔开两个类名),控制只显示这两个类标签的日志,然后将过滤器命名为 **ViewModelAndActivity**(或其他名字)后,单击 OK 按钮确认,如图 4-2 所示。

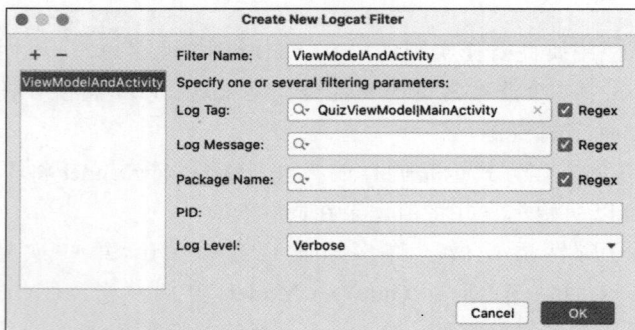

图 4-2　过滤显示 **QuizViewModel** 和 **MainActivity** 日志

现在查看日志。在 **MainActivity** 首次启动并在 **onCreate()** 函数里记录 **ViewModel** 时,一个新的 **QuizViewModel** 实例被创建了。这在日志中可以清晰看到,如图 4-3 所示。

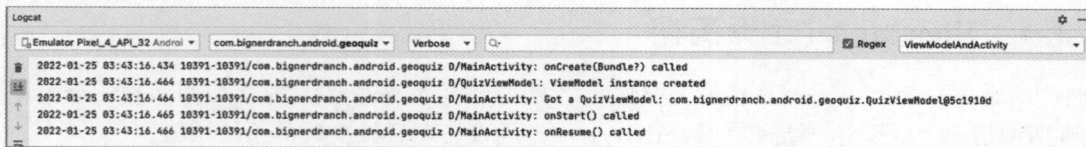

图 4-3　**QuizViewModel** 实例被创建

旋转设备。日志显示 activity 被销毁,如图 4-4 所示。而 **QuizViewModel** 得以保留。旋转后,新的 **MainActivity** 实例被创建,它要求关联一个 **QuizViewModel**。既然原 **QuizViewModel** 仍保留在内存里,那么 **ViewModel()** 就直接返回它,而不是再去新建一个。

最后,打开概览屏幕并关闭应用。这时 **QuizViewModel. onCleared()** 被调用,表明 **QuizViewModel** 实例即将被销毁,如图 4-5 日志所示。**QuizViewModel** 和 **MainActivity** 实例最终被一起销毁。

MainActivity 和 **QuizViewModel** 的关系是单向的。activity 可以引用 **ViewModel**,反过来,**ViewModel** 不能存取 activity。一个 **ViewModel** 绝不能引用 activity 或 view,否则会引发内存泄漏。

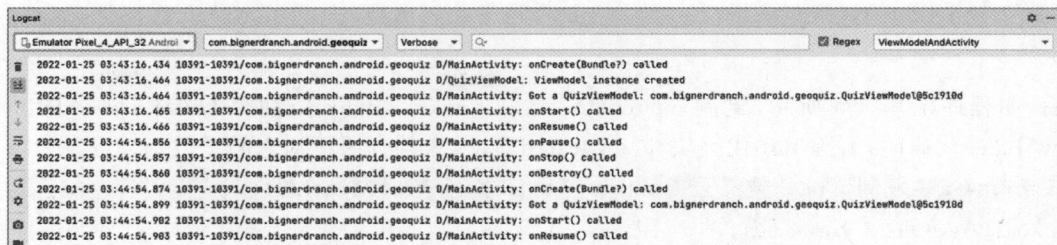

图 4-4　**MainActivity** 销毁又重建，**QuizViewModel** 得以保留

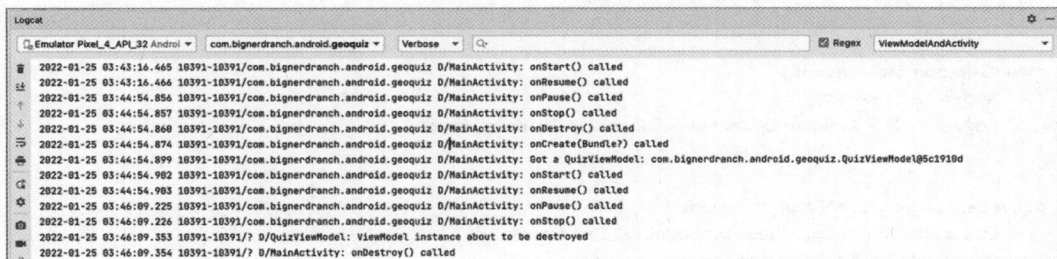

图 4-5　**MainActivity** 和 **QuizViewModel** 一起被销毁

当某个对象强引用另一个要被销毁的对象时，内存泄漏就会发生。这样的强引用会阻止垃圾回收器从内存里清理对象。由于设备配置改变导致的内存泄漏是常见问题。强引用和垃圾收集的细节不在本书的讨论范围内，如果不熟悉这些概念，建议阅读 Kotlin 或 Java 的相关参考资料。

设备旋转时，**ViewModel** 实例留在了内存里，而原始 activity 实例已经被销毁。如果某个 **ViewModel** 强引用着原始 activity 实例，则会带来两个问题：一是原始 activity 实例无法从内存里清除，因而导致它泄漏了；二是该 **ViewModel** 会保持对一个失效 activity 的引用。如果 **ViewModel** 尝试更新一个失效 activity 的视图，则会抛出一个 **IllegalStateException** 异常。

4.2.2　向 ViewModel 添加数据

现在，是时候解决 GeoQuiz 应用在设备旋转时暴露的问题了。既然 **QuizViewModel** 不会像 **MainActivity** 那样在设备旋转时被销毁，那么就可以把 activity 的 UI 状态数据保存在 **QuizViewModel** 实例里，不用再担心丢失数据了。

可将 activity 中的问题和当前索引数据按照它们相关的所有逻辑都复制到 **ViewModel** 中。从 **MainActivity** 里剪切 currentIndex 值和 questionBank 属性开始，见程序清单 4-4。

程序清单 4-4　从 activity 里剪切 model 数据（MainActivity. kt）

```
class MainActivity : AppCompatActivity() {
    ...
    private val questionBank = listOf(
    Question(R.string.question_australia, true),
    Question(R.string.question_oceans, true),
    Question(R.string.question_mideast, false),
    Question(R.string.question_africa, false),
    Question(R.string.question_americas, true),
    Question(R.string.question_asia, true)
    )
```

```
    private var currentIndex = 0
    ...
}
```

然后,如程序清单 4-5 所示,复制 currentIndex 和 questionBank 属性至 **QuizViewModel**。在编辑 **QuizViewModel** 代码时,删除 **init** 代码块和 **onCleared()**,因为再也用不到它们了。

程序清单 4-5　复制 model 数据至 QuizViewModel(QuizViewModel.kt)

```
class QuizViewModel : ViewModel() {

    init {
        Log.d(TAG, "ViewModel instance created")
    }

    override fun onCleared() {
        super.onCleared()
        Log.d(TAG, "ViewModel instance about to be destroyed")
    }

    private val questionBank = listOf(
        Question(R.string.question_australia, true),
        Question(R.string.question_oceans, true),
        Question(R.string.question_mideast, false),
        Question(R.string.question_africa, false),
        Question(R.string.question_americas, true),
        Question(R.string.question_asia, true)
    )

    private var currentIndex = 0
}
```

接着,给 **QuizViewModel** 增加一个可以进入下一个问题的函数。同时添加计算属性以返回当前问题的文本和答案,见程序清单 4-6。

程序清单 4-6　向 QuizViewModel 里添加业务逻辑(QuizViewModel.kt)

```
class QuizViewModel : ViewModel() {

    private val questionBank = listOf(
        ...
    )

    private var currentIndex: Int = 0

    val currentQuestionAnswer: Boolean
        get() = questionBank[currentIndex].answer

    val currentQuestionText: Int
        get() = questionBank[currentIndex].textResId

    fun moveToNext() {
        currentIndex = (currentIndex + 1) % questionBank.size
    }
}
```

前面说过,**ViewModel** 会保存关联用户界面所需的数据,并整理格式化这些数据,以方便其他对象取用。这样就可以把呈现的逻辑代码从 activity 中移除,例如当前的 index,这样做使得 activity 更简单。尽可能地保持 activity 简单有个好处:不用担心在 activity 中设置的任何逻辑潜在受到 activity 生命周期的影响。而且,移除呈现的逻辑意味着 activity 只负责用户界面上的显示内容,不必考虑数据该如何显示的逻辑。

接下来,完成对 **MainActivity** 的清理,需要删除 currentIndex 的旧值,相应做一些其他更改。由于不能从 **ViewModel** 中直接访问 **MainActivity**,所以在 **MainActivity** 中保留 **updateQuestion(）**和 **checkAnswer（Boolean）**函数,但要更新它们以调用 **QuizViewModel** 中新的计算属性,见程序清单 4-7。

程序清单 4-7 通过 QuizViewModel 来更新问题（MainActivity.kt）

```kotlin
class MainActivity : AppCompatActivity() {
...
    override fun onCreate(savedInstanceState: Bundle?) {
        ...
        binding.nextButton.setOnClickListener {
            currentIndex = (currentIndex + 1) % questionBank.size
            quizViewModel.moveToNext()
            updateQuestion()
        }
        ...
    }
    ...
    private fun updateQuestion() {
        val questionTextResId = questionBank[currentIndex].textResId
        val questionTextResId = quizViewModel.currentQuestionText
        binding.questionTextView.setText(questionTextResId)
    }

    private fun checkAnswer(userAnswer: Boolean) {
        val correctAnswer = questionBank[currentIndex].answer
        val correctAnswer = quizViewModel.currentQuestionAnswer
        ...
    }
}
```

运行 GeoQuiz 应用,单击 NEXT 按钮,旋转设备或模拟器。现在,不管如何旋转,**MainActivity** 都能记住当前题目。庆祝一下吧,设备旋转丢失 UI 状态数据的问题终于解决了。

4.3 进程销毁时保存数据

并不只是在配置改变时操作系统才要销毁某个 activity。每个应用程序都有自己的进程(更具体地说,是一个 Linux 进程),其中包含一个执行 UI 相关工作的线程和一块存储对象的内存。如果用户离开应用一段时间,Android 需要回收内存,应用程序的进程可能会被操作系统销毁。当应用程序的进程被销毁时,存储在该进程内存中的所有对象都会被销毁。

操作系统中已恢复或已启动 activity 的进程具有比其他进程更高的优先级。当操作系统需要释放资源时,它首先选择优先级较低的进程,实际上,包含可见 activity 的进程不会被操作系统回收。如果前台进程确实被回收,这意味着设备出现了严重问题(这样的话,用户应用被"杀死"的事已经不重要了)。

但在已启动或已恢复状态下,任何 activity 的进程都有可能被终止。例如,如果用户导航到主屏幕,然后去看视频或玩游戏,当前应用程序的进程可能会被终止。

在内存不足的情况下,activity 本身不会被单独销毁;相反,Android 系统会从内存中清除整个应用程序,并带走应用程序在内存中的所有 activity。

当操作系统销毁应用进程时,内存中的任何应用 activity 和 **ViewModel** 都会被清除。操作系统做起销毁的事毫不留情,不会去调用任何 activity 或 **ViewModel** 的生命周期回调函数。

那么,该如何保存 UI 状态数据,并用它重建新的 activity,让用户察觉不到 activity 曾被销毁呢?一个办法是将数据保存在保留实例状态(**saved instance state**)中。保留实例状态是操作系统临时存放在 activity 之外某个地方的一段数据。可以使用 **SavedStateHandle** 将数据添加到已保存的实例状态中。

在较早版本的 Android 中,处理保存的实例状态就像处理生命周期回调一样。现在,可以通过构造函数将 **SavedStateHandle** 传递到 **ViewModel** 中。可以像使用键值映射一样,使用 **SavedStateHandle** 存储简单的数据片段,如整数和字符串。将其非常清晰地插入已编写的代码中时,所需要做的只是将 currentIndex 设置为计算属性。

在 QuizViewModel.kt 中实现,见程序清单 4-8。

程序清单 4-8 保存数据到 SavedStateHandle(QuizViewModel.kt)

```
private const val TAG = "QuizViewModel"
const val CURRENT_INDEX_KEY = "CURRENT_INDEX_KEY"

class QuizViewModel(private val savedStateHandle: SavedStateHandle) : ViewModel() {
    ...
    private var currentIndex: Int = 0
        get() = savedStateHandle.get(CURRENT_INDEX_KEY) ?: 0
        set(value) = savedStateHandle.set(CURRENT_INDEX_KEY, value)
    ...
}
```

当第一次启动 activity 时,**SavedStateHandle** 映射中 currentIndex 的值为 null,因此对于 currentIndex 的 get()方法,要提供一个默认值 0。这等于复制了将 currentIndex 初始化为 0 这种行为。

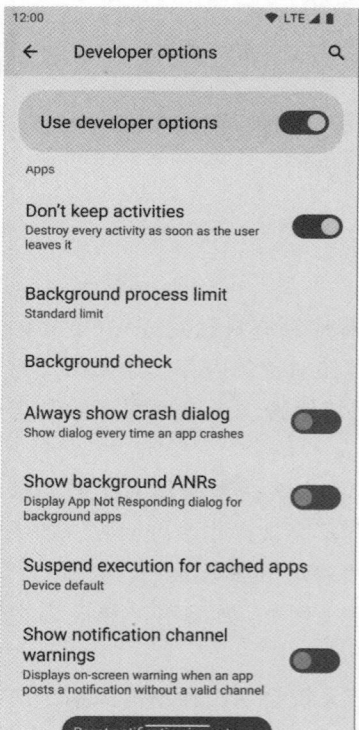

图 4-6 在设备上启用 Don't keep activities 选项

旋转很容易测试。幸运的是,低内存状况也很好测试。

连接硬件设备,并在设备的应用程序设置中打开"开发人员"选项(如果没有看到"开发人员"选项,请按照第 2 章中的步骤启用它)。在"开发人员"选项中,向下滑屏到 Apps 区域,将标记为 Don't keep activities 的设置设为"打开",如图 4-6 所示。

现在,运行 GeoQuiz 应用,单击 NEXT 按钮继续下一个问题,然后回到主屏幕。如前所述,返回主屏幕会导致 activity 调用 **onPause()**函数和 **onStop()**函数。通过查看日志可知,activity 已经被销毁了,就像 Android 操作系统回收内存那样。

重新运行应用(使用设备上的应用程序列表),验证 activity 状态是否按预期保存。可以看到,GeoQuiz 恢复后显示了应用关闭前的那个问题。

测试完毕,记得关闭 Don't keep activities 选项,否则将导致系统和应用的性能下降。

上述操作就是正确处理死亡进程所要做的所有事情。可以看到,currentIndex 是存储在 **SavedStateHandle** 而不是 **questionBank** 中。**SavedStateHandle** 有其局限性。**SavedStateHandle** 中的数据被序列化并写入磁盘,因此应该避免存放任何大型或复杂的对象。**SavedStateHandle** 只能用来存储重新创建 UI 状态所需的最少量信息(例如,当前问题的索引)。

ViewModel 和 **SavedStateHandle** 都不是用于长期存储的解决方案。如果应用程序需要在安装到设备后长期存储数据,无论 activity 状态如何,都需要一种长期存储的替代方案。本书介绍了两种本地长期存储方案:第 12 章中的数据库方案和第 21 章中的 shared preferences 方案。除本地存储外,还可以把数据保存到远程服务器上。第 20 章会介绍如何从 Web 服务器上获取数据。

本章通过正确判别设备配置改变和进程销毁,并加以处理,解决了 GeoQuiz 的状态丢失问题。在接下来的第 5、6 章中,将学习如何使用 Android Studio 调试工具解决开发过程中可能出现的相关问题,并测试应用程序的功能。在第 7 章,将为 GeoQuiz 添加一个新功能——作弊(cheating)。

4.4　深入学习:Jetpack、AndroidX 与架构组件

ViewModel 所在的 **androidx. lifecycle** 库是 Android Jetpack 组件的一部分。Android Jetpack 组件简称 **Jetpack**,是 Google 官方出品的一套开发库,目的是让 Android 开发更轻松。

可以在 Android 开发者网站上看到 **Jetpack** 库的列表,通过在 app/build. gradle 文件中添加相应的依赖项,将这些库中的任何一个包括在项目中。

每个 **Jetpack** 库都位于一个以 androidx 开头的包中。出于这个原因,有时术语 AndroidX 和 Jetpack 可以互换着称呼。

Jetpack 库构成了大多数现代 Android 应用程序的主干。当生成 GeoQuiz 时,Android Studio 默认会包含一些 **Jetpack** 库。在本书后续的内容中将涉及几个 **Jetpack** 库,如 **Fragment**、**Room** 和 **WorkManager**。

有些 **Jetpack** 组件是新开发的。有些早就有了,之前都被归为几个更大的库,统称为支持库。以前用支持库,现在都用 Jetpack(AndroidX) 版本的替代库了。

4.5　深入学习:解决问题要彻底

有的开发人员采用直接禁止应用屏幕旋转的方法来解决设备配置改变带来的 UI 状态丢失问题。假如应用不支持旋转,UI 状态就不会丢失了,不是吗? 没错,但糟糕的是,这样粗暴的解决方案会带来其他问题。这虽然解决了设备旋转遇到问题,但用户肯定还会遭遇到其他生命周期的问题,而且开发和测试时不一定能发现。

首先,在应用运行期间可能会发生其他配置的改变,例如窗口大小调整和夜间模式切换等。当然也可以捕获、忽略或处理这些更改,但这是一种糟糕的做法——因为它禁用了系统的一个功能,即根据运行时配置自动选择最佳适配的资源。

其次,禁用旋转并不能解决进程死亡的问题。如果想将应用程序锁定为纵向或横向模式,并且认定这么做很合理,应该对配置更改和处理死亡进程采取防范措施。现在,学习者可以利用新学的 **ViewModel** 和保留实例状态的知识来做到这一点。

简而言之,通过阻止配置更改来处理 UI 状态丢失是一种糟糕的方法。此处之所以提到它,只是希望学习者在以后的开发实战时警惕此类问题。

4.6 深入学习：Activity 与实例状态

　　SavedStateHandle 是一个易于使用的 API，它能安全地存储和恢复实例状态，并在进程被销毁的情况下保存这些信息。但它并不是一开始就有的，在 2020 年发布 **SavedStateHandle** 之前，开发人员就期盼能在 Activity 中使用 API。

　　为了存储实例状态，开发人员使用了 **Activity. onSaveInstanceState（Bundle ）**函数。与 **Activity. onPause（）**和 **Activity. onStop()** 函数类似，**Activity. onSaveInstanceState（Bundle ）**函数就像是在 activity 销毁期间调用的生命周期回调函数。为了恢复实例状态，开发人员使用了学习者已经熟悉的 API：**Activity. onCreate（Bundle?）. Bundle?** 作为参数，传入的是已保存的实例状态。

　　随着 ViewModel 库在整个 Android 生态系统中的使用，再使用旧的 API 就会变得很尴尬，而且会导致代码混乱。**ViewModel** 和 **activity** 之间，需要在多个地方传递数据，因此保持两者之间的状态一致是很容易出错的。

　　利用 **SavedStateHandle** 和 **ViewModel** 类，可以将所有实例和状态业务逻辑保留在 **ViewModel** 中。这意味着可以避免在 **ViewModel** 和 **activity** 之间多次传递数据而带来状态不一致的尴尬，也可以简化 activity。因此，如果有一个旧的代码库，并且用旧的 **Activity API** 保存和恢复实例状态，可以考虑使用 **SavedStateHandle** 进行重构。

第5章

Android应用的调试

本章将讲解如何处理应用的 bug，介绍如何使用 **Logcat**、**Android Lint** 和 Android Studio 内置的代码调试器。

为练习调试，这里先搞点破坏。打开 MainActivity.kt 文件，在 **onCreate（Bundle?）** 函数中，将初始化 binding 的那行代码加上注释符，见程序清单 5-1。

程序清单 5-1　注释掉一行关键代码（MainActivity.kt）

```kotlin
override fun onCreate(savedInstanceState: Bundle?) {
    super.onCreate(savedInstanceState)
    Log.d(TAG, "onCreate(Bundle?) called")
    // binding = ActivityMainBinding.inflate(layoutInflater)
    ...
}
```

运行 GeoQuiz 应用，查看应用发生崩溃的原因。

观察屏幕，只能看到应用一闪而过就消失了，什么提示都没有。在旧版本的 Android 上，可能会看到一个对话框弹出。如果没看到，则按启动程序屏幕上的 GeoQuiz 图标再次启动应用程序。这一次，当应用程序崩溃时，可以看到图 5-1 所示的消息。

显然，开发人员知道应用为何崩溃。如果不知道，接下来的全新视角或许能帮助解决问题。

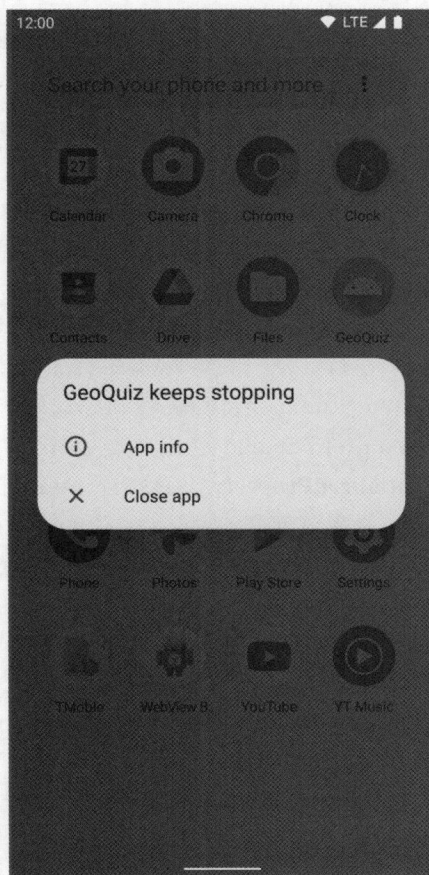

图 5-1　GeoQuiz 应用崩溃了

5.1　异常与栈跟踪

展开 Logcat 工具窗口来看看发生了什么。上下滑动 Logcat 窗口滚动条，应该会看到整片红色的异常或错误信息，如图 5-2 所示。这是一个标准的 **Android Runtime** 异常报告。

如果在 Logcat 中没找到异常，则可能是 Logcat 中信息太多，需要在筛选器下拉列表中选择 Show only selected application 或 No Filters 选项来过滤。另一方面，如果在 Logcat 中看到太多异常，可以将日志级别从 **Verbose** 调整为 **Error**，这将只显示问题最严重的日志消息。另外还可以通过搜索 FATAL

EXCEPTION,直接定位到让应用崩溃的异常消息处。

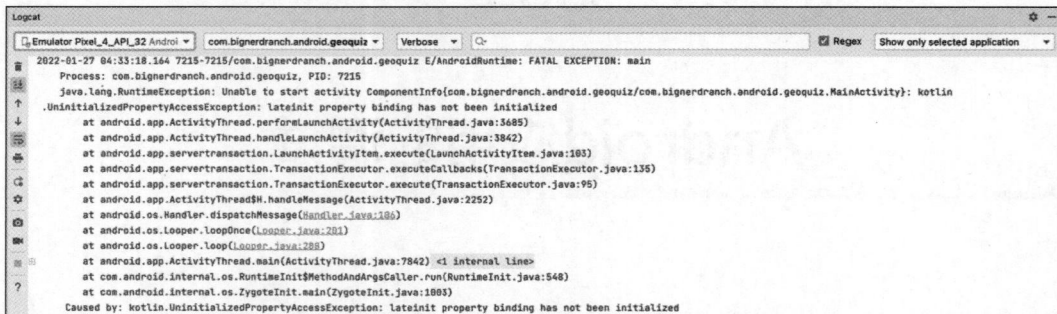

图 5-2　Logcat 中的异常与栈跟踪

该异常报告首先给出了最高层级的异常及其栈跟踪,然后是导致该异常的异常及其栈跟踪。如此不断追溯,直到找到一个没有具体原因的异常。

由于是 Kotlin 代码编写,所以看到 java.lang 异常会感觉很奇怪。实际上,在 Android 编译时,Kotlin 代码会被编译为和 Java 代码同样的低级字节码。在编译过程中,许多 Kotlin 异常会通过类型别名(type-aliasing)和 java.lang 异常映射对应起来。**kotlin.RuntimeException** 是 **kotlin.UninitializedPropertyAccessException** 的超类,在 Android 上,其和 **java.lang.RuntimeException** 相对应。

在本项目的大部分代码中,Logcat 报告中的最后一个异常没给出具体原因,这就是关注点。在这里,没有原因的异常是 **kotlin.UninitializedPropertyAccessException**。紧接着该异常的就是其栈跟踪信息的第一行。这一行显示发生异常的类和函数,以及发生异常的源文件及代码行号。单击蓝色链接,Android Studio 会自动跳转到源代码中对应代码的那一行。

Android Studio 定位的这行代码是 **onCreate(Bundle?)** 函数中绑定变量的第一次使用。名为 **UninitializedPropertyAccessException**,提示了问题所在:此变量未初始化。

为修正该问题,取消初始化 binding 语句这一行的注释,见程序清单 5-2。

程序清单 5-2　取消关键代码行的注释(MainActivity.kt)

```
override fun onCreate(savedInstanceState: Bundle?) {
    super.onCreate(savedInstanceState)
    Log.d(TAG, "onCreate(Bundle?) called")
    // binding = ActivityMainBinding.inflate(layoutInflater)
    ...
}
```

碰到运行异常时,记得在 Logcat 中查找最后一个异常及其栈跟踪的第一行(对应着源代码),这里是问题发生的地方,也是查找解决方案的最佳起点。

如果发生应用崩溃的设备没有与计算机连接,日志信息也不会全部丢失。设备会将最近的日志保存到日志文件中。日志文件内容的长度及保留的时间取决于具体的设备,不过,通常都能获取 10 分钟之内产生的日志信息。只要将设备连上计算机,并在设备视图里选中,Logcat 就会自动打开并显示已保存的日志内容。

5.1.1　诊断异常

即使出了问题,应用也不一定会崩溃。某些时候,应用只是出现了运行异常。例如,每次单击 NEXT 按钮时,应用都毫无反应。这就是一个非崩溃型的应用运行异常。

在 QuizViewModel.kt 中，将 **moveToNext()** 函数中使当前问题的 index 值递增的那一行代码注释掉，见程序清单 5-3。

程序清单 5-3　漏掉一行关键代码（QuizViewModel.kt）

```
fun moveToNext() {
    // currentIndex = (currentIndex + 1) % questionBank.size
}
```

运行 GeoQuiz 应用，单击 NEXT 按钮，可以看到应用无响应。

这个问题要比上一个棘手。它没有抛出异常，所以解决起来不像前面追溯并消除异常那么简单。有了前面的经验，这里可以推测出导致该问题的两个因素：currentIndex 变量值没有改变，或者更新 UI 的代码没被调用。

因为是故意制造了这个错误，所以知道是什么导致了这个错误。但是，如果这种类型的错误的出现是不知道什么原因导致的，就需要设法跟踪并找到错误的源头。在接下来的几节中，将介绍两种跟踪问题的方法：记录栈跟踪的诊断日志和使用调试器设置断点调试。

5.1.2　记录栈跟踪日志

在 QuizViewModel.kt 中，添加一条对 **moveToNext()** 函数的日志输出语句，见程序清单 5-4。

程序清单 5-4　添加日志记录函数 Exception（QuizViewModel.kt）

```
fun moveToNext() {
    Log.d(TAG, "Updating question text", Exception())
    // currentIndex = (currentIndex + 1) % questionBank.size
}
```

如同前面的 **UninitializedPropertyAccessException** 异常，**Log.d（String，String，Throwable）**函数记录并输出整个栈跟踪日志，在栈跟踪日志里很容易看出 **moveToNext()** 函数在哪些地方被调用了。

作为参数传给 **Log.d（String，String，Throwable）**函数的异常不一定就是已捕获的抛出异常。开发人员可以创建一个全新的 **Exception**（异常），把它作为不抛出的异常对象传给该函数。借此可以得到异常发生位置的记录报告。

运行 GeoQuiz 应用，单击 NEXT 按钮，然后在 Logcat 中查看输出结果，如图 5-3 所示。

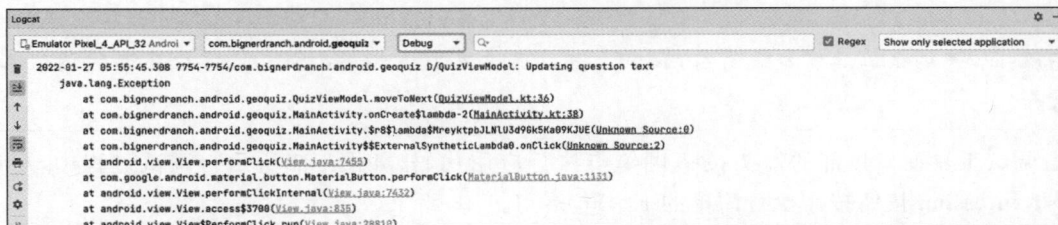

图 5-3　Logcat 中的输出结果

栈跟踪日志的第一行调用了异常记录函数。下一行为 **MainActivity** 里 **moveToNext()** 函数被调用的位置。单击该行链接会跳转至注释掉的使当前问题的 index 值递增的代码那一行。先不要修正这个错误，5.1.3 节还会使用设置断点调试的方法重新查找该问题。

记录栈跟踪日志虽然是个强大的工具，但也存在不足。例如，大量的日志输出很容易导致 Logcat 窗口信息混乱难读。此外，竞争对手可能会通过阅读堆栈跟踪信息来了解代码在做什么，从而窃取代码设计想法。

5.1.3 设置断点

现在,将使用 Android Studio 附带的调试器来跟踪相同的错误,在 **moveToNext( )** 中设置一个断点来查看它是否被调用。设置断点使得断点所在行代码暂停执行,并允许逐行检查接下来会发生什么。

在 QuizViewModel. kt 文件中,回到 **moveToNext( )** 函数,在函数内的第一行代码左边的灰色栏区域单击,可以看到,灰色栏中出现了一个红色圆点,这就是已设置的一处断点,如图 5-4 所示。

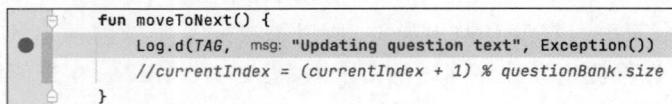

```
fun moveToNext() {
    Log.d(TAG,  msg: "Updating question text", Exception())
    //currentIndex = (currentIndex + 1) % questionBank.size
}
```

图 5-4　已设置的断点

要启用调试器并触发断点,需要调试应用程序,而不是直接运行它。

要调试应用,单击 Debug app 按钮,如图 5-5 所示。或在菜单栏中选择 Run→Debug app 菜单项。设备会报告说正在等待调试器加载,然后继续运行。

图 5-5　调试应用按钮

某些时候,学习者可能不想重新运行应用而直接调试运行中的应用,可以通过单击图 5-5 中所示的 **Attach Debugger to Android Process** 按钮或在菜单栏中选择 Run→Attach to process…菜单项来加载调试器调试运行中的应用。在弹出的对话框里,选择应用进程后单击 OK 按钮,调试器就加载到运行的应用中了。注意,调试器加载后,当前代码执行到的断点才会激活,调试器加载之前设置的任何断点都会被忽略。

接着单击 NEXT 按钮。在图 5-6 中可以看到 QuizViewModel. kt 已在编辑器中打开,并且带有断点的行(执行已暂停)高亮显示。可以看到屏幕底部的调试工具窗口现在已出现,它包含 **Frames** 和 **Variables** 视图。

> **注意**:如果调试工具窗口没有自动打开,可以通过单击 Android Studio 窗口底部的调试工具窗口来打开。

单击调试工具窗口顶部的箭头按钮可单步执行应用代码,如图 5-7 所示。调试过程中,可以利用 **Evaluate Expression** 按钮按需执行简单的 Kotlin 语句。

现在,应用程序已经在一个关注的执行点停止了,可以进行观察。**Variables** 视图允许检查程序中对象的值。在窗口顶部,应该看到值 **this**(**QuizViewModel** 实例本身)。

展开 **this** 变量查看 **QuizViewModel** 和 **QuizViewModel** 的超类(**ViewModel**)中声明的所有变量。现在,需要留意已创建的变量。

目前只对 **currentIndex** 这个值感兴趣,但它不在这里,这是因为 currentIndex 是一个计算属性。也看不到 **currentQuestionAnswer** 或 **currentQuestionText**,但 **questionBank** 可以看到,展开它并查看它的每个问题,如图 5-8 所示。

尽管没有看到 currentIndex,但仍然可以访问它。单击调试工具窗口中的 **Evaluate Expression** 按

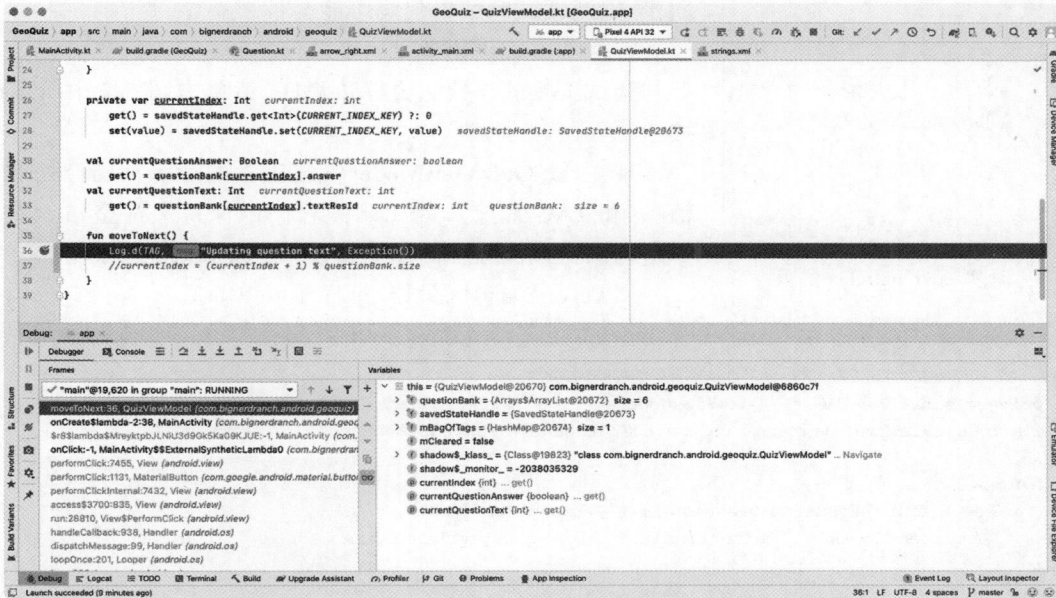

图 5-6　代码在断点处停止执行

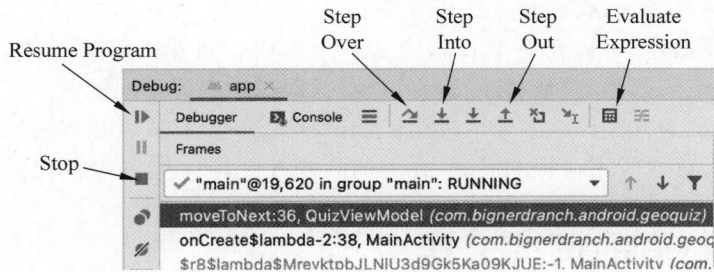

图 5-7　Debug 工具窗口中的控制图标按钮

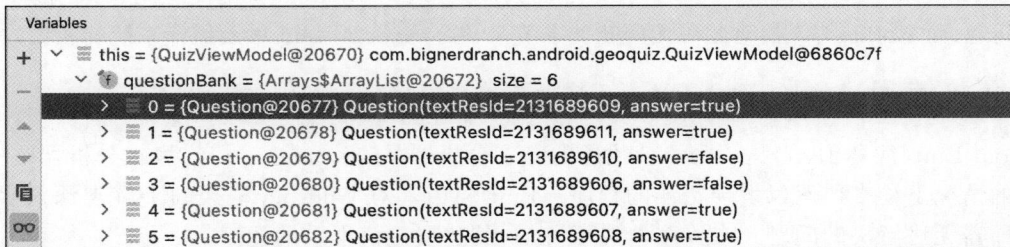

图 5-8　检查运行时的变量值

钮。在 Expression：text 字段中输入 currentIndex 并按下 Evaluate 按钮，如图 5-9 所示。

调试工具将计算并输出 currentIndex 的当前值。当按下了 NEXT 按钮，就会使 currentIndex 从 0 增加到 1。期望 currentIndex 的值为 1，但如图 5-9 所示，currentIndex 的值仍然为 0。

关闭 Evaluate 对话框。由于 **QuizViewModel. moveToNext()**中的代码从未被调用（因为之前对其进行了注释），从而导致了问题的出现。现在要修复此问题，但在对代码进行任何更改之前，应该先停止调试应用程序。如果在调试时编辑代码，则调入调试工具运行的代码将不能与编辑器工具窗口中的代码

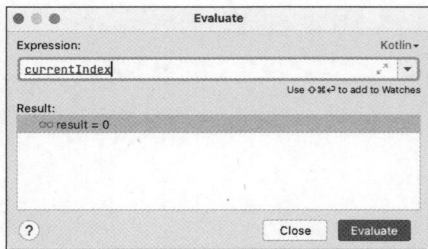

图 5-9　计算 currentIndex 的值

同步,因此调试时编辑代码可能会带来误导。

有两种方式停止调试:可以停止程序运行,也可以简单地断开与调试工具的连接。要停止程序,请单击图 5-7 中所示的 Stop 按钮。

现在,让 **QuizViewModel** 恢复正常的运行。已经处理完日志消息(和 **TAG** 常量),因此删除它们以保持文件整洁。然后通过单击调试窗口侧边栏的断点按钮来删除设置的断点。

回到代码编辑区操作,见程序清单 5-5。

程序清单 5-5　恢复正常(QuizViewModel. kt)

```
const val CURRENT_INDEX_KEY = "CURRENT_INDEX_KEY"
    private const val TAG = "QuizViewModel"
    class QuizViewModel(private val savedStateHandle: SavedStateHandle) : ViewModel() {
    ...
    fun moveToNext() {
        Log.d(TAG, "Updating question text", Exception())
        // currentIndex = (currentIndex + 1) % questionBank.size
    }
}
```

至此,已经尝试了两种方法来跟踪错误的代码行:堆栈跟踪记录日志和在调试工具中设置断点。哪种方法更好?它们各有所长,或许大家各有所爱吧。

记录堆栈跟踪的优点是,可以在一个日志中从多个位置看到堆栈跟踪信息。缺点是,要学习新东西,学习如何添加日志记录函数、重新编译、运行应用,并跟踪排查应用问题。

相对而言,代码调试的方法更为方便。应用以调试模式运行后(或者在应用程序的进程启动后将调试工具附加到该进程),可在应用运行的同时,在不同的地方设置断点,寻找解决问题的线索。

5.2　Android 特有的调试工具

大多数 Android 调试与 Kotlin 调试一样。然而,有时会遇到 Android 特定的应用调试场景问题,例如应用资源问题,而 Kotlin 编译器对此一无所知。本节来学习 Android Lint 以及编译系统的相关内容。

5.2.1　使用 Android Lint

Android Lint(简称 Lint)是 Android 代码的静态分析器(static analyzer)。静态分析器是一种在不运行代码的情况下检查代码以发现错误的程序。Lint 利用其对 Android 框架的了解来深入研究代码,并发现编译器无法解决的问题。在许多情况下,Lint 的建议是值得采纳的。

第 8 章中会看到 Lint 对设备兼容问题的警告。此外,Lint 能够对 XML 中定义的对象执行类型检查。

可以手动运行 Lint 来查看项目中的所有潜在问题,包括那些不那么严重的问题。我们来做个测试,即在项目中添加一个小问题。假设不喜欢问题文本居中,所以决定左对齐。打开 activity_main. xml 并进行更改,见程序清单 5-6。

程序清单 5-6　将问题文本左对齐(activity_main. xml)

```
<?xml version = "1.0" encoding = "utf - 8"?>
< LinearLayout xmlns:android = "http://schemas.android.com/apk/res/android"
```

```
    ...>

< TextView
        android:id = "@ + id/question_text_view"
        android:layout_width = "wrap_content"
        android:layout_height = "wrap_content"
        android:gravity = "center"
        android:gravity = "left"
        android:padding = "24dp"
        tools:text = "@string/question_australia"/>

    ...
</LinearLayout >
```

进行更改后，从菜单栏中选择 Analyze→Inspect Code…，这时会被问到希望检查项目的哪些部分。选择 Whole project，并单击 OK 按钮。Android Studio 将在代码上运行 Lint 及其他一些静态分析器，如拼写和 Kotlin 语法检查。

检查扫描完成后，所有的潜在问题都会在检查工具窗口中按类别列出。展开 Android 和 Lint 类别，查看关于项目的 Lint 信息，如图 5-10 所示。

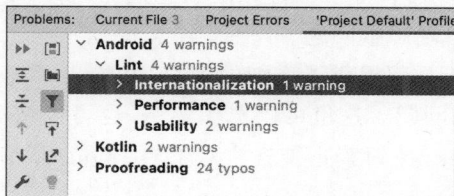

图 5-10 Lint 警告信息

> **注意**：可能会看到不同数目的 Lint 警告。这是因为 Android 工具链还在不断发展，新的检查点还会不断加入，新的限制也会往 Android 框架中添加，甚至还有新版本的开发工具和依赖库。

展开 Internationalization→Bidirectional Text，可以看到项目里相关问题更加详细的信息。选择 Using left/right instead of start/end attributes，查看这个特别的警告到底是什么，如图 5-11 所示。

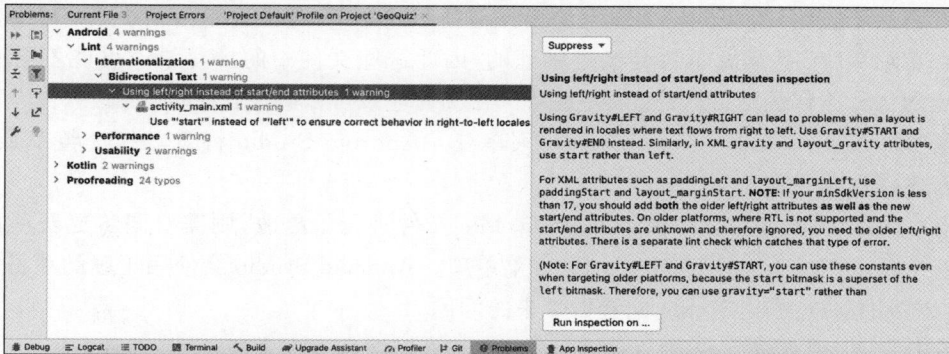

图 5-11 Lint 警告描述

Lint 显示警告，如果应用运行设备的语言是自右向左阅读，那么使用 right 和 left 值的布局属性可能会有问题。进一步深挖，可以知道到底是哪个文件、哪些代码行会导致这个警告。展开 Using left/right instead of start/end attributes，选择 activity_main.xml 这个有问题的文件，查看有问题的代码片段,如图 5-12 所示。

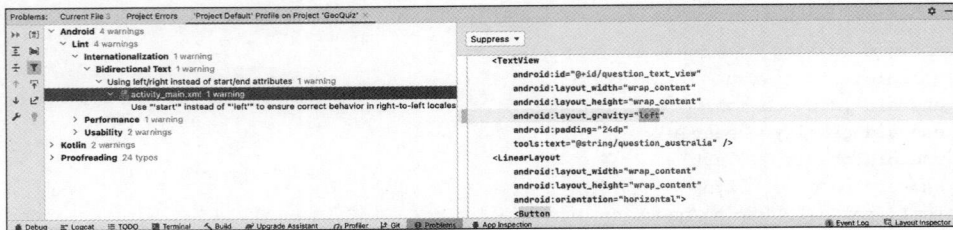

图 5-12　查看引起警告的代码

双击显示在文件名下的警告描述,activity_main. xml 文件会在代码编辑器工具窗口中打开,而且鼠标光标会停在引起警告的那行代码处(就是刚刚做过修改的那一行:android:gravity="left")。

撤销刚才所做的更改并重新运行 Lint,可以确认刚刚修复的双向文本警告问题不再出现在 Lint 检查结果里。在大多数情况下,即使没有解决 Lint 警告的事情,应用程序也会执行得很好。不过通常情况下,解决 Lint 警告可以帮助预防应用将来出现问题,或者让用户体验更好。

建议认真对待每个 Lint 警告信息,哪怕不打算处理它们。这样,学习者就不会习惯性忽略 Lint 检查出的问题,并能避免应用将来出现严重问题。

针对发现的每个问题,Lint 工具都提供了详细的信息,并给出了解决建议。作为练习,请仔细查看 Lint 针对 GeoQuiz 应用检查出的问题。这里可以选择忽略,也可以按 Lint 的建议修正问题,或者在将来使用问题描述面板上的 Suppress 按钮禁止警告。对于 GeoQuiz 章节的剩余部分,这里假设学习者尚没有解决剩余的 Lint 问题。

5.2.2　编译问题

每个人在编码时都会犯一些错误:要么这里漏了一个标点符号,要么那里出现一个拼写错误。当学习者试图运行自己的应用程序时,发生编译错误是很常见的。有时,这些编译错误会持续存在,或者是莫名其妙地出现。如果遇到这种情况,可以尝试以下的方法。

(1)重新检查资源文件中 XML 文件的有效性。Gradle 在向开发人员展示错误的方面做得很好。然而有时应用程序不能编译,Gradle 并没有给出任何提示或帮助,通常这是由某个 XML 文件中的拼写错误引起的。布局 XML 代码并不总是经过验证的,因此这些文件中的拼写错误可能不会引起开发人员的注意。找到拼写错误的地方,改过来并重新保存文件应该可以解决这个问题。

(2)清理项目,选择 Build→Clean Project 菜单项。Android Studio 将重新编译整个项目,消除错误。建议经常做深度项目清理。

(3)使用 Gradle 同步项目。如果对 build. gradle 文件进行了更改,则需要同步更新项目的编译设置。选择 File→Sync Project with Gradle Files 菜单项。Android Studio 会使用正确的项目设置重新编译项目,这可以帮助解决更改 Gradle 配置后带来的问题。

(4)运行 Lint,仔细查看 Lint 警告信息,用这个工具经常会发现意想不到的问题。

(5)清理缓存。如果调试了很久还是失败,这有点难办。在极少数情况下,清除 Android Studio 产生的缓存也许可以帮助解决问题。选择 File→Invalidate Caches/Restart...菜单项,Android Studio 将对项目进行一些维护,并在完成后重新启动。

如果仍有资源相关问题或其他问题,建议仔细阅读错误提示并检查布局文件。紧张时往往找不出问题。不妨冷静一下,再重新查看 Lint 报告的错误和警告,或许就能找出代码错误或拼写输入错误。

5.3　挑战练习:使用条件断点

断点在调试中是一个非常有用的工具,但在执行过程中经常碰到断点会成为负担而不是好处。在这种情况下,可以使用条件断点限制执行暂停的次数。可以通过右击现有断点,在弹出的对话框中设置条件断点。只有当前问题的答案为 true 时,才尝试暂停执行 **MainActivity** 中的 **updateQuestion()**函数。

5.4　挑战练习:探索布局检查器

为了调试布局文件,可使用布局检查器以交互的方式检查布局文件,研究它是如何在屏幕上呈现的。要使用布局检查器,首先确保 GeoQuiz 正在模拟器中运行,然后选择 Tools→Layout Inspector 菜单项。布局检查器激活后,单击布局检查器视图里的元素就可以查看布局属性了。

5.5　挑战练习:探索 Android 性能分析器

Android 性能分析器工具窗口给出了详细的性能报告,说明了应用程序是如何使用 Android 设备的资源的,如 CPU 和内存。它在评估和优化应用程序的性能时非常有用。

要查看性能分析器工具窗口,要先在连接的 Android 设备或模拟器上运行应用程序,然后在菜单栏中选择 View→Tool Windows→Profiler 菜单项,打开性能分析器,就能看到按 CPU、内存、网络和能耗等资源分区的时间线。

单击某个具体资源分区就可以看到应用使用该资源的详细信息。在 CPU 分区,单击 Record 按钮可以捕获更多的 CPU 使用信息。与应用程序交互并记录下性能分析信息后,记得单击 Stop 按钮停止捕获记录。

第6章

Android应用的测试

到目前为止,每当 GeoQuiz 要进行更改时,都要重新编译和部署应用程序的更新版本。在等待更新的应用程序安装在设备上后,才可以与该应用程序交互并观察新的变化。这是一个相对缓慢的过程,即使对于一个小型应用程序来说也是如此,而且随着应用程序变得越来越复杂,它只会变得越来越慢。

单元测试通过编写和使用小程序来验证应用程序中的代码单元,它可以加快开发新功能的周期,然后验证它们是否按预期工作。随着应用程序不断扩充更多的功能,单元测试可以让学习者更有信心,在保持现有应用功能不变的情况下,防止因增加功能而影响应用现有功能的正常工作。

本章将通过编写一些测试验证 GeoQuiz 中的现有功能。

6.1   两种测试方法

Android 上的单元测试有两种方法:虚拟机测试(即 **JVM** 测试)和真机测试。**JVM**(Java Virtual Machine,JVM)测试是通过 **JVM** 在开发机器(即笔记本电脑或台式机)上执行。真机测试是直接在 Android 设备上执行。每种方法的测试都有优点和缺点,要根据在开发阶段的特定需要,可以同时使用这两种测试方法。

JVM 测试可以在几毫秒内完成执行,而真机测试要慢几个数量级,可能需要几秒钟才能完成。另外,由于真机测试是直接在设备上运行 App,因此可以相信这些测试准确地表示了用户与 App 的交互情况。此外,如果没有 Android 开发环境,用户可以通过真机与 Android SDK(如 **Activity**、**TextView** 等类)进行交互,达到测试目的。

在运行代码时,上述几种不同的测试方法会使用到不同的源代码集合,通过 Gradle 对相应的源代码集合进行编译以适应不同的测试方法。下面介绍源代码集合。

在 Android Studio 中,将项目工具窗口切换到 Project 视图,这样可以看到 GeoQuiz 的目录结构。展开 GeoQuiz/app/src 目录,它有 3 个子目录:androidTest、main 和 test,如图 6-1 所示。

这 3 个子目录称为源代码集合。前面一直是在 main 目录的代码集中编写代码,它包含在 Android 设备上安装应用程序时编译和打包的代码。**JVM** 测试使用的是 test 目录下的源代码集合,真机测试使用的是 androidTest 目录下的源代码集合。

切换回 Android 视图,这 3 个源代码集仍然在 java 目录下,但

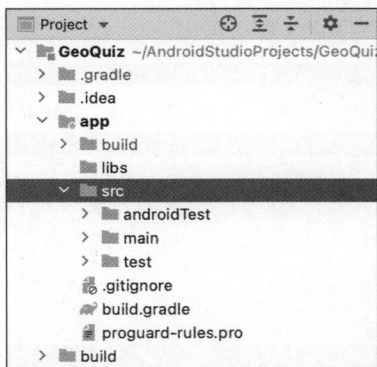

图 6-1   GeoQuiz 的源文件目录结构

它们添加了不同的标记。只有包含 **com. bignerarch. android. geoquiz** 的目录是 **main** 的源代码集合。而两个测试用的源代码集合增加了绿色背景以区分显示,并且在包名称后面的括号中分别添加了名称:**com. bignerranch. android. geoquiz(androidTest)**用于真机测试,**com. bignerdranch. aandroid. geokiz(test)**用于 **JVM** 测试。

6.2　JVM 测试

首先,看 JVM 测试是如何构造的。当 Android Studio 生成 GeoQuiz 的项目文件时,它还生成了一些单元测试。在 **com. bignerarch. android. geoquiz(test)**中,找到并打开 ExampleUnitTest. kt 文件,其内容如下:

```
class ExampleUnitTest {
    @Test
    fun addition_isCorrect() {
        assertEquals(4, 2 + 2)
    }
}
```

JVM 和真机测试都是使用 **JUnit** 测试框架执行的。**JUnit** 是 Java 和 Kotlin 中最流行的单元测试代码的方式,在 Android 上得到了广泛支持。

JUnit 测试框架支持将测试用例封装在类中。在这些类中,单独的测试是由 **@ Test** 注释标记的函数,可以在上面的示例中看到。在测试时,**JUnit** 会查找并执行带注释的函数。

常规命名函数的规则不适用于测试函数。事实上,测试函数的名称应该是描述性的和详细的,通常用名称来描述试图验证的行为。示例测试的名称,例如 **addition_isCorrect()** 函数的名称清楚地显示了它的检查目的。这是一个简单的测试,可以根据操作检查期望值(这里是 4 和 2+2)。

addition_isCorrect() 函数使用 **assertEquals()** 函数断言执行此检查。利用 **JUnit**,可以判断两个值是否相等,如本例所示,或者判断一个或多个条件中的任何一个值是否为 true,还可以在一个测试中执行多个判断。

JUnit 使用这些断言来确定测试是通过还是失败:如果任意一个断言判断失败,那么整个测试都会失败。这里,**assertEquals()** 函数接受两个参数:4 和 2+2。由于这些表达式的计算值相同,判断通过,因此测试通过。

在编辑器工具窗口的左侧,在被称为侧边栏的灰色区域中,在与类定义相同的行上能看到一个图标,单击该图标,然后在弹出的窗口中单击 Run 'ExampleUnitTest',如图 6-2 所示。

编译完代码后,Android Studio 打开运行工具窗口,并执行该类的单元测试。当完成后,将看到测试通过了,如图 6-3 所示。

测试已经通过:Android Studio 窗口左下角的结果 1 表示测试成功。要了解失败的测试是什么样的,尝试将 4 改为 5,再次进行测试。做完失败的测试后,在进行下一步之前,先把 5 改回 4。

单元测试可以快速而简单地来验证代码的运行是否符合预期。像 **addition_isCorrect()** 这样的 **JVM** 测试,执行得非常快:所需的时间因设备的性能而异,但完成执行可能不需要 1 毫秒。

现在自定义一个测试。一种常见的模式是根据测试的类对测试进行分组和命名,例如,**MainActivity** 将在一个名为 **MainActivityTest** 的类中拥有其关联的测试。要编写的第一个测试验证 **QuizViewModel** 的行为。

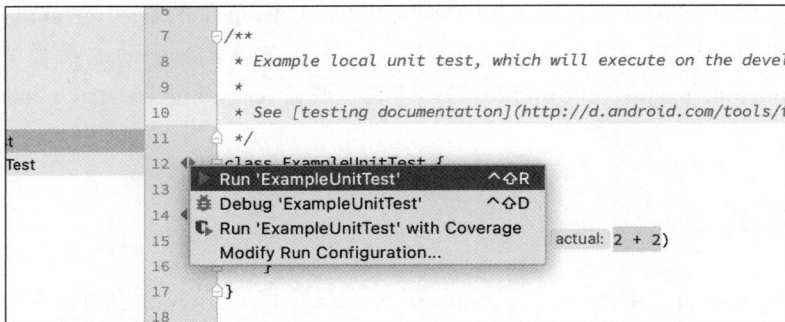

图 6-2   运行单元测试

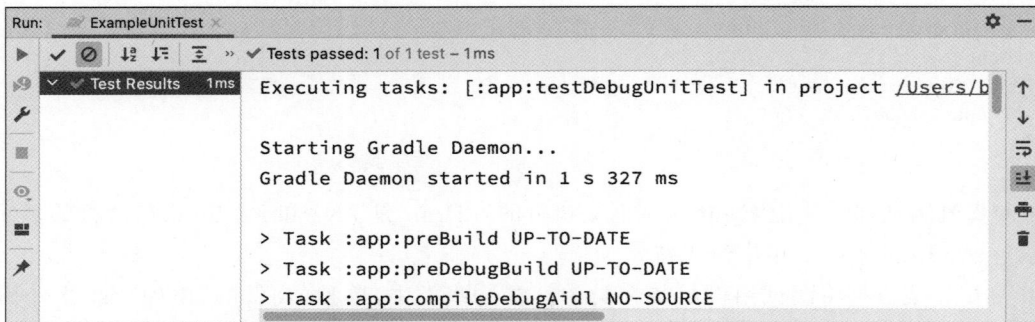

图 6-3   单元测试结果

可以在 **test** 源集中创建一个新的类文件,并自己设置 **QuizViewModelTest** 类的定义,但 Android Studio 可以帮助完成这项常见任务。在项目工具窗口中,找到并打开 QuizViewModel.kt,在编辑器工具窗口中将鼠标光标放在类定义中的任何位置,然后按组合键"**Ctrl＋Shift＋T**"(macOS 中为组合键 "**Command＋Shift＋T**")。在弹出的窗口中选择 Create New Test…菜单项,如图 6-4 所示。

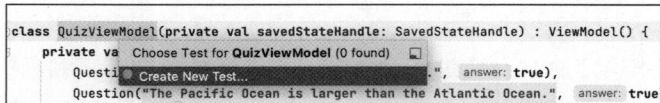

图 6-4   创建新测试

这将打开图 6-5 所示的 **Create Test** 对话框。默认的名称(类名加上 Test)和目标包不会改变任何复选框选项。但是有一个字段需要更改:从 **Testing library** 下拉列表中选择 **JUnit4**(**JUnit4** 是 Google 支持的 Android 测试框架),然后单击 OK 按钮。

> **注意**:如果在模块中找不到 JUnit4 库,单击 Fix 按钮,等待库的添加和同步。

在弹出的 Choose Destination Directory 对话框中为新的测试文件选择一个目录。由于正在测试的代码不与核心 Android SDK 交互,因此可以创建 JVM 测试。选择路径中包含/test 的目录,然后单击 OK 按钮,如图 6-6 所示。

这时,新的 QuizViewModelTest.kt 文件会在编辑器里打开:

```
package com.bignerdranch.android.geoquiz
import org.junit.Assert.*
class QuizViewModelTest
```

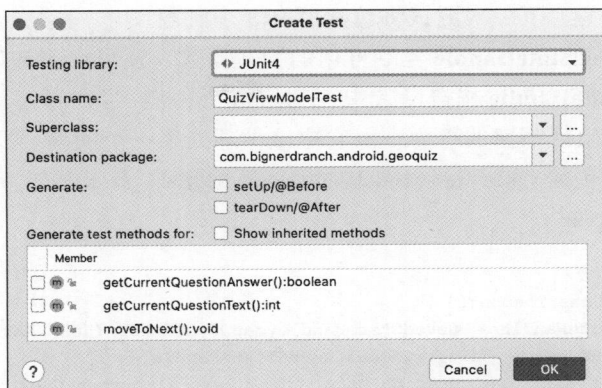

图 6-5　创建自己的测试

在 **ExampleUnitTest** 中使用 **@Test** 注释编写函数。但此函数将比 **addition_isCorrect()** 函数示例稍微复杂一些。

在单元测试中,代码过程通常分为 3 个不同的阶段:首先设置测试环境,然后测试特定的代码单元,最后验证代码单元的行为是否符合预期。

使用 **addition_isCorrect()** 函数可进行一个非常基本的测试。它不需要任何设置,并且在一行语句中即可完成测试和验证行为。测试将通过直接初始化 **QuizViewModel** 进行设置,通过对 **QuizViewModel** 执行一些操作进行测试,然后通过确认输出是否符合预期进行验证。

下面要编写的第一个测试,将验证 **QuizViewModel** 在初始化后是否为第一个问题提供了正确的问题文本。

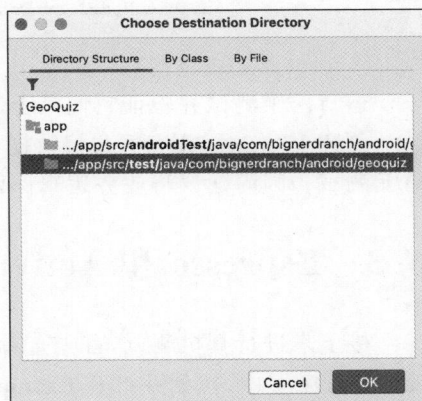

图 6-6　JVM 测试下的 test 目录

回想一下,**QuizViewModel** 唯一的构造函数参数是 **SavedStateHandle**。首先需要初始化一个保存的实例状态,只需使用一个空构造函数即可完成,这样就可以初始化 **QuizViewModel** 了。然后使用实例中看到的 **assertEquals()** 函数验证 **QuizViewModel** 上的 currentQuestionText 属性是否提供了预期值。

用描述性名称 providesExpectedQuestionText()作为函数名编写测试代码,见程序清单 6-1。

程序清单 6-1　编写第一个 JVM 测试(QuizViewModelTest. kt)

```
import androidx. lifecycle. SavedStateHandle
import org. junit. Assert. assertEquals
import org. junit. Test

class QuizViewModelTest {
    @Test
    fun providesExpectedQuestionText() {
        val savedStateHandle = SavedStateHandle()
        val quizViewModel = QuizViewModel(savedStateHandle)
        assertEquals(R. string. question_australia, quizViewModel. currentQuestionText)
    }
}
```

单击 **QuizViewModelTest** 旁边的 ◆◆ 图标进行测试,并验证它是否通过。请注意,此次测试包括设置和验证阶段,但没有测试行为。下一次测试将包括所有 3 个阶段。

空构造函数并不是 **SavedStateHandle** 唯一可用的构造函数。还可以将初始保存的实例状态作为键-值对的映射传递到 **SavedStateHandle** 构造函数中。利用这个功能,当在题库的末尾将要转到下一个问题时,可以编写一个测试来验证预期的行为——它应该循环到第一个问题,见程序清单 6-2。

程序清单 6-2　将输入传给 QuizViewModel(QuizViewModelTest. kt)

```kotlin
class QuizViewModelTest {
    ...
    @Test
    fun wrapsAroundQuestionBank() {
        val savedStateHandle = SavedStateHandle(mapOf(CURRENT_INDEX_KEY to 5))
        val quizViewModel = QuizViewModel(savedStateHandle)
        assertEquals(R. string. question_asia, quizViewModel. currentQuestionText)
        quizViewModel. moveToNext()
        assertEquals(R. string. question_australia,
        quizViewModel. currentQuestionText)
    }
}
```

运行两个测试并验证它们是否通过。

创建 **ViewModel** 实例并将数据作为构造函数参数传入的功能,使开发人员能够编写有用且可靠的单元测试。因而建议将业务逻辑保留在 **ViewModel** 中,而不是像 **Activity** 这样的 Android 组件中。

6.3　Espresso 和 ActivityScenario 工具测试

接下来进行真机测试,首先查看 Android Studio 已创建的例子,在 **com. bignerarch. android. geoquiz**(**androidTest**)中,找到并打开 **ExampleInstrumentedTest. kt**,内容如下:

```kotlin
@RunWith(AndroidJUnit4::class)
class ExampleInstrumentedTest {
    @Test
    fun useAppContext() {
        // Context of the app under test.
        val appContext = InstrumentationRegistry. getInstrumentation(). targetContext
        assertEquals("com. bignerdranch. android. geoquiz", appContext. packageName)
    }
}
```

这段代码的大部分内容与之前看到的测试类似:有一个包含用@**Test** 注释的函数的类,并且在该函数中有一个用于验证某些行为的断言。但也有一些区别:首先,类本身有一个注释 @ **RunWith**(**AndroidJUnit4∷class**),它向 **JUnit** 发出信号,表明这个测试应该在 Android 设备上执行。测试功能依赖于 Android SDK,专门用于验证应用程序的包名称是否与创建应用程序时设置的名称相同。

准备运行 **ExampleInstrumentedTest**,但首先需要做一些准备工作。由于工具测试是在 Android 设备上执行,而不是开发机器上,因此需要像在第 2 章中所做的那样连接 Android 设备,或者运行模拟器。确保 Android Studio 窗口顶部的设备下拉列表显示了要使用的设备或模拟器,然后单击 **ExampleInstrumentedTest** 侧边栏的 ◈ 图标执行测试。测试执行后,成功的结果应显示在 Android Studio 窗口的左下角。

现在已经了解了工具测试是如何工作的,接下来将编写一些自己的测试来覆盖 **MainActivity** 中的功能。这时要用到一个名为 **ActivityScenario** 的 API 来设置测试环境,并使用 **Espresso** 库来测试和验证

MainActivity 中的行为。

使用与 **QuizViewModelTest** 相同的方式创建测试类文件：在项目工具窗口中，找到并打开 MainActivity. kt，将光标放在编辑器中的类定义内，然后按组合键"**Ctrl＋Shift＋T**"（macOS 系统中为 "**Command＋Shift＋T**"），在弹出的窗口中选择 Create New Test…菜单项。

在创建工具测试对话框中，有两处需要修改，即从测试库下拉列表中选择 **JUnit4**，如果在模块中没有找到 **JUnit4** 库，单击 Fix 按钮；在 Generate 选项中选中 setUp/@Before 和 tearDown/@After，并单击 OK 按钮，如图 6-7 所示。

在弹出的 Choose Destination Directory 对话框中选择测试的目标目录。由于正在测试的代码直接与 Android SDK 交互，因此要创建一个工具测试。选择路径中包含/androidTest 的目录，然后单击 OK 按钮，如图 6-8 所示。

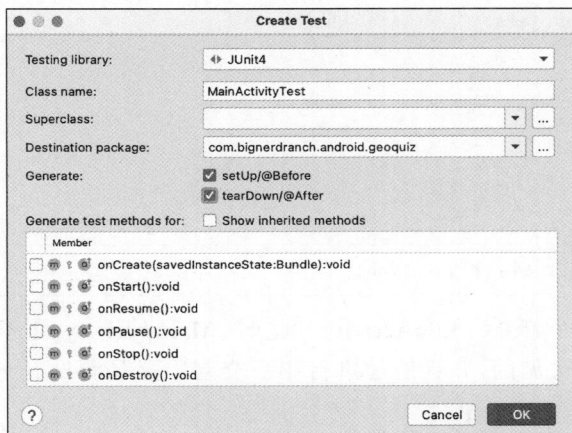

图 6-7　创建工具测试

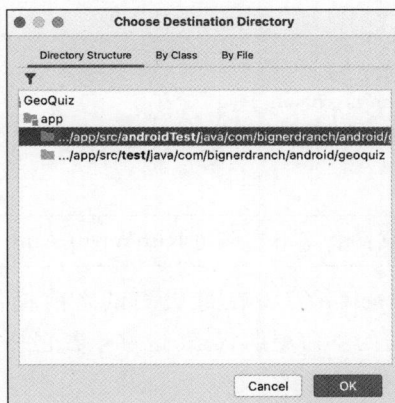

图 6-8　androidTest 目录选择

Android Studio 将会生成并打开一个全新的 MainActivityTest. kt 文件，其内容如下：

```
package com. bignerdranch. android. geoquiz
import org. junit. After
import org. junit. Before
class MainActivityTest {
    @Before
        fun setUp() {
    }

    @After
        fun tearDown() {
    }
}
```

测试通常需要在一个一致的环境中来运行。**setUp()**函数用来设置该环境。**@Before** 注释确保 **JUnit** 在每次测试之前执行 **setUp()**函数。类似地，**@After** 注释确保在每次测试后执行 **tearDown()**，在这里可以做一些测试后的清理任务（这些注释也适用于 **JVM** 测试）。

由于无法直接创建 **MainActivity** 的实例，这里要用到 **ActivityScenrio**。它可创建一个实例，并提供一个可以测试实例的独立环境。设置 **ActivityScenario** 的代码，见程序清单 6-3：

程序清单 6-3　ActivityScenario 的代码（MainActivityTest. kt）

```
package com. bignerdranch. android. geoquiz
```

```
import androidx.test.core.app.ActivityScenario
import androidx.test.core.app.ActivityScenario.launch
import androidx.test.ext.junit.runners.AndroidJUnit4
import org.junit.After
import org.junit.Before
import org.junit.runner.RunWith

@RunWith(AndroidJUnit4::class)
class MainActivityTest {

    private lateinit var scenario: ActivityScenario<MainActivity>

    @Before
    fun setUp() {
        scenario = launch(MainActivity::class.java)
    }

    @After
    fun tearDown() {
        scenario.close()
    }
}
```

> **注意**：千万别忘记@RunWith(AndroidJUnit4::class)注释。

现在，**setUp()** 将在每次测试之前提供一个新的 **MainActivity**。此时，**MainActivity** 处于已恢复（resumed）的生命周期状态，这意味着它是完全可见的，并且能够进行用户交互。这是测试其行为的完美环境。

将要用测试验证的第一个行为是：当 **MainActivity** 启动时，应该显示第一个测试问题。参照程序清单 6-4，输入代码；稍后了解将会发生什么事情。

程序清单 6-4　第一个 MainActivity 测试代码（MainActivityTest.kt）

```
...
import androidx.test.core.app.ActivityScenario.launch
import androidx.test.espresso.Espresso.onView
import androidx.test.espresso.assertion.ViewAssertions.matches
import androidx.test.espresso.matcher.ViewMatchers.withId
import androidx.test.espresso.matcher.ViewMatchers.withText
import androidx.test.ext.junit.runners.AndroidJUnit4
...
@RunWith(AndroidJUnit4::class)
class MainActivityTest {
    ...
    @After
    fun tearDown() {
        scenario.close()
    }

    @Test
    fun showsFirstQuestionOnLaunch() {
        onView(withId(R.id.question_text_view))
            .check(matches(withText(R.string.question_australia)))
    }
}
```

新的 **showsFirstQuestionOnLaunch()** 函数在文件中的位置无关紧要,但按惯例,**@Before** 和 **@After** 函数优先。注意,使用的 **@Test** 注释与 JVM 测试中使用的相同。

此测试展示了首次 **Espresso** 测试。**Espresso** 的 API 可以创建一个流接口,这意味着它在很大程度上依赖于实现复杂操作的方法。这个表达式可以分为两部分,如图 6-9 所示。

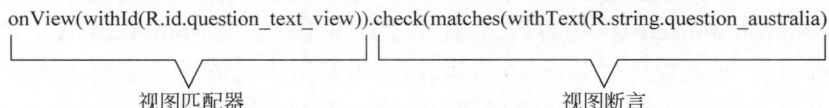

onView(withId(R.id.question_text_view)).check(matches(withText(R.string.question_australia)))

视图匹配器　　　　　　　　视图断言

图 6-9　分解 **Espresso** 的断言

前半部分称为视图匹配器(view matcher),用于查找感兴趣的特定视图。在本例中,即显示问题文本的 **TextView**。后半部分,称为视图断言(view assertion),用于验证指定视图的行为,在这里,它显示了关于澳大利亚的问题。

图 6-9 的表达式翻译过来就是:“在 ID 为 **R.id.question_text_view** 的视图上,检查它是否与 **R.string. question_australia** 中的文本匹配。”

使用 **MainActivityTest** 侧边栏中的 ◆ 图标执行刚刚编写的测试。编译并最终执行之后,应该会看到测试通过。

> **注意**:如果测试失败,并给出“lateinit property scenario has not been initialized”错误信息提示,则要在真机设备的 setting 选项中取消勾选 Don't keep activities,确保该选项被禁用,该设置是在第 4 章“4.3 进程销毁时保存数据”一节中启用的。

如果在测试运行时密切关注 Android 设备,可能会注意到设备上显示 **MainActivity** 的地方会有短暂的闪烁。原因是,**ActivityScenario** 启动 **MainActivity** 后,**Espresso** 进行检查,然后造成了 **MainActivity** 的关闭。

Espresso 不仅局限于监视用户界面,它还可以在该用户界面上执行操作(如单击按钮或输入文本)。接下来编写第二个工具测试,以验证当用户单击 NEXT 按钮时,他们是否看到了测试中的第二个问题。除检查视图是否与断言匹配外,还将在视图上执行一次单击操作,见程序清单 6-5。

程序清单 6-5　编写 MainActivity 测试(MainActivityTest.kt)

```
...
import androidx.test.espresso.Espresso.onView
import androidx.test.espresso.action.ViewActions.click
import androidx.test.espresso.assertion.ViewAssertions.matches
...
@RunWith(AndroidJUnit4::class)
class MainActivityTest {
    ...
    @Test
        fun showsFirstQuestionOnLaunch() {
        onView(withId(R.id.question_text_view))
            .check(matches(withText(R.string.question_australia)))
    }

    @Test
    fun showsSecondQuestionAfterNextPress() {
        onView(withId(R.id.next_button)).perform(click())
        onView(withId(R.id.question_text_view))
```

```
            .check(matches(withText(R.string.question_oceans)))
    }
}
```

运行测试,两个都通过了。

再来编写最后一个测试,验证是否修复了第 3 章中引入的旋转时 UI 状态丢失的错误。

ActivityScenario 是 **MainActivity** 的容器,它提供了许多工具提醒 **MainActivity**。其中一个工具是可以销毁和重建 Activity。下面要用到 **recreate()** 函数,它将制造出与旋转设备时出现的相同状况。前面已经使用 **SavedStateHandle** 修复了状态丢失错误,现在新测试将验证这一点,见程序清单 6-6。

程序清单 6-6　检查重建 Activity 是否处理(**MainActivityTest.kt**)

```
@RunWith(AndroidJUnit4::class)
class MainActivityTest {
    ...
    @Test
    fun showsSecondQuestionAfterNextPress() {
        onView(withId(R.id.next_button)).perform(click())
        onView(withId(R.id.question_text_view))
            .check(matches(withText(R.string.question_oceans)))
    }

    @Test
    fun handlesActivityRecreation() {
        onView(withId(R.id.next_button)).perform(click())
        scenario.recreate()
        onView(withId(R.id.question_text_view))
            .check(matches(withText(R.string.question_oceans)))
    }
}
```

运行这 3 个测试,看看是否都通过了。

对 **Activity** 来说,真机测试很重要,但它们的编写比 **ViewModel** 上的 **JVM** 测试更复杂,执行速度也更慢。此外,**ViewModel** 测试非常容易控制代码单元的输入和输出,这是编写好测试的基础。这种“可测试性”的差异是建议将业务逻辑保留在 **ViewModel** 中,而不是像 **Activity** 这样的 Android 组件中的众多原因之一。

学习者现在已经掌握了在 Android 上测试的基本知识,但是还有很多东西需要学习,有专门的关于测试软件的教材。

建议在测试过程中不断尝试新技术。测试是一项必须经过时间磨练的技能,随着在编写 Android 代码和编写测试以验证行为方面不断获得更多经验,学习者将会编写出更好的测试。通过更好的测试,会发布更好的应用程序。

6.4　挑战:自信

本章介绍了使用 **assertEquals()** 函数对 **QuizViewModel** 进行断言。在 **JUnit** 测试中,检查相等性并不是唯一的断言,还可以检查某个内容是 null(使用 **assertNull()** 函数),还是 true 或 false(分别使用函数 **assertTrue()** 或 **assertFalse()** 函数)等。尝试使用函数 **assertTrue()** 或 **assertFalse()** 函数验证 **QuizViewModel.currentQuestionAnswer** 的行为是否符合预期。

第7章

第二个activity

本章为 GeoQuiz 应用添加第二个 activity。一个 activity 用于控制屏幕信息，新添加的 activity 将增加一个用户界面用于用户偷看当前问题的答案，如图 7-1 所示。

如果用户选择先看答案，然后返回 **MainActivity** 答题，则会收到一条信息，如图 7-2 所示。

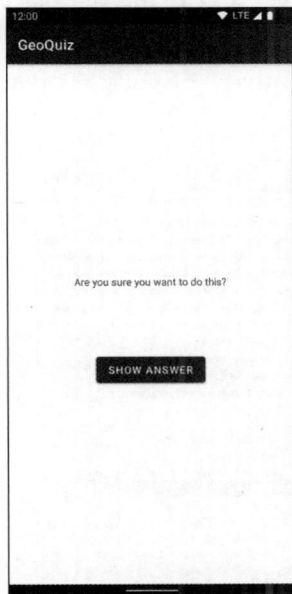

<table>
<tr>
<td>

图 7-1　**CheatActivity** 提供了偷看答案的机会

</td>
<td>

图 7-2　**MainActivity** 知道用户有没有偷看答案

</td>
</tr>
</table>

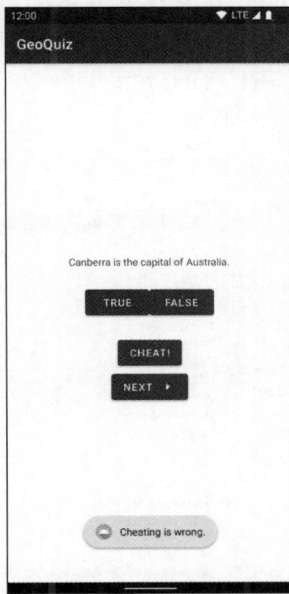

通过这个 Android 编程练习，可以学到以下知识点。

（1）创建新的 activity 及配套布局。

（2）从一个 activity 中启动另一个 activity。所谓启动 activity，就是请求 Android 系统创建新的 **activity** 实例并调用其 **onCreate（Bundle?）**函数。

（3）在父 activity（启动方）与子 activity（被启动方）间传递数据。

7.1　创建第二个 activity

在本章有很多事情要做。好在 Android Studio 的 Android Activity 新建向导可以帮助完成一些繁重的工作。

感受向导的魔力之前,先打开 res/values/strings.xml 文件,添加本章要用到的所有字符串资源,见程序清单 7-1。

程序清单 7-1　添加字符串资源(res/values/strings.xml)

```
< resources >
    …
    < string name = "incorrect_toast"> Incorrect!</string >
    < string name = "warning_text"> Are you sure you want to do this?</string >
    < string name = "show_answer_button"> Show Answer </string >
    < string name = "cheat_button"> Cheat!</string >
    < string name = "judgment_toast"> Cheating is wrong.</string >
</resources >
```

7.1.1　创建新的 activity

创建新的 **activity** 至少涉及 3 个文件:**Kotlin** 类文件、XML 布局文件和应用的 **manifest** 文件。这 3 个文件关联密切,如果出错会带来很大的麻烦。为确保做对,建议使用 Android Studio 的 Android activity 新建向导功能。

在项目工具窗口中,右击 app/java 文件夹,选择 New→Activity→Empty Activity 菜单项启动新建 activity 向导,如图 7-3 所示。

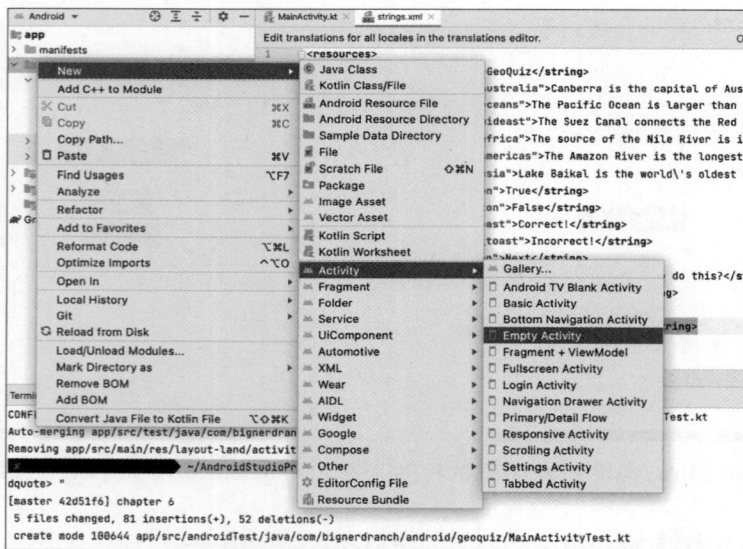

图 7-3　新建 activity 向导菜单

可以看到如图 7-4 所示的对话框,在 **Activity Name** 处输入 **CheatActivity**,这是 **Activity** 子类的名字。**Layout Name** 自动赋值为 **activity_cheat**,这是向导为布局文件创建的基本名称。

检查包名是不是 com. bignerdranch. android. geoquiz,包名决定 CheatActivity. kt 文件存放的位置。最后,保持其他默认设置不变,单击 Finish 按钮,让向导一展身手。

接下来要设计美观的 UI。图 7-1 和图 7-2 是 **CheatActivity** 视图完成后的样子。视图的定义如图 7-5 所示。

打开 res/layout/activity_cheat. xml 文件并切换至代码视图模式。

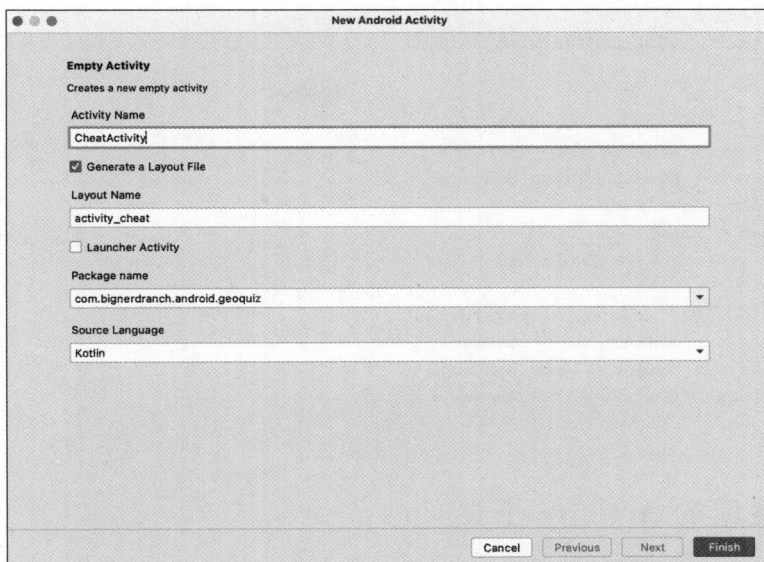

图 7-4　新的空 activity 向导

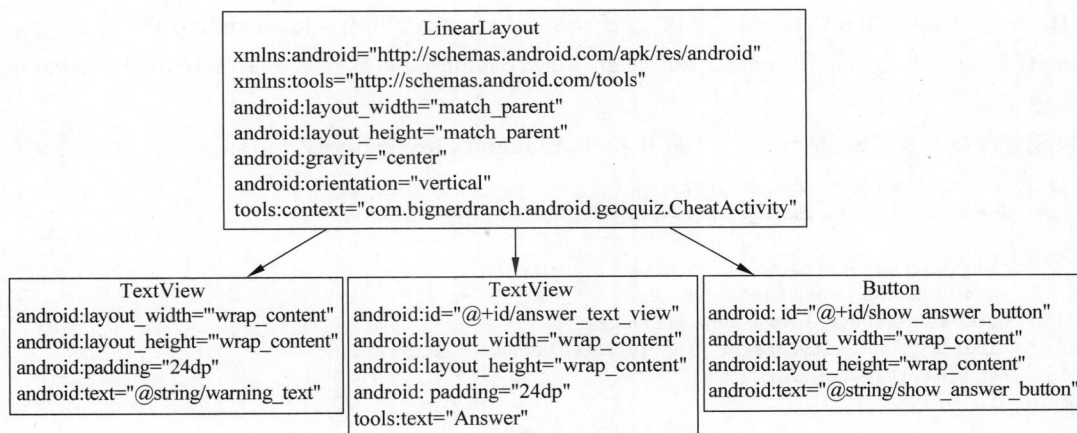

图 7-5　**CheatActivity** 布局示意图

参照图 7-5 创建布局 XML 文件，用新的 **LinearLayout** 替换 activity 示例的布局，以此类推。可对照程序清单 7-2 检查代码。

程序清单 7-2　编写第二个 activity 布局定义（res/layout/activity_cheat.xml）

```
< LinearLayout xmlns:android = "http://schemas.android.com/apk/res/android"
    xmlns:tools = "http://schemas.android.com/tools"
    android:layout_width = "match_parent"
    android:layout_height = "match_parent"
    android:gravity = "center"
    android:orientation = "vertical"
    tools:context = "com.bignerdranch.android.geoquiz.CheatActivity">

    < TextView
        android:layout_width = "wrap_content"
        android:layout_height = "wrap_content"
```

```
        android:padding = "24dp"
        android:text = "@string/warning_text"/>

    < TextView
        android:id = "@ + id/answer_text_view"
        android:layout_width = "wrap_content"
        android:layout_height = "wrap_content"
        android:padding = "24dp"
        tools:text = "Answer"/>

    < Button
        android:id = "@ + id/show_answer_button"
        android:layout_width = "wrap_content"
        android:layout_height = "wrap_content"
        android:text = "@string/show_answer_button"/>

</LinearLayout >
```

7.1.2 创建新的 Activity 子类

CheatActivity. kt 可能已在编辑器工具窗口中自动打开。如果没有,可从项目工具窗口打开它。

CheatActivity 类已经包含 **onCreate (Bundle?)** 的基本实现,它将 activity_cheat. xml 中定义的布局的资源 ID 传递给 **setContentView()**。若要匹配第一个 activity,可用 **View Binding** 更新 activity。由于 **CheatActivity** 的布局名为 activity_cheat. xml,因此 View Binding 将生成一个名为 **ActivityCheatBinding** 的类,见程序清单 7-3。

程序清单 7-3 在 CheatActivity 中使用 View Binding(CheatActivity. kt)

```
class CheatActivity : AppCompatActivity() {
    private lateinit var binding: ActivityCheatBinding

    override fun onCreate(savedInstanceState: Bundle?) {
        super. onCreate(savedInstanceState)
        setContentView(R. layout. activity_cheat)
        binding = ActivityCheatBinding. inflate(layoutInflater)
        setContentView(binding.root)
    }
}
```

CheatActivity 中的 **onCreate (Bundle?)** 函数还要完成更多的任务。现在看看 Android Activity 新建向导做的另一件事:在应用程序的 manifest 配置文件中声明 **CheatActivity**。

7.1.3 在 manifest 配置文件中声明 activity

manifest 配置文件是一个包含元数据的 XML 文件,用来向 Android 操作系统描述应用。该文件总是命名为 **AndroidManifest. xml**,可在项目的 app/manifests 目录中找到它。

在项目工具窗口中,找到并打开 manifests/AndroidManifest. xml。也可使用 Android Studio 的快速打开文件功能,使用组合键"Ctrl+Shift+N"(macOS 系统下使用组合键"Command+Shift+O")打开对话框,或直接输入目标文件名,找到该文件并按 Enter 键打开。

应用中所有的 activity 都必须在 **manifest** 配置文件中声明,这样操作系统才能够找到它们。

当使用新建应用向导创建 **MainActivity** 时,向导已自动完成声明工作。同样,Android Activity 新建向导也会在 **CheatActivity** 的声明中自动添加以下 XML 代码(灰底部分):

```
< manifest xmlns:android = "http://schemas.android.com/apk/res/android"
    package = "com.bignerdranch.android.geoquiz">

    < application
        android:allowBackup = "true"
        android:icon = "@mipmap/ic_launcher"
        android:label = "@string/app_name"
        android:roundIcon = "@mipmap/ic_launcher_round"
        android:supportsRtl = "true"
        android:theme = "@style/Theme.GeoQuiz">
        < activity
        android:name = ".CheatActivity"
        android:exported = "false" />
        < activity
            android:name = ".MainActivity"
            android:exported = "true">
        < intent – filter >
            < action android:name = "android.intent.action.MAIN" />

            < category android:name = "android.intent.category.LAUNCHER" />
        </ intent – filter >
        </ activity >
    </ application >
</ manifest >
```

这里的 android:name 属性是必需的。属性值前面的点号(.)告诉操作系统：Activity 类在文件顶部 **manifest** 元素的 package 属性指定的包中。

android:name 属性值也可以设置成完整的包路径，例如：

android:name = "com.bignerdranch.android.geoquits.CheatActivity"

长格式表示法与上面的写法效果相同。

manifest 配置文件里还有很多有趣的东西。不过，现在先集中精力搞定 **CheatActivity** 的配置和运行。在后续章节中，还将学习到更多有关 **manifest** 配置文件的知识。

7.1.4 为 MainActivity 添加 CHEAT! 按钮

现在计划让用户按下 **MainActivity** 中的按钮，在屏幕上获得 **CheatActivity** 的实例。因此，需要在 res/layout/activity_main.xml 中添加一个新按钮。

可以在图 7-2 中看到，新的 CHEAT! 按钮位于 NEXT 按钮上方。在布局中，将新按钮定义为根 **LinearLayout** 的直接子类，该定义在 NEXT 按钮的定义之前，见程序清单 7-4。

程序清单 7-4　在布局中添加 CHEAT! 按钮(res/layout/activity_main.xml)

```
    ...
</LinearLayout>

< Button
    android:id = "@ + id/cheat_button"
    android:layout_width = "wrap_content"
    android:layout_height = "wrap_content"
    android:layout_marginTop = "24dp"
    android:text = "@string/cheat_button" />

< Button
    android:id = "@ + id/next_button"
```

```
…/>

</LinearLayout>
```

现在,在 MainActivity.kt 里为 CHEAT!按钮添加 **View.onClickListener** 监听器代码,见程序清单 7-5。

程序清单 7-5　启用 CHEAT!按钮(MainActivity.kt)

```
class MainActivity : AppCompatActivity() {

    private lateinit var binding: ActivityMainBinding

    private val quizViewModel: QuizViewModel by viewModels()

    override fun onCreate(savedInstanceState: Bundle?) {
    …
        binding.nextButton.setOnClickListener {
            quizViewModel.moveToNext()
            updateQuestion()
        }

        binding.cheatButton.setOnClickListener {
            // Start CheatActivity
        }

        updateQuestion()
    }
    …
}
```

现在,可以着手启动 **CheatActivity** 了。

7.2　启动 activity

一个 activity 启动另一个 activity 最简单的方式是使用 **startActivity(Intent)** 函数。

如果学习者熟悉其他编程语言和平台,第一反应可能是调用要启动的 activity 的构造函数。然而 android 不同,必须调用 **startActivity(Intent)** 函数,操作系统将负责创建 activity。

准确地说,调用请求会发送给操作系统的 **ActivityManager**,由 **ActivityManager** 创建 Activity 实例并调用其 **onCreate(Bundle?)** 函数,如图 7-6 所示。

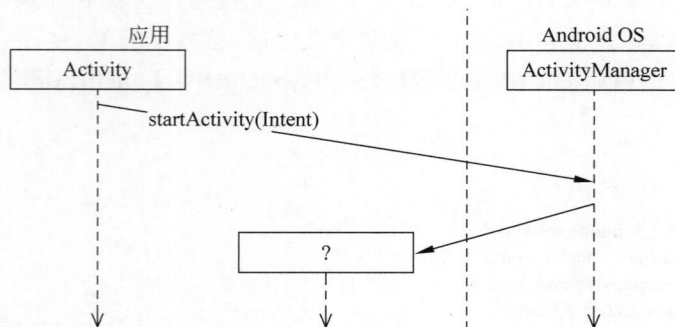

图 7-6　启动 activity

ActivityManager 该启动哪个 activity 呢?那就要看 **Intent** 参数里的信息了。

7.2.1　基于 Intent 的通信

Intent 是一个可以用来与操作系统通信的对象组件。到目前为止，学习者见过的唯一组件是 activity，实际上还有其他一些组件：services、broadcast receivers 和 content providers。

Intent 是一种多用途的通信工具，**Intent** 类根据使用 intent 执行的操作不同，提供不同的构造函数。

在这种情况下，使用 intent 来告诉 **ActivityManager** 要启动哪个 activity，因此将调用相关的一个构造函数，该构造函数允许传入 **Context** 和对 **CheatActivity** 类的引用。

在 **cheatButton** 的监听器中，创建一个包含 **CheatActivity** 类的 **Intent** 实例，然后将 intent 传递到 **startActivity**(**intent**)函数中，见程序清单 7-6。

程序清单 7-6　启动 CheatActivity(MainActivity.kt)

```
binding.cheatButton.setOnClickListener {
    // Start CheatActivity
    val intent = Intent(this, CheatActivity::class.java)
    startActivity(intent)
}
```

传递给 **Intent** 构造函数的 Class 参数指定了 **ActivityManager** 要启动的 activity。**Context** 参数告诉 **ActivityManager** 可以在哪个应用程序包中找到 Activity 类。

在启动 activity 之前，**ActivityManager** 会检查包的 **manifest** 中是否有与指定类同名的声明。如果它找到了这个声明，它就会启动 activity，应用正常运行。如果没有，则抛出 **ActivityNotFoundException** 异常，应用崩溃。这就是必须在 **manifest** 配置文件中声明应用的全部 activity 的原因。

运行 GeoQuiz。单击 **CHEAT!** 按钮，新 Activity 实例的用户界面将显示在屏幕上。现在单击 Back 按钮，**CheatActivity** 实例会被销毁，原来的 **MainActivity** 实例的用户界面又回来了。

7.2.2　显式 Intent 与隐式 Intent

通过指定 **Context** 与 **Class** 对象来创建 Intent 时，创建的是显式 Intent。通常是在自己的应用程序中使用显式 Intent 来启动指定的 activity。

同一应用中的两个 activity 必须通过应用外部的 **ActivityManager** 进行通信，这似乎看起来很奇怪。但是，这种模式使一个应用中的 activity 可以轻松地与另一个应用中的 activity 进行交互。

当应用中的某个 activity 想要在另一个应用中启动某个 activity 时，可通过创建隐式 Intent 来处理。在第 16 章中将会用到隐式 Intent。

7.3　activity 间的数据传递

MainActivity 和 **CheatActivity** 都已就绪，现在可以考虑它们之间的数据传递了。图 7-7 展示了两个 activity 间传递的数据信息。

当 **CheatActivity** 启动后，**MainActivity** 会通知它当前问题的答案。

当用户单击 Back 按钮返回 **MainActivity** 时，**CheatActivity** 随即被销毁。在销毁前的瞬间，它将向 **MainActivity** 发送有关

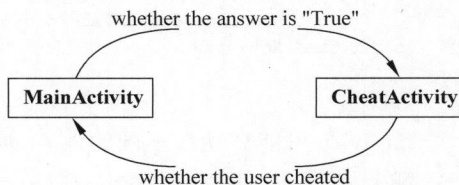

图 7-7　**MainActivity** 与 **CheatActivity** 之间的数据传递

用户是否作弊的数据。

接下来开始处理从 **MainActivity** 到 **CheatActivity** 的数据传递。

7.3.1　使用 intent extra

为了通知 **CheatActivity** 当前问题的答案,需将以下语句的返回值传递给它:

quizViewModel.currentQuestionAnswer

该值将作为一个 extra 信息,转发给 **startActivity(Intent)** 函数的 **Intent**。

extra 包含在 **Intent** 中,可以是调用 activity 的任意数据。虽然无法使用带自定义构造函数的 Activity 子类,但可以把它们视为构造函数的参数(Android 创建 Activity 实例并负责管理其生命周期)。操作系统将 Intent 转发给接收方 activity,接收方 activity 可以访问 extra 并获取数据,如图 7-8 所示。

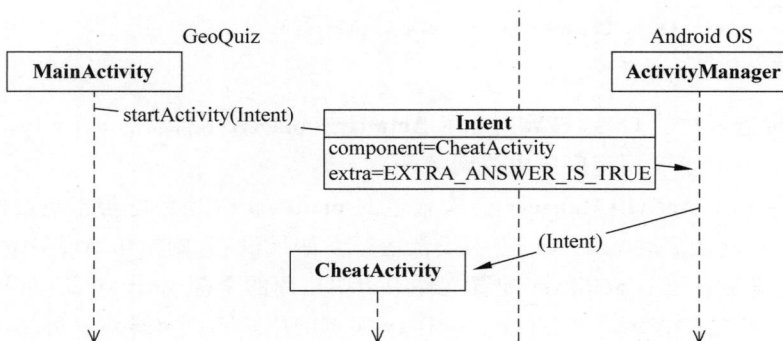

图 7-8　intent extra 与 activity 间的通信

如同 **QuizViewModel** 中用来保存值的 currentIndex 一样,extra 也是一种键-值结构。要将 extra 数据添加给 intent,需要调用 Intent.putExtra() 函数。确切地说,是调用如下函数:

putExtra(name: String, value: Boolean)

Intent.putExtra() 函数形式多变。不变的是,它总是有两个参数。第一个参数是 String 类型的键 key,第二个参数是键值 value,可以是各种数据类型。该函数返回的是 **Intent** 自身,因此,需要时可进行链式的多级调用。

在 CheatActivity.kt 中,在 CheatActivity 之前定义一个常量作为 extra 的键,见程序清单 7-7。

> **注意**:为适合打印页面,将新的代码行进行了换行处理,当然也可以在一行中完整输入。

程序清单 7-7　添加 extra 常量(CheatActivity.kt)

```
private const val EXTRA_ANSWER_IS_TRUE =
        "com.bignerdranch.android.geoquiz.answer_is_true"
class CheatActivity : AppCompatActivity() {
    ...
}
```

activity 可能启动自不同的地方,应该在获取和使用 extra 信息的 activity 那里为它定义键。如程序清单 7-7 所示,使用包名称作为 extra 的限定符,可以防止与其他应用程序的 extra 发生命名冲突。

现在,可以返回 **MainActivity** 并将 extra 附加到 intent 上,不过有一种更好的方法。**MainActivity** 或应用程序中的任何其他代码都无须知道 **CheatActivity** 处理 extra 信息的实现细节,因而可以将这些

工作封装到一个 **newIntent()** 函数中。

在 CheatActivity 中创建 **newIntent()** 函数,把它放在一个 **companion** 对象里,见程序清单 7-8。

程序清单 7-8 CheatActivity 中的 newIntent() 函数(CheatActivity.kt)

```kotlin
class CheatActivity : AppCompatActivity() {

    private lateinit var binding: ActivityCheatBinding

    override fun onCreate(savedInstanceState: Bundle?) {
        ...
    }

    companion object {
        fun newIntent(packageContext: Context, answerIsTrue: Boolean): Intent {
            return Intent(packageContext, CheatActivity::class.java).apply {
                putExtra(EXTRA_ANSWER_IS_TRUE, answerIsTrue)
            }
        }
    }
}
```

此函数创建一个 Intent,其正确配置了 **CheatActivity** 所需的 extra。answerIsTrue 参数是一个布尔值,以 **EXTRA_ANSWER_IS_TRUE** 常量作为私有名称放入 **Intent** 中。稍后会取出这个值。

即使没有类实例,使用 **companion** 对象也可以调用类函数,这点和 Java 里的静态函数类似。在 **Activity** 子类的 **companion** 对象里使用 **newIntent()** 函数,其他代码就很容易正确配置要启动的 intent。

说到其他代码,就是在 **MainActivity** 的 CHEAT! 按钮监听器中使用 **newIntent()** 函数,见程序清单 7-9。

程序清单 7-9 用 extra 启动 CheatActivity(MainActivity.kt)

```kotlin
binding.cheatButton.setOnClickListener {
    // Start CheatActivity
    val intent = Intent(this, CheatActivity::class.java)
    val answerIsTrue = quizViewModel.currentQuestionAnswer
    val intent = CheatActivity.newIntent(this @MainActivity, answerIsTrue)
    startActivity(intent)
}
```

这里只需一个 extra,但如果有需要,也可以把多个 extra 附加到同一个 Intent 上。如果附加多个 extra,也要给 **newIntent()** 函数相应添加多个参数以保持与模式一致。

要从 extra 获取数据,要用到函数 **Intent.getBooleanExtra(String,Boolean)**

getBooleanExtra()函数的第一个参数是 extra 的名字,第二个参数是布尔值,表示是否找到键,默认是没找到。

在 **CheatActivity** 的 **onCreate(Bundle?)** 函数代码里,从目标 extra 里取值,存入一个成员变量中,见程序清单 7-10。

程序清单 7-10 使用 extra(CheatActivity.kt)

```kotlin
class CheatActivity : AppCompatActivity() {

    private lateinit var binding: ActivityCheatBinding

    private var answerIsTrue = false

    override fun onCreate(savedInstanceState: Bundle?) {
```

```
    super.onCreate(savedInstanceState)
    binding = ActivityCheatBinding.inflate(layoutInflater)
    setContentView(binding.root)

    answerIsTrue = intent.getBooleanExtra(EXTRA_ANSWER_IS_TRUE, false)
  }
  ...
}
```

> **注意**：**Activity.getIntent()** 始终返回启动 activity 的 Intent，这是在调用 **startActivity(Intent)** 时转发的。

最后，实现单击 SHOW ANSWER 按钮后获取答案，并将其显示在 **TextView** 上，见程序清单 7-11。

程序清单 7-11 启用 cheating(CheatActivity.kt)

```
class CheatActivity : AppCompatActivity() {

    private lateinit var binding: ActivityCheatBinding

    private var answerIsTrue = false

    override fun onCreate(savedInstanceState: Bundle?) {
        ...

        answerIsTrue = intent.getBooleanExtra(EXTRA_ANSWER_IS_TRUE, false)

        binding.showAnswerButton.setOnClickListener {
            val answerText = when {
            answerIsTrue -> R.string.true_button
            else -> R.string.false_button
            }
            binding.answerTextView.setText(answerText)
        }
    }
    ...
}
```

以上代码比较直观。**TextView.setText(Int)** 函数用来设置 **TextView** 要显示的文字。**TextView.setText()** 函数有多种变体，这里通过传入字符串资源 ID 调用该函数。

运行 GeoQuiz 应用。单击 CHEAT! 按钮，弹出 **CheatActivity** 的用户界面，然后单击 SHOW ANSWER 按钮偷看当前问题的答案。

7.3.2 从子 activity 获取返回结果

此时，用户可以作弊而不受惩罚。来处理一下，让 **CheatActivity** 告诉 **MainActivity** 用户是否选择查看了答案。

当需要从子 activity 获取返回信息时，可以使用 Activity Results API 为 **ActivityResult** 注册 **MainActivity**。

Activity Results API 与迄今为止在 **Activity** 类中使用过的其他 API 不同。它需要使用 **registerForActivityResult()** 函数初始化 **MainActivity** 中的类属性，来代替覆盖生命周期的方法。该函数有两个参数：第一个参数是一个 contract，它定义了要启动的 **Activity** 的输入和输出；第二个是 lambda，可以在其中解析返回的输出。

在 **MainActivity** 中，用 **registerForActivityResult()** 函数初始化名为 cheatLauncher 的属性，见程序清单 7-12。

程序清单 7-12 创建 cheatLauncher（MainActivity. kt）

```
class MainActivity : AppCompatActivity() {

    private lateinit var binding: ActivityMainBinding

    private val quizViewModel: QuizViewModel by viewModels()

    private val cheatLauncher = registerForActivityResult(
        ActivityResultContracts.StartActivityForResult()
    ) { result ->
        // Handle the result
    }

    override fun onCreate(savedInstanceState: Bundle?) {
        ...
    }
    ...
}
```

正在使用的 contract 是 **ActivityResultContracts. StartActivityForResult**。它是一个基本协定，接受 **Intent** 作为输入，并提供 **ActivityResult** 作为输出。有许多其他 contract 来完成不同的任务（如获取视频或请求权限）。甚至可以定义自己的定制 contract。在第 16 章中，将使用不同的 contract 允许用户从联系人列表中选择联系人。

现在先不对结果进行处理，稍后再回到这里继续。

要启动 cheatLauncher，需要调用 **launch（Intent）** 函数，该函数接受已经创建的 **Intent**，见程序清单 7-13。

程序清单 7-13 启动 cheatLauncher（MainActivity. kt）

```
class MainActivity : AppCompatActivity() {
    ...
    override fun onCreate(savedInstanceState: Bundle?) {
        ...
        binding.cheatButton.setOnClickListener {
            // Start CheatActivity
            val answerIsTrue = quizViewModel.currentQuestionAnswer
            val intent = CheatActivity.newIntent(this@MainActivity, answerIsTrue)
            startActivity(intent)
            cheatLauncher.launch(intent)
        }

        updateQuestion()
    }
    ...
}
```

1. 设置返回结果

可以在子 activity 中调用两个函数将数据发送回父 activity，如下所示：

```
setResult(resultCode: Int)
setResult(resultCode: Int, data: Intent)
```

通常，resultCode 是两个预定义常量之一：**Activity. result_OK** 或 **Activity. result_CANCELD**。

> **注意**：在定义自己的 resultCode 时，还可以使用另一个常量 **result_FIRST_USER**。

当父 activity 需要根据子 activity 的完成方式采取不同的操作时，设置结果代码非常有用。

例如，如果子 activity 有 OK 按钮和 Cancel 按钮，则该子 activity 将根据按下的按钮设置不同的 result code。然后，父 activity 将根据 result code 采取不同的操作。

调用 **setResult()** 函数不是子 activity 所必需的。如果不需要在结果之间进行区分，也不需要接收关于 intent 的任意数据，那么可以让操作系统发送默认的 result code。如果子 activity 是用 **startActivityForResult()** 函数启动的，则 result code 总是返回给父 activity。如果未调用 **setResult()**，则当用户按下 Back 按钮时，父 activity 将收到的 result code 为 **Activity. RESULT_CANCELD**。

2. 返回 intent

GeoQuiz 应用需将一些特定的数据传递回 **MainActivity**。因此，需创建一个 **Intent**，附加上 extra 信息后，调用 **Activity. setResult(Int, Intent)** 将数据交到 **MainActivity** 手中。

在 **CheatActivity** 中，为 extra 的键增加一个常量，并添加一个执行此操作的私有函数。然后在 SHOW ANSWER 按钮的监听器中调用此函数，见程序清单 7-14。

程序清单 7-14　设置结果值（CheatActivity. kt）

```
const val EXTRA_ANSWER_SHOWN = "com.bignerdranch.android.geoquiz.answer_shown"
private const val EXTRA_ANSWER_IS_TRUE =
        "com.bignerdranch.android.geoquiz.answer_is_true"

class CheatActivity : AppCompatActivity() {
    ...
    override fun onCreate(savedInstanceState: Bundle?) {
        ...
        binding.showAnswerButton.setOnClickListener {
            ...
            binding.answerTextView.setText(answerText)
            setAnswerShownResult(true)
        }
    }

    private fun setAnswerShownResult(isAnswerShown: Boolean) {
        val data = Intent().apply {
            putExtra(EXTRA_ANSWER_SHOWN, isAnswerShown)
        }
        setResult(Activity.RESULT_OK, data)
    }
    ...
}
```

当用户单击 SHOW ANSWER 按钮时，**CheatActivity** 会在调用 **setResult(Int, Intent)** 时将 result code 和 Intent 打包。

接着，当用户单击 Back 按钮返回 **MainActivity** 时，**ActivityManager** 会援引父 activity 中 **cheatLauncher** 内定义的 lambda。要传递的这些参数是 **MainActivity** 的原始 request code，以及传递到 **setResult(Int, Intent)** 的 result code 和 Intent，如图 7-9 所示。

最后一步是提取 **MainActivity** 中 **cheatLauncher** 的 lambda 中返回的数据。

3. 处理返回结果

在 QuizViewModel. kt 中，添加一个新属性来保存 **CheatActivity** 正在传递的值。

用户的作弊状态是 UI 状态的一部分。使用 **SavedStateHandle** 将用户的作弊状态保存在

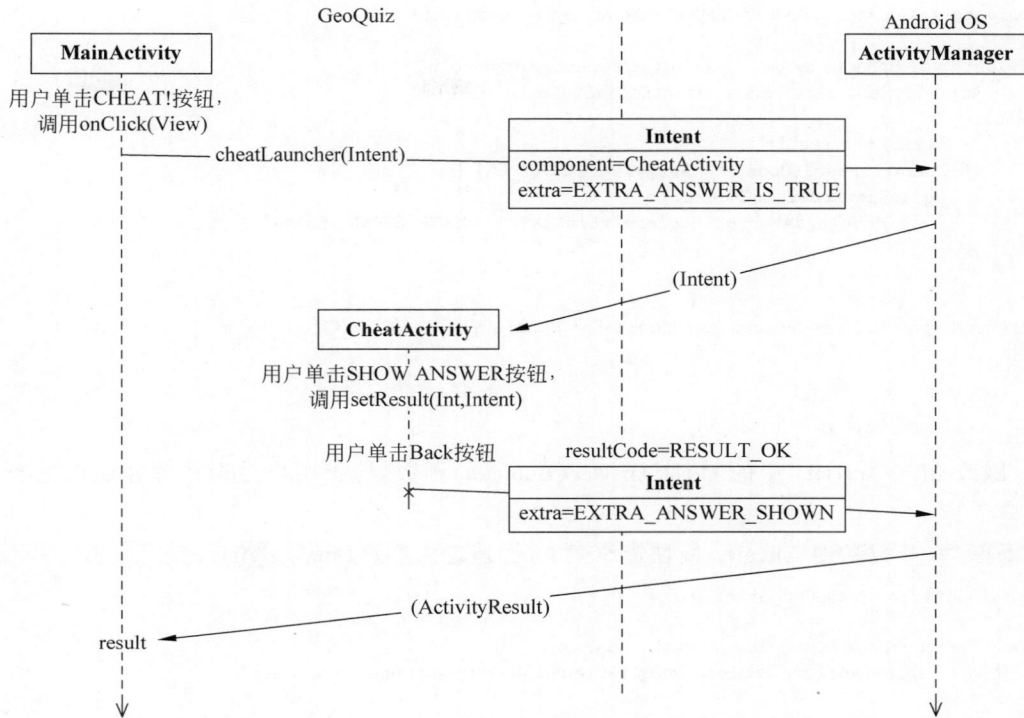

图 7-9　GeoQuiz 应用内部的交互时序图

QuizViewModel 中，这意味着该值将在配置更改和进程销毁期间持续存在，而不是随着 activity 而销毁，正如第 4 章所述，见程序清单 7-15。

程序清单 7-15　在 QuizViewModel 中跟踪用户的作弊状态（QuizViewModel.kt）

```
...
const val IS_CHEATER_KEY = "IS_CHEATER_KEY"

class QuizViewModel(private val savedStateHandle: SavedStateHandle) : ViewModel() {
    ...
    private val questionBank = listOf(
    ...
    )

    var isCheater: Boolean
        get() = savedStateHandle.get(IS_CHEATER_KEY) ?: false
        set(value) = savedStateHandle.set(IS_CHEATER_KEY, value)
    ...
}
```

接下来，在 **MainActivity.kt** 中，在 **cheatLauncher** 的 lambda 中添加以下代码行（见程序清单 7-16），从 **CheatActivity** 发回的结果中提取值。因为不希望意外地将用户标记为作弊者，因此请先检查 result Code 是否为 **Activity.RESULT_OK**。

程序清单 7-16　在 cheatLauncher 中提取数据（MainActivity.kt）

```
class MainActivity : AppCompatActivity() {

    private lateinit var binding: ActivityMainBinding
```

```
        private val quizViewModel: QuizViewModel by viewModels()

        private val cheatLauncher = registerForActivityResult(
            ActivityResultContracts.StartActivityForResult()
    ) { result ->
            // Handle the result
            if (result.resultCode == Activity.RESULT_OK) {
                quizViewModel.isCheater =
                    result.data?.getBooleanExtra(EXTRA_ANSWER_SHOWN, false) ?: false
            }
        }

        override fun onCreate(savedInstanceState: Bundle?) {
            ...
        }
        ...
    }
```

最后,修改 **MainActivity** 中的 **checkAnswer(Boolean)** 函数,检查用户是否作弊并做出适当的响应,见程序清单 7-17。

程序清单 7-17　基于 isCheater 属性值改变 toast 消息内容(MainActivity. kt)

```
class MainActivity : AppCompatActivity() {
    ...
    private fun checkAnswer(userAnswer: Boolean) {
        val correctAnswer: Boolean = quizViewModel.currentQuestionAnswer

        val messageResId = if (userAnswer == correctAnswer) {
            R.string.correct_toast
        } else {
            R.string.incorrect_toast
        }
        val messageResId = when {
            quizViewModel.isCheater -> R.string.judgment_toast
            userAnswer == correctAnswer -> R.string.correct_toast
            else -> R.string.incorrect_toast
        }
        Toast.makeText(this, messageResId, Toast.LENGTH_SHORT)
                .show()
    }
}
```

运行 GeoQuiz 应用。单击 CHEAT! 按钮,然后在作弊界面单击 SHOW ANSWER 按钮。偷看答案后,单击 Back 按钮。在回答当前问题时,会看到作弊警告消息弹出。

继续答下一题会是什么情况呢? 依然被判作弊! 如果想放宽判定为作弊的规则,可动手完成 7.8 节的挑战练习,完善作弊评判逻辑。

至此,GeoQuiz 应用的功能已开发完成。第 8 章将介绍如何在同一应用程序中包含最新的 Android 功能,同时仍然支持旧版本的 Android。

7.4　Android 如何看待 activity

接下来了解在各 activity 间切换的时候,操作系统层面发生了什么。首先,当单击启动程序中的 GeoQuiz 应用图标时,操作系统并没有启动该应用,它只是启动了应用中的一个 activity。确切地说,它启动了应用的 launcher activity。对 GeoQuiz 应用来说,**MainActivity** 就是它的 launcher activity。

当新建项目向导创建 GeoQuiz 应用程序和 **MainActivity** 时，默认情况下会将 **MainActivity** 设置为 launcher activity。launcher activity 状态由 **MainActivity** 声明中的 **intent filter** 元素在 manifest 中指定，如下所示：

```
< manifest xmlns:android = "http://schemas.android.com/apk/res/android"
    ... >

    < application
        ... >
        < activity
            android:name = ".CheatActivity"
            android:exported = "true" />
        < activity
            android:name = ".MainActivity"
            android:exported = "true">
            < intent - filter >
                < action android:name = "android.intent.action.MAIN"/>

                < category android:name = "android.intent.category.LAUNCHER"/>
            </ intent - filter >
        </ activity >
    </ application >

</ manifest >
```

在屏幕上显示 **MainActivity** 实例后，用户可以单击 CHEAT! 按钮。当这个动作发生时，随即在 **MainActivity** 实例上启动一个 **CheatActivity** 的实例。这些 activity 存在于一个堆栈中，单击 **CheatActivity** 中的 Back 按钮，该实例从堆栈中弹出，**MainActivity** 重新回到栈顶部，如图 7-10 所示。

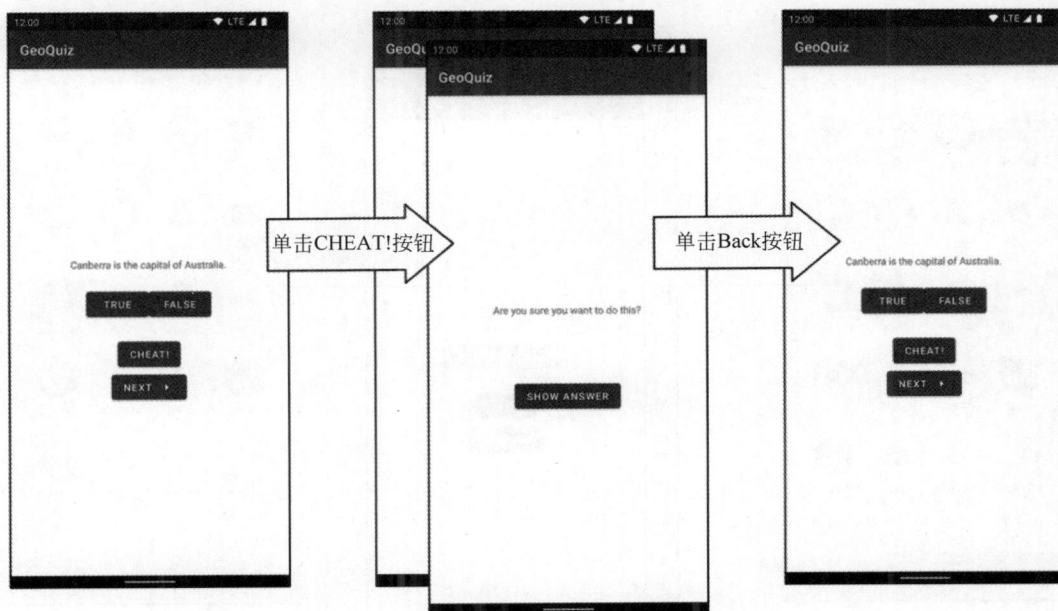

图 7-10 GeoQuiz 的回退栈

在 **CheatActivity** 中调用 **Activity.finish()** 函数同样可以将 **CheatActivity** 从栈中弹出。

如果在运行 GeoQuiz 时在 **MainActivity** 中单击 Back 按钮，**MainActivity** 将在创建状态（created）下转到后台，屏幕返回运行 GeoQuiz 之前的画面，如图 7-11 所示。有关 **MainActivity** 返回与 **CheatActivity**

返回二者之间发生行为的不同之处的更多细节,可参阅本章 7.6 节的内容。

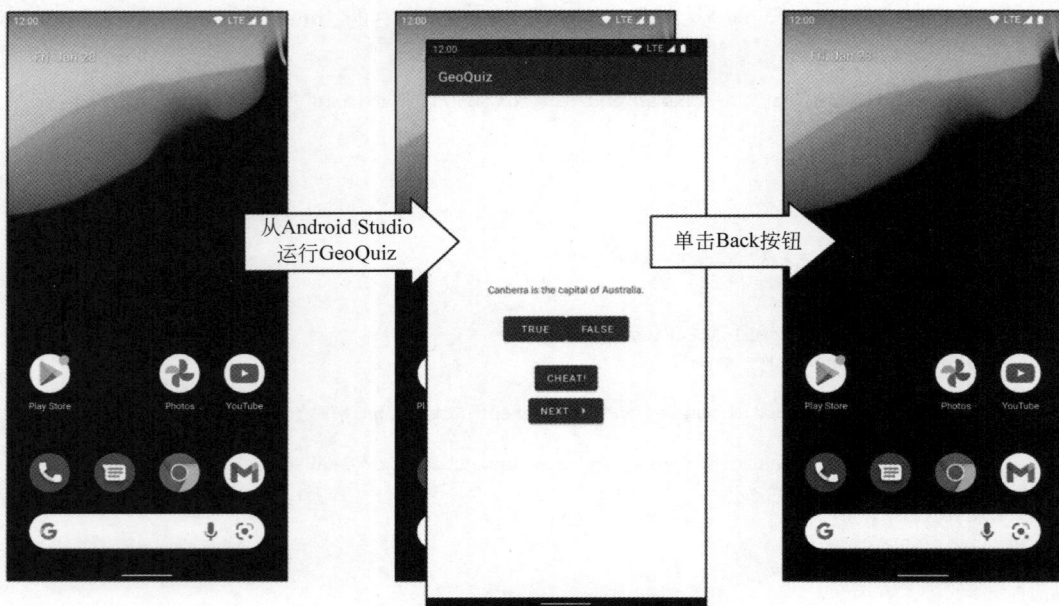

图 7-11　在 **MainActivity** 中单击 Back 按钮后的屏幕变化

　　如果从桌面启动器启动 GeoQuiz 后,在 **MainActivity** 中单击 Back 按钮,屏幕将返回桌面启动器界面,如图 7-12 所示。

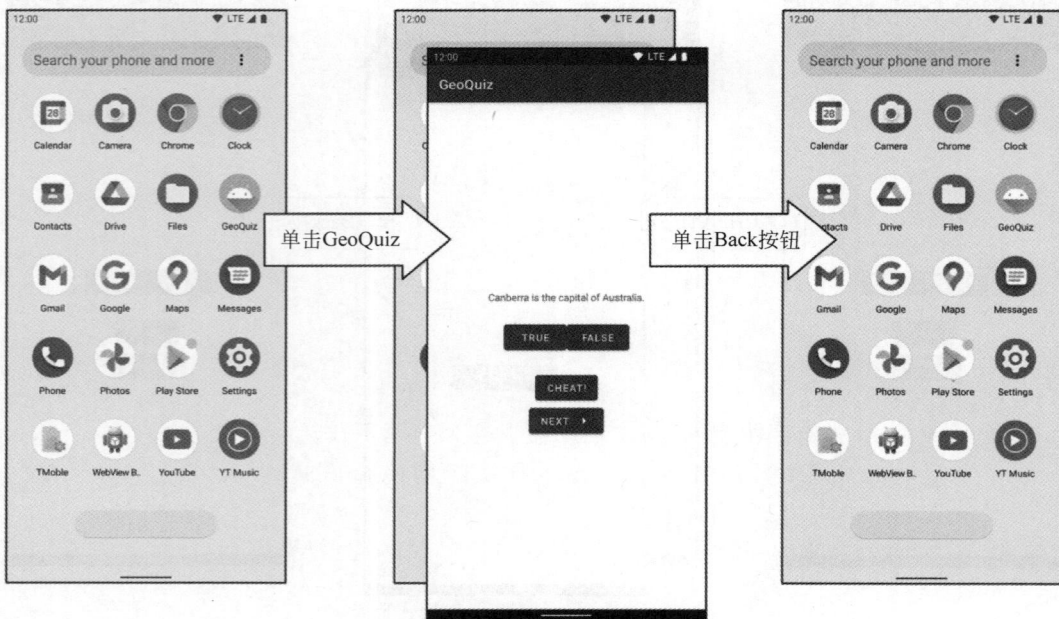

图 7-12　从桌面启动器启动 GeoQuiz 应用后,单击 Back 按钮后的屏幕变化

　　在桌面启动器界面,单击 Back 按钮,将返回桌面启动器启动前的系统界面。

　　在这里能看到 **ActivityManager** 维护了一个后堆栈,并且这个后堆栈不仅仅用于应用程序的

activity，所有应用程序的 activity 都共享后堆栈，这也是 **ActivityManager** 设计成操作系统级的 activity 管理器来负责启动应用 activity 的原因之一。堆栈是将操作系统和设备作为一个整体来使用，而不是为单个应用程序使用。

7.5 深入学习：关于 startActivityForResult

本章使用 Activity Result API 启动 **CheatActivity** 并将信息传回。这些 API 是相对较新的，最近才添加到 Android，它们实际上是在现有 API 之上构建的：**startActivityForResult()** 函数和 **onActivityResult()** 回调函数。建议使用 Activity Result API，因为它们能处理类型安全的结果，并且鼓励开发人员编写更多的模块化代码，但也可能会看到应用程序直接调用较旧、较低级别的 API。

这两种方法有许多相似之处。

startActivityForResult() 函 数 类 似 于 在 cheatLauncher 上 使 用 的 **launch(Intent)** 函 数。**startActivityForResult()** 函数所需的一个附加参数是 requestCode，它唯一标识对结果的请求。

在结果方面，**onActivityResult()** 回调函数紧密地映射到在 cheatLauncher 上调用的 lambda。既可以访问数据和 result code，还可以访问传递到 **startActivityForResult()** 函数中的 requestCode。由于可以针对结果启动许多不同的 activity，因此使用遗留 API 意味着许多请求可以调用 **onActivityResult()** 回调函数。这就是 requestCode 的用武之地，因为可以选择只对某些请求执行某些操作。

如果发现一个应用程序使用已过时的 **startActivityForResult()** 和 **onActivityResult()** 函数，请考虑用 Activity Result API 来替换。这些新的 API 更易于使用，并且更容易查看数据在应用程序中各 activity 之间的传递情况。

7.6 深入学习：Back 按钮与 activity 生命周期

在本章中，学习了添加 **CheatActivity**，了解了 Android 操作系统如何通过 **ActivityManager** 管理 activity。还了解了当 activity 处于在前台时单击 Back 按钮，每个 activity 都会发生什么：从 **CheatActivity** 单击 Back 按钮时，它会从后堆栈弹出并被从系统内存中删除。但是，当从 **MainActivity** 单击 Back 按钮时，它只会移动到后台——它仍然存在于内存中，尽管它处于已创建状态，但不可见。当单击设备的主屏幕按钮暂时离开 activity 时，**MainActivity** 也会发生同样的情况（即处于已创建状态但不可见），就像在第 3 章 3.4.1 节"暂时离开 activity"中所做的那样。

为什么 Android 对这两个 activity 有同样的交互行为却有不同的处理结果？是因为 **MainActivity** 在 AndroidManifest.xml 中被声明为 activity 启动器。这个声明不仅让 Android 知道这是用户首次启动应用程序时要启动的 activity，而且告诉它在将其从后堆栈弹出时要特别对待这个入口点。将 activity 启动器保存在内存中，用户可以在导航返回后以"热状态"快速恢复使用应用程序，而不必完全重新启动应用程序。

这是在 Android 12（API 31）中引入的一个相当新的功能。在早期的 Android 版本中，activity 启动器将镜像 **CheatActivity** 的行为，并在用户导航返回时从后堆栈弹出并被从内存中删除。第 8 章将会介绍更多关于 Android 版本的信息，以及不同版本为系统和应用程序引入的新功能。注意，当用户单击 activity 启动器上的 Back 按钮时，可以看到微妙的不同行为，这取决于使用的 Android 版本。

如果想看到这种差异，可以使用不同版本的 Android（在模拟器或物理设备上），观察在 **MainActivity**

中添加 Logcat 语句后的日志信息,留意一下 **onDestroy()** 函数的调用。

7.7　挑战练习:堵住作弊漏洞

作弊不会赢,除非作弊者能避开反作弊手段,也许他们能做到。

GeoQuiz 应用有个大漏洞:当用户作弊后,可以利用旋转 **CheatActivity** 来清除作弊痕迹,然后回到 **MainActivity** 界面,假装什么也没发生过。

使用第 4 章学到的知识,在设备旋转或进程销毁时,设法保存 **CheatActivity** 的 UI 状态数据,这样就能堵住这个漏洞。

7.8　挑战练习:按题目跟踪作弊状态

现在的情况是,哪怕用户只在一道题上作弊,应用都会认为他们的所有题目都作弊了。要完善 GeoQuiz 应用,实现按题记录用户作弊情况。如果用户偷看了某道题的答案,那就在他回答那道题时弹出作弊警告消息。在后续答题过程中,如果用户不再作弊了,就显示 toast 消息给出答案正确与否的评判。

第8章

Android SDK版本与兼容

开发完 GeoQuiz 应用,学习者已经有了初步的开发体验。本章回顾一下关于 Android 不同版本的一些背景信息。在学习本书后续章节以及应对未来实际的复杂应用开发时,就会明白掌握本章内容有多么重要。

8.1 Android SDK 版本

从 2008 年秋季首次公开发布开始,Android 操作系统已经存在多年。从开发者的角度来看,Android 已经发布了 32 个版本,而且还在不断更新。

每次更新都涉及各种各样的名称,用户最熟悉的是市场名称。多年来,Google 以美食名(如甜甜圈、果冻豆和馅饼等的最后一个名字)按字母顺序命名了所有发行版本。从 2019 年发布的 Android 10 开始,主要版本的市场名称使用递增的数字。

每个版本通常都有额外的名称,例如版本号或版本代码,但对开发人员最有用的"名称"是 API 级别。第一次更新是 API 级别 1,以后每次更新都会增加 1。第 32 个,也是最新版本的市场名称为 Android 12L,版本号为 12,版本代码为 Sv2,API 级别为 32。表 8-1 列出了最近几次发布的版本信息。

表 8-1 最近几次发布的 Android 版本

市 场 名 称	版 本 号	版 本 代 码	API 级别
Android Nougat	7.0	N	24
Android Nougat	7.1~7.1.2	N_MR1	25
Android Oreo	8.0	O	26
Android Oreo	8.1.0	O_MR1	27
Android Pie	9	P	28
Android 10	10	Q	29
Android 11	11	R	30
Android 12	12	S	31
Android 12L	12	Sv2	32

这些年来 Android 系统有很多更新,所以设备运行旧版本的 Android 系统是很常见的。使用每个版本的设备占比不断变化,但有一个不变的是,只有大约 5% 的用户会立即使用最新版本的 Android。Google 一直在努力提高最新版本的采用率(通过 Project Mainline 和 Project Treble 等努力),但仍有许多运行着老版本的设备。

为什么仍有这么多设备运行着旧版本 Android 系统? 主要原因是 Android 设备生产商和运营商之

间的激烈竞争。每个运营商都希望拥有专属定制机。设备生产商也有同样的压力,所有手机都基于相同的操作系统,而他们又想在竞争中胜出。最终,屈服于市场和运营商的双重压力,各种专属、无法升级的定制版出现在大量设备中。

拥有定制 Android 系统版本的设备无法运行 Google 发布的新版 Android 系统;相反,它必须等待兼容的专有升级。如果 Google 发布版本,可能要到几个月后才能进行升级。制造商通常选择将资源花在设备的更新上,而不是让旧的设备保持最新的 Android 系统版本。

8.1.1　合理的最小版本

本书支持的最早 Android 版本是 API 24 级。虽然涉及 Android 的遗留版本,但本书关注的重点是现代版本(API 24 级及以上)。随着旧版本分发量逐月下降,支持这些旧版本所需的工作量超过了它们所能提供的价值。

在创建 GeoQuiz 项目时,新建项目向导设置了最低的 SDK 版本,如图 8-1 所示。

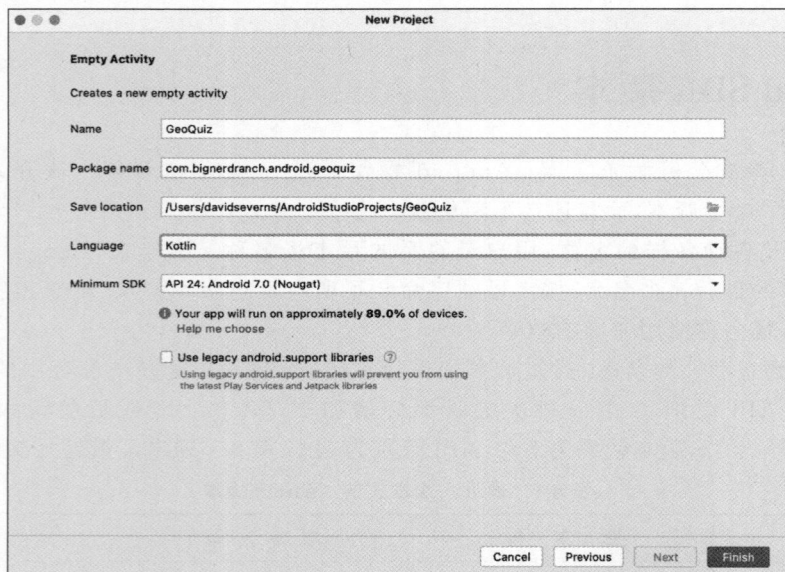

图 8-1　新建项目向导

> **注意**:术语"SDK 版本"和"API 级别"在 Android 中会互换使用。

除支持的最低版本外,还可以设置目标版本和编译版本。来看看默认选项以及如何更改它们。

所有这些值都是在构建环境中设置的,因此打开标记为 Module(GeoQuiz. app)的 build. gradle 文件。注意 **compileSdk**、**minSdk** 和 **targetSdk** 的值:

```
...
compileSdk 32
defaultConfig {
    applicationId "com. bignerdranch. android. geoquiz"
    minSdk 24
    targetSdk 32
    ...
}
...
```

8.1.2 SDK 最低版本

设置的 **minSdk** 值是操作系统拒绝安装应用的 SDK 最低版本。

通过将最低版本设置为 API 24 级,可以授予 Android 在运行 API 24 级或更高级别的设备上安装 GeoQuiz 的权限。Android 将拒绝在运行低于 API 24 级的设备上安装 GeoQuiz。

8.1.3 SDK 目标版本

targetSdk 值告诉 Android 应用在哪个 API 级别上运行。大多数情况下,这将是最新发布的 Android 版本。

什么时候需要降低 SDK 目标版本呢? 新发布的 SDK 版本会改变应用在设备上的显示方式,甚至会影响操作系统在后台运行的行为。如果已经开发完成一个应用,应该确认它在新发布的版本中是否能正常工作。

如果应用在新版本的 Android 中出现问题,可以用新的性能修改应用并更新目标 SDK,也可以将代码库和目标 SDK 保持原样。不升级目标 SDK 意味着应用将继续以现级别 SDK 运行,应用外观和行为都运行正常。这提供了与较新版本 Android 的兼容性,因为在升级 **targetSdk** 之前,新发布版本中的变化已被忽略。

然而,不能一直忽视新发布的 Android 版本,而维持目标 SDK 的低版本。Google 对应用的目标 SDK 有最低版本的限制,满足限制才可以在 Google Play Store 上发布。截至本书撰写之时,任何新应用或应用更新必须具有至少 API 30 级的目标 SDK,否则将被 Google Play Store 拒绝。这确保了用户可以从最新版本 Android 系统的性能和安全性改进中受益。随着 Android 新版本的发布,这些版本要求将随着时间的推移而增加,因此请确保密切关注有关文档,以了解何时需要更新 SDK 目标版本。

8.1.4 SDK 编译版本

最后一个 SDK 设置是 **compileSdk**。在构建应用程序时,最低版本和目标 SDK 相关信息都会放在 AndroidManifest. xml 中,这些值会通知给操作系统,SDK 编译版本只是开发人员和编译器之间的私有信息。

Android 的功能是通过 SDK 中的类和函数展现的。当 Android Studio 在寻找类包导入语句中的类和函数时,SDK 编译版本会指定生成代码时具体要使用的 SDK 版本。

SDK 编译版本的最佳选择是最新级别的 API。更新版本的 SDK 编译提供了错误修复、更多的编译检查,以及可以使用的新 API。有些情况下,更新 SDK 编译版本会导致构建问题,但这种情况极为罕见,通常可以解决。与目标 SDK 版本不同,更改 SDK 编译版本不会更改应用程序的任何运行时行为。

可以在 app/build. gradle 文件中修改最低 SDK 版本、目标 SDK 版本和 SDK 编译版本信息。请记住,修改完毕后,必须将项目与 Gradle 同步,然后才能生效。

8.2 Android 编程与兼容性问题

各种设备版本升级滞后,加上定期发布的新版本,使得兼容性成为 Android 编程中的一个重要问题。为了进入广阔的市场,Android 开发者必须开发出表现良好的应用程序:既能在装有不同版本 Android 的设备运行,也能在不同类型的设备上运行。

8.2.1　Jetpack 库

在第 4 章中介绍了 Jetpack 库和 AndroidX。除了提供新功能(如 **ViewModel**)，Jetpack 库还为旧设备上的新功能提供向后兼容性，并在 Android 版本之间提供(或试图提供)一致的行为。一些库，如 AppCompat(将在第 11 章中学习)，可以确保应用程序在所有流行版本的 Android 中具有一致的外观。其他库，如 WorkManager(在第 22 章中会用到)，提供了一个一致的环境来执行应用程序中的重要任务。

Jetpack 库中的许多 AndroidX 库都是对以前支持库的修改版本，建议尽可能使用这些库来编程。这会让开发人员更加轻松，因为不再需要担心不同 API 版本上出现不同结果。用户也会受益，因为无论他们的设备运行的版本是什么，他们都会有相同的体验。

不幸的是，Jetpack 库还没有彻底解决兼容性问题，因为并不是所有想要使用的功能 Jetpack 库里都有且能使用。随着时间的推移，Android 团队在向 Jetpack 库添加新 API 方面做得很好，但仍然会发现某些 API 不可用的情况。在这种情况下，需要进行明确的版本检查，直到找到添加了该功能的 Jetpack 版本。

8.2.2　使用新版本 API 后安全添加代码

GeoQuiz 应用的 SDK 最低版本和编译版本间的差异较大，由此带来的兼容性问题需要处理。例如，如果从低于最低级别 API 24 级的 API 调用代码，会发生什么？当应用程序安装并运行在运行 API 24 级的设备上时，它将崩溃。

这曾经是一场测试噩梦。然而，受益于 Lint 的改进，在旧版本设备上调用新版本代码所引起的潜在问题在编译时可以发现。如果使用的代码版本高于最低 SDK 版本，Lint 在项目编译时会报告错误。

GeoQuiz 的所有简单代码都来自于 API 24 级或更早版本中，下面添加一些 API 24 级之后的代码，看看会发生什么。

打开 MainActivity.kt 文件，在类的底部添加一个函数，该函数在调用时会使 CHEAT! 按钮模糊，见程序清单 8-1。

程序清单 8-1　使 CHEAT! 按钮模糊(MainActivity.kt)

```kotlin
class MainActivity : AppCompatActivity() {
    ...
    private fun checkAnswer(userAnswer: Boolean) {
    ...
    }

    private fun blurCheatButton() {
        val effect = RenderEffect.createBlurEffect(
            10.0f,
            10.0f,
            Shader.TileMode.CLAMP
        )
        binding.cheatButton.setRenderEffect(effect)
    }
}
```

> **注意**：在调用 RenderEffect.createBlurEffect()和 setRenderEffect()代码处所在行会出现 Lint 警告，函数名称下会出现红色波浪形记号。这些函数已添加到 API 31 级的 Android SDK 中，因此代码在运行 API 30 级或更低级别的设备上时将会崩溃。

由于 SDK 编译版本是 API 32 级，所以编译器检查此代码没有问题。另外，Lint 知道应用程序的最低 SDK 版本，所以它提示 Lint 警告。错误消息的内容好像说要求 API 级别 31（当前最小值为 24）的调用。仍然可以运行带有此警告的代码（试试看），但 Lint 知道这是不安全的。

如何消除这个错误？一种选择是将 SDK 的最低版本提高到 31 级，但这意味着应用程序只能在少数设备上运行。另外，提高 SDK 的最低版本并没有真正解决这个兼容性问题，而是回避了它。

消除 Lint 警告的另一种方法是添加一个注释，声明刚才编写的代码只能在运行 API 31 级的设备上运行，见程序清单 8-2。

程序清单 8-2　让 Lint 警告不再出现（MainActivity.kt）

```kotlin
class MainActivity : AppCompatActivity() {
    ...
    private fun checkAnswer(userAnswer: Boolean) {
        ...
    }

    @RequiresApi(Build.VERSION_CODES.S)
    private fun blurCheatButton() {
        val effect = RenderEffect.createBlurEffect(
            10.0f,
            10.0f,
            Shader.TileMode.CLAMP
        )
        binding.cheatButton.setRenderEffect(effect)
    }
}
```

现在，在 **onCreate(Bundle?)** 中调用 **blurCheatButton()** 函数，见程序清单 8-3。

程序清单 8-3　使 CHEAT! 按钮模糊（MainActivity.kt）

```kotlin
class MainActivity : AppCompatActivity() {
    ...
    override fun onCreate(savedInstanceState: Bundle?) {
        ...
        binding.cheatButton.setOnClickListener {
            ...
        }

        updateQuestion()

        blurCheatButton()
    }
    ...
}
```

如图 8-2 所示，出现了同样的 Lint 警告。如果没有及时看到，试一下在菜单栏选择 Build→Rebuild Project 菜单项操作。

@RequiresApi 注释本身并不能解决兼容性问题，它只是让调用方负责确保兼容性。为了安全地调用这个新函数，需要将更高级别的 API 代码包装在一个条件语句中，用该语句检查设备的 Android 版本，见程序清单 8-4。

程序清单 8-4　先检查设备的 Android 版本（MainActivity.kt）

```kotlin
class MainActivity : AppCompatActivity() {
    ...
    override fun onCreate(savedInstanceState: Bundle?) {
        ...
```

```
private fun blurCheatButton() {
    val effect = RenderEffect.createBlurEffect(
        radiusX: 10.0f,
        radiusY: 10.0f,
        Shader.TileMode.CLAMP
    )
    binding.cheatButton.setRenderEffect(effect)
```

Add @RequiresApi(S) Annotation
💡 Surround with if (VERSION.SDK_INT >= VERSION_CODES.S) { ... }
✕ Suppress: Add @SuppressLint("NewApi") annotation

⤳ Convert to with   ▶
⤳ Convert to run   ▶
↺ Rollback changes in current line   ▶
⤳ Add method contract to 'setRenderEffect'   ▶

Press ⌃⎵Space to open preview

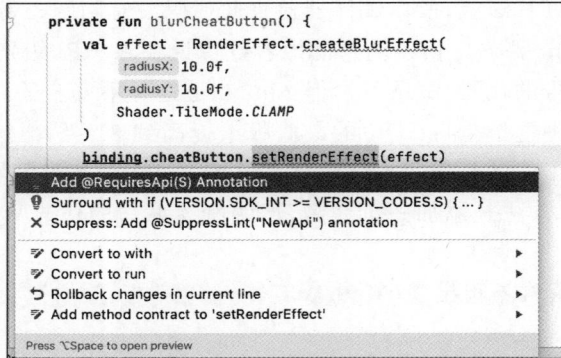

图 8-2　Android Lint 建议

```
binding.cheatButton.setOnClickListener {
    ...
}

updateQuestion()

if (Build.VERSION.SDK_INT >= Build.VERSION_CODES.S) {
    blurCheatButton()
}
        }
        ...
    }
```

Build. VERSION. SDK_INT 常量包含设备使用的 Android 版本的 API 级别。可将该版本与代表 S（API 31 级）发行版的常量进行比较。版本代码可在 Android 开发者文档的主页查询。

现在,只有当应用程序在 API 级别为 31 或更高的设备上运行时,才会调用模糊代码。好了,已经为 API 24 级提供了安全的代码,Lint 现在不应该有警告了。

在运行 API 31 级的设备上运行 GeoQuiz,观察一下新的模糊化后的 CHEAT! 按钮,然后在运行较低级 API 的设备中运行它,确保它像之前一样工作。

8.3　使用 Android 开发者文档

Lint 错误会告诉开发人员不兼容的代码来自哪个 API 级别,但也可以在 Android 的开发人员文档中找到那些 API 级别特有的类和函数。

越早熟悉使用开发者文档越有利于开发,没人能记住 Android SDK 中的海量信息。而且随着版本的不断更新,需要经常去了解学习和使用新的知识。

Android 开发者文档的主页内容分为七部分:Platform、Android Studio、Google Play、Jetpack、Kotlin、Docs 和 Games,有机会一定要仔细研读,具体见表 8-2。每部分都概述了 Android 开发的不同方面,从入门到应用程序部署到 Google Play Store。

表 8-2　Android 开发者文档的主页内容

名　　称	主 要 内 容
Platform	基本平台信息,重点关注平台基础支持和 Android 的不同系统版本
Android Studio	开发工具相关的文档,介绍不同的开发工具和流程以方便开发

续表

名　　称	主 要 内 容
Google Play	帮助部署应用以及使应用更受用户欢迎的一些指导和小技巧
Jetpack	介绍 Jetpack 库以及 Android 团队是如何致力于提高开发体验的。本书只使用了部分 Jetpack 库，建议学习者查看全部库内容，熟悉它们
Kotlin	介绍使用 Kotlin 来开发 Android 应用的文档
Docs	开发者文档主页。在这里可以找到开发框架中各种类的使用信息，以及各种开发学习教程和实验代码。用好它们，可以帮学习者提高开发水平
Games	运行在 Android 上的游戏的开发文档

　　打开开发人员文档网站，单击 Docs 选项卡。在右上角的搜索栏中输入 **RenderEffect. createBlurEffect**，查询该函数属于哪个 API 级别。选择 **RenderEffect** 结果（可能是第一个搜索结果），然后进入图 8-3 所示的类引用页，该页右侧是指向其不同部件的链接。

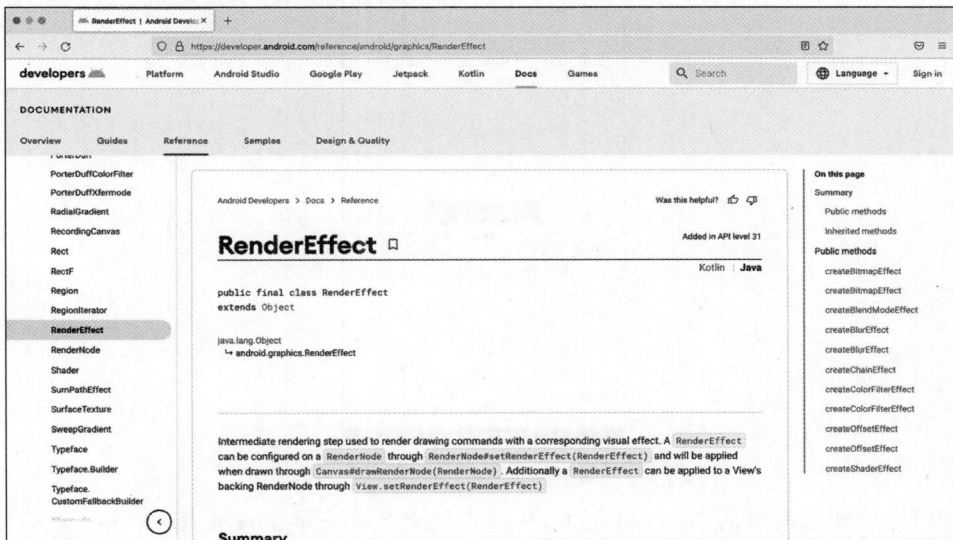

图 8-3　**RenderEffect** 参考页

　　在右边的列表里找到 **createBlurEffect()** 函数，单击函数名称可以看到函数说明，在函数签名的右边，显示 **createBlurEffect()** 函数由 API 31 级引入，如图 8-4 所示。

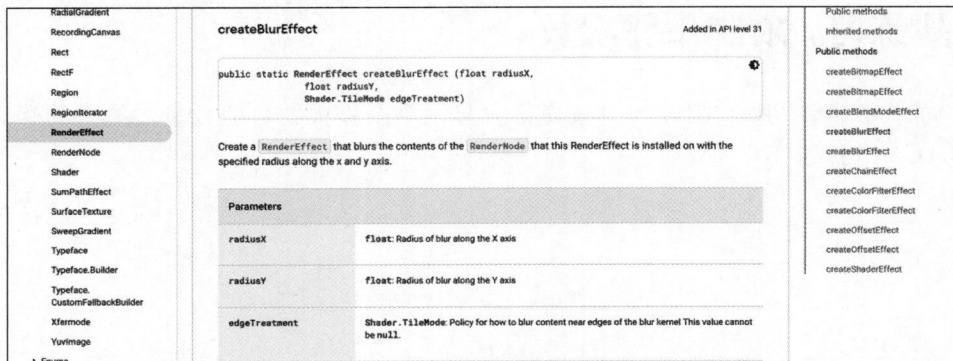

图 8-4　**createBlurEffect()** 函数的说明文档

在后续章节的学习过程中,一定要经常查阅开发者文档。在做每章末的挑战练习,以及探究某些类、函数或其他主题时,都需要查阅相关的文档资料。Android 仍在不断地更新和改进这些文档,所以新知识和新概念也不断涌现,学无止境。

8.4　挑战：报告设备的 Android 版本

在 GeoQuiz 布局中添加一个 **TextView**,用于向用户报告设备正在运行的 API 级别。图 8-5 显示了最终结果。

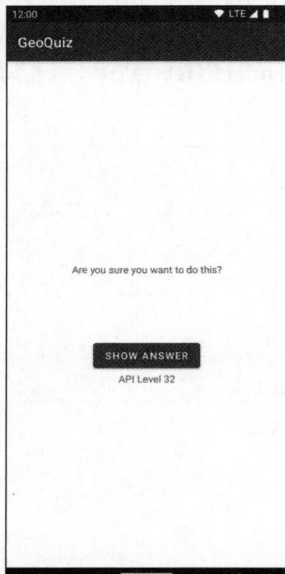

图 8-5　显示设备正在运行的 API 级别

应用运行时才能知道设备的 Android 版本,所以不能直接在布局上设置 **TextView** 值。打开 Android 文档中的 **TextView** 参考文档页,查找 **TextView** 的文本赋值函数,寻找可以接受字符串或 **CharSequence** 的单参数函数。

另外,可使用 **TextView** 参考文档里列出的其他 XML 属性调整文本的尺寸或样式。

8.5　挑战练习：限制作弊次数

跟踪用户的作弊事件,并在 CHEAT!按钮下方显示剩余作弊题目的数量。如果没有剩余作弊题目,则禁用 CHEAT!按钮。

第9章

Fragment

本章开始开发一个名为 **CriminalIntent** 的应用。**CriminalIntent** 记录了"办公室陋习"的各种细节，例如随手将脏盘子丢在休息室水池里，或者自己打印完文件就走，全然不顾公共打印机里已缺纸等。

用 **CriminalIntent** 应用记录陋习时可以添加标题、日期和照片，它还支持在联系人中查找当事人，以及通过 E-mail、Twitter、Facebook 或其他应用发出投诉。没有了这些"办公室陋习"，心情能舒缓，就可以继续专心做手头上的工作了。

CriminalIntent 应用比较复杂，需要花费 11 章的篇幅来实现。应用的用户界面由列表以及记录的明细组成：主屏幕会显示已记录陋习的列表，用户可新增记录或查看和编辑现有记录，如图 9-1 所示。

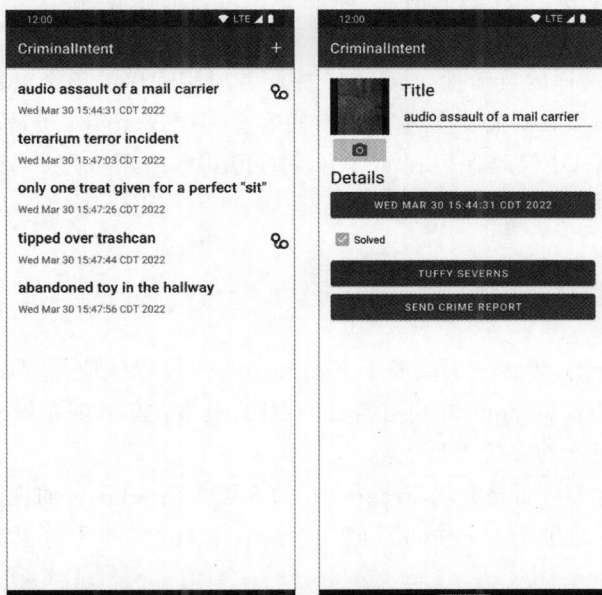

图 9-1　**CriminalIntent**，一个列表明细类应用

9.1　UI 设计的灵活性需求

可以设想一下，列表-细节型应用程序由两个 activity 组成：一个管理列表，另一个管理细节视图。单击列表中某条陋习记录会启动其细节 activity。单击 Back 按钮会销毁细节 activity，并返回列表，然后再选择下一条记录。

这种想法是可行的,但如果想要更复杂的用户界面及屏幕切换要怎么做呢?

要考虑在大型设备上运行 **CriminalIntent** 的可能性。一些设备的屏幕足够大,可以同时显示列表和细节信息,至少在横屏模式下可以,如图 9-2 所示。

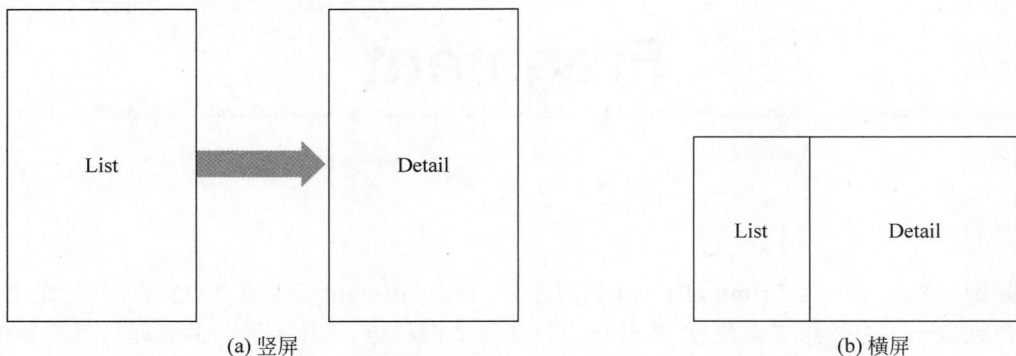

图 9-2　理想的大屏幕,列表-细节型应用界面

或者想象一个用户正在查看一条陋习记录,并想查看列表中的下一条陋习记录。如果可以从列表中选择不同的陋习记录而无须先返回列表界面,那就更好了。除 **CriminalIntent** 应用程序之外,将导航抽屉和底部选项卡栏等常见的 UI 元素放在同一屏幕,可以方便地切换子视图。

这些场景的共同点是利用了 UI 的灵活性,即能够在运行时根据用户或设备的需求组装和重新组装 activity 视图。

activity 自身并不具备这样的灵活性。activity 控制着应用程序的整个窗口,因此一个 activity 只能够一次性地呈现应用程序需要在屏幕上显示的所有内容。因此,activity 还是得和特定的用户界面紧紧绑定。虽然可以继续将所有 UI 代码保留在 activity 中,但随着应用程序和屏幕内容变得更加复杂,这种方法将变得更加混乱并且不易维护。

9.2　了解 Fragment

通过将 UI 管理从 activity 转到一个或多个 Fragment 上,可以使应用程序的 UI 更加灵活。

与使用 activity 的方式类似,Fragment 也有自己的视图,通常在单独的布局文件中定义。Fragment 的视图包含用户想要查看和交互的有关 UI 元素。

此时,activity 并不包含 UI,而是充当 Fragment 的容器。Fragment 的视图在初始化后被插入容器中。在本章中,activity 将承载单个 Fragment,但一个 activity 的视图中可以有多个容器来容纳不同的 Fragment。

Fragment 被设计为容纳 UI 的可重用块。可以根据应用程序和用户的要求,使用与 activity 关联的 Fragment 来组成和重新组合屏幕。只有一个 Activity 类负责显示应用程序的内容,但它将屏幕部分的控制权交给了 Fragment。正因如此,activity 会简单得多,且不会违反任何 activity 的使用规则。

列表-细节型应用程序中可以一起显示列表和详细信息。一个列表 Fragment 和一个细节 Fragment 组成 activity 的视图,详细信息视图将显示所选列表项的详细信息。

选择另一个列表项应相应地显示一个新的详细信息视图。这对 Fragment 来说很容易:应用程序会用另一个细节 Fragment 替换原细节 Fragment,如图 9-3 所示。不需要损毁 activity 就可以实现这个主要的视图变化。

图 9-3 交换细节 Fragment

使用 Fragment 将应用程序的 UI 分离为构建块,不仅仅适用于列表-细节型应用程序。用独立的构建块可以很容易地构建选项卡界面、添加动画边栏等。此外,一些新的 Android Jetpack API,如导航控制器,能完美支持 Fragment。所以使用 Fragment 可以很好地与 Jetpack API 集成。

9.3 着手开发 CriminalIntent

9.3.1 项目要求

CriminalIntent 应用比较复杂,本章先开发 **CriminalIntent** 的细节部分。要展示的界面如图 9-4 所示。

图 9-4 所示的用户界面是由称为 **CrimeFragment** 的 UI Fragment 进行管理的,而 **CrimeFragment** 实例会由称为 **MainActivity** 的 activity 进行托管。

托管可以这样理解:activity 在其视图层级中提供一个位置来放置 Fragment 及其视图,如图 9-5 所示。Fragment 本身无法在屏幕上显示视图,只有当它插入 activity 的层级结构中时,才会显示其关联视图。

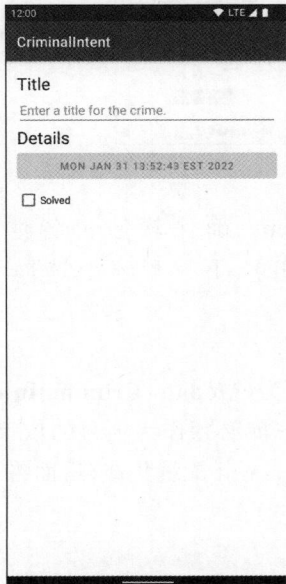

图 9-4 本章要完成的 CriminalIntent
应用界面

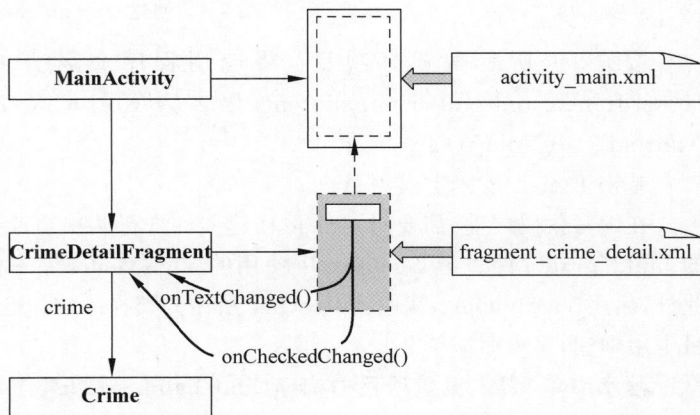

图 9-5 MainActivity 托管着 CrimeFragment

CriminalIntent 是个大项目,等到项目完全结束时,它将成为一个大型的代码库。按照构建 GeoQuiz 项目的方式开始,首先,在一些构建设置完成后,定义 **Crime** 类,该类将为要显示的数据建模。接下来,在 fragment_crime_detail. xml 中的 XML 布局里创建 UI。完成后,创建一个 **CrimeDetailFragment** 将数据连接到视图。

这些步骤与在 GeoQuiz 中所做的很相似,只不过这次的名字不同。由于现在要用到 Fragment,还必须进行另一个步骤:将 **CrimeDetailFragment** 添加到 **MainActivity** 中的容器中。

9.3.2 创建新项目

按以下步骤创建一个新项目:

从菜单栏中选择 File→New→New Project...菜单项,然后选择 Empty Activity 模板,如图 9-6 所示,单击 Next 按钮继续。

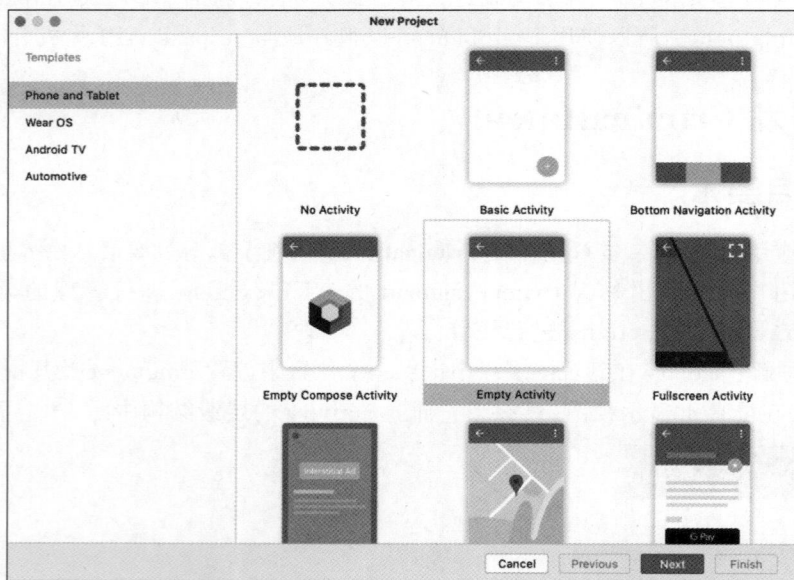

图 9-6 创建 CriminalIntent 应用

按图 9-7 所示配置好项目:将应用程序命名为 **CriminalIntent**,确保软件包名称为 com. bignerdranch. android. criminalintent,语言为 Kotlin,从 Minimum SDK 下拉列表中选择 API 24: Android 7.0(Nougat)。

单击 Finish 按钮生成项目。

在编写代码之前,需要对 Gradle 构建文件进行两次更改。打开标记为(**Module:CriminalIntent. app**)的 build. gradle 件。与 GeoQuiz 中使用的 **ViewModel** 库一样,Fragment 库必须作为项目的依赖项添加。此外,启用 **ViewBinding**,就像为 GeoQuiz 所做的那样。**ViewBinding** 与 Fragment 无缝集成,后面将会在该项目中用到它,见程序清单 9-1。

程序清单 9-1 设置项目的构建(app/build. gradle)

```
...
android {
...
    kotlinOptions {
```

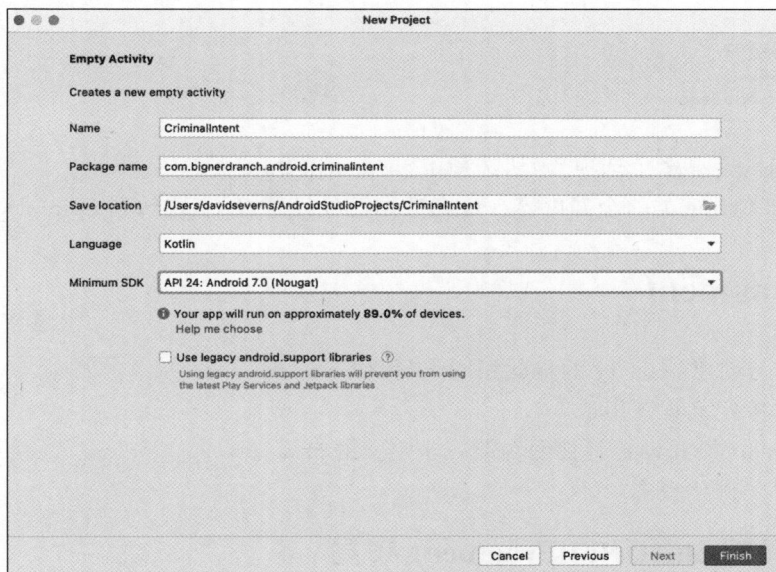

图 9-7　设置 CriminalIntent 项目信息

```
        jvmTarget = '1.8'
    }
    buildFeatures {
        viewBinding true
    }
}

dependencies {
    ...
    implementation 'androidx.constraintlayout:constraintlayout:2.1.3'
    implementation 'androidx.fragment:fragment - ktx:1.4.1'
    testImplementation 'junit:junit:4.13.2'
    ...
}
```

处理完这些更改后，记得单击项目和 Gradle 文件的同步按钮或立即同步按钮。

9.4　创建 Crime 数据类

在项目工具窗口中，右击 com. bignerdranch. android. criminalintent 包，选择 New→Kotlin File/ Class 菜单项，创建名为 Crime. kt 的文件，由于这个类要用于存储数据，所以将它定义为数据类。

对于本项目，陋习的一个实例代表一种单一的"办公室陋习"行为。陋习行为的 4 个属性如下：

（1）唯一标识实例的 ID；

（2）一个描述性的标题，例如"有毒的水槽垃圾场！"或"有人偷了我的酸奶！"；

（3）日期；

（4）陋习行为是否已解决的布尔表示。

在 Crime. kt 中，将这 4 个属性添加到 Crime 的构造函数中，见程序清单 9-2。

程序清单 9-2　添加 Crime 数据类（Crime. kt）

```
data class Crime(
```

```
val id: UUID,
val title: String,
val date: Date,
val isSolved: Boolean
)
```

在导入 **Date** 类时,会有多个选项,确认选择了 **java. util. Date** 类。

这就是本章关于 **Crime** 类的全部内容。现在数据已经设置好了,跳转到 CrimeDetailFragment。

9.5　创建 Fragment

创建 Fragment 与创建 activity 的步骤相同,步骤如下。

(1) 在布局文件中定义视图组成 UI。

(2) 创建 Fragment 类并设置其视图为第一步定义的布局。

(3) 编写代码以实例化视图。

9.5.1　定义 CrimeDetailFragment 布局

CrimeDetailFragment 的视图将显示 **Crime** 实例中包含的信息。

先定义字符串资源。打开 res/values/strings. xml,参照程序清单 9-3,添加 4 个字符串资源。

程序清单 9-3　添加字符串资源(res/values/strings. xml)

```
< resources >
    < string name = "app_name"> CriminalIntent </string >
    < string name = "crime_title_hint"> Enter a title for the crime.</string >
    < string name = "crime_title_label"> Title </string >
    < string name = "crime_details_label"> Details </string >
    < string name = "crime_solved_label"> Solved </string >
</resources >
```

接下来定义 UI。CrimeDetailFragment 的布局将由一个垂直的 LinearLayout 组成,该布局包含两个 TextView、一个 EditText、一个 Button 和一个 CheckBox。

创建布局文件,在项目工具窗口中的 res/layout 目录上右击,选择 New→Layout resource file,将此文件命名为 fragment_crime_detail. xml,并输入 LinearLayout 作为根元素。

Android Studio 会创建文件,并自动添加 LinearLayout。在 res/layout/fragment_crime_detail. xml 文件中,添加组成 Fragment 布局的其他视图,结果见程序清单 9-4。

程序清单 9-4　Fragment 视图的布局文件(res/layout/fragment_crime_detail. xml)

```
< LinearLayout xmlns:android = "http://schemas. android.com/apk/res/android"
    xmlns:tools = "http://schemas. android.com/tools"
    android:orientation = "vertical"
    android:layout_width = "match_parent"
    android:layout_height = "match_parent"
    android: layout_margin = "16dp">

    < TextView
        android:layout_width = "match_parent"
        android:layout_height = "wrap_content"
        android:textAppearance = "?attr/textAppearanceHeadline5"
        android:text = "@string/crime_title_label" />

    < EditText
```

```
        android:id = "@ + id/crime_title"
        android:layout_width = "match_parent"
        android:layout_height = "wrap_content"
        android:hint = "@string/crime_title_hint"
        android:importantForAutofill = "no"
        android:inputType = "text" />

    < TextView
        android:layout_width = "match_parent"
        android:layout_height = "wrap_content"
        android:textAppearance = "?attr/textAppearanceHeadline5"
        android:text = "@string/crime_details_label" />

    < Button
        android:id = "@ + id/crime_date"
        android:layout_width = "match_parent"
        android:layout_height = "wrap_content"
        tools:text = "Wed May 11 11:56 EST 2022" />

    < CheckBox
        android:id = "@ + id/crime_solved"
        android:layout_width = "match_parent"
        android:layout_height = "wrap_content"
        android:text = "@string/crime_solved_label" />
</LinearLayout >
```

> **注意**：TextView 的定义中包括一些与视图样式相关的新语法：textAppearance＝"? attr/ textAppearanceHeadline5"。该主题属性将"标题 5"排版设置应用于 Google 材料设计库指定的文本，也可以在应用程序主题中进行自定义，11.5 节会进行详细介绍。

tools 命名空间允许学习者提供用于预览显示的信息，可为日期按钮添加文本，这样在预览时就不会出现空白。切换至 **Design** 选项卡可以查看 Fragment 视图的预览，如图 9-8 所示。

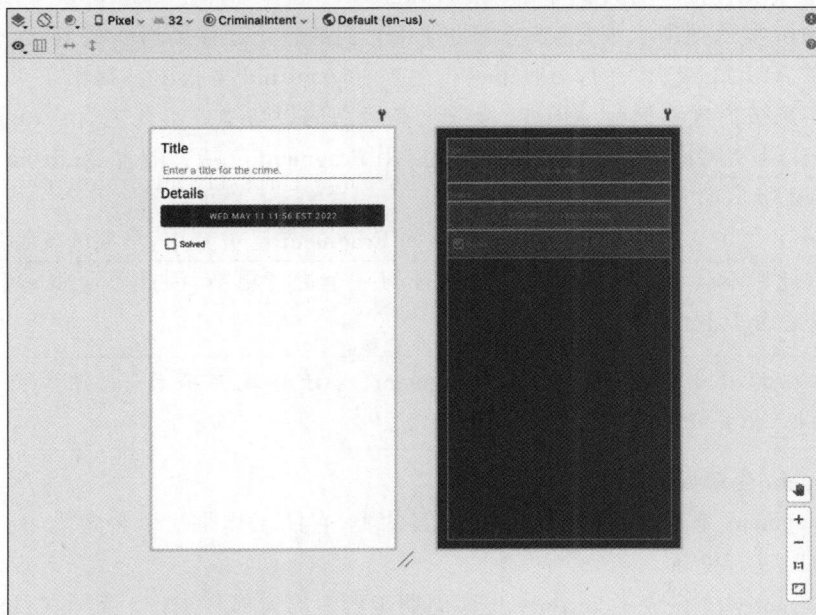

图 9-8　预览 Crime Fragment 布局

9.5.2 创建 CrimeDetailFragment 类

为 CrimeDetailFragment 类创建一个 Kotlin 文件,文件类型选择 Class,Android Studio 会自动创建空的类定义。修改代码,让 CrimeDetailFragment 类继承 **Fragment** 类,见程序清单 9-5。

程序清单 9-5　继承 Fragment 类(CrimeDetailFragment.kt)

```
class CrimeFragment : Fragment() {
}
```

在继承 **Fragment** 类时,Android Studio 会找到两个具有 **Fragment** 名称的类:**android.app.Fragment** 和 **androidx.fragment.app.Fragment**。**android.app.Fragment** 是 Android 操作系统中内置的 **Fragment** 版本。如图 9-9 所示,由于要使用 Jetpack 版本,因此确保选择 **androidx.fragment.app.Fragment** (Jetpack 库位于以 androidx 开头的包中)。

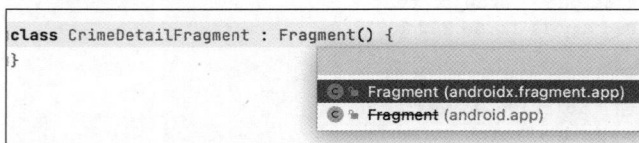

```
class CrimeDetailFragment : Fragment() {
}
```
Ⓒ Fragment (androidx.fragment.app)
Ⓒ Fragment (android.app)

图 9-9　选择 Jetpack 库中的 **Fragment** 类

如果没有看到此对话框,尝试单击 **Fragment** 类名。如果对话框仍然没有出现,可以手动导入正确的类:在文件顶部添加 **import androidx.fragment.app.Fragment**。

如果发现已导入 **android.app.Fragment**,请删除该行代码,然后使用组合键"Alt+Enter"(macOS 系统使用组合键"Option+Return")手动导入正确的 **Fragment** 类。

1. Fragment 的不同版本

新开发的 Android 应用应该始终使用 Jetpack(AndroidX)版本的 **Fragment** 来构建。如果仍在维护较旧的应用,可能会看到使用了另外两个版本的 **Fragment**:框架版本和 android.support.v4 支持库版本。这些是 **Fragment** 类的遗留版本,应该考虑将使用它们的应用迁移到当前的 Jetpack 版本。

Fragment 是在 API 11 级引入的,当时第一批生产的 Android 平板电脑提出了 UI 灵活性的需求,**Fragment** 的框架实现被内置到运行 API 11 级或更高级别的设备中。不久之后,**Fragment** 实现被添加到 android.support.v4 支持库中,以便在旧设备上启用 **Fragment** 支持。随着 Android 每个新版本的发布,这两个 **Fragment** 版本都升级了新功能和安全补丁。

但是,从 Android 9.0(API 28)开始,框架版本的 **Fragment** 已被弃用,早期的支持库 **Fragment** 已迁移到 Jetpack 库中,此后不会再对这两个版本中的任何一个进行更新,因此不应将它们用于新项目,所有未来的更新将仅适用于 Jetpack 版本。

> **注意**:保持在新项目中使用 Jetpack **Fragment**,并迁移现有项目,这样才能保证可以使用 **Fragment** 的新特性,相关程序错误也能得到及时修复。

2. 实现 Fragment 生命周期函数

CrimeDetailFragment 是与模型和视图对象交互的类,它的工作是显示特定陋习行为的细节,并在用户更改这些细节时进行更新。

在 GeoQuiz 中,activity 完成了 activity 生命周期函数中的大部分工作。而在 **CriminalIntent** 中,这些工作将由 **Fragment** 生命周期函数中的 **Fragment** 完成。其中许多函数对应于 activity 函数,例如

onCreate(Bundle?)函数。在本章稍后的 **Fragment** 生命周期一节中会介绍更多关于 **Fragment** 生命周期的知识。

在 CrimeDetailFragment. kt 中，添加 **Crime** 实例的属性和 **Fragment. onCreate(Bundle?)** 函数的实现。Android Studio 会在覆写函数时提供一些提示。如当输入 **onCreate(Bundle?)** 时，Android Studio 会弹出一个建议函数列表，如图 9-10 所示。

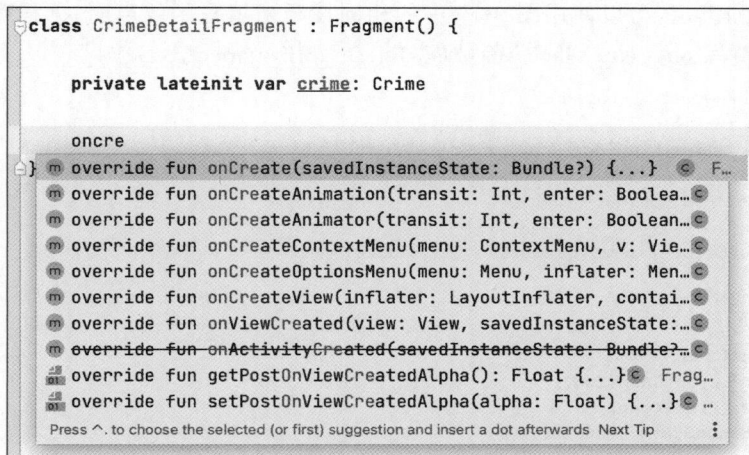

```
class CrimeDetailFragment : Fragment() {

    private lateinit var crime: Crime

    oncre
  } m override fun onCreate(savedInstanceState: Bundle?) {...}  © F...
    m override fun onCreateAnimation(transit: Int, enter: Boolea…©
    m override fun onCreateAnimator(transit: Int, enter: Boolean…©
    m override fun onCreateContextMenu(menu: ContextMenu, v: Vie…©
    m override fun onCreateOptionsMenu(menu: Menu, inflater: Men…©
    m override fun onCreateView(inflater: LayoutInflater, contai…©
    m override fun onViewCreated(view: View, savedInstanceState:…©
    m override fun onActivityCreated(savedInstanceState: Bundle?…©
    🔧 override fun getPostOnViewCreatedAlpha(): Float {...}© Frag…
    🔧 override fun setPostOnViewCreatedAlpha(alpha: Float) {...}© …
    Press ^. to choose the selected (or first) suggestion and insert a dot afterwards  Next Tip      ⋮
```

图 9-10　覆写 onCreate(Bundle?)函数

按 Enter(macOS 中按 Return)键选择要覆写的 **onCreate (Bundle?)** 函数，Android Studio 将创建声明，包括对超类实现的调用。更新代码，创建一个新的 **Crime**，见程序清单 9-6。

程序清单 9-6　覆写 Fragment. onCreate (Bundle?)(CrimeDetailFragment. kt)

```
class CrimeDetailFragment : Fragment() {

    private lateinit var crime: Crime

    override fun onCreate(savedInstanceState: Bundle?) {
        super.onCreate(savedInstanceState)

        crime = Crime(
            id = UUID.randomUUID(),
            title = "",
            date = Date(),
            isSolved = false
        )
    }
}
```

像 activity 一样，默认情况下 **Fragment** 是在配置更改时重新创建的，所以它们不是很适合用于保存状态。在第 13 章将使用 **ViewModel** 来保持这种状态，现在暂时先这样。

当定义中没有明确说明修饰符时，Kotlin 函数默认为是 public(公共的)。所以 **Fragment. onCreate (Bundle?)** 是公共函数，因为它没有可见性修饰符。这与受保护的 **Activity. onCreate (Bundle?)** 函数不同。**Fragment. onCreate (Bundle?)** 和其他 **Fragment** 生命周期函数必须是公共函数，因为它们将由托管该 **Fragment** 的任何 activity 调用。

另外，注意在 **Fragment. onCreate (Bundle?)** 函数中没做的事情：没有加载 **Fragment** 的视图。在 **Fragment. onCreate (Bundle?)** 函数中配置了 **Fragment** 实例，但在另一个 **Fragment** 生命周期函数

onCreateView (**LayoutInflater**, **ViewGroup?**, **Bundle?**)中创建并设置了 **Fragment** 的视图。

此函数用于加载和绑定 **Fragment** 视图的布局,并将加载的视图返回托管的 activity,**LayoutInflater** 和 **ViewGroup** 参数是加载和绑定布局所必需的。**Bundle** 将打包此函数用于从保存状态到重建视图的数据。

在 CrimeDetailFragment.kt 中,添加一个 onCreateView()函数的实现,该实现对 fragment_crime_ detail.xml 进行加载和绑定,可以使用图 9-10 中的相同技巧来填写函数声明,见程序清单 9-7。

程序清单 9-7　覆写 onCreateView()函数(CrimeDetailFragment.kt)

```
class CrimeDetailFragment : Fragment() {

    private lateinit var binding: FragmentCrimeDetailBinding

    private lateinit var crime: Crime

    override fun onCreate(savedInstanceState: Bundle?) {
        ...
    }

    override fun onCreateView(
        inflater: LayoutInflater,
        container: ViewGroup?,
        savedInstanceState: Bundle?
    ): View? {
        binding =
            FragmentCrimeDetailBinding.inflate(inflater, container, false)
        return binding.root
    }
}
```

就像在 GeoQuiz 中一样,View Binding 将生成一个绑定类,可以用它来加载和绑定布局,此刻它被称为 **FragmentCrimeDetailBinding**。

和以前一样,调用 **inflate()**函数完成任务。然而,这一次调用了一个略有不同的函数版本:一个接收 3 个参数而不是一个参数的版本。第一个参数与以前使用的 **LayoutInflater** 相同。第二个参数是视图的父视图,通常需要靠它来正确配置视图。第三个参数告诉布局加载器是否立即将已加载的视图添加到父视图。这里传入了 false 参数,是因为 **Fragment** 的视图将托管在 activity 的容器视图中。**Fragment** 的视图不需要立即添加到父视图中,activity 稍后将处理添加视图的操作。

在绑定后再返回根视图,就可以开始关联视图了。

3. 在 Fragment 中关联视图

现在,来关联 **Fragment** 中的 **EditText**、**CheckBox** 和 **Button**。第一直觉可能是向 **onCreateView()**函数添加一些代码,但最好是保持 **onCreateView()**简单,不要在其中做更多的事情,只绑定和加载视图。**onViewCreated()**生命周期回调函数会在 **onCreateView()**函数之后立即调用,它是关联视图的最佳地方。

首先在 **onViewCreated()**生命周期回调函数中向 **EditText** 添加一个监听器,见程序清单 9-8。

程序清单 9-8　向 EditText 添加一个监听器(CrimeDetailFragment.kt)

```
class CrimeDetailFragment : Fragment() {
    ...
    override fun onCreateView(
        inflater: LayoutInflater,
        container: ViewGroup?,
        savedInstanceState: Bundle?
    ): View? {
```

```
        ...
    }

    override fun onViewCreated(view: View, savedInstanceState: Bundle?) {
        super.onViewCreated(view, savedInstanceState)

        binding.apply {
            crimeTitle.doOnTextChanged { text, _, _, _ ->
                crime = crime.copy(title = text.toString())
            }
        }
    }
}
```

在 **Fragment** 中设置监听器的工作原理与在 activity 中完全相同。在这里,添加了一个监听器,只要 **EditText** 中的文本发生改变,就会调用该监听器。lambda 是用 4 个参数调用的,但只需关心第一个参数 text。text 是以 **CharSequence** 的形式提供的,因此要设置 **Crime** 的标题,用 **toString()**函数来调用。

> 注意:**doOnTextChanged**()函数实际上是 **EditText** 类上的 Kotlin 扩展函数,切记从 androidx.core.widget 包导入它。

当函数中不使用参数时,就像这里剩下的 3 个 lambda 参数一样,可以将其命名为"_",此时函数调用将忽略名为"_"的 lambda 参数,这将删除不必要的变量,保持代码整洁。

下一步关联 **Crime** 显示日期的按钮,见程序清单 9-9。

程序清单 9-9 设置 date 按钮文本(**CrimeDetailFragment.kt**)

```
class CrimeDetailFragment : Fragment() {
    ...
    override fun onViewCreated(view: View, savedInstanceState: Bundle?) {
        super.onViewCreated(view, savedInstanceState)

        binding.apply {
            crimeTitle.doOnTextChanged { text, _, _, _ ->
                crime = crime.copy(title = text.toString())
            }

            crimeDate.apply {
                text = crime.date.toString()
                isEnabled = false
            }
        }
    }
}
```

禁用该按钮可确保用户按下该按钮时不作任何响应,更改其外观来反映其禁用状态。在第 14 章的学习中将启用该按钮,并允许用户选择 **Crime** 日期。

CrimeDetailFragment 类中需要做的最后一个更改是在 **CheckBox** 上设置一个监听器,该监听器将更新 **Crime** 的 isSolved 属性,见程序清单 9-10。

程序清单 9-10 监听 CheckBox 的变化(**CrimeDetailFragment.kt**)

```
class CrimeDetailFragment : Fragment() {
    ...
    override fun onViewCreated(view: View, savedInstanceState: Bundle?) {
        super.onViewCreated(view, savedInstanceState)
```

```
binding.apply {
    crimeTitle.doOnTextChanged { text, _, _, _ ->
        crime = crime.copy(title = text.toString())
    }

    crimeDate.apply {
        text = crime.date.toString()
        isEnabled = false
    }

    crimeSolved.setOnCheckedChangeListener { _, isChecked ->
        crime = crime.copy(isSolved = isChecked)
    }
}
}
```

现在还运行不了 **CriminalIntent**。记住 **Fragment** 自己不能在屏幕上显示它们的视图,要运行它,还必须向 **MainActivity** 添加 **CrimeDetailFragment**。

9.6　托管 Fragment

当首次引入 **Fragment** 时,开发人员不得不跳过重重关卡来展示它们。2019 年,Google 推出了 **FragmentContainerView**,它可以更容易地为 **Fragment** 创建托管容器。在本节中,将使用 **FragmentContainerView** 来托管 **CrimeDetailFragment**,同时学习 **FragmentManager** 和 **Fragment** 生命周期的知识,最后揭开 **CrimeDetailFragment** 的悬念。

9.6.1　定义 FragmentContainerView

FragmentContainerView,顾名思义,是为包含 **Fragment** 而构建的。这些年来,**Fragment** 有很大变化,**FragmentContainerView** 有助于为 **Fragment** 提供一个统一的操作环境。与视图非常相似,**FragmentContainerView** 具有通用的 XML 属性,可以定义其 ID 和大小。

在 res/layout/activity_main.xml 文件中找到并打开 **MainActivity** 的布局,将默认布局替换为 **FragmentContainerView**,见程序清单 9-11。

程序清单 9-11　创建 Fragment 容器布局(res/layout/activity_main.xml)

```
<androidx.constraintlayout.widget.ConstraintLayout
    xmlns:android="http://schemas.android.com/apk/res/android"
    xmlns:tools="http://schemas.android.com/tools"
    xmlns:app="http://schemas.android.com/apk/res-auto"
    android:layout_width="match_parent"
    android:layout_height="match_parent"
    tools:context=".MainActivity">

    <TextView
        android:layout_width="wrap_content"
        android:layout_height="wrap_content"
        android:text="Hello World!"
        app:layout_constraintBottom_toBottomOf="parent"
        app:layout_constraintLeft_toLeftOf="parent"
        app:layout_constraintRight_toRightOf="parent"
        app:layout_constraintTop_toTopOf="parent"/>
```

```
</androidx.constraintlayout.widget.ConstraintLayout>
<androidx.fragment.app.FragmentContainerView
    xmlns:android = "http://schemas.android.com/apk/res/android"
    xmlns:tools = "http://schemas.android.com/tools"
    android:id = "@+id/fragment_container"
    android:name = "com.bignerdranch.android.criminalintent.CrimeDetailFragment"
    android:layout_width = "match_parent"
    android:layout_height = "match_parent"
    tools:context = ".MainActivity" />
```

FragmentContainerView 有一个在其他视图中没有出现的 XML 属性：android：name，这里它的值是 **CrimeDetailFragment** 的完整包名称，有了这个，**FragmentContainerView** 将管理创建 **CrimeDetailFragment** 并将其插入 activity 的布局中。

最后，运行 **CriminalIntent**，在显示 **CriminalIntent** 名称的应用程序栏下方可以看到 **CrimeDetailFragment**，如图 9-11 所示。

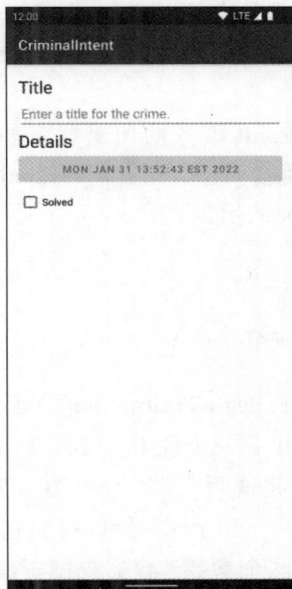

图 9-11　**MainActivity** 托管下的 **CrimeDetailFragment** 视图

> **注意**：按当前对 activity 的配置，应用程序顶部的工具栏即应用程序栏默认会自动包含在内。第 15 章将学习有关应用程序栏的更多知识。

已经初见成效，接下来深入讨论如何管理 **Fragment** 及其生命周期。

9.6.2　FragmentManager

自 Honeycomb（Android 3.0）引入 **Fragment** 类开始，**Activity** 类便添加了 **FragmentManager** 类。**FragmentManager** 负责将 **Fragment** 的视图添加到 activity 的视图层级结构中，并驱动 **Fragment** 的生命周期。它管理两件事：一个 **Fragment** 列表和一个 **Fragment** 事务的回退栈，如图 9-12 所示。

FragmentContainerView 与 **FragmentManager** 交互来显示 **CrimeDetailFragment**。**FragmentContainerView** 由 **FragmentManager** 创建并托管在 android：name XML 属性中指定的 **Fragment**。

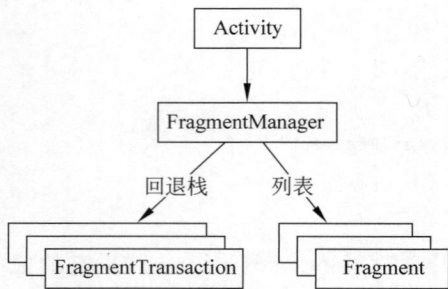

图 9-12　**FragmentManager** 图解

另一种替代 android：name XML 属性指定的方法是，在代码中使用 **FragmentManager** 将 **Fragment** 附加到 activity 中。此外，除 **FragmentContainerView** 提供的基本功能外，还可以使用 **FragmentManager** 从视图中删除 **Fragment**，或用另一个 **Fragment** 替换它，甚至可以修改导航后台。

要在代码中将 **Fragment** 附加到 activity 中，可以显式调用 activity 的 **FragmentManager**，然后用 supportFragmentManager 属性访问 activity 的 **Fragment** 管理器。之所以用到 supportFragmentManager 属性，是因为正在使用的是 Jetpack 库和 **AppCompatActivity** 类（该名称以 support 为前缀，因为该属性源自 android. support. v4 支持库，但该支持库已在 Jetpack 中重新打包为 AndroidX 库）。

添加、删除或替换 **Fragment** 等操作都是由 **Fragment** 事务来完成的，**Fragment** 事务可以对多个操作进行分组，例如将多个 **Fragment** 同时添加到不同的容器中。**Fragment** 事务是运行时使用 **Fragment** 来组合或重新组合屏幕的核心。

FragmentManager 维护着一个 **Fragment** 事务的回退栈。如果 **Fragment** 事务包括多个操作，那么在事务从回退栈里移除时，其批量操作也会回退。通过将 **Fragment** 的多个操作组合到单个事务中的方法能提供对 UI 状态更多的控制。见下面的示例：

```
val fragment = CrimeDetailFragment()
supportFragmentManager
    .beginTransaction()
    .add(R.id.fragment_container, fragment)
    .commit()
```

在本例中，**SupportFragmentManager. beginTransaction（）**函数创建并返回 **FragmentTransaction** 的一个实例。**FragmentTransaction** 类使用了一个流接口，配置 **FragmentTransaction** 的函数返回的是 **FragmentTransactions** 而不是 Unit，这可将这两个操作链接在一起。所以本例标灰底的代码意思是说："创建一个新的片段事务，在其中包含一个 add 操作，然后提交它。"

add（）函数是整个事务的核心，它有两个参数：容器视图资源 ID 和新创建的 **CrimeDetailFragment**。容器视图资源 ID 学习者应该很熟悉了，它是定义在 activity 布局中的 **FragmentContainerView** 的资源 ID。

容器视图资源 ID 的作用如下。

（1）告诉 **FragmentManager**，**Fragment** 视图应该出现在 activity 视图中的哪个位置。

（2）作为 **FragmentManager** 队列中 **Fragment** 的唯一标识符。

9.6.3　Fragment 生命周期

正如前面提到的，**FragmentManager** 的另一个职责是驱动 **Fragment** 生命周期，如图 9-13 所示。**Fragment** 生命周期类似于 activity 生命周期，包括已创建、已开始和已恢复状态等，并且它有可覆写函数，能在某些关键时点执行特定任务，其中许多函数对应于 activity 生命周期函数。

这个对应很重要。因为 **Fragment** 代表 activity 工作，所以它的状态要反映 activity 的状态。因此，它需要对应的生命周期函数来处理 activity 的工作。

Fragment 生命周期和 activity 生命周期之间的一个关键区别是，**Fragment** 生命周期函数由 activity

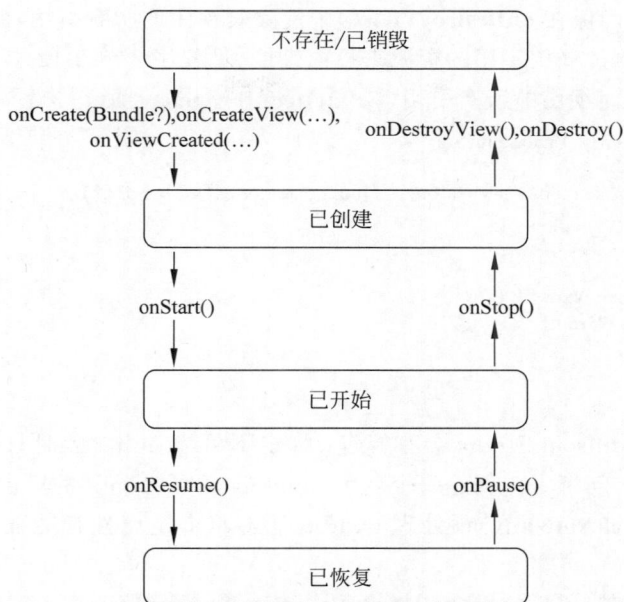

图 9-13 **Fragment** 生命周期示意图

托管的 **FragmentManager** 调用，而不是由操作系统调用。操作系统对 activity 用于管理事务的 **Fragment** 一无所知，fragment 是 activity 的内部事务。当 **Fragment** 添加到 **FragmentManager** 时，会调用 **onAttach（Context?）**、**onCreate（Bundle?）**、**onCreateView()** 和 **onViewCreated()** 函数。

一旦 **Fragment** 的状态赶上了 activity 的状态，activity 托管的 **FragmentManager** 将立即调用一系列生命周期函数，同时接收来自操作系统的相应调用，以保持 **Fragment** 的状态与 activity 的状态一致。

9.6.4 Fragment 与内存管理

当用户使用应用程序时，**Fragment** 可实现切换。第 10 章将在 CriminalIntent 中创建另一个 **Fragment**，用于显示 Crime 列表。应用程序的开发完成后，能实现从列表 **Fragment** 到详细信息 **Fragment** 的切换，列表将从视图中消失。由于用户需要返回列表操作，所以 **Fragment** 会保留在内存中，以便在用户单击 Back 按钮时可以继续使用。

但留在内存中的 **Fragment** 的关联视图哪去了？因为没有显示前一个 **Fragment**，所以系统不需要将其视图保存在内存中。事实上，**Fragment** 有一个生命周期方法，可以在不再需要它时销毁它的视图，此方法为 **onDestroyView()**。当 **Fragment** 再次可见时，将再次调用其 **onCreateView()** 方法来重新创建视图。

回到前面提到过的悬念：尽管在 **CriminalIntent** 中有一个 **onCreateView()** 回调函数，但当前视图没有从内存中释放，因为通过 binding 属性保持着对它的引用。系统发现以后有可能访问该视图，系统就会阻止把它从内存里清除。

这会很浪费资源，因为即使没有使用视图，也会将其保存在内存中，尽管 **Fragment** 再次可见时会重新创建视图。对于当前的操作，系统无法释放与旧视图关联的内存，直到通过再次调用 **onCreateView()** 重新创建视图或销毁整个 **Fragment** 才会释放。

好消息是，有一个简单的解决方案可以解决这个问题：清空 **onDestroyView()** 生命周期回调函数中对视图的所有引用。只要确保在 **onDestroyView()** 中清除对视图的所有引用,就可以避免与第二个生命周期发生冲突,并且可以通过释放不用的资源来提高性能,见程序清单 9-12。

程序清单 9-12　清空对视图的所有引用(CrimeDetailFragment. kt)

```
class CrimeDetailFragment : Fragment() {
    ...
    override fun onViewCreated(view: View, savedInstanceState: Bundle?) {
        ...
    }

    override fun onDestroyView() {
        super.onDestroyView()
        binding = null
    }
}
```

做完上面的修改后,Android Studio 会有警告:绑定不可为 null。此时只要做一些小的更改,就可以清空引用,并可以轻松访问绑定。创建一个名为_binding 的可为 null 的后台属性,并将绑定属性更改为计算属性,通过使用 **checkNotNull()** 预处理,Kotlin 能够将绑定属性智能强制转换为非 null,见程序清单 9-13。

程序清单 9-13　两全其美(CrimeDetailFragment. kt)

```
class CrimeDetailFragment : Fragment() {

    private lateinit var binding: FragmentCrimeDetailBinding
    private var _binding: FragmentCrimeDetailBinding? = null
    private val binding
        get() = checkNotNull(_binding) {
        "Cannot access binding because it is null. Is the view visible?"
        }
    ...
    override fun onCreateView(
    inflater: LayoutInflater,
    container: ViewGroup?,
    savedInstanceState: Bundle?
    ): View? {
        binding =
            FragmentCrimeDetailBinding.inflate(inflater, container, false)
        _binding =
            FragmentCrimeDetailBinding.inflate(inflater, container, false)
        ...
    }
    ...
    override fun onDestroyView() {
        super.onDestroyView()
        binding = null
        _binding = null
    }
}
```

访问绑定时,仍然可以使用不可为 null 的属性,但现在还可以使用绑定属性,在 **onDestroyView()** 中设置为 null。

在本章中,使用 **Fragment** 来显示一个不受 activity 限制的单独屏幕。在第 10 章中,将创建另一个 **Fragment**,并利用 **RecyclerView** 在列表中显示 Crime。

9.7　挑战练习：用 FragmentScenario 来测试

就像在第 6 章中使用的 **ActivityScenation** 类来测试一样，Google 有一个相应的 **FragmentScenario** 来单独测试 fragment。**FragmentScenario** 构建在与 **ActivityScenrio** 相同的基础设施上，以类似的方式运行，并使用类似的 API。试着用 **Espresso**（一种 Android 自动化测试框架）的 **FragmentScenario** 为 **CrimeDetailFragment** 编写一个测试。

例如，可以测试并验证 CheckBox 和 EditText 是否已连接到 **Fragment**，并更新 Crime。通过删除属性上的私有可见性修饰符并使用 **FragmentScenario. onFragment（）**函数，来访问 Crime 并执行适当的断言。

FragmentScenario 存在于一个单独的库中，所以不要忘记在标记为（Module：CriminalIntent. app）的 build. gradle 文件中的依赖项中添加以下行：

```
dependencies {
    …
    debugImplementation "androidx. fragment:fragment – testing:1.4.1"
}
```

> **注意**：debugImplementation 的用法，**FragmentScenario** 类的工作方式与其他测试库略有不同，该库将一个 activity 插入应用程序中，并用它将 **Fragment** 托管在可以控制的容器中。

第10章

使用RecyclerView显示列表

目前，**CriminalIntent** 只能显示有关单个 **Crime** 实例的信息。本章更新 **CriminalIntent** 以处理 **Crime** 列表，该列表将显示每个 **Crime** 的标题和日期，如图 10-1 所示。

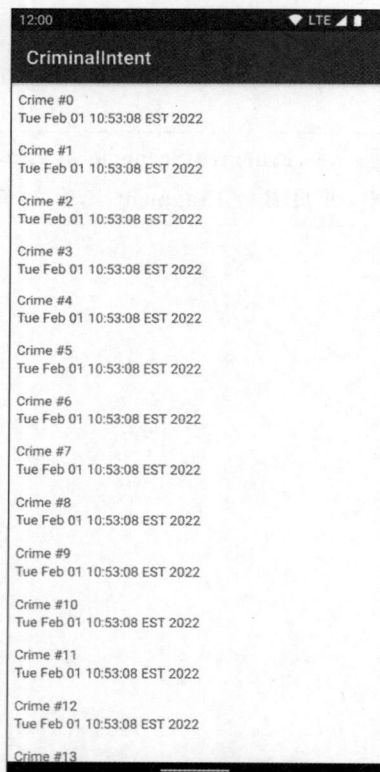

图 10-1　**Crime** 列表

本章中将要做的工作与前几章很相似。例如，像在 GeoQuiz 中所做的那样，将创建一个新的 **ViewModel** 来封装新屏幕的数据，**CrimeListViewModel** 将存储 **Crime** 对象的列表。

由于这些数据将显示在一个新屏幕上，还将创建一个新的名为 **CrimeListFragment** 的 **fragment**。**MainActivity** 将托管 **CrimeListFragment** 实例，该实例将在屏幕上显示 **Crime** 列表。

Activity 视图仍由单个 **FragmentContainerView** 组成，**Fragment** 的视图将由一个 **RecyclerView** 组成，**RecyclerView** 类能有效地回收视图。

目前，**Crime** 清单和细节部分还是独立显示。在第 13 章将实现把它们关联在一起显示。

10.1　添加新 Fragment 和 ViewModel

10.1.1　ViewModel 添加与 Gradle 同步

第一步添加 **ViewModel**，用来存储最终将在屏幕上显示的 **Crime** 对象列表。在第 4 章曾介绍过，**ViewModel** 类是 lifecycle-viewmodel-ktx 库的一部分，因此，先将 lifecycle-viewmodel-ktx 依赖项添加到 app/build. gradle 文件（即标记为 Module：CriminalIntent. app 的 build. gradle 文件）中，见程序清单 10-1。

程序清单 10-1　添加 lifecycle-viewmodel-ktx 依赖项（app/build. gradle）

```
dependencies {
    ...
    implementation 'androidx.constraintlayout:constraintlayout:2.1.3'
    implementation 'androidx. fragment:fragment – ktx:1.4.1'
    implementation 'androidx. lifecycle:lifecycle – viewmodel – ktx:2.4.1'
    ...
}
```

添加完成后，同步 Gradle 文件。

接下来，创建一个名为 **CrimeListViewModel** 的 Kotlin 类，并让其继承 **ViewModel**，再添加一个存储 **Crime** 列表的属性。在 init 初始化块中，用伪数据填充列表，见程序清单 10-2。

程序清单 10-2　生成 crimes（CrimeListViewModel. kt）

```
class CrimeListViewModel : ViewModel() {

    val crimes = mutableListOf < Crime >()

    init {
        for (i in 0 until 100) {
            val crime = Crime(
                id = UUID. randomUUID(),
                title = "Crime # $ i",
                date = Date(),
                isSolved = i % 2 == 0
            )

            crimes += crime
        }
    }
}
```

最终，该列表将包含可以保存和重新加载的用户创建的 **Crime**，用 100 个虚拟的 **Crime** 对象填充列表。

CrimeListViewModel 不是一个长期存储数据的解决方案，但它确实封装了填充 **CrimeListFragment** 视图所需的所有数据。第 12 章将介绍如何更新 **CriminalIntent** 并将 **Crime** 列表存储在数据库中，其中涉及关于长期数据存储的更多知识。

接下来，创建 **CrimeListFragment** 类，并将其与 **CrimeListViewModel** 相关联，使其成为 androidx. fragment. app. fragment 的子类，见程序清单 10-3。

程序清单 10-3　实现 CrimeListFragment（CrimeListFragment. kt）

```
private const val TAG = "CrimeListFragment"
```

```
class CrimeListFragment : Fragment() {

    private val crimeListViewModel: CrimeListViewModel by viewModels()

    override fun onCreate(savedInstanceState: Bundle?) {
        super.onCreate(savedInstanceState)
        Log.d(TAG, "Total crimes: ${crimeListViewModel.crimes.size}")
    }
}
```

目前，**CrimeListFragment** 是一个空的 **Fragment** 外壳，它甚至没有显示的用户界面；它只记录在 **CrimeListViewModel** 中出现的 **Crime** 的数量。在本章后续内容中将把这个 **Fragment** 充实起来。

10.1.2　ViewModel 生命周期与 Fragment

在第 4 章中介绍了与 activity 一起使用时的 **ViewModel** 生命周期。当 **ViewModel** 与 **Fragment** 一起使用时，此生命周期略有不同。它仍然只有两个状态，创建或销毁，但它现在是与 **Fragment** 的生命周期绑定。

只要 **Fragment** 的视图在屏幕上，**ViewModel** 就会保持活动状态。这意味着 **ViewModel** 将在设备旋转过程中持续存在（即使 **Fragment** 实例不会），并且可以对新的 **Fragment** 实例进行访问。

如果当前 **Fragment** 被销毁，那么其关联 ViewModel 也随之销毁。这在用户单击 Back 按钮退出当前应用界面时就会发生。另外，在托管 activity 使用不同的 **Fragment** 替换当前 **Fragment** 时也是如此。也就是说，即使托管 activity 还在，但被托管的 **Fragment** 和其关联 ViewModel 都会被销毁，因为它们没用了。

一种特殊情况是将 **Fragment** 事务添加到回退栈中。当托管 activity 用不同的 **Fragment** 替换当前 **Fragment** 时，如果事务已添加到回退栈，则当前 **Fragment** 实例及其 **ViewModel** 将不会被销毁。应用之前的状态会恢复：如果用户单击 Back 按钮，则 **Fragment** 事务回退，之前被替换的原始 **Fragment** 实例重新放回屏幕，**ViewModel** 中的所有数据也得以保留。

接下来，更新 activity_main. xml，让其托管 **CrimeListFragment** 的实例，而不是 **CrimeDetailFragment**，见程序清单 10-4。

程序清单 10-4　添加 CrimeListFragment（activity_main. xml）

```
<?xml version = "1.0" encoding = "utf - 8"?>
< androidx. fragment. app. FragmentContainerView
    xmlns:android = "http://schemas.android.com/apk/res/android"
    xmlns:tools = "http://schemas.android.com/tools"
    android:id = "@ + id/fragment_container"
    android:name = "com.bignerdranch.android.criminalintent.CrimeDetailFragment"
    android:name = "com.bignerdranch.android.criminalintent.CrimeListFragment"
    android:layout_width = "match_parent"
    android:layout_height = "match_parent"
    tools:context = ".MainActivity" />
```

现在已经完成对 **MainActivity** 的硬编码，让其始终显示 **CrimeListFragment**。在第 13 章中，将使用 **Fragment** 导航库更新 **MainActivity**，使用户可在应用程序中来回切换 **CrimeListFragment** 和 **CrimeDetailFragment**。

运行 **CriminalIntent**，将看到 **MainActivity** 的 **FragmentContainerView** 托管了一个空的 **CrimeListFragment**，如图 10-2 所示。

搜索 **CrimeListFragment** 的 Logcat 输出日志，会看到一条显示 **Crime** 总数的日志语句，内容如下：

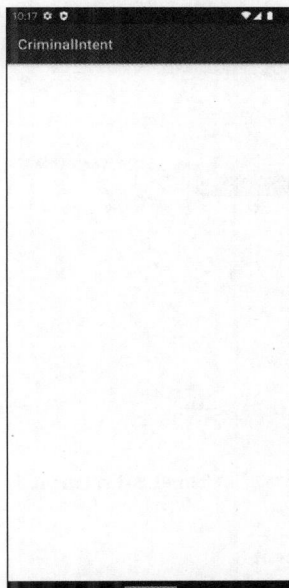

图 10-2　空的 **MainActivity** 屏幕

```
2022 − 02 − 25 15:19:39.950 26140 − 26140/com.bignerdranch.android.criminalintent
D/CrimeListFragment: Total crimes: 100
```

10.2　添加 RecyclerView

利用 **CrimeListFragment** 向用户显示 **Crime** 列表，这需要用到 **RecyclerView** 类。

RecyclerView 类位于另一个 Jetpack 库中。因此，使用 **RecyclerView** 的第一步是添加 **RecyclerView** 依赖项，见程序清单 10-5。

程序清单 10-5　添加 **RecyclerView** 依赖项（**app/build.gradle**）

```
dependencies {
    ...
    implementation 'androidx.lifecycle:lifecycle − viewmodel − ktx:2.4.1'
    implementation 'androidx.recyclerview:recyclerview:1.2.1'
    ...
}
```

同样，添加完记得同步 Gradle 文件。

RecyclerView 需要放入 **CrimeListFragment** 的布局文件中。先创建布局文件，右击项目工具窗口中的 res/layout 目录，然后选择 New→Layout resource file，将新文件命名为 fragment_crime_list，根元素指定为 androidx.recyclerview.widget.RyclerView，如图 10-3 所示。

在新的 layout/fragment_crime_list.xml 文件中，给 **RecyclerView** 添加一个 ID 属性。由于不再向 **RecyclerView** 添加任何子项，所以删除闭合标签，改用自闭合标签，见程序清单 10-6。

程序清单 10-6　在布局文件中添加 **RecyclerView**（**layout/fragment_crime_list.xml**）

```
< androidx.recyclerview.widget.RecyclerView
    xmlns:android = "http://schemas.android.com/apk/res/android"
    android:id = "@ + id/crime_recycler_view"
```

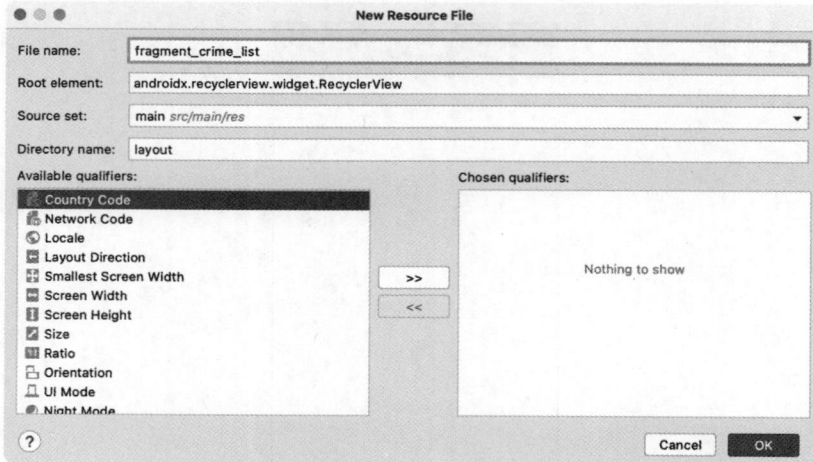

图 10-3　添加 **CrimeListFragment** 布局文件

```
android:layout_width = "match_parent"
android:layout_height = "match_parent">
android:layout_height = "match_parent"/>

</androidx.recyclerview.widget.RecyclerView>
```

现在 **CrimeListFragment** 的视图已经设置好，需要连接到 CrimeListFragment. kt 里，对布局进行加载和绑定，不要忘记在 **onDestroyView()** 函数中清空绑定，见程序清单 10-7。

程序清单 10-7　将视图连接到 CrimeListFragment(CrimeListFragment. kt)

```kotlin
class CrimeListFragment : Fragment() {

    private var _binding: FragmentCrimeListBinding? = null
    private val binding
        get() = checkNotNull(_binding) {
            "Cannot access binding because it is null. Is the view visible?"
        }

    private val crimeListViewModel: CrimeListViewModel by viewModels()

    override fun onCreate(savedInstanceState: Bundle?) {
        super.onCreate(savedInstanceState)
        Log.d(TAG, "Total crimes: ${crimeListViewModel.crimes.size}")
    }

    override fun onCreateView(
        inflater: LayoutInflater,
        container: ViewGroup?,
        savedInstanceState: Bundle?
    ): View? {
        _binding = FragmentCrimeListBinding.inflate(inflater, container, false)
        return binding.root
    }

    override fun onDestroyView() {
        super.onDestroyView()
        _binding = null
    }
    ...
}
```

10.3　LayoutManager 实现

RecyclerView 是一个关注范围很窄的视图,本身并没有起到多大作用,它所做的只是回收或重用用于显示数据列表的视图。它将显示数据列表的所有任务委派给其他组件:**LayoutManager**、**ViewHolder** 和 **Adapter**。下面逐一介绍这些组件。

RecyclerView 将在屏幕上项目定位的任务委派给 **LayoutManager**。**LayoutManager** 为每个项目定位,也定义了滚屏机制。如果 **RecyclerView** 要显示项目,但 **LayoutManager** 没接到委派任务,那它就放弃,什么也不显示。

有一些内置的 **LayoutManager** 可供使用,在第三方库中还可以找到更多。

将 **LinearLayoutManager** 设置为 **RecyclerView** 的 **LayoutManager**,它将列表中的项目垂直放置,一个接一个,就像 **LinearLayout** 一样,见程序清单10-8。

程序清单 10-8　设置为 LayoutManager(CrimeListFragment.kt)

```
class CrimeListFragment : Fragment() {
    ...
    override fun onCreateView(
        inflater: LayoutInflater,
        container: ViewGroup?,
        savedInstanceState: Bundle?
    ): View? {
        _binding = FragmentCrimeListBinding.inflate(inflater, container, false)

        binding.crimeRecyclerView.layoutManager = LinearLayoutManager(context)

        return binding.root
    }
    ...
}
```

再次运行应用程序,仍然会看到一个空白屏幕,但现在看到的是空的 **RecyclerView**。

10.4　创建列表项视图布局

RecyclerView 是 **ViewGroup** 的一个子类,它显示子视图对象的列表,称为列表项视图。每个列表项视图展现的是伴随 RecyclerView 的数据列表中的单个对象(例如 **Crime** 列表中的一个 **Crime** 行为)。根据需要显示内容的复杂性,这些子视图可能很复杂,也可能很简单。

对于第一个实现简单的列表项显示,列表中的每个项目都将显示 **Crime** 的标题和日期,如图 10-4 所示。

RecyclerView 上显示的每个列表项都有自己的视图层级结构,就像 **CrimeDetailFragment** 在整个屏幕上有一个视图层级结构一样。具体来说,每行的 View 对象是一个包含两个 **TextView** 的 **LinearLayout**。

可以为列表项视图创建一个新布局,就像为 activity 或 **Fragment** 视图创建布局一样。创建一个名为 list_item_crime 的新布局资源文件,并将根元素设置为 **LinearLayout**。

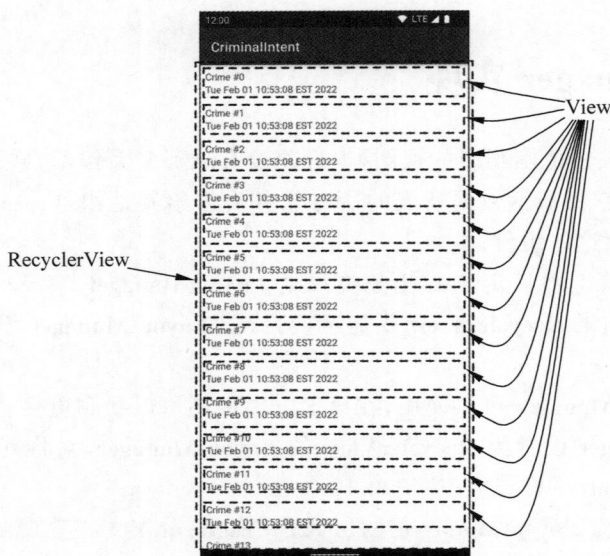

图 10-4　显示子 View 的 **RecyclerView**

更新布局文件，给 **LinearLayout** 添加边距属性并添加两个 **TextView**，见程序清单 10-9。

程序清单 10-9　更新列表项布局文件(layout/list_item_crime.xml)

```
< LinearLayout xmlns:android = "http://schemas.android.com/apk/res/android"
        android:orientation = "vertical"
        android:layout_width = "match_parent"
        android:layout_height = "match_parent">
        android:layout_height = "wrap_content"
        android:padding = "8dp">

    < TextView
        android:id = "@ + id/crime_title"
        android:layout_width = "match_parent"
        android:layout_height = "wrap_content"
        android:text = "Crime Title"/>

    < TextView
        android:id = "@ + id/crime_date"
        android:layout_width = "match_parent"
        android:layout_height = "wrap_content"
        android:text = "Crime Date"/>

</LinearLayout >
```

观察设计预览界面，会发现内部已经布局了一行行的长条形列表项视图。稍后，将看到如何利用 **RecyclerView** 创建这些行。

10.5　ViewHolder 实现

RecyclerView 希望将列表项视图包装在 **ViewHolder** 的实例中，**ViewHolder** 存储对列表项视图的引用，但通常不会直接与视图交互。这里要使用视图绑定。

创建一个名为 CrimeListAdapter.kt 的新文件，添加一个继承自 **RecyclerView.ViewHolder** 的 View Holder 类 **CrimeHolder**，见程序清单 10-10。

程序清单 10-10　ViewHolder 实现的第一步（CrimeListAdapter. kt）

```
class CrimeHolder(
    val binding: ListItemCrimeBinding
) : RecyclerView.ViewHolder(binding.root) {

}
```

CrimeHolder 类的构造函数中重新定义了绑定，它被作为父类的参数传递到 **RecyclerView. ViewHolder()** 的构造函数中。这样，**ViewHolder** 类就将这个参数设置到每个 **itemView** 视图中，如图 10-5 所示。

RecyclerView 并不会创建 **View**，它只会创建 **ViewHolder**，由 **ViewHolder** 带着其引用的 **itemView** 展现列表项，如图 10-6 所示。

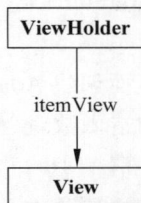

图 10-5　**ViewHolder** 和它的 **itemView** 属性

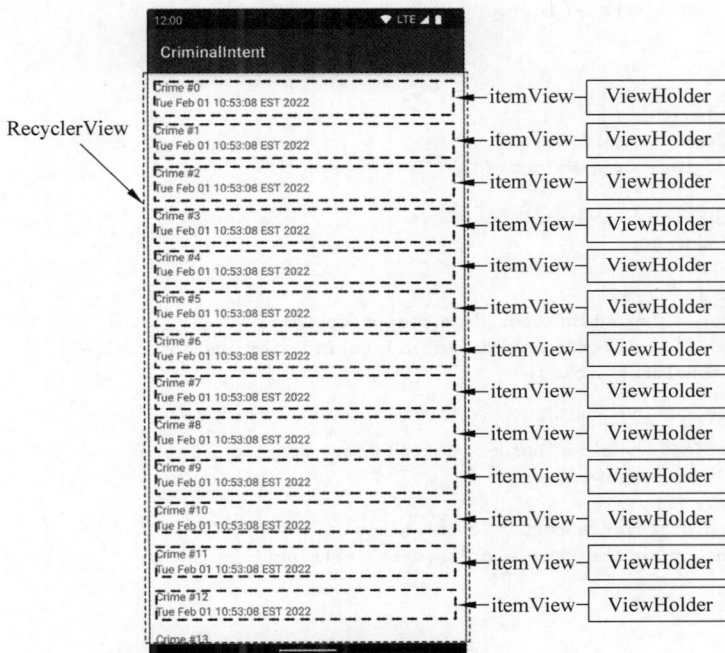

图 10-6　可视化的 **ViewHolder**

当每个列表项的视图都很简单时，**ViewHolder** 几乎没有什么要做的。如果显示的列表项视图很复杂，**ViewHolder** 能简单高效地将绑定到 **Crime** 的不同部分连接起来。例如，在每次设置列表项标题时，不需要搜索列表项视图层级结构来获得标题文本视图的句柄。

更新后的 **ViewHolder** 保存了对列表项绑定的引用，因此可以轻松更改要显示的值。这里要注意，**CrimeHolder** 是假定了传递给它的构造函数的绑定是 **ListItemCrimeBinding** 类型。那么"是什么创建了 **Crime** 的实例，从哪里获得 **ListItemCrimeBinding？**"，很快就会有答案。

10.6　Adapter 实现填充 RecyclerView

10.6.1　创建 Adapter

图 10-6 做了简化。**RecyclerView** 本身不创建 **ViewHolder**，它是通过 **Adapter** 创建。**Adapter** 是位于

RecyclerView 和 **RecyclerView** 要显示的数据集之间的控制器对象。

    Adapter 负责创建必要的 **ViewHolder**,并绑定来自模型层的数据到 **ViewHolder**。**RecyclerView** 负责请求 **Adapter** 创建 **ViewHolder**,以及请求 **Adapter** 在指定位置将 **ViewHolder** 绑定到来自后台数据的列表项。

    下面创建 **Adapter**。在 CrimeListAdapter.kt 中添加一个名为 **CrimeListAdapter** 的新类,再添加一个主构造函数,该构造函数需要一个 **Crime** 列表作为输入,并将传入的 **Crime** 列表存储在一个属性中,见程序清单 10-11。

程序清单 10-11　创建 CrimeListAdapter(CrimeListAdapter.kt)

```kotlin
class CrimeHolder(
        val binding: ListItemCrimeBinding
) : RecyclerView.ViewHolder(binding.root) {

}

class CrimeListAdapter(
    private val crimes: List<Crime>
) : RecyclerView.Adapter<CrimeHolder>() {

    override fun onCreateViewHolder(
        parent: ViewGroup,
        viewType: Int
    ) : CrimeHolder {
        val inflater = LayoutInflater.from(parent.context)
        val binding = ListItemCrimeBinding.inflate(inflater, parent, false)
        return CrimeHolder(binding)
    }

    override fun onBindViewHolder(holder: CrimeHolder, position: Int) {
        val crime = crimes[position]
        holder.apply {
            binding.crimeTitle.text = crime.title
            binding.crimeDate.text = crime.date.toString()
        }
    }

    override fun getItemCount() = crimes.size
}
```

在新的 **CrimeListAdapter** 中,重写 3 个函数: **onCreateViewHolder()**、**onBindViewHold0er()** 和 **getItemCount()**。添加好构造函数后,将光标放在 **CrimeListAdapter** 上,然后按组合键"Alt＋Enter"(macOS 系统中为组合键"Option＋Return"),如图 10-7 所示,从弹出的窗口中选择 Implement members。在 Implement members 对话框中,选择所有 3 个函数名称,然后单击 OK 按钮,学习者只需要输入如程序清单 10-11 所示的粗体字部分。

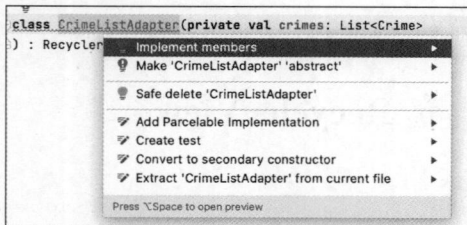

图 10-7　展开 **RecyclerView.Adapter** 类

Adapter. onCreateViewHolder() 函数负责创建要显示视图的绑定,将其封装到一个 **ViewHolder** 里并返回结果。在这里是加载和绑定 **ListItemCrimeBinding**,并将生成的绑定传递给一个新的 **CrimeHolder** 实例。

> **注意**:目前可以忽略 **onCreateViewHolder ()** 函数的参数。如果需要处理一些特别的事情,例如在同一个 **RecyclerView** 中显示不同类型的视图,才需要这些参数。有关更多信息可参阅本章 10.12 节"挑战学习:循环视图类型"的部分。

Adapter. onBindViewHolder() 函数负责将后台数据指定位置的 **Crime** 发送给指定的 **ViewHolder**。在这种情况下,可以从请求位置的 **Crime** 列表中获取 **Crime**,然后用 **Crime** 的标题和日期设置相应的 TextView 文本。

当 **RecyclerView** 想要知道数据集中有多少列表项时(例如,当 **RecyclerView** 第一次出现时),它会通过调用 **adapter. getItemCount()** 函数询问它的 **Adapter**,**getItemCount()** 函数响应 **RecyclerView** 的请求,返回 **Crime** 列表中的列表数。

RecyclerView 本身不知道有关 **Crime** 对象或要显示的 **Crime** 对象列表的任何信息;相反,**CrimeListAdapter** 不仅对 **Crime** 所有信息了如指掌,而且也知道 **RecyclerView** 的 **Crime** 列表的信息,如图 10-8 所示。

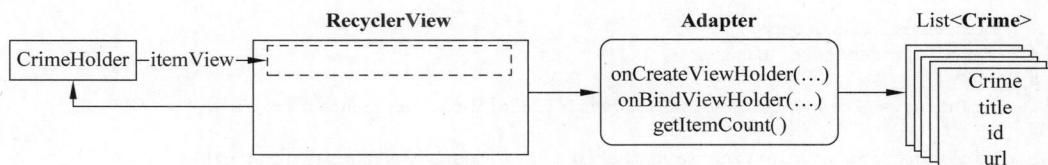

图 10-8　**Adapter** 是沟通 **RecyclerView** 和数据集的桥梁

当 **RecyclerView** 需要显示一个视图对象时,它将与其 **Adapter** 进行对话。图 10-9 显示了 **RecyclerView** 可能发起的对话示例。

首先,**RecyclerView** 调用 **Adapter** 的 **onCreateViewHolder**(**ViewGroup**,**Int**)函数来创建一个新的 **ViewHolder** 及其要显示的视图。此时,**Adapter** 创建并返给 **RecyclerView** 的 **ViewHolder**(随同绑定的 **itemView**)还没有被数据集中指定的列表项中的数据填充。

接下来,**RecyclerView** 调用 **onBindViewHolder**(**ViewHolder**,**Int**)函数,将 **ViewHolder** 和 **Crime** 对象的位置作为参数传入该函数中。**Adapter** 找到该位置的模型数据并将其绑定到 **ViewHolder** 的视图上。所谓绑定,就是 **Adapter** 用模型对象数据填充视图。

整个过程执行完毕,**RecyclerView** 就能在屏幕上显示 **Crime** 列表项了。

10.6.2　为 RecyclerView 配置 Adapter

搞定了 **Adapter**,接下来要做的就是用 **Crime** 数据实例化一个实例,并将其关联到 **RecyclerView**,见程序清单 10-12。

程序清单 10-12　设置 Adapter(CrimeListFragment. kt)

```
class CrimeListFragment : Fragment() {
    ...
    override fun onCreateView(
        inflater: LayoutInflater,
```

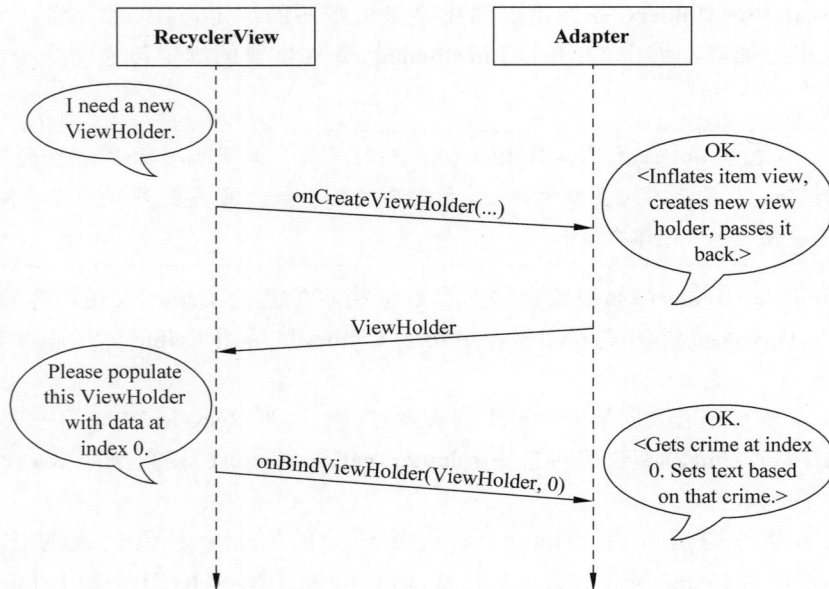

图 10-9　生动有趣的 **RecyclerView** 与 Adapter 间的对话

```
    container: ViewGroup?,
    savedInstanceState: Bundle?
): View? {
    _binding = FragmentCrimeListBinding.inflate(inflater, container, false)

    binding.crimeRecyclerView.layoutManager = LinearLayoutManager(context)

    val crimes = crimeListViewModel.crimes
    val adapter = CrimeListAdapter(crimes)
    binding.crimeRecyclerView.adapter = adapter

    return binding.root
}
    ...
}
```

　　运行 **CriminalIntent**，上下滚动 **RecyclerView**，应该能看到如图 10-10 所示的画面。

　　上下滑动，会看到更多的 **Crime** 视图在屏幕上滚进滚出。每个可见的 **CrimeHolder** 都应该显示一个唯一的 **Crime**。

> **注意**：如果看到的行比这些行多得多，或者在屏幕上只看到一行，请仔细检查行的 **LinearLayout** 的 layout_height 属性值是否设置为 wrap_content。

　　当将视图向上滚动时，滚动动画应该非常流畅，这种效果是保持 **BindViewHolder()** 函数小而高效的直接结果，只做最少的必要工作。

> **注意**：在 onBindViewHolder() 函数中要始终保持高效，否则，滚动动画时可能会感觉很卡顿。

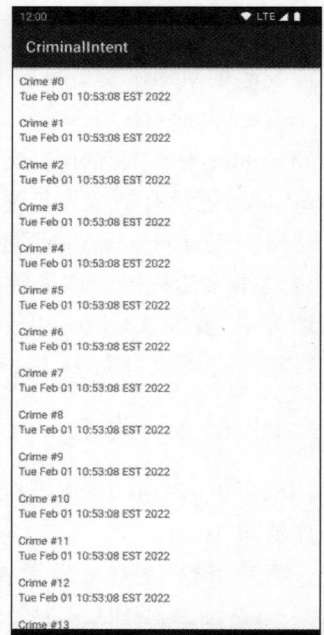

图 10-10　填满 **Crime** 数据的 **RecyclerView**

10.7　循环使用视图

图 10-10 显示了一个有 13 行(加半行)的视图,可以滑动屏幕查看所有 100 个 **Crime** 列表项。这是否意味着内存中有 100 个 View 对象? 答案是:没有。

一次性为列表中的每个列表项创建视图很容易,但不可行。可以想象一下,真实应用要显示的列表项远不止 100 个,并且列表项可能比这里的要复杂更多。此外,**Crime** 只需要在屏幕上显示一个视图,因此不需要准备好 100 个视图并等待,只在需要时创建视图对象才是比较合理的解决方案。

RecyclerView 就是这么做的。它不是创建 100 个视图,而是创建刚好足以填充屏幕的视图。当视图从屏幕上滚动时,**RecyclerView** 会重用它,而不是将其扔掉。简而言之,它正如其名:它一次又一次地循环使用视图。

正因为如此,**onCreateViewHolder()** 函数的调用频率将比 **onBindViewHolder()** 函数少得多:一旦创建了足够用的 **ViewHolder**,**RecyclerView** 就会停止调用 **onCreateViewHolder()** 函数,转而回收旧的 **ViewHolder** 并将其传给 **onBindViewHolder()** 函数使用来节省时间和内存。

10.8　清理列表项绑定

现在,在 **Adapter.onBindViewHolder()** 函数中,**Adapter** 将 **crime** 数据直接绑定到 **CrimeHolder** 的 **TextView**。这么做虽然可行,但最好清晰地将 **ViewHolder** 和 **Adapter** 之间的任务分开,**Adapter** 应该尽量不插手 **ViewHolder** 的内部工作和细节。

因此,建议将所有绑定工作的代码放在 **CrimeHolder** 中。首先向 **CrimeHolder** 添加一个 **bind(Crime)** 函数,这个函数将绑定的 **Crime** 缓存到一个属性中,并给属性 crimeTitle 和 crimeDate 赋文本值,在进行此操作时,将现有绑定属性设置为私有属性,见程序清单 10-13。

程序清单 10-13　编写 bind(Crime)函数(CrimeListAdapter.kt)

```kotlin
class CrimeHolder(
    private val binding: ListItemCrimeBinding
) : RecyclerView.ViewHolder(binding.root) {
    fun bind(crime: Crime) {
        binding.crimeTitle.text = crime.title
        binding.crimeDate.text = crime.date.toString()
    }
}
...
```

当指定一个要绑定的 **Crime** 时,**CrimeHolder** 就会更新标题 **TextView** 和日期 **TextView** 中的文本来显示 **Crime** 的状态。

接下来,每当 **RecyclerView** 请求将指定的 **CrimeHolder** 绑定到对应的 **Crime** 时,就会调用新创建的 **bind(Crime)** 函数,见程序清单 10-14。

程序清单 10-14　调用 bind(Crime)函数(CrimeListAdapter.kt)

```kotlin
...
class CrimeListAdapter(
    private val crimes: List<Crime>
) : RecyclerView.Adapter<CrimeHolder>() {
```

```
override fun onCreateViewHolder(parent: ViewGroup, viewType: Int): CrimeHolder {
    ...
}

override fun onBindViewHolder(holder: CrimeHolder, position: Int) {
    val crime = crimes[position]
    holder.apply {
        binding.crimeTitle.text = crime.title
        binding.crimeDate.text = crime.date.toString()
    }
    holder.bind(crime)
}

override fun getItemCount() = crimes.size
}
```

再次运行 **CriminalIntent** 应用,看到的用户界面应该与之前一样,如图 10-10 所示。

10.9　响应单击

为了使 **RecyclerView** 锦上添花,**CriminalIntent** 应用的列表项应该能够响应用户的单击。在第 13 章中,当用户单击列表中的 **Crime** 时,会弹出 **Crime** 的详细信息视图。现在,当用户单击 **Crime** 时,先实现弹出一个 toast 消息。

学习者可能已经注意到,**RecyclerView** 虽然强大而能干,但只专注于做好本职工作,处理单击事件主要靠学习者自己动手。虽然 **RecyclerView** 可以转发原始单击事件,但在大多数情况下这是不必要的。

常用解决方案是:通过设置 **OnClickListener** 监听器监听用户的单击事件。因为希望每行都可以单击,所以在绑定的根属性上设置 **OnClickListener**,见程序清单 10-15。

程序清单 10-15　检测用户在 CrimeHolder 中的单击事件(CrimeListAdapter. kt)

```
class CrimeHolder(
    private val binding: ListItemCrimeBinding
) : RecyclerView.ViewHolder(binding.root) {
    fun bind(crime: Crime) {
        binding.crimeTitle.text = crime.title
        binding.crimeDate.text = crime.date.toString()

        binding.root.setOnClickListener {
            Toast.makeText(
                binding.root.context,
                "${crime.title} clicked!",
                Toast.LENGTH_SHORT
            ).show()
        }
    }
}
...
```

运行 **CriminalIntent** 应用,单击某个列表项,可看到弹出的 toast 响应消息。

10.10　Lists and Grids:过去、现在和未来

Android 操作系统核心库包含 **ListView**、**GridView** 和 **Adapter** 类。在 Android 5.0 发布之前,这些

都是创建项目列表或网格的首选类。

这些类的 API 与 **RecyclerView** 的 API 非常相似。**ListView** 或 **GridView** 类只负责列表项展示时的滚动，对每个列表项的内容不关心。**Adapter** 负责创建列表项的每个视图。但是，**ListView** 和 **GridView** 并没有强制要求使用 **ViewHolder** 模式（尽管可以也应该使用它）。

由于调整 **ListView** 或 **GridView** 的工作行为很复杂，这些旧的实现方式被 **RecyclerView** 实现所取代。

例如，**ListView API** 不支持创建水平滚动的 **ListView**，这需要大量额外的工作。使用 **RecyclerView** 创建自定义布局和滚动行为仍然需要额外的工作，但 **RecyclerView** 是为了扩展而构建的，所以它并没有那么难用。而且，将在第 20 章中会看到，**RecyclerView** 可以与 **GridLayoutManager** 一起使用，可在网格中排列项目。

RecyclerView 的另一个关键功能是支持列表中项目的动画。以前在 **ListView** 或 **GridView** 中添加或删除列表项的动画是一项复杂且容易出错的任务，现在 **RecyclerView** 让这件事变得容易多了；它包括一些内置的动画，并允许轻松自定义这些动画。

例如，将 **Crime** 列表项从位置 0 移动到位置 5，那么只需下面这段代码就可以做到：

```
recyclerView.adapter.notifyItemMoved(0, 5)
```

RecyclerView 功能强大且可扩展，但它也很复杂，即使是简单的 UI 也需要大量的设置。利用 Jetpack Compose 工具包（将在第 26 章开始学习），可以访问 **LazyColumn** 和 **LazyRow** 组合件，这些组合件具有 **RecyclerView** 的所有可定制性和性能，但它们只需编写一小部分代码就可创建。

10.11　深入学习：带 ListAdapter 的智能 Adapter

随着后台数据的变化，**RecyclerView** 提供了用动画来反映这些数据变化所需的所有工具。如上例所示，可以调用 **RecyclerView.Adapter.notifyItemMoved()** 或 **RecyclerView.Adapter.notifyItemInserted()** 来告诉 **RecyclerView** 可以设置动画去展现数据的变化。但是，通常无法可视化数据的特定变化，因此无法轻松地对列表中的单个变化来调用这些函数。

相反，更常见的做法是显示一份数据列表的副本，其中嵌入了数据的变化。除非手动计算旧数据列表和新数据列表之间的所有变化，否则最好的方法是重新提交 **RecyclerView.Adapter** 的数据备份列表，并强制其重新提供呈现列表中的每个元素。计算数据变化很困难，因此开发人员通常依靠 **RecyclerView.Adapter.notifyDataSetChanged()** 来重新绘制和绑定 **RecyclerView** 布局中的所有项。

RecyclerView 设计的一个关键方面是它力求高效，避免不必要的工作。诸如 **Adapter.notifyItemMoved()** 和 **RecyclerView.Adapter.notifyItemInserted()** 等 API 的好处是，它们只会更新或更改相关视图来执行这些动画，列表中的所有其他视图将保持不变。相比之下，**RecyclerView.Adapter.notifyDataSetChanged()** 是一个生硬的工具，通常会做很多不必要的事情。

当出现一个全新的（非常相似的）数据列表时，使用工具来计算新旧列表之间的差异，然后调用相应的 **RecyclerView.Adapter.notifyItem()** 函数来使用动画展示这些变化，这就是 **ListAdapter** 的用武之地。

ListAdapter 扩展了常规的 **RecyclerView.Adapter**，带来的额外好处就是可以帮学习者高效地显示和更新数据列表。通过使用 **ListAdapter** 替代 **RecyclerView.Adapter**，可以让库函数计算各个插入/移动/删除/更新操作带来的数据变化，从而高效地更新 **RecyclerView** 中的视图。

这种计算不会神奇地发生。**ListAdapter** 使用了一个名为 **DiffUtil** 的类，该类包含在 **RecyclerView**

库中。**DiffUtil** 可以检测哪些列表项在原始列表和更新列表之间发生了更改,但它还需要一些协助,使此过程起作用的关键组件是定义的扩展 **DiffUtil. ItemCallback** 类的实例。

DiffUtil. ItemCallback 类有两个必须执行的函数 **areContentsTheSame( )** 和 **areItemstTheSame( )**,**ListAdapter** 在内部使用它们来确定列表之间的差异,然后调用相应的 API。

有了这个设置,每当有一个新的数据列表要显示在 **RecyclerView** 中时,要做的就是调用 **ListAdapter. submitList( )**,传入新的数据列表,**RecyclerView** 就会在屏幕上漂亮而高效地为新数据设置动画。

10.12 　挑战练习:**RecyclerView** 视图类型

为练习这个高级挑战,请在 **RecyclerView** 中创建两种类型的行:一种是普通行,另一种是严重的 **Crime** 行。要实现这一点,需要使用 **RecyclerView. Adapter** 中提供的视图类型功能。

向 **Crime** 对象添加一个新属性 requiresPolice,使用它并借助 **getItemViewType(Int)** 函数来确定该加载哪个视图到 **CrimeListAdapter**。

在 **onCreateViewHolder(ViewGroup, Int)** 函数中,基于 **getItemViewType(Int)** 函数返回的 viewType 值,还需要添加相应的逻辑返回不同的 **ViewHolder**。对于不需要警察干预的 **Crime**,使用原始布局;对于需要警察干预的 **Crime**,则使用带有流线型界面的新布局,该界面包含一个按钮,上面写着"联系警察"。

第11章

使用布局和视图创建用户界面

本章将了解有关布局和视图的更多知识,同时在 **RecyclerView** 中为列表项添加一些样式,并学习如何使用布局编辑器在 **ConstraintLayout** 中排列视图。

如图 11-1 所示,**CrimeListFragment** 的视图看起来更加美观大气。

在前几章中使用了嵌套布局层次结构来排列视图。例如,在第 1 章中为 GeoQuiz 创建的 layout/activity_main.xml 文件将一个 **LinearLayout** 嵌套在另一个 **Linearlayout** 中。这种嵌套布局代码难以阅读和维护。更糟糕的是,嵌套布局会降低应用程序的性能,嵌套布局可能需要很长时间才能让 Android 操作系统进行测量和布局,这意味着应用启动后用户可能会延迟看到视图在屏幕上显示。

扁平或非嵌套布局占用操作系统测量和布局的时间更少,**ConstraintLayout** 非常适合用来设计这样的布局,可以在不使用嵌套的情况下创建精美复杂的布局。

在开始学习 **ConstraintLayout** 之前,需要做点准备工作,将图 11-1 中花哨的手铐图像复制一份放入项目里。

图 11-1　美观大气的 **CriminalIntent** 应用

11.1　ConstraintLayout 简介

ConstraintLayout 可代替嵌套布局,它可以向布局添加一系列约束。把约束想象为橡皮筋,它把两个东西互相拉向对方。例如,如果有一个 **ImageView**,学习者可以将约束从其右边缘附加到其父对象的右边缘(**ConstraintLayout** 本身),如图 11-2 所示。约束将使 **ImageView** 保持在右侧。

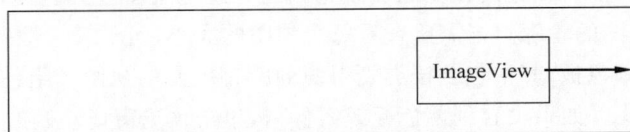

图 11-2　右边缘有约束的 **ImageView**

可以从 **ImageView** 的所有 4 条边(左、上、右和下)创建约束。如果同时创建一对相反的约束,那么它们将相等抵消,则 **ImageView** 将位于两个约束的中心,如图 11-3 所示。

综上所述,要将视图放置在 **ConstraintLayout** 中指定的位置,需要对它们添加约束。

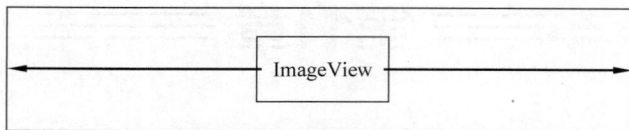

图 11-3　有一对相反约束的 **ImageView**

　　调整视图有 3 种选择：让视图决定（使用 **wrap_content**），学习者自己手动决定，或者让视图充满约束布局。

　　有了上述视图布置方法，可以通过一个 **ConstraintLayout** 实现多个布局，而不需要嵌套布局。本章后续内容将教学习者如何在 list_item_crime. xml 布局文件中使用约束。

11.2　布局编辑器简介

　　到目前为止，都是以手动输入 XML 代码的方式创建布局。本节使用 Android Studio 的布局编辑器创建布局。打开 layout/list_item_crime. xml 布局文件，选择编辑器工具窗口右上角附近的 Design 选项卡，打开设计视图，如图 11-4 所示。

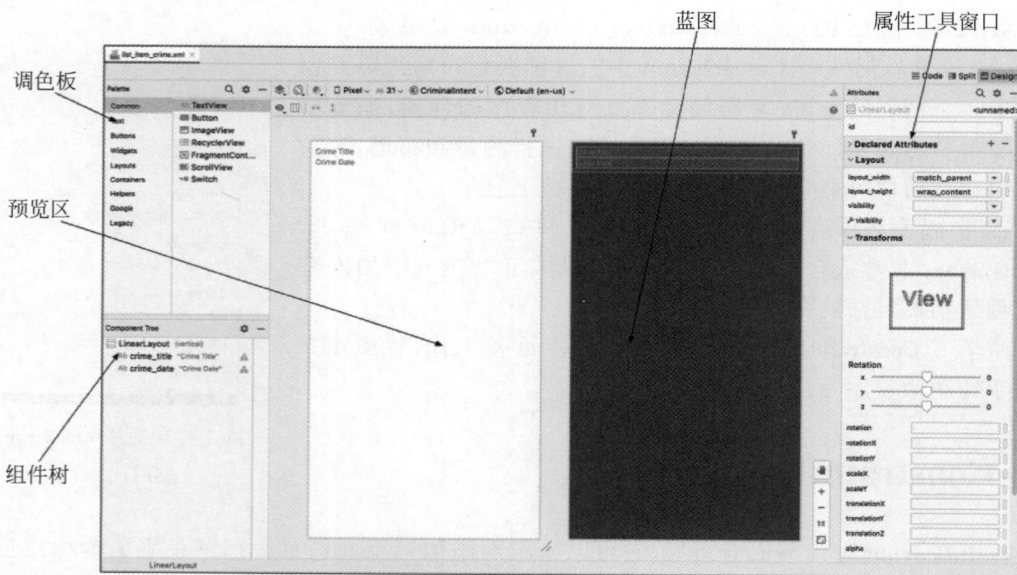

图 11-4　布局编辑器中的视图

　　布局编辑器的中间是以前看到过的预览区。预览区的右边是蓝图，正如在第 1 章中看到的那样，它与预览类似，但显示了每个视图的轮廓。当需要查看每个视图的大小，而不仅仅是内容时，这可能很有用。

　　屏幕的左上角区域是调色板，其中包含按类别组织的所有想要的视图。组件树在左下角，组件树显示了视图在布局中的组织方式。如果没看到调色板或组件树，单击预览窗口左侧的选项卡打开工具窗口。

　　屏幕右侧是属性工具窗口，在这里可以查看和编辑组件树中所选视图的属性。

　　需要做的第一件事是转换 list_item_crime. xml，改用 **ConstraintLayout**。右击组件树中的根 **LinearLayout**，然后选择 Convert LinearLayout to ConstraintLayout，如图 11-5 所示。

　　如图 11-6 所示，Android Studio 会弹出一个窗口询问如何转换。由于 list_item_crime. xml 是一个

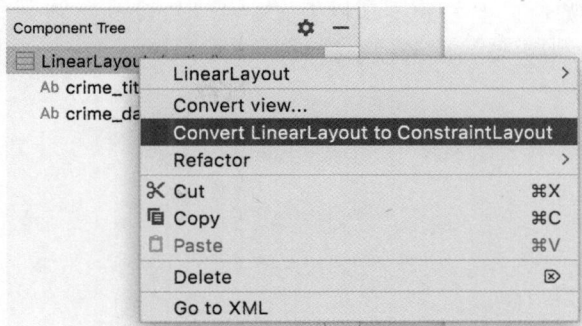

图 11-5　转换根视图为 **ConstraintLayout**

简单的布局文件，因此 Android Studio 没有太多可以优化的地方。选择默认选项，单击 OK 按钮。

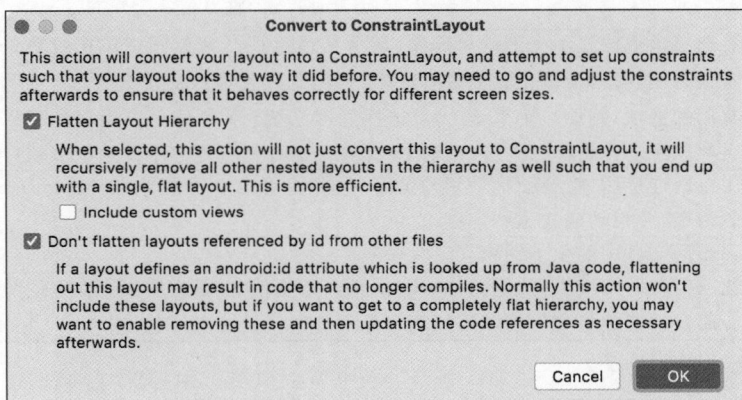

图 11-6　按默认配置转换成 **ConstraintLayout**

耐心等待一会儿，转换过程可能需要一点时间。当转换完成后，一个全新好用的 **ConstraintLayout** 就可以用来布局了，如图 11-7 所示。

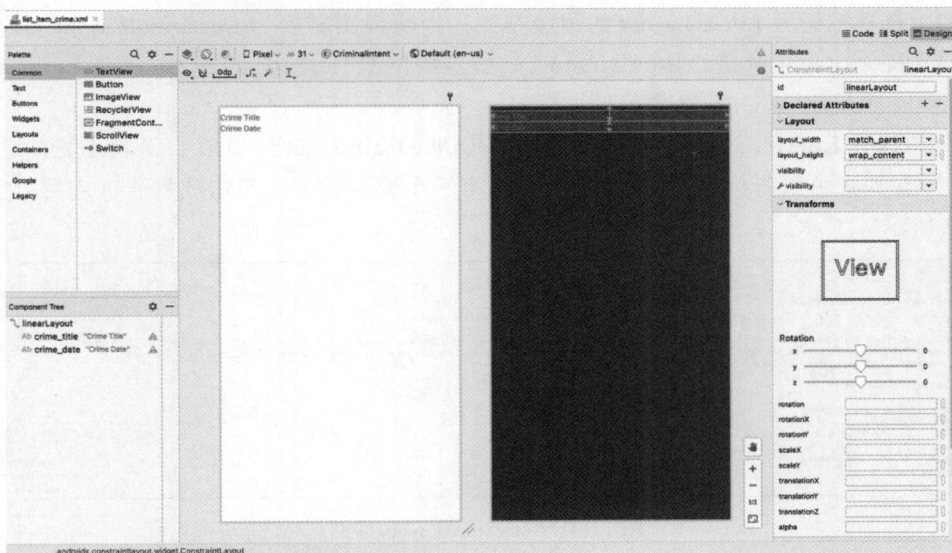

图 11-7　全新好用的 **ConstraintLayout** 布局

如图 11-8 所示,布局预览窗口上方的工具栏中有一些约束编辑选项,其具体属性见表 11-1。单击这些选项图标,可在预览窗口中查看相应的控制效果。

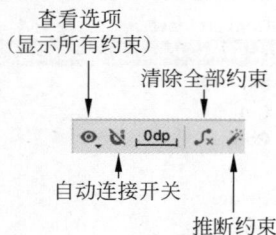

图 11-8　约束编辑选项

表 11-1　约束编辑选项属性

名　　称	属　　　　性
查看选项	查看选项菜单的显示全部约束选项,显示在预览视图和蓝图视图中设置的全部约束。这个选项有时很有用,有时帮倒忙。如果有许多约束,此设置将触发大量信息。查看选项菜单还有其他一些有用的选项,例如显示系统 UI。选择显示系统 UI 将显示应用程序栏以及用户在运行时看到的一些系统 UI(如状态栏)。在第 15 章将介绍有关应用程序栏的更多信息
自动连接开关	启用自动连接后,将视图拖动到预览窗口中时,将自动配置约束。Android Studio 会猜测视图需要的约束,并自动建立这些连接
清除全部约束	清除布局文件中的全部约束
推断约束	此选项与自动连接类似,因为 Android Studio 会自动创建约束,但只有当选中此选项时才会触发。而自动连接是当将视图添加到布局文件时就处于激活状态

11.3　使用 ConstraintLayout

当将 list_item_crime. xml 转换为使用 **ConstraintLayout** 时,Android Studio 会自动添加它认为会复制旧布局行为的约束。然而,要了解约束是如何工作的,学习者得从头开始。

在组件树中选择标记为 **LinearLayout** 的顶级视图。当将视图转换为 **ConstraintLayout** 时,为什么它会显示为 **LinearLayout**? 实际上这是 **ConstraintLayout** 转换器提供的 ID,**LinearLayout** 就是 **ConstraintLayout**。如果不相信,可以打开布局 XML 文件确认。

在组件树中选择 **LinearLayout** 后,单击 **Clear All Constraints** 按钮,如图 11-8 所示,并在弹出的窗口中确认,会立即看到红色警告标志,在屏幕右上角也有一个警告标志。单击此警告标志可以查看详细信息,如图 11-9 所示。

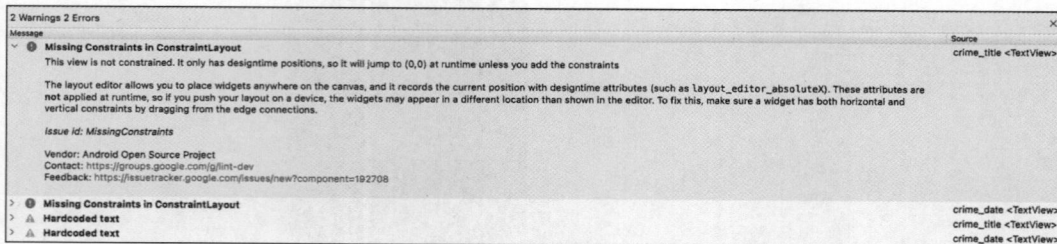

图 11-9　**ConstraintLayout** 警告

当视图没有足够的约束时，**ConstraintLayout** 无法准确地知道要把视图放在哪里。由于 **TextView** 没有任何约束，所以每个 **TextView** 都有一个警告，表示在运行时无法把它们显示在正确的位置。

在预览窗口中，视图看起来与使用 **LinearLayout** 时的视图相同。但是，正如警告所示，在预览中看到的定位并不是运行应用程序时看到的。预览允许将视图定位在画布上的任何位置，以便于添加约束，但这些位置仅在预览中有效，在运行时无效。

通过本章学习，添加约束来修复这些警告。在添加过程中，密切关注该警告指示器，以避免在运行时出现异常行为。

11.3.1　视图尺寸设置

需要腾出一些空间来使用布局编辑器。两个 **TextView** 占据了整个区域，这将很难容下其他视图，需要把它们缩小一点。

在组件树中选择 crime_title，然后查看右侧的属性窗口，如图 11-10 所示。如果属性窗口没打开，单击右边的属性页打开它。

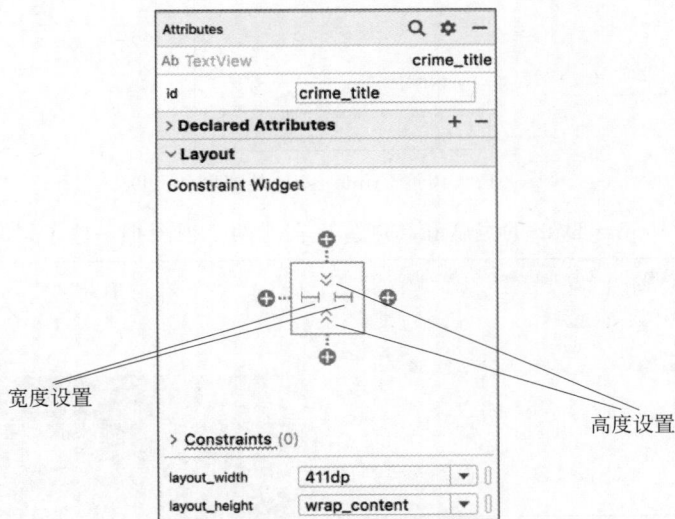

图 11-10　**TextView** 属性

TextView 的垂直和水平大小分别由高度设置和宽度设置控制。高度和宽度有 3 种设置类型，如图 11-11 所示，汇总在表 11-2 中，每种设置类型都对应于 layout_height 或 layout_width 的值。

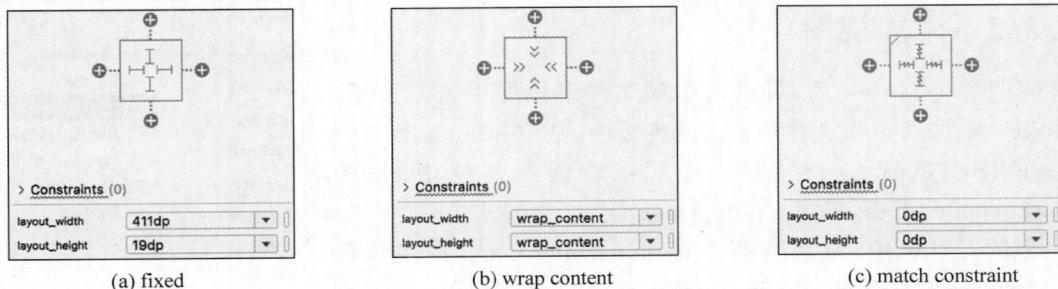

(a) fixed　　　　　　　　(b) wrap content　　　　　　　　(c) match constraint

图 11-11　3 种视图尺寸设置类型

表 11-2　3 种视图尺寸设置类型

设 置 类 型	设 置 值	用　　法
fixed	X	指定视图的显式大小(不会更改),以 dp 为单位,并且是一个正数
wrap content	wrap_content	为视图指定其"所需"大小(根据内容确定)。对于 TextView,这意味着大小将刚好足够显示其内容
match constraint	0	允许视图缩放以满足指定约束,以 dp 为单位

当前标题和日期 **TextView** 都设置为较大的固定宽度,所以它们占据了整个屏幕,因此需要调整两个视图的宽度和高度。在组件树中选择 Crime_Title,把宽度值设为 wrap_content,如有必要,把高度值也设为 wrap_content,如图 11-12 所示。

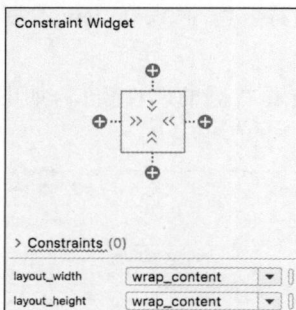

图 11-12　调整 Crime_Title 的宽度和高度

重复上述步骤,设置 Crime_Date 的宽度和高度。现在这两个视图小一些了,如图 11-13 所示。

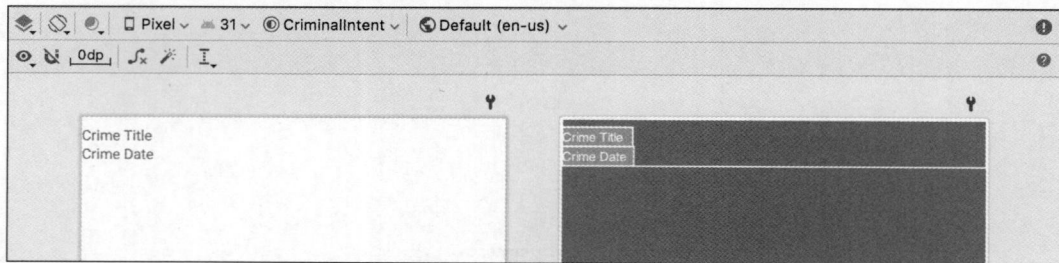

图 11-13　调整尺寸后的 TextView

这些调整并没有修复布局中的错误,因为视图仍然没有约束。需添加约束来正确定位 **TextView**,才能消除错误。现在,先在布局中添加所需的第三个视图。

11.3.2　添加视图

处理完两个 **TextView** 后,可以向布局文件里添加手铐图片了。将 **ImageView** 添加到布局文件中:在调色板中,从 Common 类别中找到 **ImageView**,如图 11-14 所示,将其拖动到组件树中,作为 **ConstraintLayout** 的子项,放到 Crime_Date 下方。

在弹出的对话框中,滚动屏幕到 **CriminalIntent. app** 的主体部分,选择 **ic_solved** 作为 **ImageView** 的资源,如图 11-15 所示。此图片将用于表明哪些 **Crime** 已被解决,最后单击 OK 按钮。

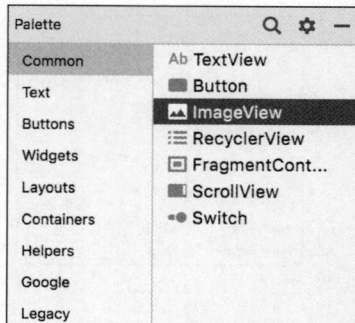

图 11-14　找到 **ImageView**

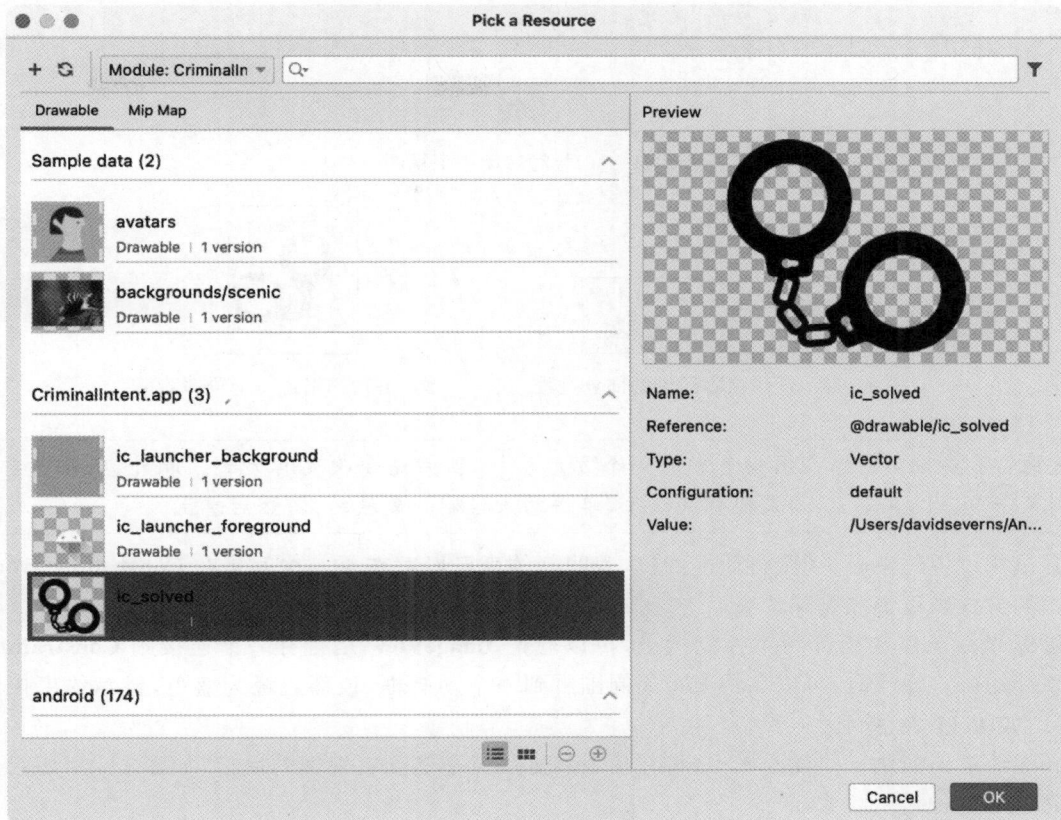

图 11-15　选择 ic_solved 作为 **ImageView** 的资源

> **注意**：ic 是图标（icon）的缩写。就像 **Fragment** 布局文件以 fragment_前缀开头，**activity** 布局文件以 activity_前缀开始一样，使用 ic_前缀作为图标前缀也是一种惯例，这可以让学习者轻松地组织学习者的各种绘图。

　　ImageView 现在已是布局的一部分，但它没有任何约束。虽然布局编辑器给它安排了一个位置，但这个位置实际没有任何意义。

　　单击预览窗口中的 **ImageView**（如果想看的清楚些，可放大预览，缩放控制位于画布右下角的工具栏中），可以看到 **ImageView** 两侧的圆圈，每个圆圈代表一个约束句柄，如图 11-16 所示。

图 11-16　**ImageView** 的约束柄

　　按照设计构想，希望 **ImageView** 放在视图的右边并垂直居中，要实现这一点，需要从 **ImageView** 的顶部、右侧和底部边缘添加约束。

　　在添加约束之前，向右和向下拖动 **ImageView**，将其从 **TextView** 中移开，如图 11-17 所示。不要担心将 **ImageView** 放置在哪里，一旦约束添加好，此操作将被忽略。

　　下面添加一些约束。首先，在 **ImageView** 的顶部和 **ConstraintLayout** 的顶部之间设置一个约束。在预览窗口中，将顶部约束控制柄从 **ImageView** 拖动到 **ConstraintLayout** 的顶部，手柄将显示一个箭头并变为纯蓝色，如图 11-18 所示。

　　约束控制柄变为蓝色后释放鼠标以创建约束，如图 11-19 所示。

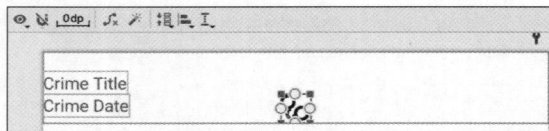

图 11-17　暂时移动一个视图

图 11-18　创建顶部约束的部分过程　　　图 11-19　创建一个顶部约束

> **注意**：不要拖动图像视图拐角中的一个方形手柄，因为这会改变其大小。此外，确保不要将约束拖到某个 TextView 上，如果操作失误了，单击约束控制柄删除约束，然后重试。

　　松开鼠标设置约束时，视图将捕捉到位，表明新约束已经存在了。这就是在 **ConstraintLayout** 中用移动视图的方式来设置和删除约束。

　　将鼠标光标悬停在顶部约束控制柄上，可以验证 **ImageView** 是否有一个连接到 **ConstraintLayout** 顶部的顶部约束。操作时，可以在约束布局周围看到一个动画框，顶部边缘为蓝色，显示约束控制柄的连接位置，如图 11-20 所示。

　　对底部约束句柄执行同样的操作，将其从 **ImageView** 拖动到根视图的底部，如图 11-21 所示。注意不要拖到 **TextView** 上。

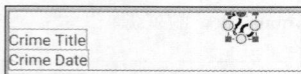

图 11-20　有顶部约束的 **ImageView**　　　图 11-21　有顶部和底部约束的 **ImageView**

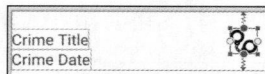

> **注意**：在预览窗口中看到的扭曲线表示正在拉伸的约束。

　　最后，将右侧约束控制柄从 **ImageView** 拖动到根视图的右侧，**ImageView** 的所有约束都设置好了，如图 11-22 所示。

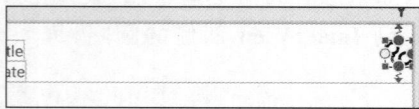

图 11-22　**ImageView** 的 3 个约束

11.3.3　约束的工作原理

　　使用布局编辑器对约束所做的任何编辑都会反映在幕后的 XML 文件中。也可以编辑原始的 **ConstraintLayout** 的 XML 文件，但布局编辑器通常更容易添加初始约束。**ConstraintLayout** 比其他 **ViewGroup** 更复杂，因此手动添加初始约束可能需要大量工作。另外，当需要对布局进行较小的更改时，直接编辑 XML 文件可能更合适。

切换到代码视图，看看在 **ImageView** 上创建 3 个约束时 XML 内容发生了什么变化：

```
< androidx.constraintlayout.widget.ConstraintLayout
      … >
  …
  < ImageView
      android:id = "@ + id/imageView"
      android:layout_width = "wrap_content"
      android:layout_height = "wrap_content"
      app:layout_constraintBottom_toBottomOf = "parent"
      app:layout_constraintEnd_toEndOf = "parent"
      app:layout_constraintTop_toTopOf = "parent"
      app:srcCompat = "@drawable/ic_solved" />

</androidx.constraintlayout.widget.ConstraintLayout >
```

现在，所有视图都是单个 **ConstraintLayout** 的直接子视图，不存在嵌套布局。如果使用 **LinearLayout** 创建相同的布局，则必须将一个嵌套在另一个中。正如之前所说，减少嵌套也减少了渲染布局所需的时间，从而带来更快、无卡顿的用户体验。

来仔细看看 ImageView 上的顶部约束属性：

app：layout_constraintTop_toTopOf＝"parent"

该属性以 **layout_** 开头。所有以 **layout_** 开头的属性都称为布局参数。与其他属性不同，布局参数是指向该视图的父对象，而不是视图本身。它们告诉父布局如何在其内部排列自己。到目前为止，已经看到过好几个布局参数，如 layout_width 和 layout_height。

约束的名称为 **constraintTop**，表明这是连接到 **ImageView** 顶部的约束。

最后，该属性以 toTopOf＝"parent"结束，这表明该约束连接到父对象的顶部边缘，此处的父对象是 **ConstraintLayout**。

好了，先把 XML 放一边，返回布局编辑器。

> **注意**：布局编辑器的工具非常有用，尤其是使用 ConstraintLayout 时。但并不是每个人都喜欢，可以在布局编辑器和直接编辑 XML 之间来回切换使用。在本章之后，学习者可以按喜欢的任何方式来创建本书中的布局：编辑 XML、布局编辑器或同时使用。

11.3.4 编辑属性

现在，**ImageView** 的位置基本正确。由于父视图比图像大，并且图像垂直居中，因此在垂直轴上看起来可以。但图像与父视图的右侧齐平，这看起来有点不美观。

在预览窗口中单击以选中图像，检查右侧的属性窗口。由于在 **ImageView** 的顶部、底部和右侧添加了约束，所以会出现下拉菜单，可为每个约束选择边距，如图 11-23 所示。不需要调整顶部或底部边距，只调整右侧边距，选择 16dp 作为右侧边距。

> **注意**：Android Studio 提供了以 8dp 为默认增量的边距值。这些值遵循 Android 的材料设计指南。可在 Android 开发者网站上找到所有的 Android 设计指南，Android 应用程序应尽可能遵循这些指南。

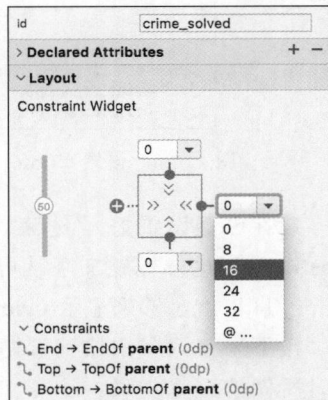

图 11-23　为 **ImageView** 设置右边距

考虑到这一点,继续从标题 **TextView** 的位置和大小开始。

首先,在预览窗口中选择 Crime_Date 并将其拖到一边,如图 11-24 所示。当应用程序运行时,对预览中的位置所做的任何更改都不会显示出来。在运行时,只保留约束。

现在,在组件树中选择 Crime_Title,这时在预览窗口会加亮显示 Crime_Title。

计划将 Crime_Title 放在布局的左上角,位于 **ImageView** 的左侧。这需要添加以下 3 个约束。

(1)从 Crime_Title 视图的左侧到父视图的左侧。

(2)从 Crime_Title 视图的顶部到父视图的顶部。

(3)从 Crime_Title 视图的右侧到 **ImageView** 的左侧。

修改布局以创建上述约束,使所有这些约束都到位,如图 11-25 所示。如果某个约束搞错了,就按组合键"Ctrl+Z"(macOS 系统中组合键为"Command+Z")撤销并重试。

图 11-24　将 Crime_Date 拖到一边　　　　图 11-25　添加 Crime_Title 约束

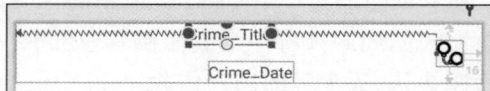

然后在 **TextView** 的约束中添加边距。在预览窗口中选中 Crime_Title,检查右侧的属性窗口。由于在 **TextView** 的顶部、左侧和右侧添加了约束,所以会出现下拉菜单,允许为每个约束选择边距。如图 11-26 所示,将左侧和顶部边距设为 16dp,右侧边距设为 8dp。

验证约束是否如图 11-27 所示。

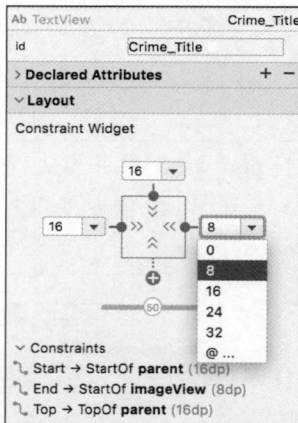

图 11-26　设置 Crime_Title 边距　　　　图 11-27　Crime_Title 约束效果

现在已经设置好了约束,接下来设置 Crime_Title 的宽度。将其水平宽度调整为 0dp(**match_constraint**),这样标题文字就可以占满约束内的所有可用空间。将垂直高度设置为 **wrap_content**,这样 Crime_Title 就足够来显示 **Crime** 的标题。验证一下设置是否与图 11-28 中所示的设置相匹配。

接下来将约束添加到日期 **TextView** 中。在组件树中选择 Crime_Date,参照对 Crime_Title 添加约束时所做的这些步骤:

(1)从 Crime_Date 左侧到父对象左侧,边距设为 16dp。

(2)从 Crime_Date 顶部到 crime 标题的底部,边距设为 8dp。

(3)从 Crime_Date 右侧到 **ImageView** 的左侧,边距设为 8dp。

添加约束后，调整 **TextView** 的属性。将 Crime_Date 的宽度设为 match_constraint，高度设为 wrap_content，就像 Crime_Title 一样。验证一下设置是否与图 11-29 中所示的设置相匹配。

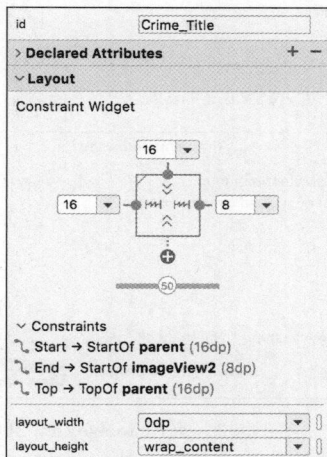

图 11-28　Crime_Title 视图设置　　　图 11-29　Crime_Date 视图设置

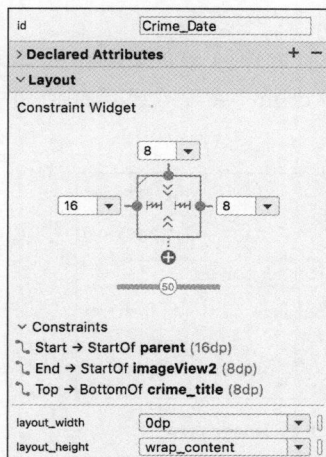

现在，预览窗口中的布局应该类似于图 11-1 的显示效果。拉近点看，预览应该与图 11-30 差不多。

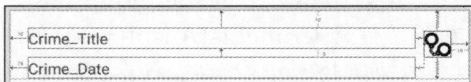

图 11-30　约束设置完成的近观图

切换到编辑器工具窗口中的代码视图，查看在布局编辑器中所做更改后所生成的 XML 内容。**TextView** 标记下的红色下画线没有了，这是因为 **TextView** 视图现在受到了充分的约束，包含它们的 **ConstraintLayout** 在应用运行时就可以知道视图的正确摆放位置了。

但两个与 TextView 相关的黄色警告指示仍然还有。仔细观察会发现，这些警告与它们的硬编码字符串有关。这些警告对于生产级应用应该重视，但对于 **CriminalIntent** 来说，可以忽略它们（如果想解决，建议将硬编码文本替换成字符串资源就可以了）。

此外，**ImageView** 上仍保留一条警告，表示它没有内容描述，目前可以忽略此警告。在第 19 章学习可访问性时会解决这个问题。当然，应用功能现在没什么问题。不过，使用屏幕阅读功能的人（视力障碍用户）就没办法知道照片是什么内容了。

运行 **CriminalIntent** 并验证是否看到所有 3 个组件在 **RecyclerView** 的每一行中都排列得很好，如图 11-31 所示。

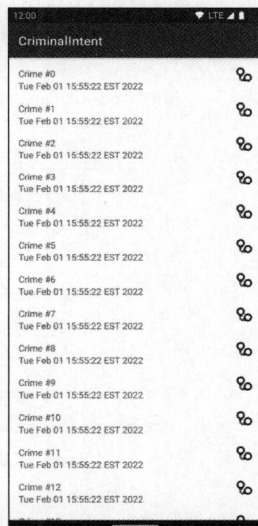

图 11-31　每行 3 个视图

11.3.5　动态设置列表项

现在布局有了正确的约束，接下来要更新 **ImageView**，这样手铐图片只显示在已解决 **Crime** 所在的行上。

第一步更新 **ImageView** 的 ID。在将 **ImageView** 添加到 **ConstraintLayout** 时，它被赋予了一个默认名称，这个名字不太具有描述性。在设计视图中，选择 **ImageView**，然后在属性窗口中将 ID 属性更新为 crime_solved，如图 11-32 所示。

Android Studio 会询问是否更新所有用到该 ID 的地方，选择 Refactor，接下来，Android Studio 将弹出警告，提示 ID crime_solved 已经在使用中，如图 11-33 所示。

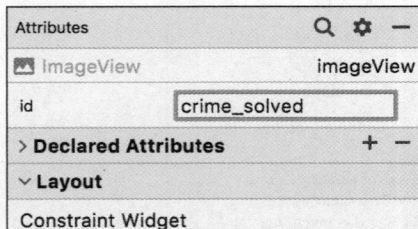

图 11-32　更新 **ImageView** ID

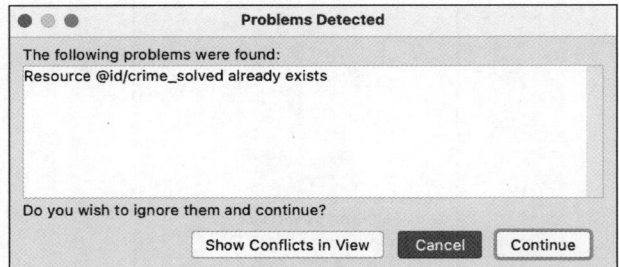

图 11-33　重用 **ImageView** ID

ID crime_solved 已经用于 list_item_crime.xml 和 fragment_crime_detail.xml 布局。学习者可能认为重用 ID 是个问题，但在本例中并非如此。布局 ID 在同一布局中需要是唯一的。但如果 ID 在不同的布局文件中定义，使用相同的 ID 就没有问题。单击 Continue 按钮忽略此警告。

更新完 ID，代码也要做对应更新。打开 CrimeListAdapter.kt 文件，在 **CrimeHolder** 类中添加一个 **ImageView** 实例变量，并根据 **Crime** 的解决状态决定 **ImageView** 实例是否可见。

```kotlin
class CrimeHolder(
    private val binding: ListItemCrimeBinding
) : RecyclerView.ViewHolder(binding.root) {
    ...
    fun bind(crime: Crime) {
        ...
        binding.root.setOnClickListener {
            Toast.makeText(
            binding.root.context,
            "${crime.title} clicked!",
            Toast.LENGTH_SHORT
            ).show()
        }

        binding.crimeSolved.visibility = if (crime.isSolved) {
            View.VISIBLE
        } else {
            View.GONE
        }
    }
    ...
}
```

运行 **CriminalIntent** 并验证手铐现在每隔一行都会出现（如果不清楚为什么会出现这种情况，查看一下 **CrimeListViewModel** 代码）。

11.4 样式、主题和主题属性

本节将在 list_item_crime.xml 中对布局设计进行更多的调整,同时回答一些关于视图和属性的遗留问题。

在前面的章节中,使用 XML 来定义视图的外观,例如 **TextView** 中的文本或 **LinearLayout** 上的填充,还可以设置 **TextView** 中文本的大小或颜色。

现在回到 list_item_crime.xml 的设计视图。选择 Crime_Title,在属性窗口中展开 Common Attributes 下的 textAppearance 部分。

可以通过设置本节中的各个属性(如 **textSize** 和 **textColor**)设置文本样式,但对于大型应用程序来说,这不是一种可持续的方法。如果要将相同的样式应用于其他布局中的文本,则必须将这些设置复制到其他布局的适当位置。随着应用程序变得越来越复杂,文本的外观风格也越来越固定化,复制设置的方法很快就会使代码变得难以维护。

正确的方法是定义一个自定义样式,并在设置文本外观时引用它,如以下代码:

```
< style name = "FancyListItemText">
    < item name = "android:textSize"> 20sp </item >
    < item name = "android:textColor">@color/black </item >
</style>
```

可以像在 XML 中定义字符串资源一样定义自定义样式。这些样式位于/res/values 目录中的 themes.xml 文件中。在布局中,可以使用 **@style/** 前缀加上为样式指定的任何名称来引用样式。这样无论想在哪里使用该自定义样式,都只需设置一个属性:android: textAppearance = "@ style/ FancyListItemText"。

由于已经使用了 Material Design 库为应用程序设置主题,最好依靠该库为文本提供适当的样式。在创建 **CriminalIntent** 时,新建向导为应用设置了默认主题,该主题是在 manifest 文件的 **application** 标签下引用的。默认情况下,该主题适用于 Material Design 库提供的主题,如以下代码:

```
< style name = "Theme.CriminalIntent"
    parent = "Theme.MaterialComponents.DayNight.DarkActionBar">
    <!-- Primary brand color. -->
    < item name = "colorPrimary">@color/purple_500 </item >
    …
</style>
```

主题是样式的集合,它定义了引用这些样式的主题属性。从结构上讲,主题本身就是一种样式资源,其属性指向其他样式资源。

在此处使用的主题属性是对 Material Design 库定义的自定义样式的引用。Material Design 库大量使用主题属性来访问设计系统的不同方面,如颜色、形状和排版样式。AppCompat 库甚至 Android 平台也提供了多种主题属性,吸引学习者来使用。

与其他资源类型不同,其他资源类型以 **@** 字符后跟资源类型来引用(如 **@string/** 或 **@drawable/**),主题属性使用 **?attr/** 前缀。在第 9 章中为 **CrimeDetailFragment** 设置 **TextView** 标签样式时用过这种语法。假如要使用标题文本的标题 6 排版样式,可以输入?attr/textAppearanceHeadline6 设置 textAppearance 属性,如图 11-34 所示。

运行 **CriminalIntent**,可以看到整个应用界面的显示效果非常好,像是新刷了漆,如图 11-35 所示。

图 11-34　更改标题颜色和大小　　　　图 11-35　应用新样式后的效果

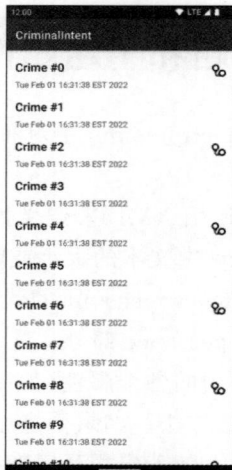

11.5　深入学习：边距与内边距

在 **GeoQuiz** 和 **CriminalIntent** 中，都设置了视图的边距（margin）与内边距（padding）属性。开发新手有时会对这两者感到困惑，分不清这两个属性。既然学习者已明白什么是布局参数，那么二者的区别就更容易解释了。

边距属性是布局参数。它们决定了视图之间的距离。因为视图只了解自身，所以边距必须由视图的父级负责。

内边距不是布局参数。属性 android:padding 告诉一个视图在绘制自身时应该比它自己包含的内容大多少。例如，在不改变文字大小的情况下，想把日期按钮变大一些。

可将下面的属性添加给日期按钮，效果如图 11-36 所示：

```
< Button
    android:id = "@ + id/crime_date"
    android:layout_width = "match_parent"
    android:layout_height = "wrap_content"
    android:padding = "80dp"
    tools:text = "Wed May 11 11:56 EST 2022"/>
```

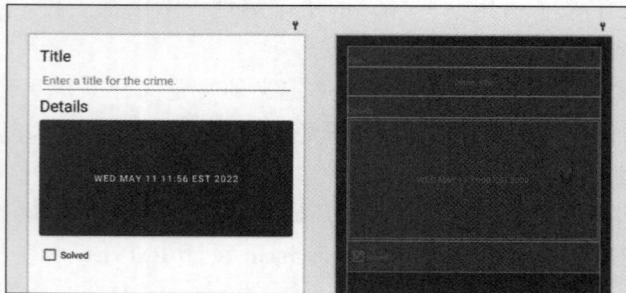

图 11-36　把日期按钮变大

测试后应该删除这个属性。

11.6 深入学习：ConstraintLayout 高级功能

ConstraintLayout 还有一些额外功能可用来帮助布置其子视图。在本章中，通过将视图约束到父视图以及其他同级视图来定位视图。ConstraintLayout 还包括辅助视图，如 Guidelines，可以简化视图在屏幕上的排列。

Guidelines 不会显示在应用程序屏幕上，它们只是一个帮助定位视图的工具，有水平和垂直辅助线，可以按照 dp 值或屏幕比例值，把它们放置在屏幕上的特定位置，让其他视图和辅助线之间保持某种约束，以确保视图显示在相同的位置，即使屏幕尺寸有变化也能保持定位准确。

图 11-37 显示了一个垂直辅助的示例。它位于 20% 父视图宽度的位置，Crime_Date 和 Crime_Title 都和其父视图之间存在左约束关系。

ConstraintLayout 提供的另一个工具是 MotionLayout。MotionLayout 是 ConstraintLayout 的一个扩展，它简化了向视图中添加动画的过程。若要使用 MotionLayout，要创建一个 MotionScene 文件，该文件说明了应如何执行动画，以及在开始和结束布局中哪些视图相互映射。也可以设置 keyframe

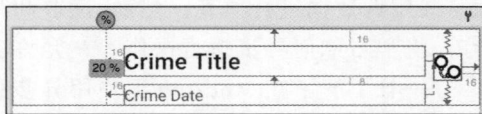

图 11-37 使用 Guidelines

作为动画过程中的中间视图，然后 MotionLayout 开始执行动画，从启动视图开始，经过 keyframe，直到视图动画正确播放至结束视图。

11.7 挑战练习：日期格式化

Date 对象更像是一个时间戳，而不是常规的日期。时间戳是在 Date 上调用 toString() 函数时看到的内容，这就是在 RecyclerView 每行中看到的内容。虽然时间戳凑合能用，但如果能按照人们的习惯显示日期，例如"2022 年 5 月 11 日"，那应该会更好。要实现此目标，可使用 android. text. format. DateFormat 类的一个实例，DateFormat 类的用法参考 Android 文档关于此类的有关内容。

使用 DateFormat 类中的函数可获得常见格式的日期，也可以自己定制字符串格式。最后，再来一个更有挑战的练习：创建一个包含星期的格式字符串，显示一周中的某一天，如"2022 年 5 月 11 日，星期三"。

第12章

协程与数据库

几乎每个应用程序都需要一个长期保存数据的地方。在本章，将为 **CriminalIntent** 创建一个数据库，并用伪数据进行填充。然而，读取和写入数据库是一个缓慢的过程（依计算机运行规模而异），因此首先将学习如何异步执行操作——允许多个任务同时运行。

一旦了解了在 Android 上使用异步代码的基本工作原理，并且已学会了数据库，就将更新应用程序，从数据库中读取 **Crime** 数据，并将其显示在 **Crime** 列表中，如图 12-1 所示。

图 12-1　显示来自数据库的 **Crime** 数据

12.1　Android 异步代码简介

许多编程语言都依赖于在后台运行的线程思想，或者通常称为异步。线程负责管理程序的执行，线程有一系列执行的指令，这些指令按照声明的顺序执行。

单个线程在一段时间内只能完成一定的工作，因此，为了在执行复杂任务的同时保持系统对用户的响应，开发人员将工作分配到多个线程中。在单个设备上，系统可以具有多个线程，并且每个线程都可以同时执行对它们的指令。

　　管理用户直接交互工作的基本线程被称为主线程或 UI 线程。到目前为止,编写的所有代码都是在主线程上执行。事实上,Android 上所有直接与 UI 交互的代码都必须在主线程上执行。

　　另一方面,Android 禁止在主线程上发出网络请求或与数据库交互的代码执行。这类操作可能需要很长时间才能执行完成,因此它们可能会阻塞线程。当线程被阻塞时,它将无法响应用户输入,从而使应用程序很卡顿。值得庆幸的是,还有许多其他的线程可执行各种类型的工作。本章中的数据库任务就是把执行转移给后台线程。

　　通过使用后台线程,能够在主线程不停顿运行的同时执行需长时间运行的任务。一旦在后台线程上成功查询到了数据库中的 **Crime** 列表,就会将该列表传递回主线程,在那里可以更新相关的 **RecyclerView**。

　　然而不幸的是,线程是一个相当低级的 API,这使得它们很难使用。Java 平台上有线程的实现,可以直接在 Android 上创建线程,但这样做很容易出错——这些错误可能会导致应用程序浪费资源或意外崩溃。

　　这就需要用到协程(coroutine)。协程是 Kotlin 用于定义异步运行工作的第一方解决方案,并且得到了 Android 的完全支持。其基于函数可以被挂起的思想,这意味着函数可以暂停,直到长时间运行的操作完成。当协程中运行的代码被挂起时,协程上执行的线程可以自由地处理其他事情,例如绘制用户界面、响应触摸事件或进行更费时的计算。

　　协程提供了一组高级且更安全的工具来帮助构建异步代码。在后台,Kotlin 的协程使用线程并行执行工作,但通常不必担心这个细节。协程使在主线程上工作变得容易,它跳过后台线程执行异步工作,然后将结果返回主线程。

　　为节省篇幅,本书不能完整全面地剖析 Kotlin 协程,JetBrains 网站上有关于如何使用协程的优秀文档。此外,还可以参考图书《Kotlin 编程:The Big Nerd Ranch Guide》。这本书很好地解释了协程的基本知识及应用,以及其他 Kotlin 话题。

　　本章将主要关注如何在 Android 应用程序中使用协程。

12.1.1　使用协程

　　协程的使用将从向 build. gradle 文件添加依赖项这一熟悉的步骤开始。需要添加核心 **Coroutines** 库,一个将 Android 中的主线程连接到协程的库,以及一个能够安全使用数据的库,数据来自于 **Fragment** 中的协程。打开标记为 **Module:CriminalIntent. app** 的 build. gradle 文件,并添加这 3 个依赖项,见程序清单 12-1。

程序清单 12-1　在项目构建文件中添加协程(app/build. gradle)

```
...
dependencies {
    ...
    implementation 'androidx. recyclerview:recyclerview:1.2.1'
    implementation 'org. jetbrains. kotlinx:kotlinx - coroutines - core:1.6.0'
    implementation 'org. jetbrains. kotlinx:kotlinx - coroutines - android:1.6.0'
    implementation 'androidx. lifecycle:lifecycle - runtime - ktx:2.4.1'
    testImplementation 'junit:junit:4.13.2'
    ...
}
```

　　进行这些更改后,不要忘记单击 📷 Sync Project with Gradle Files 按钮或 Sync Now 按钮。

　　在将协程与数据库结合使用之前,快速了解一下使用现有硬编码数据的协程。要在协程中运行代码,可以使用协程构建器(coroutine builder)。协程构建器是一个创建新协程的函数,大多数协程构建器也会在创建代码后立即开始执行协程中的代码。

在 **Coroutines** 库中定义了几个构建器,最常用的协程构建器是 **launch**,它是一个被定义为 **CoroutineScope** 类的扩展函数。

每个协程构建器都在作用域内启动它的协程。协程的作用域可以控制协程代码的执行方式,包括设置协程、取消协程,以及选择将使用哪个线程来运行代码。

Android 这种作用域的思想巧妙地映射到了各种生命周期上,**Activity**、**Fragment** 和 **ViewModel** 类都具有唯一的生命周期和要匹配的协程作用域。对于 **ViewModels**,可以访问 viewModelScope 类属性,此 viewModelScope 从 **ViewModel** 初始化时起就有效,并且当 **ViewModel** 被从内存中清除时,它就会取消任何仍在运行的协程任务。

打开 CrimeListViewModel. kt 并用 viewModelScope 属性启动协程,将 **Crime** 列表的初始化封装在新的协程中,见程序清单 12-2。

程序清单 12-2　启动第一个协程(CrimeListViewModel. kt)

```
class CrimeListViewModel : ViewModel() {

    val crimes = mutableListOf < Crime >()

    init {
        viewModelScope.launch {
            for (i in 0 until 100) {
                val crime = Crime(
                    id = UUID. randomUUID(),
                    title ="Crime # $ i",
                    date = Date(),
                    isSolved = i % 2 == 0
                )

                crimes += crime
            }
        }
    }
}
```

就其本身而言,该代码并没有多大作用。但是现在已经启动了一个协程,可以在其中调用挂起函数。挂起函数是一个可以暂停的函数,该函数一直等到一个长期运行的操作完成后再执行。这听起来类似于阻塞线程的长时间运行的函数,二者最大的区别在于协程对资源更加友好。

在后台,Kotlin 在函数挂起和调用之间保存并恢复函数状态,这就允许从内存中临时释放原始函数调用,直到它准备恢复为止。由于这些优化,协程比本地线程的资源利用效率高得多。

最基本的挂起函数之一是 **delay**(**timeMillis**:**Long**)。顾名思义,这个函数将协程延迟指定的毫秒数,而不阻塞线程。将对此函数的调用以及一些日志记录调用添加到初始化块中,见程序清单 12-3。

程序清单 12-3　添加延迟任务(CrimeListViewModel. kt)

```
private const val TAG = "CrimeListViewModel"

class CrimeListViewModel : ViewModel() {

    val crimes = mutableListOf < Crime >()
    init {
        Log.d(TAG, "init starting")
        viewModelScope. launch {
```

```
            Log.d(TAG, "coroutine launched")
            delay(5000)
            for (i in 0 until 100) {
                val crime = Crime(
                    id = UUID.randomUUID(),
                    title = "Crime # $i",
                    date = Date(),
                    isSolved = i % 2 == 0
                )

                crimes += crime
            }
            Log.d(TAG, "Loading crimes finished")
        }
    }
}
```

打开 Logcat 并搜索 **CrimeListViewModel**,然后运行应用程序。可以看到两条初始化消息,等待 5s,会显示"Loading crimes finished"。

因为延迟是在协程中运行的,所以在 delay() 函数的参数所指定的以毫秒计数的 5s 内,用户界面仍然能够绘制任何新的更新,并可以即时对用户输入做出响应,如图 12-2 所示。如果不是这样,用户就会看到一个系统对话框,显示:"CriminalIntent isn't responding",可以选择关闭应用程序或等待它响应。

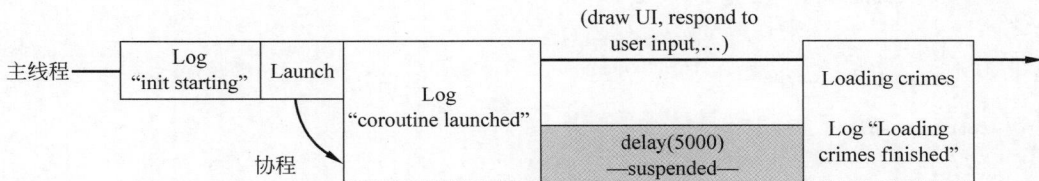

图 12-2　**CrimeListViewModel** 中协程工作的时间线

协程以资源—性能适配的方式执行异步代码。如果直接使用线程,则需要进行更多的设置才能实现相同的结果,而且会浪费系统资源。

如果在运行这个新代码时查看一下 Android 设备,或许已经注意到这些 Crime 不再显示在 **RecyclerView** 中。学习者可能已经知道为什么会发生这种情况,并很快就会学会如何解决这个问题。

也可以定义自己的挂起函数。与常规函数一样,挂起函数可以接受参数、使用可见性修饰符和返回值。要将一个常规函数转换为挂起函数,只需在函数定义中添加挂起修饰符。

将函数标记为挂起函数限制了可以调用它的位置,因为需要一个协程作用域来调用挂起函数。但是,当将一个函数设置为挂起函数时,可以调用其内部的其他挂起函数。要做到这一点,将 **Crime** 加载代码移动到它自己的挂起函数中。在新的 **loadCrimes()** 挂起函数中,可以调用 **delay()** 挂起函数,见程序清单 12-4。

程序清单 12-4　定义自己的挂起函数(CrimeListViewModel.kt)

```
private const val TAG = "CrimeListViewModel"

class CrimeListViewModel : ViewModel() {
    ...
    init {
        Log.d(TAG, "init starting")
        viewModelScope.launch {
```

```
        Log.d(TAG, "coroutine launched")
        delay(5000)
        for (i in 0 until 100) {
            val crime = Crime(
            id = UUID.randomUUID(),
            title = "Crime # $ i",
            date = Date(),
            isSolved = i % 2 == 0
            )

            crimes += crime
        }
        crimes += loadCrimes()
        Log.d(TAG, "Loading crimes finished")
    }
}

suspend fun loadCrimes(): List < Crime > {
    val result = mutableListOf < Crime >()
    delay(5000)
    for (i in 0 until 100) {
        val crime = Crime(
            id = UUID.randomUUID(),
            title = "Crime # $ i",
            date = Date(),
            isSolved = i % 2 == 0
        )

        result += crime
    }
    return result
}
```

再次运行应用程序,确认结果是否相同。

12.1.2　协程中的数据使用

现在,可以在 **CrimeListFragment** 的 **onCreateView()** 回调函数中从 **CrimeListViewModel** 访问 Crime 属性,这个回调函数是在创建 **fragment** 之后立即调用的。但是,由于在本章中所做的更改,需在 5s 后才能将 **Crime** 列表添加到 crime 属性中。这就是为什么 **RecyclerView** 不再显示 **Crime** 列表的原因。

这是一个竞态条件的教科书式例子,也是多线程代码中的一个常见问题,其中独立事件的节奏会影响代码的输出。在这种情况下,在调用 **onCreateView()** 函数之前,crime 属性不太可能正确加载数据。

不应尝试以容易出错的方式访问异步加载的数据,而应该寻求更可靠的方法。正如前面提到的,**Fragment** 和 **Activity** 类具有访问各自生命周期的协程作用域的属性,这两个类都有一个 lifecycleScope 属性,但在使用带有 **Fragment** 的协程时,应尽量使用 viewLifecycleScop 属性。

> **注意**:在 **Fragment** 中使用 viewLifecycleScope 的原因可以追溯到 9.6.4 节中讨论的关于 **Fragment** 的内存管理的细节,当 **Fragment** 没有视图时,执行协程代码是浪费的,而且有潜在的危险。

图 12-3 显示了 **Fragment** 的生命周期。

只要视图在内存中,viewLifecycleScope 就一直处于活动状态(即在 **onViewCreated()** 之后,但在 **onDestroyView()** 之前)。视图被销毁后,协程作用域以及其中的所有任务都将被取消。但是,只能在

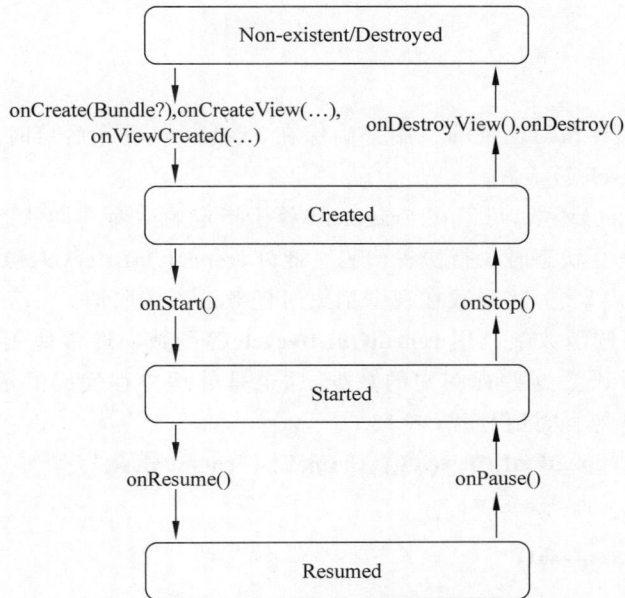

图 12-3　**Fragment** 生命周期图解

Fragment 处于启动生命周期状态或更高状态时才能更新 UI，当 UI 不可见时更新它是没有意义的。

为此，要确保仅在视图运行时加载 **Crime**。这项工作必须手动来管理，而不是依赖于协程作用域在适当的时间运行。管理协程工作的方式是通过 **Job** 类，当启动一个新的协程时，会返回一个 **Job** 实例，可以使用它在适当的时间取消任务。

在 **onStart()** 回调函数中启动任务，然后在 **onStop()** 回调函数中将其取消，见程序清单 12-5。

程序清单 12-5　从 CrimeListFragment 调用协程（CrimeListFragment. kt）

```kotlin
class CrimeListFragment : Fragment() {
...
    private val crimeListViewModel: CrimeListViewModel by viewModels()

    private var job: Job? = null
...
    override fun onCreateView(
        inflater: LayoutInflater,
        container: ViewGroup?,
        savedInstanceState: Bundle?
    ): View? {
        ...
    }

    override fun onStart() {
        super.onStart()

        job = viewLifecycleOwner.lifecycleScope.launch {
            val crimes = crimeListViewModel.loadCrimes()
            binding.crimeRecyclerView.adapter = CrimeListAdapter(crimes)
        }
    }

    override fun onStop() {
        super.onStop()
```

```
        job?.cancel()
    }
    ...
}
```

这种方法是可行的,但保留对任务的引用并确保在 Fragment 进入后台时取消任务会让人生烦,这时就要用到 repeatOnLifecycle() 函数。

使用 repeatOnLifecycle() 函数,可以在 Fragment 处于指定的生命周期状态时执行协程代码,例如,在 Fragment 处于启动或恢复状态时执行协程代码。此外,repeatOnLifecycle() 本身就是一个挂起函数,在视图生命周期作用域中启动它,将导致在视图销毁时任务被永久取消。

不需要在 onStart() 回调函数中调用 repeatOnLifecycle() 函数。通常使用 onViewCreated() 回调函数将监听器连接到视图,并设置这些视图中的数据,这也是处理协程代码的最佳位置。现在改为使用 repeatOnLifecycle() 来实现协程,见程序清单 12-6。

程序清单 12-6　使用 repeatOnLifecycle()(CrimeListFragment. kt)

```
class CrimeListFragment : Fragment() {
    ...
    private var job: Job? = null
    ...
    override fun onStart() {
        super.onStart()

        job = viewLifecycleOwner.lifecycleScope.launch {
            val crimes = crimeListViewModel.loadCrimes()
            binding.crimeRecyclerView.adapter = CrimeListAdapter(crimes)
        }
    }

    override fun onStop() {
        super.onStop()
        job?.cancel()
    }

    override fun onViewCreated(view: View, savedInstanceState: Bundle?) {
        super.onViewCreated(view, savedInstanceState)

        viewLifecycleOwner.lifecycleScope.launch {
            viewLifecycleOwner.repeatOnLifecycle(Lifecycle.State.STARTED) {
                val crimes = crimeListViewModel.loadCrimes()
                binding.crimeRecyclerView.adapter =
                    CrimeListAdapter(crimes)
            }
        }
    }
    ...
}
```

代码与 onStart() 和 onStop() 效果完全一样,但现在需要重写的生命周期方法更少了,也不必担心忘记取消任务了,repeatOnLifecycle() 将这些都做了。

repeatOnLifecycle() 在 Fragment 进入启动状态时开始执行协程代码,并在恢复状态下继续运行。但是,如果应用程序转到后台,并且 Fragment 不再可见,那么一旦 Fragment 从启动状态降至创建状态,repeatOnLifecycle() 将取消任务。如果 Fragment 在没有完全销毁的情况下重新进入启动状态,那么协程将从头开始重新启动,重复其工作。

在运行应用程序之前,清理一些不需要的代码,删除记录 **Crime** 数量的 **onCreate()** 函数实现,因为不再需要它了。另外,删除试图初始化缺少数据的 **CrimeListAdapter** 的代码,见程序清单 12-7。

程序清单 12-7　清理代码(CrimeListFragment.kt)

```
private const val TAG = "CrimeListFragment"

class CrimeListFragment : Fragment() {
    ...
    override fun onCreate(savedInstanceState: Bundle?) {
        super.onCreate(savedInstanceState)
        Log.d(TAG, "Total crimes: ${crimeListViewModel.crimes.size}")
    }

    override fun onCreateView(
        inflater: LayoutInflater,
        container: ViewGroup?,
        savedInstanceState: Bundle?
    ): View? {
    _binding = FragmentCrimeListBinding.inflate(inflater, container, false)

        binding.crimeRecyclerView.layoutManager = LinearLayoutManager(context)

        val crimes = crimeListViewModel.crimes
        val adapter = CrimeListAdapter(crimes)
        binding.crimeRecyclerView.adapter = adapter

        return binding.root
    }
    ...
}
```

运行 **CriminalIntent**。创建 **Fragment** 会有 5s 的延迟,然后 **Crime** 会加载并显示在 **RecyclerView** 中。现在试着转动设备,可以发现又延迟了 5s。每次 **Fragment** 重新创建时,**Crime** 列表都会重新计算。在 GeoQuiz 中,使用了 **ViewModel** 存储配置变化时的 **Fragment** 状态,这也是一个高效利用计算性能的方法,每次创建 **Fragment** 时都会很困难。到本章结束时,学习者将学会如何做到这一点。

12.2　创建数据库

Android 有很多方法可以创建和访问数据库。在本书中,使用 Google 的 **Room** 库。**Room** 是一个 Jetpack 架构结构组件库,它简化了数据库的设置和访问,允许使用带注释的 Kotlin 类来定义数据库结构和查询。

12.2.1　Room 架构组件库

Room 由 API、注释和编译器组成。**Room** API 包含用于定义数据库和构建数据库实例的扩展类。注释来确定哪些类需要存储在数据库中,哪些类代表数据库,以及哪些类指定数据库表的访问器函数。编译器处理带注释的类并生成数据库的实现代码。

若要使用 **Room**,首先需要添加它所需的依赖项。将 room-runtime、room-ktx 和 room-compiler 依赖项添加到 app/build.gradle 文件中,见程序清单 12-8。

程序清单 12-8　添加依赖项(app/build.gradle)

```
plugins {
```

```
    id 'com.android.application'
    id 'org.jetbrains.kotlin.android'
    id 'org.jetbrains.kotlin.kapt'
}

android {
    ...
}
...
dependencies {
    ...
    implementation 'androidx.lifecycle:lifecycle-runtime-ktx:2.4.1'
    implementation 'androidx.room:room-runtime:2.4.2'
    implementation 'androidx.room:room-ktx:2.4.2'
    kapt 'androidx.room:room-compiler:2.4.2'
    ...
}
```

在文件顶部附近添加了一个新插件,使用插件是将功能和特性添加到项目配置中的一种方式。

kapt 代表"Kotlin 注释处理工具"。**kapt** 使项目能够在编译应用程序时生成代码。之前已经使用过两个生成代码的工具:**R** 类和 **View Binding**,这两个工具捆绑在 Android Gradle 插件中;当用其他库生成代码时,通常会依赖 **kapt** 来处理代码。**kapt** 可以在构建过程中生成代码,并使生成的代码在项目的其余部分都可以访问。

添加的第一个依赖项 room-runtime 用于 **Room** API,其中包含定义数据库所需的所有类和注释。第二个依赖项 room-ktx 添加了 Kotlin 特定的功能和对协程的支持。第三个依赖项 room-compiler 是 **Room** 编译器,它根据指定的注释生成数据库实现代码。编译器使用 **kapt** 关键字,而不是 **implementation**,因此编译器生成的类对 Android Studio 可见,这要归功于 Kotlin 的 **kapt** 插件。

还要在构建设置中进行最后一次更改。就像在构建中对要使用的库声明是哪个版本一样(例如 2.4.0 for room runtime),也要声明要使用的 **kapt** 插件属于哪个版本。这是在项目级别的 build.gradle 文件中定义的,该文件标记为(Project:CriminalIntent),见程序清单 12-9。

程序清单 12-9 定义插件版本(build.gradle)

```
// Top-level build file where you can add configuration options common to all
    sub-projects/modules.
plugins {
    id 'com.android.application' version '7.1.2' apply false
    id 'com.android.library' version '7.1.2' apply false
    id 'org.jetbrains.kotlin.android' version '1.6.10' apply false
    id 'org.jetbrains.kotlin.kapt' version '1.6.10' apply false
}

task clean(type: Delete) {
    delete rootProject.buildDir
}
```

如果 org.getbrains.kotlin.android 版本早于 1.6.10,需要进行更新以匹配 **kapt** 插件。
不要忘记同步 Gradle 文件。配置好项目依赖后,就可以准备数据库存储的模型层了。
使用 **Room** 创建数据库需要以下步骤。
(1) 注释模型类,使之成为一个数据库实体。
(2) 创建代表数据库自身的类。
(3) 创建类型转换器,让数据库能够处理模型数据。

正如学习者即将看到的，**Room** 使这些步骤变得简单明了。

12.2.2 定义实体

Room 根据定义的实体为应用程序构建数据库表。实体是学习者创建的模型类，使用 **@Entity** 注释。**Room** 为注释了与数据库有关联的任何类创建的数据库表。

因为要将 **Crime** 对象存储在数据库中，所以要将 **Crime** 对象改为 **Room** 实体。打开 Crime.kt 添加两个注释，见程序清单 12-10。

程序清单 12-10　创建 Crime 实体（Crime.kt）

```
@Entity
data class Crime(
    @PrimaryKey val id: UUID,
    val title: String,
    val date: Date,
    val isSolved: Boolean
)
```

第一个 **@Entity** 用于类级别的注释，表示被注释的类定义了数据库中表或表集的结构。在这种情况下，表中的每一行都将代表一个单独的 **Crime** 对象。类定义的每个属性对应表中的一列，属性名就是列名。存储 **Crime** 的表将有四列：id、title、date 和 isSolved。

另一个 **@PrimaryKey** 是添加到 id 属性中的注释，这个注释的作用是指定数据库里哪一列是主键（primary key），该列每行数据有唯一性，因此可以用来查询记录。id 属性对于每个 **Crime** 来说都是唯一的，因此通过向该属性添加 **@PrimaryKey** 注释，用其 id 从数据库中查询单个 **Crime** 记录。

添加完 **Crime** 类的实体注释，接下来的要创建数据库类。

12.2.3 创建数据库类

实体类定义数据库表的结构。如果应用程序有多个数据库，一个实体类也可以跨多个数据库使用。这种情况并不常见，但有可能。因此，**Room** 不会使用实体类来创建数据库表，除非明确地将其与数据库相关联（稍后将执行此操作）。

首先，给数据库相关的代码创建一个名为 **database** 的新包。在项目工具窗口中，右击 com.bignerdranch.android.criminalintent 文件夹，然后选择 New→Package，将新包命名为 **database**。

然后在 **database** 包中创建一个名为 **CrimeDatabase** 的新类，其类定义见程序清单 12-11。

程序清单 12-11　初始化 CrimeDatabase 类（database/CrimeDatabase.kt）

```
@Database(entities = [ Crime::class ], version = 1)
abstract class CrimeDatabase : RoomDatabase() {
}
```

@Database 注释告诉 **Room** 该类就是应用程序中的数据库。注释本身需要两个参数，第一个参数是实体类的列表，告诉 **Room** 在数据库创建和管理表时要使用哪些实体类。这里只传入了 **Crime** 类，因为它是应用程序中唯一的实体。第二个参数是数据库的版本号。第一次创建数据库时，版本号应该是 1。未来随着应用不断升级，可能会添加新实体或者给现有实体类添加新属性。这时就需要修改实体列表并增加数据库版本号，告知 **Room** 发生了更改。此时数据库类本身还是空的。**CrimeDatabase** 继承自 **RoomDatabase**，它被定义成一个抽象类，不能直接实例化。本章将介绍如何使用 **Room** 实例化一个可用数据库。

12.2.4 创建类型转换器

Room 的后台数据库引擎是 **SQLite**。**SQLite** 是一个开源的关系数据库,类似于 **MySQL** 或 **PostgreSQL**(SQL 是结构化查询语言的缩写,即 Structured Query Language,是一种用于与数据库交互的标准语言。人们将 SQL 发音为 sequel)。与其他数据库不同,**SQLite** 将数据存储在单个的文件中,使用 **SQLite** 库进行读写操作。Android 标准库中包含了这个 **SQLite** 库,以及配套的一些辅助类。

通过在 Kotlin 对象和数据库之间建立一个对象关系映射(Object Relational Mapping,ORM)层,**Room** 能让学习者简单轻松使用 **SQLite**。在大多数情况下,在使用 **Room** 时不需要了解或关心 **SQLite**。

Room 能够在底层 **SQLite** 数据库表中轻松地存储基本类型、枚举类和 UUID(Universally Unique IDentifier,UUID)类型数据,但遇到其他数据类型会有问题。**Crime** 类包含 Date 类型的属性,默认情况下 **Room** 不知道如何存储该属性。这时数据库需要帮助,让它知道如何存储该类型,以及如何正确地将其从数据库表中读取出来。

为了让 **Room** 知道该如何转换数据类型,需提供一个类型转换器,类型转换器告诉 **Room** 如何将特定类型转换为需要存储在数据库中的格式。这里需要两个用 **@TypeConverter** 对其进行注释的函数,一个告诉 **Room** 如何转换类型将数据存储在数据库中,另一个告诉 **Room** 如何从数据库表示转换回原始类型。

在 **database** 包中创建一个名为 **CrimeTypeConverters** 的类,并添加两个函数转换 Date 类型,见程序清单 12-12。

程序清单 12-12 添加 TypeConverter 函数(database/CrimeTypeConverters. kt)

```
class CrimeTypeConverters {
    @TypeConverter
    fun fromDate(date: Date): Long {
    return date.time
    }

    @TypeConverter
    fun toDate(millisSinceEpoch: Long): Date {
    return Date(millisSinceEpoch)
    }
}
```

确保引入了 **Date** 类的 java. util. Date 版本。

声明转换器函数并不能让数据库使用它们,还必须将转换器显式添加到数据库类中,见程序清单 12-13。

程序清单 12-13 激活 TypeConverters(database/CrimeDatabase. kt)

```
@Database(entities = [ Crime::class ], version = 1)
@TypeConverters(CrimeTypeConverters::class)
abstract class CrimeDatabase : RoomDatabase() {
}
```

通过添加 **@TypeConverters** 注释并传入 **CrimeTypeConverters** 类,告诉数据库在转换类型时使用该类中的函数。

这样,数据库和表定义就完成了。

12.2.5 定义数据库访问对象

如果不能编辑或访问数据库表的内容,那么数据库表就没有多大用处。与数据库表交互的第一步是创建一个数据访问对象（Data Access Objects，DAO）。**DAO** 是一个接口，它包含要执行的每个数据库操作的函数。在本章中，**CriminalIntent** 的 **DAO** 需要两个查询函数：一个返回数据库中所有的 **Crime** 列表，另一个返回与给定 UUID 匹配的单个 **Crime**。

向 **database** 包中添加一个名为 CrimeDao.kt 的新文件，打开文件，定义一个名为 **CrimeDao** 的空接口，用 **Room** 的@**Dao** 注释进行注释，见程序清单 12-14。

程序清单 12-14　创建一个空的 DAO（database/CrimeDao.kt）

```
@Dao
    interface CrimeDao {
}
```

@**Dao** 注释让 **Room** 知道 **CrimeDao** 是一个数据访问对象。当 **CrimeDao** 关联到数据库类时，**Room** 将为 **CrimeDao** 接口的函数生成实现代码。

说到添加函数，现在可以向 **CrimeDao** 添加两个查询函数，见程序清单 12-15。

程序清单 12-15　添加数据库查询函数（database/CrimeDao.kt）

```
@Dao
interface CrimeDao {
    @Query("SELECT * FROM crime")
    suspend fun getCrimes(): List<Crime>

    @Query("SELECT * FROM crime WHERE id = (:id)")
    suspend fun getCrime(id: UUID): Crime
}
```

@**Query** 注释表示 **getCrimes()** 和 **getCrime（UUID）**是从数据库中读取信息，而不是插入、更新或删除数据库中的数据。**DAO** 接口中每个查询函数的返回类型反映了查询将返回的结果类型。

@**Query** 注释需要一个包含 SQL 命令的字符串作为输入。在大多数情况下，即便对 SQL 知之甚少也不影响正常使用 **Room**。

SELECT * FROM crime 语句告诉 **Room** 取出 **Crime** 数据库表里的所有记录。

SELECT * FROM crime WHERE id＝（：id）是取出 Crime id 匹配给定 id 的某条记录。

上面两个查询函数中包含了 **suspend** 修饰符。因为已经将 **room-ktx** 库作为依赖项添加到项目中，所以 **Room** 可以将这些函数作为挂起函数来实现。现在，可以在协程中异步调用这些函数。

有了这些，**CrimeDao** 就完成了，至少目前是这样。在第 13 章中，将添加一个更新现有 **Crime** 的功能。在第 15 章中，将添加一个插入新 **crime** 的功能，挑战练习中还有添加一个删除 **Crime** 的功能。

接下来，需要用数据库类来注册 **DAO** 类。由于 **CrimeDao** 是一个接口，**Room** 负责生成类的具体版本。要实现这一点，需要告诉数据库类生成一个 **DAO** 的实例。

先关联 **DAO**，打开 CrimeDatabase.kt，添加一个以 **CrimeDao** 作为返回类型的抽象函数，见程序清单 12-16。

程序清单 12-16　在数据库中注册 DAO（database/CrimeDatabase.kt）

```
@Database(entities = [Crime::class], version = 1)
@TypeConverters(CrimeTypeConverters::class)
abstract class CrimeDatabase : RoomDatabase() {
    abstract fun crimeDao(): CrimeDao
}
```

现在，数据库创建后，**Room** 会生成 **DAO** 的具体实现代码，一旦有了对 **DAO** 的引用，就可以调用它上面定义的任何函数来与数据库交互。

12.3 使用仓库模式访问数据库

要访问数据库,需要使用 Google 在应用架构指导里建议的仓库模式(repository pattern)。

仓库类封装了从单个或多个数据源访问数据的逻辑,它决定如何获取和存储特定的数据集,无论是在本地数据库还是从远程服务器。UI 代码直接请求仓库中的所有数据,它并不关心数据的实际存储或获取方式,因为那是仓库本身要实现的事情。

由于 **CriminalIntent** 是一个简单的应用,所以仓库只要处理从数据库中获取数据就可以了。

在 com. bignerdranch. android. criminalintent 包中创建一个名为 **CrimeRepository** 的类,并在该类中定义一个伴生对象,见程序清单 12-17。

程序清单 12-17 实现仓库类(CrimeRepository. kt)

```
class CrimeRepository private constructor(context: Context) {

    companion object {
        private var INSTANCE: CrimeRepository? = null

        fun initialize(context: Context) {
            if (INSTANCE == null) {
                INSTANCE = CrimeRepository(context)
            }
        }

        fun get(): CrimeRepository {
            return INSTANCE ?:
            throw IllegalStateException("CrimeRepository must be initialized")
        }
    }
}
```

CrimeRepository 是一个单例(singleton),这意味着在应用进程中只有一个实例。

只要应用还在内存中,单例就一直存在,因此保存在单例上的任何属性不受 activity 和 **Fragment** 生命周期的任何变化影响。**singleton** 类需小心使用,因为当 Android 从内存中删除应用时,它们会被销毁。**CrimeRepository** 单例不适合用于长期存储数据;相反,它为应用扮演了 **Crime** 数据的所有者,并提供了一种在组件之间方便传递数据的方法。

要使 **CrimeRepository** 成为一个单例,需要向其伴生对象添加两个函数。一个用于初始化仓库的新实例;另一个用于读取仓库,还需将构造函数标记为 private,以此保证在创建它们自己的实例时不受其他组件干扰。

如果之前没有调用 **initialize()** 函数,访问函数 getter() 就会出问题,它会抛出一个 **IllegalStateException** 异常,所以要确保在应用启动时初始化仓库。

为了在应用一启动就完成这件事,可以创建一个 **Application** 子类,该类允许读取有关应用本身的生命周期信息。创建一个名为 **CriminalIntentApplication** 的类来继承 **Application**,并重写 **Application. onCreate()** 函数进行仓库的初始化,见程序清单 12-18。

程序清单 12-18 创建 Application 子类(CriminalIntentApplication. kt)

```
class CriminalIntentApplication : Application() {
    override fun onCreate() {
        super.onCreate()
```

```
        CrimeRepository.initialize(this)
    }
}
```

与 **Activity. onCreate()** 函数类似,**Application. onCreate()** 函数在应用首次加载到内存时由系统调用。二者不同之处在于,**CriminalIntentApplication** 并不是在配置更改时重新创建的,而是在应用启动时创建,在应用进程被销毁时销毁,因此一次性初始化操作很适合放在 **Application. onCreate()** 函数中进行。在 **CriminalIntent** 中,要覆盖的唯一生命周期函数是 **onCreate()**。

接着,还要把应用实例作为 **Context** 对象传递给仓库。只要应用进程在内存中,这个对象就有效,因此在仓库类中保持对它的引用是安全的。

不过,要使用 **Application** 类,还需要在 manifest 文件中注册。打开 manifest/AndroidManifest. xml 文件并指定 android:name 属性来设置应用程序,见程序清单 12-19。

程序清单 12-19　注册应用程序子类(manifests/AndroidManifest. xml)

```
< manifest xmlns:android = "http://schemas.android.com/apk/res/android"
        package = "com.bignerdranch.android.criminalintent">

    < application
            android:name = ".CriminalIntentApplication"
            android:allowBackup = "true"
    ... >
        ...
    </application >

</manifest >
```

在 manifest 文件中注册 **Application** 类后,操作系统将在启动应用程序时创建 **CriminalIntentApplication** 的实例,接着在 **CriminalIntentApplication** 实例上调用 **Create()** 函数,**CrimeRepository** 将被初始化,其他组件就可以访问它了。

在 **CrimeRepository** 上添加一个私有属性,用于存储对数据库的引用,见程序清单 12-20。

程序清单 12-20　设置仓库属性(CrimeRepository. kt)

```
private const val DATABASE_NAME = "crime - database"

class CrimeRepository private constructor(context: Context) {

    private val database: CrimeDatabase = Room
        .databaseBuilder(
            context.applicationContext,
            CrimeDatabase::class.java,
            DATABASE_NAME
        )
        .build()

    companion object {
    ...
    }
}
```

Room. databaseBuilder() 函数使用 3 个参数具体实现了创建 **CrimeDatabase** 抽象类。它首先需要一个 **Context** 对象,因为数据库正在访问文件系统。之所以要传入 **applicationContext**,前面说过,单例很可能比任何 **Activity** 类都活得更长。第二个参数是 **Room** 创建的数据库类。第三个是 **Room** 创建的数据库文件的名称。由于没有其他组件需要访问它,所以这里的定义使用了私有字符串常量。

接下来,完善 **CrimeRepository** 类,这样其他组件就可以对数据库执行所需的任何操作。给 DAO 中的每个函数添加一个仓库函数,见程序清单 12-21。

程序清单 12-21　添加仓库函数(CrimeRepository. kt)

```kotlin
class CrimeRepository private constructor(context: Context) {

    private val database: CrimeDatabase = Room
        .databaseBuilder(
            context.applicationContext,
            CrimeDatabase::class.java,
            DATABASE_NAME
        )
        .build()

    suspend fun getCrimes(): List < Crime > = database.crimeDao().getCrimes()

    suspend fun getCrime(id: UUID): Crime = database.crimeDao().getCrime(id)

    companion object {
        ...
    }
}
```

由于 **Room** 在 **DAO** 中提供了查询实现,因此可以从仓库调用这些实现,这让仓库代码简洁易懂。

这好像忙活了半天没做什么事,因为仓库只是调用 **CrimeDao** 上的函数。别急,很快就会添加功能来封装仓库需要处理的其他工作。

12.4　导入预填充数据

仓库准备好了,在测试查询功能之前还有最后一步。目前数据库是空的,因为没有向其中添加任何 **Crime** 数据。为了提高效率,需要将预填充的数据库与应用程序打包,**Room** 可以在应用首次启动时导入该数据库。数据库文件已在本章的解决方案文件中提供。

也可以通过编程生成虚拟数据并将其插入数据库,例如之前使用的 100 条 **Crime** 数据,只是现在还没有实现用 DAO 函数来插入数据到数据库(第 15 章会实现)。将预先准备的数据库文件与应用程序打包,可以轻松地填充数据库,也省了修改应用代码的麻烦。

首先,要将数据库文件添加到项目中,这样运行时才能调用。这里不使用资源系统,改用 **assets** 打包。可以把 **assets** 想象为经过精简的资源,它们像资源一样被打包到 APK(Android Application Package,APK)中,不需要配置系统工具管理。

使用 **assets** 有两面性。因为没有配置系统,所以可以随意命名资源,并可用自己的目录结构对其进行组织。但也有缺点,如果没有配置系统,就无法自动响应像素密度、语言或方向的更改,也无法自动使用布局文件或其他资源中的资源。

通常情况下,资源系统是更好的选择。但是,在仅以编程方式调用文件的情况下,使用 **assets** 就有优势了。例如,大多数游戏都使用的图形和声音资源就是使用 **assets** 加载的。

右击应用程序模块并选择 New→Folder→Assets Folder,在项目中创建资源目录,在弹出的对话框中,取消选中 Change Folder Location 复选框,并将 Target Source Set 设置为 main,如图 12-4 所示,最后单击 Finish 按钮。

assets 目录中的所有内容都将与应用程序一起部署。将下载的解决方案中的数据库文件复制或移动到 assets 目录中,如图 12-5 所示。

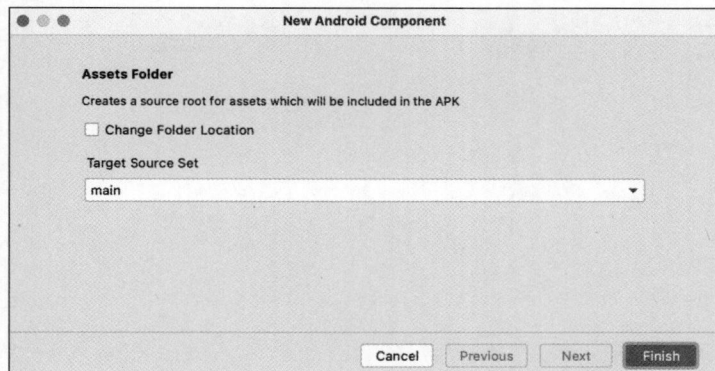

图 12-4 新建资源目录

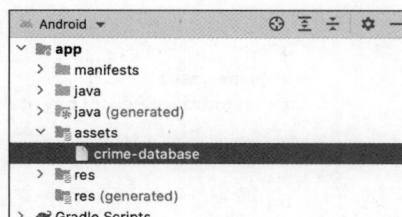

图 12-5 导入资源

> **注意**:确保该文件的名称与 crime-database 完全一致,没有文件扩展名。

一旦数据库文件位置正确,使用数据库进行预填充以配置 **Room** 就是小事一桩。在 CrimeRepository.kt 中,调用 **createFromAsset**(**databaseFilePath**)函数初始化数据库属性。由于该文件与 DATABASE_NAME 常数值具有相同的名称,因此可以在此处重用,见程序清单 12-22。

程序清单 12-22 预填充数据库(CrimeRepository.kt)

```kotlin
private const val DATABASE_NAME = "crime-database"

class CrimeRepository private constructor(context: Context) {

    private val database: CrimeDatabase = Room
        .databaseBuilder(
            context.applicationContext,
            CrimeDatabase::class.java,
            DATABASE_NAME
        )
        .createFromAsset(DATABASE_NAME)
        .build()
    ...
}
```

12.5 查询数据库

现在,**CrimeRepository** 被设置为从已填充的数据库中读取数据,在加载 **Crime** 时更新 **CrimeListViewModel** 访问数据库,而不再使用虚拟数据,见程序清单 12-23。

程序清单 12-23 读取数据库(CrimeListViewModel.kt)

```kotlin
class CrimeListViewModel : ViewModel() {
    private val crimeRepository = CrimeRepository.get()

    val crimes = mutableListOf<Crime>()
    ...
    suspend fun loadCrimes(): List<Crime> {
        val result = mutableListOf<Crime>()
        delay(5000)
```

```
for (i in 0 until 100) {
    val crime = Crime(
        id = UUID.randomUUID(),
        title = "Crime # $ i",
        date = Date(),
        isSolved = i % 2 == 0
    )

    result += crime
}
return result
    return crimeRepository.getCrimes()
}
}
```

运行应用,屏幕上显示了预填充的 **Crime** 数据。

12.6 储存数据流的变化

此时,数据库已经完全设置好并连接到 UI,但当前的代码只能查询数据库一次,最终要实现能够添加和更新 **Crime**。目前,如果应用程序的其他部分试图更新数据库,**CrimeListFragment** 将体现不出这些变化,还是显示过时的数据。

虽然可以添加代码来手动处理数据库更新后的变化,但最好"观察"数据库,以便 **CrimeListFragment** 可自动接收数据库的所有更新,无论更新来自哪里。

这要回到协程,以及两个新的类:**Flow** 和 **StateFlow**。

在 **Coroutines** 库中,**flow** 表示异步数据流。在其整个生命周期中,**flow** 不定期发出一系列值,这些值被发送到收集器。收集器将观察 **flow**,并且每次 **flow** 发出新值时都会收到通知。

flow 是观察数据库变化的一个很好的工具。接下来将创建一个 **flow**,其中包含数据库中的所有 **Crime** 对象。如果添加、删除或更新了 **Crime**,**flow** 将自动将更新后的 **Crime** 集发送给其收集器,使其与数据库保持同步。这一切都与本章的最终目标紧密相连:让 **CrimeListFragment** 显示数据库中最新的数据。

使用 **flow** 重构代码会影响项目中的下列文件。

(1)**CrimeDao**:发出一个 **crimeflow**。

(2)**CrimeRepository**:传送 **crimeflow**。

(3)**CrimeListViewModel**:丢弃 **loadCrimes()** 加载的 **Crime** 并替换掉现有的 **crimeflow**。

(4)**CrimeListFragment**:从 **crimeflow** 中收集 **Crime** 并在 UI 中更新。

现在开始在数据库级别进行更改,逐级处理,一直到 **CrimeListFragment**。

通过重构数据库来提供 **crimeflow** 相对简单,**Room** 内置支持数据库查询并在 **Flow** 中接收查询结果。

由于没有对数据库的结构进行任何更改,因此不需要对 **Crime** 和 **CrimeDatabase** 类进行任何更改。在 **CrimeDao** 中,更新 **getCrimes()** 来返回 Flow < List < Crime >>,而不是 List < Crim >。此外,不需要协程作用域来处理对 **flow** 的引用,因此删除 **suspend** 修饰符(当从 **Flow** 中的值 **flow** 中读取时,的确需要一个协程作用域,但由于读取速度快,所以不需要),见程序清单 12-24。

程序清单 12-24　为数据库创建 Flow(CrimeDao.kt)

```
@Dao
interface CrimeDao {
```

```
@Query("SELECT * FROM crime")
suspend fun getCrimes(): ~~List<Crime>~~ Flow<List<Crime>>

@Query("SELECT * FROM crime WHERE id = (:id)")
suspend fun getCrime(id: UUID): Crime
}
```

确保导入 **Flow** 的 **kotlin. coroutines. flow** 版本。

由于是通过 **CrimeRepository** 访问 **CrimeDatabase**，请在那里进行相同的更改，见程序清单 12-25。

程序清单 12-25 更高级别的重构（CrimeRepository. kt）

```
class CrimeRepository private constructor(context: Context) {
    ...
    suspend fun getCrimes(): ~~List<Crime>~~ Flow<List<Crime>>
            = database.crimeDao().getCrimes()
    ...
}
```

接下来，清理 **CrimeListViewModel**，不再使用 **loadCrimes()** 函数，并且可以去掉日志记录语句。此外，更新 crime 属性来传递 **Flow**，见程序清单 12-26。

程序清单 12-26 清理 CrimeListViewModel（CrimeListViewModel. kt）

```
class CrimeListViewModel : ViewModel() {
    private val crimeRepository = CrimeRepository.get()

    val crimes = ~~mutableListOf<Crime>()~~ crimeRepository.getCrimes()

    init {
        ~~Log.d(TAG, "init starting")~~
        viewModelScope.launch {
            ~~Log.d(TAG, "coroutine launched")~~
            ~~crimes += loadCrimes()~~
            ~~Log.d(TAG, "Loading crimes finished")~~
        }
    }

    ~~suspend fun loadCrimes(): List<Crime> {~~
        ~~return crimeRepository.getCrimes()~~
    ~~}~~
}
```

现在已到了显示 UI 这一层了。若要获取 **Flow** 中的值，必须使用 **collect {}** 函数对其进行观察。

collect {} 是一个挂起函数，需要在协程生命周期内调用。庆幸的是，已经在 **CrimeListFragment** 的 **onViewCreated()** 回调函数中设置了一个协程作用域。

在该回调中，将 **loadCrimes()** 函数调用（刚刚删除了其定义）替换为 **CrimeListViewModel** 中 crimes 属性的 **collect()** 函数调用。每次 **Flow** 中有新值时，都会调用传递到 **collect()** 函数中的 lambda，因此这是在 **RecyclerView** 上设置 **Adapter** 的最佳位置，见程序清单 12-27。

程序清单 12-27 从 CrimeListFragment 中收集 StateFlow（CrimeListFragment. kt）

```
class CrimeListFragment : Fragment() {
    ...
    override fun onViewCreated(view: View, savedInstanceState: Bundle?) {
        super.onViewCreated(view, savedInstanceState)

        viewLifecycleOwner.lifecycleScope.launch {
            viewLifecycleOwner.repeatOnLifecycle(Lifecycle.State.STARTED) {
                ~~val crimes = crimeListViewModel.loadCrimes()~~
```

```
        crimeListViewModel.crimes.collect { crimes ->
            binding.crimeRecyclerView.adapter =
                CrimeListAdapter(crimes)
        }
    }
}
    ...
}
```

> **注意**：确保已导入 kotlinx.coroutines.flow.collect。

编译并运行应用序，将再次看到数据库里预填充的 **Crime**。如果旋转设备并启动配置更改，可能会看到屏幕上有一小段时间是空白的，这是因为每次配置更改都要重新执行新的数据库查询，此时在等待从数据库加载 **Crime**。

本章的前部分讨论了如何使用 **ViewModel** 执行昂贵的计算并在配置更改中缓存结果。每次从 **CrimeListFragment** 的 crime 属性中收集值时，都会创建一个新的 **Flow** 并为该 **Flow** 执行新的数据库查询，这是对资源的低效使用。如果数据库查询需要很长时间才能完成，那么在加载数据时，用户将看到一个空白屏幕。

最好办法是维护数据库中的单个 **Flow**，并缓存结果，以便快速向用户显示。这就是 **StateFlow** 的用武之地。

StateFlow 是专门为共享应用状态而设计的 **Flow** 的专用版本。**StateFlow** 一直有一个值，观察者可以从其 **Flow** 中收集该值。它从一个初始值开始，并缓存发送到 **Flow** 中的最新值。它是 **ViewModel** 类的完美伴侣，因为 **StateFlow** 在 **Fragment** 和 **activity** 重新创建时总是有一个值可以提供给它们。

设置 **StateFlow** 的第一步是创建 **MutableStateFlow** 的实例。与 **List** 和 **MutableList** 类似，**StateFlow** 是只读 **Flow**，而 **MutableStateFlow** 允许更新 **Flow** 中的值。创建 **MutableStateFlow** 时，必须提供一个初始值，所以提供一个空列表给它，这是收集器将其他值放入 **Flow** 之前收到的值。

在 **CrimeListViewModel** 的 init 块中使用 **viewModelScope**，可以从 **CrimeRepository** 中收集值。一旦从数据库 **Flow** 中获得了值，就可以在 **MutableStateFlow** 上设置该值。

为了保持代码的可维护性，让 **Flow** 从数据库到 UI 保持在一个方向上流动，需要谨慎向用户提供数据。如果以 **MutableStateFlow** 的形式提供数据，那么就赋予了 **Fragment** 和 **activity** 将值直接放入 **Flow** 中的数据能力。出于保护对 **Flow** 的访问，因此通常的做法是将 **MutableStateFlow** 设为私有类，并仅将其作为只读 **StateFlow** 公开给收集器。

在 CrimeListViewModel.kt 文件中添加下列代码来实现 **StateFlow**，见程序清单 12-28。

程序清单 12-28　高效缓存数据库结果（CrimeListViewModel.kt）

```
class CrimeListViewModel : ViewModel() {
    private val crimeRepository = CrimeRepository.get()

    val crimes = crimeRepository.getCrimes()
    private val _crimes: MutableStateFlow<List<Crime>> = MutableStateFlow(emptyList())
    val crimes: StateFlow<List<Crime>>
        get() = _crimes.asStateFlow()

    init {
        viewModelScope.launch {
            crimeRepository.getCrimes().collect {
                _crimes.value = it
```

```
                }
            }
        }
    }
```

再次运行应用,看看是否一切正常。现在可以有效地访问数据库中的数据,并且 UI 将始终显示最新的数据。第 13 章将实现 **Crime** 列表和 **Crime** 详细信息联动,单击 **Crime** 列表显示对应的 **Crime** 详细信息,数据都取自于预填充数据库。

12.7　挑战练习：解决 schema 警告

如果仔细翻查项目的构建日志,会看到一条警告提示应用没有提供 schema 导出目录:

```
warning: Schema export directory is not provided to the annotation processor
so we cannot export the schema. You can either provide `room.schemaLocation`
annotation processor argument OR set exportSchema to false.
```

> **注意**：如果运行应用时构建窗口没有自动打开,可以用 Android Studio 窗口底部的 Build 选项卡来打开。

数据库 schema 表示数据库的结构,包括数据库中有哪些表,这些表中有哪些列,以及这些表上的所有约束和表之间的关系。**Room** 支持将数据库 schema 导出到文件中,这样可以将其存储在源代码管理中。导出的 schema 很有用,可以获得数据库的历史记录版本。

看到的警告表示没有提供给 **Room** 可以保存数据库 schema 的文件位置,可任选以下一种方法消除 schema 导出警告。

（1）为 **@Database** 注释提供 schema 的位置。

（2）禁用导出功能来删除警告。

若要提供导出位置,需为注释处理器的 room.schemaLocation 属性提供路径。为此,将以下 **javaCompileOptions {}** 代码块添加到 app/build.gradle 文件中:

```
...
android {
    ...
    defaultConfig {
        ...
        testInstrumentationRunner "androidx.test.runner.AndroidJUnitRunner"

        javaCompileOptions {
            annotationProcessorOptions {
                arguments += [
                    "room.schemaLocation":"$projectDir/schemas".toString(),
                ]
            }
        }
    }
}
...
```

要禁用导出 schema 功能,则将 exportSchema 属性设为 false:

```
@Database(entities = [Crime::class], version = 1, exportSchema = false)
@TypeConverters(CrimeTypeConverters::class)
abstract class CrimeDatabase : RoomDatabase() {
```

```
    abstract fun crimeDao(): CrimeDao
}
```

12.8 深入学习：单例 singleton

CrimeRepository 中使用的单例模式在 Android 中非常常见。但单例若使用不当，会导致应用难以维护，因此它也常遭人诟病。

Android 开发常用单例的一大原因是，它比 **Fragment** 或 **activity** "活得久"。当设备旋转或是在 **Fragment** 和 **activity** 间跳转的情况下，单例一直存在。

单例还能方便地存储和控制模型对象。假设有一个比 **CriminalIntent** 更为复杂的应用，它有多个 **activity** 和 **Fragment** 会修改 Crime 数据。当某个组件修改了 **Crime** 数据之后，怎么保证把最新数据发送给其他组件？

如果 **CrimeRepository** 是 **Crime** 的所有者，并且所有对 **Crime** 的修改都通过它来处理，那么数据变化的传递就会容易得多。在组件之间转换时，可以将 crime ID 作为特定 **Crime** 的标识符进行传递，并让每个组件使用该 ID 从 **CrimeRepository** 中提取完整的 **Crime** 对象。

当然，单例也有缺点。虽然单例能存储数据，比其他组件存活更久，但单例也有生命期。当 Android 在退出应用后的某个时刻回收内存时，单例及其所有实例变量都将被销毁。单例不是一个长期存储的解决方案（将文件写入磁盘或将其发送到 Web 服务器即可长期存储）。

单例还不利于单元测试。例如，没有很好的方法可以将 **CrimeRepository** 实例替换为其自身的模拟版本。在实践中，Android 开发人员通常使用依赖项注入（dependency injector）的工具解决这个问题。该工具允许将对象作为单例共享，同时仍然可以在需要时替换它们。更多关于依赖项注入的内容，参见 20.6 节。

因为单例很方便，用单例实现任务可能很诱人，但同时也可能会造成单例被滥用。此时，希望使用者能深思熟虑：数据究竟用在哪里？在哪里能真正解决问题？

单例回答不了这些问题。所以，假如不慎重对待这个问题，很可能后来人在查看学习者的单例代码时，就像打开了一个杂乱无章的垃圾抽屉，里面堆满了废电池、拉链扣、旧照片等物品，不管谁来找学习者，都会找到一些看起来像是别人杂乱无章的垃圾抽屉的东西。

总的来说，只要使用得当，单例就是架构优秀的 Android 应用的关键组件。

第13章

Fragment Navigation

本章将关联 **CriminalIntent** 的列表和明细实现联动。用 **Navigation Jetpack** 库来定义用户能够看到的屏幕以及用户如何在屏幕之间移动。

当用户单击 **Crime** 列表中的一个列表项时，**Navigation Jetpack** 库将用 **CrimeDetailFragment** 的新实例替换 **CrimeListFragment**，该实例显示所单击 **Crime** 按钮得到的详细信息，如图 13-1 所示。

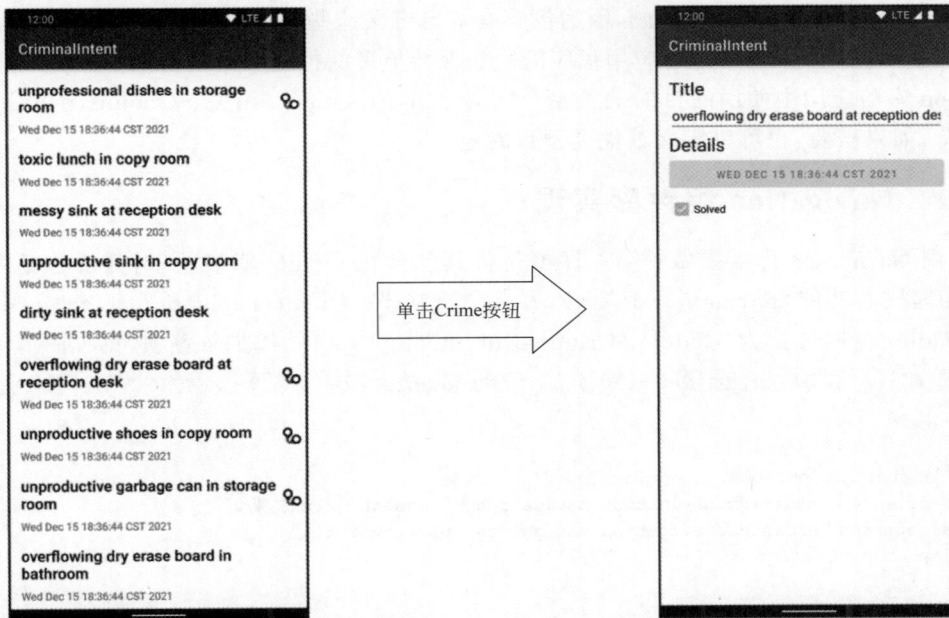

图 13-1　用 **CrimeDetailFragment** 替换 **CrimeListFragment**

为了实现这一点，需要学习如何使用 **Jetpack Navigation** 库实现界面导航，还要学习如何使用 **Safe-Args-Gradle** 插件将数据传递到 **Fragment** 实例。最后将学习如何使用单向数据流架构来管理和更改状态来响应 UI 的更改。

13.1　执行 Navigation

很少有应用程序是由一个屏幕组成的。随着应用程序功能的扩展，开发人员不断创建新屏幕来实现这些功能。管理用户在应用中导航是一件很困难的事，用户可能有很多途径来深入使用应用程序，在不同的界面间任意切换。

Jetpack 库中的 **Navigation** 组件提供了执行导航的工具来定义屏幕及屏幕之间的路径。该库的核心依赖于导航图(navigation graph),该导航图定义了一组屏幕目的地(screen destination)以及目的地之间的路径,它包含在一个 XML 文件中,Android Studio 提供了一个便利的图形工具来编辑它。

在本章的末尾,将实现一个包括两个屏幕 **CrimeListFragment** 和 **CrimeDetailFragment** 的导航图,以及定义从列表屏幕到详细信息屏幕导航的单一路径。在第 15 章,将给对话框添加一个目的地——**ModalPopup** 窗口,这样,**CriminalIntent** 的导航图就算完成了。

从历史上看,Android 应用程序中的导航是使用 **FragmentTransactions** 完成的,在第 9 章中简要提到了这一点。API 虽然功能强大,但使用起来很困难,而且容易出错。在后台,**Navigation** 库仍然使用这些 API 来执行导航,但它更安全、更易于使用。

GeoQuiz 应用是一个 activity(MainActivity)启动另一个 activity,而 **CriminalIntent** 使用了 **single-activity** 架构。使用 **single-activity** 架构的应用程序有一个 activity 和多个 Fragment,每个 Fragment 都作为自身的屏幕,activity 仅用作当前显示的任何 Fragment 的容器。

通过将所有内容保持在同一 activity 中,可以确保应用能够控制屏幕上呈现的所有内容。如果使用多个 activity,系统需控制导航和动画,因为没有有效自定义这些行为的选项,有时会添加一些无用的行为,使用 **single-activity** 架构可以对应用程序的行为保持更多的控制和灵活性。

Navigation 库与应用中使用的目的地类型(activity 或 Fragment)无关。Google 为 Fragment 提供了全方位支持,如果需要,也可以定义其他类型目的地。

13.1.1 Navigation 组件库实现

通常,使用 **Navigation** 库需要做的第一件事是将其包含在 Gradle 依赖项中,需要包括两个独立的模块:一个处理核心功能(navigation-ui-ktx),另一个支持 Fragment(navigation-fragment-ktx)。打开 app/build.gradle 文件(标记为 Module:CriminalIntent.app 的文件)添加依赖项,见程序清单 13-1。

程序清单 13-1　添加 Navigation 依赖项(app/build.gradle)

```
dependencies {
    ...
    kapt 'androidx.room:room - compiler:2.4.2'
    implementation "androidx.navigation:navigation - fragment - ktx:2.4.1"
    implementation "androidx.navigation:navigation - ui - ktx:2.4.1"
    testImplementation 'junit:junit:4.13.2'
}
```

进行这些更改后,不要忘记单击 Sync Project with Gradle Files 按钮或 Sync Now 按钮。

Gradle 完成同步后,将创建包含导航图的文件。在项目工具窗口中,右击 res 目录,然后选择 New→Android Resource File,将文件命名为 nav_graph,将 Resource type 设置为 **Navigation**,然后单击 OK 按钮,如图 13-2 所示。

Android Studio 在编辑器中打开新建的 nav_graph.xml 文件。与布局编辑器一样,此图形编辑器在右上角有 3 个视图选项的选项卡:Code、Split 和 Design,确保已选择设计视图,如图 13-3 所示。

目前,此导航图是空的,没有可以呈现给用户或让用户导航的屏幕。为了使导航图更加有用,需要在图中添加一个起始目的地(start destination),该起始目的地将定义一个可以显示给用户的屏幕。

如编辑器中间的文本所示,单击编辑器左上角的添加目的地图标,在弹出的窗口中,从目的地列表中选择 **CrimeListFragment**,如图 13-4 所示。

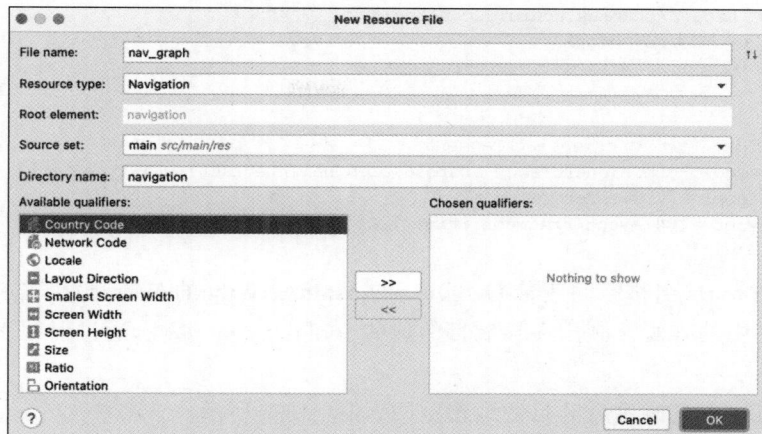

图 13-2　创建导航图

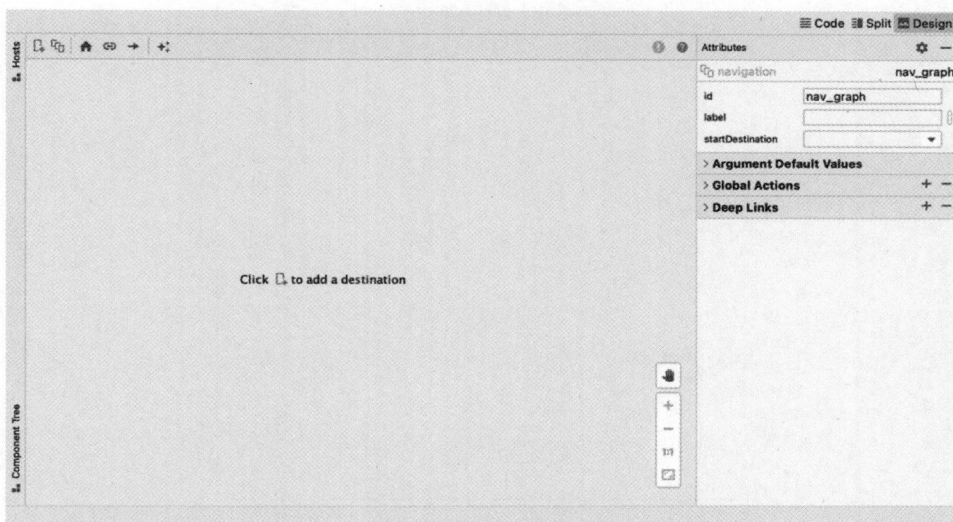

图 13-3　空导航图

　　刚刚在导航图中添加了一个目的地，因为是添加的第一个目的地，所以一旦将此导航图和应用关联起来，它将是用户看到的第一个界面。

　　在导航图中，目的地被标记为 **crimeListFragment**，但在它所描绘的屏幕上只显示了 **Preview Unavailable**。如果屏幕预览显示小会更好，这样，其他开发人员查看导航图时就可以快速了解用户轨迹是如何在应用中移动的，通过对 XML 进行一些更改来实现这一点。

　　选择 Code 选项卡切换到代码视图，添加一个 tools：layout 属性到 **CrimeListFragment** 目的地，见程序清单 13-2。

程序清单 13-2　激活预览（nav_graph. xml）

```
<?xml version = "1.0" encoding = "utf - 8"?>
< navigation xmlns:android = "http://schemas.android.com/apk/res/android"
    xmlns:app = "http://schemas.android.com/apk/res - auto"
```

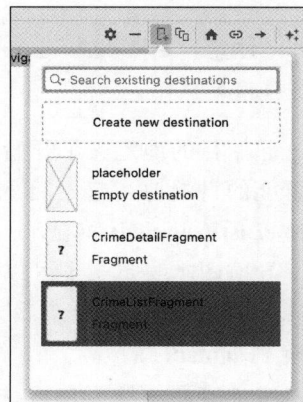

图 13-4　添加第一个目的地

```
    xmlns:tools = "http://schemas.android.com/tools"
    android:id = "@ + id/nav_graph"
    app:startDestination = "@id/crimeListFragment">

    < fragment
        android:id = "@ + id/crimeListFragment"
        android:name = "com.bignerdranch.android.criminalintent.CrimeListFragment"
        android:label = "CrimeListFragment"
        tools:layout = "@layout/fragment_crime_list" />
</navigation>
```

在第 2 章曾使用 tools 名称空间改善 GeoQuiz 的 **MainActivity** 的布局预览。在此处也可使用它改善导航图在设计视图中的外观。利用在导航目的地的 tools:layout 属性,通过引用 XML 布局预览该目的地向用户的展示图。

在设计视图中可以看到改进后的目的地预览图,如图 13-5 所示。

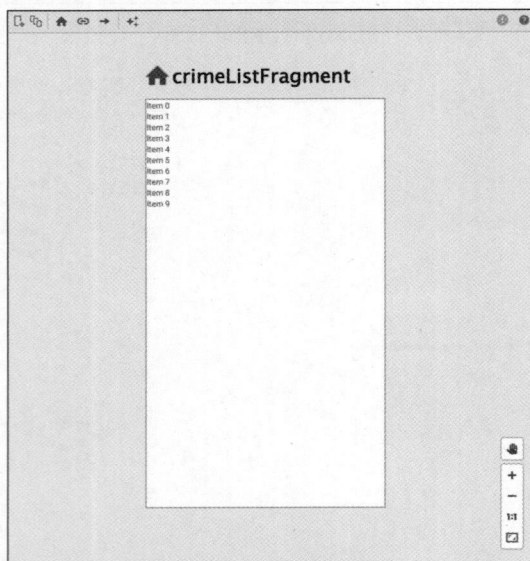

图 13-5　改进后的预览

切换回代码视图。

> **注意**:在根元素中,有一个整体导航图的 ID 和一个起始目的地,用此 ID 在布局中引用导航图。

起始目的地定义了开始时 activity 首次出现的屏幕。在内部元素中,**CrimeListFragment** 也被定义为可能的目的地。起始目的地的 ID 与 **CrimeListFragment** 的 ID 匹配,因此当 **MainActivity** 启动时,**CrimeListFragment** 将显示。

导航图本身定义了可以在应用中导航的屏幕。要使用这些定义,还必须将导航图连接到 UI,通过在 activity 中定义一个承载导航图的容器来实现这一点。当用户在不同的屏幕之间导航时,容器负责交换 **Fragment**。

定义容器的最简单方法是在 **FragmentContainerView** 中使用 **NavHostFragment**。由于在 activity_main.xml 布局中已经使用了 **FragmentContainerView** 来承载 **CrimeListFragment**,所以在 **MainActivity**

中添加以下代码继承 **NavHostFragment**，并将其设置为加载导航图，见程序清单 13-3。

程序清单 13-3　连接 **NavHostFragment**（activity_main.xml）

```
< androidx. fragment. app. FragmentContainerView
    xmlns:android = "http://schemas. android. com/apk/res/android"
    xmlns:app = "http://schemas. android. com/apk/res - auto"
    xmlns:tools = "http://schemas. android. com/tools"
    android:id = "@ + id/fragment_container"
    android:name = "com. bignerdranch. android. criminalintent. CrimeListFragment"
    android:name = "androidx. navigation. fragment. NavHostFragment"
    android:layout_width = "match_parent"
    android:layout_height = "match_parent"
    app:defaultNavHost = "true"
    app:navGraph = "@navigation/nav_graph"
    tools:context = ". MainActivity" />
```

这样，就完成了在屏幕上显示起始目的地所需的所有工作。运行应用，确认一下 **CrimeListFragment** 是否与以前一样出现在屏幕上。

13.1.2　导航到详细信息屏幕

基本导航设置好后，现在在导航图中添加第二个目的地。返回 nav_graph. xml 的设计视图，再次单击添加目的地按钮，这次选择 **CrimeDetailFragment**，会看到 **CrimeDetailFragment** 作为第二个目的地添加到画布中，如图 13-6 所示。

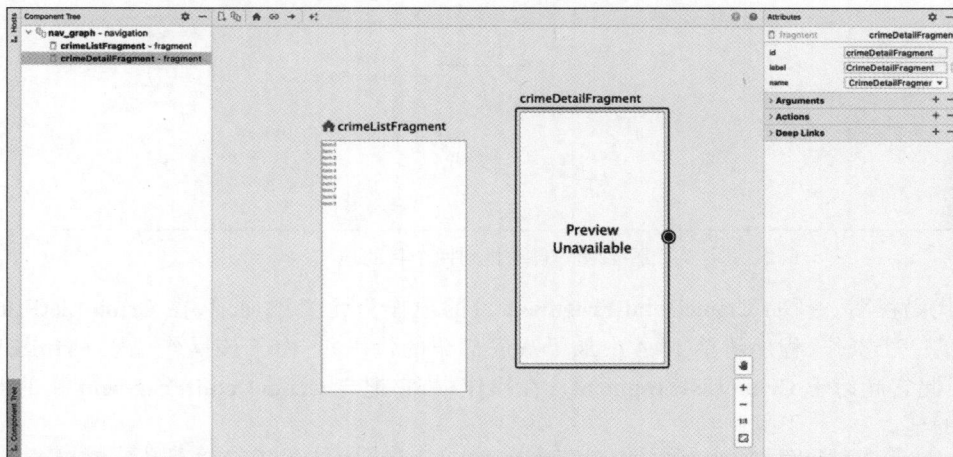

图 13-6　两个目的地

接着为新目的地设置预览。要在两个屏幕之间启用导航，需要定义一个操作，用以指定导航时的开始屏幕和结束屏幕。选中 **crimeListFragment** 目的地，单击其右边缘的圆并将其拖动到 **crimeDetailFragment** 目的地。如图 13-7 所示，此操作先显示为一条直线，当释放鼠标时，连接两个目的地的直线一端变为箭头。

在大型项目中，随着开发人员在导航图中添加越来越多的目的地，很难在设计预览的画布上组织它们，目的地之间的路径很难清晰可见。

由于屏幕在设计预览中的位置完全自行决定，不会影响应用程序中的导航行为，因此可以手动将目的地重新排列成有序的演示文稿，但这可能会耗时且乏味。值得庆幸的是，Android Studio 提供了重新排列画布上项目的功能，可以将每个目的地放在一个合理的位置。

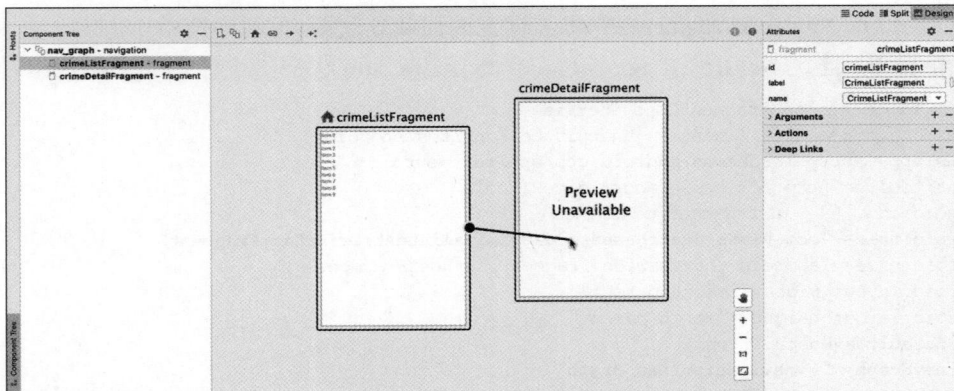

图 13-7　连接两个目的地

单击自动排列按钮(在添加目的地按钮的右侧),这样,Android Studio 就会在预览中整齐地排列两个目的地,如图 13-8 所示。

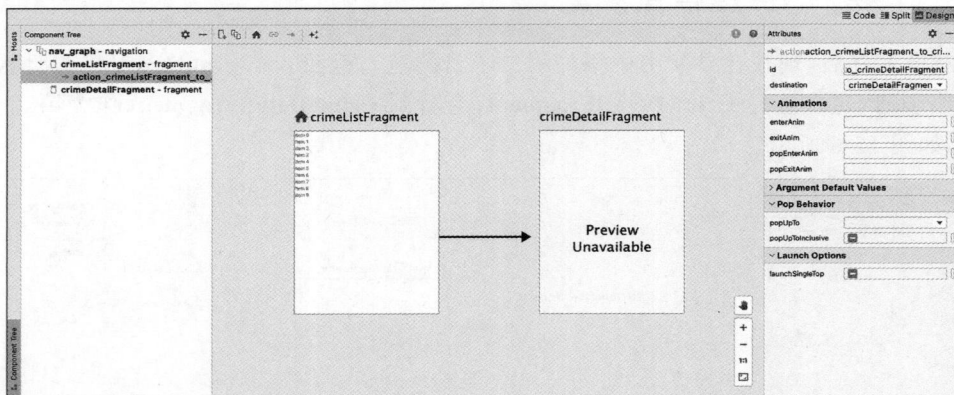

图 13-8　自动排列两个目的地

切换到代码视图。新的 **CrimeDetailFragment** 目的地作为元素添加了,在 **CrimeListFragment** 目的地中还定义的一个操作(程序清单 13-4 中加了灰底部分的代码)。由于该操作位于 **CrimeListFragment** 目的地内,因此它起始于 **CrimeListFragment**。在操作中,它把与 **CrimeDetailFragment** 目的地关联的 ID 定义为其目的地。

程序清单 13-4　启用详细信息视图的预览(nav_graph. xml)

```xml
<?xml version = "1.0" encoding = "utf-8"?>
<navigation xmlns:android = "http://schemas.android.com/apk/res/android"
    xmlns:app = "http://schemas.android.com/apk/res-auto"
    xmlns:tools = "http://schemas.android.com/tools"
    android:id = "@+id/nav_graph"
    app:startDestination = "@id/crimeListFragment">

    <fragment
        android:id = "@+id/crimeListFragment"
        android:name = "com.bignerdranch.android.criminalintent.CrimeListFragment"
        android:label = "CrimeListFragment"
        tools:layout = "@layout/fragment_crime_list" >
        <action
            android:id = "@+id/action_crimeListFragment_to_crimeDetailFragment"
            app:destination = "@id/crimeDetailFragment" />
```

```
        </fragment>
        <fragment
            android:id = "@ + id/crimeDetailFragment"
            android:name = "com.bignerdranch.android.criminalintent.CrimeDetailFragment"
            android:label = "CrimeDetailFragment"
            tools:layout = "@layout/fragment_crime_detail" />
</navigation>
```

把 tools:layout 属性添加到新目的地并启用预览。

在 Kotlin 代码中执行导航操作时，将引用该操作的 ID。这个 ID 是操作自动提供的，ID 取名 action_crimeListFragment_to_crieDetailFragment 是准确的，但也有点冗长。

将其重命名为 show_crime_detail，同样清晰，但要简洁得多，见程序清单 13-5。

程序清单 13-5　给操作重命名（nav_graph.xml）

```
<?xml version = "1.0" encoding = "utf - 8"?>
<navigation xmlns:android = "http://schemas.android.com/apk/res/android"
    xmlns:app = "http://schemas.android.com/apk/res - auto"
    xmlns:tools = "http://schemas.android.com/tools"
    android:id = "@ + id/nav_graph"
    app:startDestination = "@id/crimeListFragment">

    <fragment
        android:id = "@ + id/crimeListFragment"
        android:name = "com.bignerdranch.android.criminalintent.CrimeListFragment"
        android:label = "CrimeListFragment"
        tools:layout = "@layout/fragment_crime_list" >
        <action
            android:id = "@ + id/action_crimeListFragment_to_crimeDetailFragment"
            android:id = "@ + id/show_crime_detail"
            app:destination = "@id/crimeDetailFragment" />
    </fragment>
    <fragment
        android:id = "@ + id/crimeDetailFragment"
        android:name = "com.bignerdranch.android.criminalintent.CrimeDetailFragment"
        android:label = "CrimeDetailFragment"
        tools:layout = "@layout/fragment_crime_detail" />
</navigation>
```

在 Kotlin 代码执行导航之前，需要进行一些重构。记住，应用目标是当用户单击 Crime 列表中的一个列表项时，用户将导航到该 Crime 的详细信息屏幕。在第 10 章中，曾在 **CrimeHolder** 的根视图上设置了 **OnClickListener** 监听器，但 **OnClickListener** 并没有起到多大作用，它只是在 **toast** 消息中显示了一条 crime 标题。

虽然可以将显示 **toast** 消息的代码换成将用户导航到详细信息屏幕的代码，但这需要把 **CrimeHolder** 和 **CrimeListAdapter** 紧紧地绑在一起，这样才能在 **CrimeListFragment** 中使用。对于构建可维护的代码库来说，这不是一个好方法。

更好的方法是将 lambda 表达式传递给 **CrimeHolder** 和 **CrimeListAdapter** 类，当用户单击列表项时，通过创建类的实例来设置出现的情况，这里就是采取这种方法。

首先，将一个名为 **onCrimeClicked** 的 lambda 表达式传递到 **CrimeHolder** 中的 **bind()** 函数中，这是当用户单击特定 **CrimeHolder** 的根视图时调用的 lambda，见程序清单 13-6。

程序清单 13-6　传递一个 lambda 表达式（CrimeListAdapter.kt）

```
class CrimeHolder(
    private val binding: ListItemCrimeBinding
) : RecyclerView.ViewHolder(binding.root) {
```

```
    fun bind(crime: Crime, onCrimeClicked: () -> Unit) {
        binding.crimeTitle.text = crime.title
        binding.crimeDate.text = crime.date.toString()

        binding.root.setOnClickListener {
            Toast.makeText(
                binding.root.context,
                "${crime.title} clicked!",
                Toast.LENGTH_SHORT
            ).show()
            onCrimeClicked()
        }

        binding.crimeSolved.visibility = if (crime.isSolved) {
            View.VISIBLE
        } else {
            View.GONE
        }
    }
}
...
```

接着，在 **CrimeListAdapter** 中，包含相同的 lambda 作为构造函数参数，并将其传递给 **CrimeHolder** 类上的 **bind()** 函数，见程序清单 13-7。

程序清单 13-7　连接 adapter(CrimeListAdapter.kt)

```
class CrimeListAdapter(
    private val crimes: List<Crime>,
    private val onCrimeClicked: () -> Unit
) : RecyclerView.Adapter<CrimeHolder>() {
    override fun onCreateViewHolder(
        parent: ViewGroup,
        viewType: Int
    ): CrimeHolder {
        val inflater = LayoutInflater.from(parent.context)
        val binding = ListItemCrimeBinding.inflate(inflater, parent, false)
        return CrimeHolder(binding)
    }

    override fun onBindViewHolder(holder: CrimeHolder, position: Int) {
        val crime = crimes[position]
        holder.bind(crime, onCrimeClicked)
    }

    override fun getItemCount() = crimes.size
}
```

有了这个新的并改进过的 **CrimeListAdapter**，就可以从 **CrimeListFragment** 执行导航了。Navigation 库有一个名为 **NavController** 的类，用这个类执行导航，实现导航到新屏幕，单击返回按钮返回上一个屏幕，等等。

不需要手动创建此类实例，在 activity_main.xml 布局文件中指定 **NavHostFragment** 后，就可以访问此类实例，要做的就是找到它。

方法是利用 **findNavController()** 扩展函数，这个函数在视图层级结构和 **Fragment** 中搜索 **NavController** 并将其返回。由于导航是应用程序的重要组成部分，**findNavController()** 函数可用于 Android 框架中的几个组件，包括 activity 和 **Fragment**。

一旦获得 **NavController**，就可以调用其上的导航功能，为目的地或导航操作传递资源 ID。在这里，使用刚刚给操作命名的 R. id. show_crime_detail 这个资源 ID 执行从列表导航到详细信息视图的操作。在绑定 **CrimeListAdapter** 的地方调用 **findNavController()** 函数,使用 **CrimeListAdapter** 构造函数的尾随 lambda 语法,见程序清单 13-8。

程序清单 13-8　执行导航(CrimeListFragment. kt)

```
class CrimeListFragment : Fragment() {
    ...
    override fun onViewCreated(view: View, savedInstanceState: Bundle?) {
        super.onViewCreated(view, savedInstanceState)

        viewLifecycleOwner.lifecycleScope.launch {
            viewLifecycleOwner.repeatOnLifecycle(Lifecycle.State.STARTED) {
                crimeListViewModel.crimes.collect { crimes ->
                    binding.crimeRecyclerView.adapter =
                        CrimeListAdapter(crimes) {
                            findNavController().navigate(
                                R.id.show_crime_detail
                            )
                        }
                }
            }
        }
    }
    ...
}
```

确保导入了 **findNavController()** 函数的 **Fragment** 版本。

运行应用并单击一个 **Crime** 列表项,它导航到了一个空的详细信息屏幕。单击 Back 按钮,返回列表屏幕。

13.1.3　向 Fragment 传送数据

但单击 **Crime** 列表项进入一个空白的 **Crime** 页面并不是希望的结果,所以要用一个 **CrimeDetailFragment** 填充所选 **Crime** 的详细信息。将数据传递到 **Fragment** 的过程与第 7 章中使用的将数据传递给 **activity** 的过程非常相似。

在当前的设置中,**Navigation** 库和 **Framework** 负责实例化 **Fragment**,就像 activity 由 Android 操作系统实例化一样。将值传递给 **Framework** 的经典方法包括使用 Bundle 为参数存储键-值对,这与 **Intent** 系统非常相似。然而,这种方法受到 activity 带来的同样限制:依赖于协议和样板式代码,如果操作不当,可能会导致应用程序崩溃,而且很容易在样板式代码中出错,或者忘记使用常规函数或常数值。

有个好消息,作为 Navigation 库的一部分,Google 开发了一个 Gradle 插件,可以帮助在导航目的地之间安全地传递数据。与 **View Binding** 和 **Room** 库为实现自己的任务而生成代码的方式类似,**Safe Args** 插件也能生成代码,以便在执行导航时打包数据,并在目的地一次性解包数据。

该插件包含在 project(项目)级别,打开标记为 project:CriminalIntent 的 build. gradle 文件,并在 project 插件列表中包含 **Safe Args**,见程序清单 13-9。

程序清单 13-9　在 project 中包含 Safe Args 插件(build. gradle)

```
plugins {
    id 'com.android.application' version '7.1.2' apply false
    id 'com.android.library' version '7.1.2' apply false
    id 'org.jetbrains.kotlin.android' version '1.6.10' apply false
    id 'org.jetbrains.kotlin.kapt' version '1.6.10' apply false
```

```
        id 'androidx.navigation.safeargs.kotlin' version '2.4.1' apply false
}
...
```

完成上一步后，打开 app/build.gradle 文件并为应用启用插件，**Safe Args** 插件不需要添加任何其他库作为依赖项，见程序清单 13-10。

程序清单 13-10　向应用添加 Safe Args 插件（app/build.gradle）

```
plugins {
    id 'com.android.application'
    id 'org.jetbrains.kotlin.android'
    id 'org.jetbrains.kotlin.kapt'
    id 'androidx.navigation.safeargs'
}
...
```

和前面介绍的一样，在继续下一步操作之前同步 Gradle 文件。

目前是通过引用在 nav_graph.xml 中定义的操作的资源 ID 来执行导航。**Safe Args** 插件的工作原理是根据导航图的内容生成类，导航时将使用这些生成的类，而不是使用资源 ID。

Direction 类包含执行导航所需的所有信息，包括操作的 ID。对于 **Fragment** 目的地，**Safe Args** 用 **Fragment** 名称加上 Directions 命名它生成的类。因此，对于 **CrimeListFragment**，**Safe Args** 插件生成一个名为 **CrimeListFragmentDirections** 的类。

Safe Args 插件也还在其目标类中为目的地中的每个可能操作生成函数。由于 **CrimeListFragment** 的目的地只有一个操作，因此 **Safe Args** 插件只生成一个函数。函数名称基于该操作声明的资源 ID，因此对 **R.ID.show_crime_detail** 的使用将成为对 **CrimeListFragmentDirections.showCrimeDetail()** 的函数调用。

在 **CrimeListFragment** 中通过交换生成的 **CrimeListFragmentDirections** 类使用 **Safe Args** 插件，见程序清单 13-11。

程序清单 13-11　询问方向（CrimeListFragment.kt）

```
class CrimeListFragment : Fragment() {
    ...
    override fun onViewCreated(view: View, savedInstanceState: Bundle?) {
        super.onViewCreated(view, savedInstanceState)

        viewLifecycleOwner.lifecycleScope.launch {
            viewLifecycleOwner.repeatOnLifecycle(Lifecycle.State.STARTED) {
                crimeListViewModel.crimes.collect { crimes ->
                    binding.crimeRecyclerView.adapter =
                        CrimeListAdapter(crimes) {
                            findNavController().navigate(
                                R.id.show_crime_detail
                                CrimeListFragmentDirections.showCrimeDetail()
                            )
                        }
                }
            }
        }
    }
    ...
}
```

运行应用，然后从列表中选择一条 Crime。仍然会看到它导航到一个空白的 **CrimeDetailFragment**，不会显示选择的 **Crime** 的详细信息，因为没有指定它应该显示的 **Crime**。

要连接 **Crime** 的详细信息，需要传递一个参数，指定要显示的 **Crime**。回到 nav_graph.xml，在设计视图中查看导航图，单击 **crimeDetailFragment**，在编辑器右侧的属性窗口中，单击 **Arguments** 区标题旁边的加号图标,会弹出一个窗口。

尽管可以将整个 **Crime** 传入 **CrimeDetailFragment** 中,但这会给应用程序增加更多的复杂性。相反,可以只传递 **Crime** 的 ID,并让 **CrimeDetailFragment** 从数据库中查询 **Crime** 的详细信息。

在弹出的添加参数对话框中,将参数命名为 crimeId。UUID 类实现了 **Serializable** 接口,所以类型选择 Custom Serializable,然后在弹出的窗口中搜索并选择 UUID,保留其余选项,然后单击 Add 按钮将参数添加到导航图中,如图 13-9 所示。

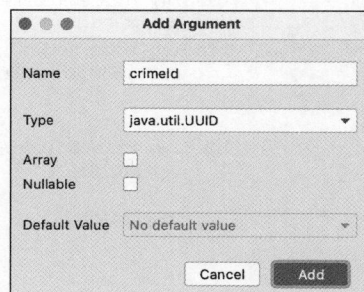

图 13-9 添加参数到 **CrimeDetailFragment**

切换到代码视图,留意一下添加到 **CrimeDetailFragment** 目的地的几行代码(灰底部分):

```xml
<?xml version = "1.0" encoding = "utf - 8"?>
< navigation xmlns:android = "http://schemas.android.com/apk/res/android"
    xmlns:app = "http://schemas.android.com/apk/res - auto"
    xmlns:tools = "http://schemas.android.com/tools"
    android:id = "@ + id/nav_graph"
    app:startDestination = "@id/crimeListFragment">

    < fragment
        android:id = "@ + id/crimeListFragment"
        android:name = "com.bignerdranch.android.criminalintent.CrimeListFragment"
        android:label = "CrimeListFragment"
        tools:layout = "@layout/fragment_crime_list" >
        < action
            android:id = "@ + id/show_crime_detail"
            app:destination = "@id/crimeDetailFragment" />
    </fragment >
    < fragment
        android:id = "@ + id/crimeDetailFragment"
        android:name = "com.bignerdranch.android.criminalintent.CrimeDetailFragment"
        android:label = "CrimeDetailFragment"
        tools:layout = "@layout/fragment_crime_detail" >
        < argument
            android:name = "crimeId"
            app:argType = "java.util.UUID" />
    </fragment >
</ navigation >
```

返回 CrimeListFragment.kt。在尝试执行导航时会出现错误,**showCrimeDetails()** 函数现在需要一个 UUID 作为参数。在修复此错误之前,需要获得被选择的 **Crime** 的 ID。

在设置 **CrimeHolder** 根视图的 **View.OnClickListener** 时,**Crime** 的 ID 是已知的,要做的是将该 ID 传递给 **CrimeListFragment**。

lambda 表达式已经传递给了 **CrimeHolder** 的绑定函数,由于该函数中的 **Crime** 也能访问,因此更新 **onCrimeClicked** 参数来接受 UUID 参数。当调用 **onCrimeClicked** 的 lambda 表达式时,传入 **Crime** 的 ID。最后,更新传递到 **CrimeListAdapter** 中的 lambda 表达式,见程序清单 13-12。

程序清单 13-12 从 Adapter 传回 Crime 的 ID(CrimeListAdapter)

```kotlin
class CrimeHolder(
    private val binding: ListItemCrimeBinding
) : RecyclerView.ViewHolder(binding.root) {
    fun bind(crime: Crime, onCrimeClicked: (crimeId: UUID) -> Unit) {
```

```
        binding.crimeTitle.text = crime.title
        binding.crimeDate.text = crime.date.toString()

        binding.root.setOnClickListener {
            onCrimeClicked(crime.id)
        }

        binding.crimeSolved.visibility = if (crime.isSolved) {
            View.VISIBLE
        } else {
            View.GONE
        }
    }
}

class CrimeListAdapter(
    private val crimes: List<Crime>,
    private val onCrimeClicked: (crimeId: UUID) -> Unit
) : RecyclerView.Adapter<CrimeHolder>() {
    ...
}
```

现在可以在 **CrimeListFragment** 中访问 **Crime** 的 ID,再加上 **Safe Args** 插件生成的 **CrimeListFragmentDirections** 类,执行导航时就可以传递 **Crime** 的 ID,见程序清单 13-13。

程序清单 13-13 执行导航(CrimeListFragment.kt)

```
class CrimeListFragment : Fragment() {
    ...
    override fun onViewCreated(view: View, savedInstanceState: Bundle?) {
        super.onViewCreated(view, savedInstanceState)

        viewLifecycleOwner.lifecycleScope.launch {
            viewLifecycleOwner.repeatOnLifecycle(Lifecycle.State.STARTED) {
                crimeListViewModel.crimes.collect { crimes ->
                    binding.crimeRecyclerView.adapter =
                        CrimeListAdapter(crimes) { crimeId ->
                            findNavController().navigate(
                                CrimeListFragmentDirections.showCrimeDetail(crimeId)
                            )
                        }
                }
            }
        }
    }
    ...
}
```

    Safe Args 插件不仅可生成用来执行类型安全导航的代码,还允许在用户到达导航目的地后安全地访问导航参数。通过使用 **navArgs** 属性委托,可以以类型安全的方式访问特定目的地的导航参数。**Safe Args** 插件生成的类包含目的地的所有参数,用目的地名称加上 Args 进行命名。因此,**CrimeDetailFragment** 类的导航参数可以用 **CrimeDetailFragmentArgs** 类来访问。

    在 **CrimeDetailFragment** 中,使用 **navArgs** 属性委托创建一个名为 **args** 的类属性。稍后,将在 **rimeDetailFragment** 中用 crimeID 实现要做的动作,但之前还有一些额外的工作要做。现在,只需记录 crimeID 确认其传递是否正确,见程序清单 13-14。

程序清单 13-14 在 CrimeDetailFragment 中读取参数

```
private const val TAG = "CrimeDetailFragment"

class CrimeDetailFragment : Fragment() {
```

May all your wishes
come true

读书破万卷

下笔如有神

May all your wishes come true

清华大学出版社
TSINGHUA UNIVERSITY PRESS

如果知识是通向未来的大门，
我们愿意为你打造一把打开这扇门的钥匙！

https://www.shuimushuhui.com/

图书详情 | 配套资源 | 课程视频 | 会议资讯 | 图书出版

下笔如有神

好书在线

```
...
    private lateinit var crime: Crime

    private val args: CrimeDetailFragmentArgs by navArgs()

    override fun onCreate(savedInstanceState: Bundle?) {
        super.onCreate(savedInstanceState)

        crime = Crime(
            id = UUID.randomUUID(),
            title = "",
            date = Date(),
            isSolved = false
        )

        Log.d(TAG, "The crime ID is: ${args.crimeId}")
    }
    ...
}
```

运行应用程序，从列表中选择一条 **Crime**，然后查看 Logcat，将看到 **CrimeDetailFragment** 记录的 crimeID：

```
D/CrimeDetailFragment: The crime ID is: 4f916c0c－faa1－486b－b9a9－0d55922fd2e1
```

这样，完成了导航所需的所有设置，实现了在 **CrimeListFragment** 和 **CrimeDetailFragment** 之间传递要显示的 **Crime** 的相关 ID。现在，需要从数据库中获取 **Crime** 的详细信息并让用户能修改它。

13.2　单向数据流

应用必须响应来自多个来源的输入：从后端加载的数据以及来自用户的输入。如果没有一个计划来合并这些输入源，则大量的复杂编码逻辑就会难以维护。

单向数据流是一种崭露头角的体系结构模式，它与在 **flow** 和 **StateFlow** 的反应模式配合得很好。单向数据流试图通过封装这两种数据（来自后端的数据和来自用户的输入）来简化应用程序体系结构。

数据有各种来源，例如网络、数据库或本地文件。它通常是作为应用程序状态转换的一部分生成的，例如用户的身份验证状态或其购物车的内容。这些状态源将数据向下发送到 UI，UI 进行渲染并展示给用户。

一旦数据在 UI 中显示，用户就可以通过各种形式的输入与之交互。用户可以单击勾选框、按下按钮、输入文本，所有输入都会发送回这些状态源，并根据用户的操作对其进行相应响应，这两股信息流以相反的方向传播，形成一个闭环的信息流，如图 13-10 所示。

在 **CrimeDetailFragment** 中，将使用单向数据流模式来实现业务逻辑。**CrimeDetailFragment** 的状态源是 **ViewModel**，它引用 **StateFlow**，**StateFlow** 保存用户正在查看的特定 **Crime** 的最新版本。**CrimeDetailFragment** 会监视 **StateFlow**，每当 **Crime** 更新时就会更新其 UI。

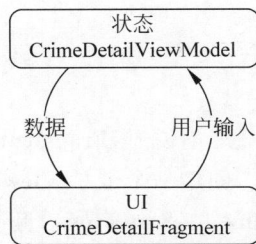

图 13-10　单向数据流

当用户编辑当前 **Crime** 的详细信息时，**CrimeDetailFragment** 会将用户输入发送给它的 **ViewModel**。更新 **Crime** 数据结束后，**ViewModel** 会将更新后的 **Crime** 发回 **CrimeDetailFragment**。循环往复，**ViewModel** 状态和 UI 将始终保持同步。

在添加新代码来实现此模式之前，先做点准备工作，删除一些不再需要的代码。删除

CrimeDetailFragment 中简单乏味的 **Crime** 类属性，以及引用它的任何代码行。此外，删除 **onCreate()** 函数相关代码，见程序清单 13-15。

程序清单 13-15　删除旧版本 Crime 的引用（CrimeDetailFragment. kt）

```
private const val TAG = "CrimeDetailFragment"

class CrimeDetailFragment : Fragment() {
    ...
    private lateinit var crime: Crime

    private val args: CrimeDetailFragmentArgs by navArgs()

    override fun onCreate(savedInstanceState: Bundle?) {
        super.onCreate(savedInstanceState)

        crime = Crime(
            id = UUID.randomUUID(),
            title = "",
            date = Date(),
            isSolved = false
        )

        Log.d(TAG, "The crime ID is: ${args.crimeId}")
    }
    ...
    override fun onViewCreated(view: View, savedInstanceState: Bundle?) {
        super.onViewCreated(view, savedInstanceState)

        binding.apply {
            crimeTitle.doOnTextChanged { text, _, _, _ ->
                crime = crime.copy(title = text.toString())
            }

            crimeDate.apply {
                text = crime.date.toString()
                isEnabled = false
            }

            crimeSolved.setOnCheckedChangeListener { _, isChecked ->
                crime = crime.copy(isSolved = isChecked)
            }
        }
    }
    ...
}
```

之前说过，**Fragment** 不太适合处理状态，因为它们在配置更改期间会被重建。

创建一个继承 **ViewModel** 类的 **CrimeDetailViewModel**，将 **Crime** 详细信息屏幕的状态显示为持有 **Crime** 的 **StateFlow**。正如第 12 章中提到的，**StateFlow** 类在提供最新数据方面做得很好。当更新 **StateFlow** 时，这些变化会被推送到 **CrimeDetailFragment**，见程序清单 13-16。

程序清单 13-16　CrimeDetailViewModel 框架（CrimeDetailViewModel. kt）

```
class CrimeDetailViewModel : ViewModel() {
    private val crimeRepository = CrimeRepository.get()

    private val _crime: MutableStateFlow<Crime?> = MutableStateFlow(null)
    val crime: StateFlow<Crime?> = _crime.asStateFlow()
}
```

回顾一下第 12 章提到的希望将数据公开为 **StateFlow**，而不是 **MutableStateFlow**，这有助于加固单向数据流：数据源不能被用户直接改变。这样，可以将注意力集中到实现功能上，从而为用户提供更多的输入方式。

将 **Crime** 中的属性保持为只读 vals 而不是读/写 vars 也有助于加固单向数据流。虽然这样并没有真正使 **Crime** 类"不可改变"，但确实促使用户创建数据副本，而不是直接更改实例。所有这些共同的作用就是使数据流保持在一个方向上。

CrimeDetailViewModel 需要知道创建时要加载的 **Crime** 的 ID。有几种方法可以获得此 ID，但最有效的方法是将 ID 声明为构造函数参数，这样 **CrimeDetailViewModel** 就可以在创建数据后立即开始加载数据。

以前在创建各种 **ViewModel** 的实例时，没有使用构造函数。相反，使用了 **viewModel** 属性委托来获取一个实例，这样就可以在配置更改中获得相同的实例。默认情况下，使用 **viewModel** 属性委托时，**ViewModel** 只能有一个不带参数或只有一个 **SavedStateHandle** 参数的构造函数。

但是有一种方法可以向 **ViewModel** 添加额外的参数：创建一个实现 **ViewModelProvider.Factory** 接口的类。此接口允许控制如何创建 **ViewModel**，并将其提供给 **Fragment** 和 activity。**ViewModelProvider.Factory** 接口是软件工厂设计模式的一个例子：作为一个现实生活中的汽车工厂知道怎么制造汽车，而 **ViewModelProvider.Factory** 知道如何创建 **ViewModel** 实例。

给 **CriminalIntent** 创建 **CrimeDetailViewModel.Factory**，它将知道如何创建 **CrimeDetailViewModel** 实例，与之前的 **ViewModel** 子类不同，该类实现 **ViewModelProvider.Factory** 接口并接受构造函数的参数。

在 CrimeDetailViewModel.kt 文件中，创建 **CrimeDetailViewModelFactory** 类，然后通过其构造函数传入 **Crime** 的 ID，并使用它将 **Crime** 从数据库加载到 **Crime** 的 **StateFlow** 类属性中，见程序清单 13-17。

程序清单 13-17　给 CrimeDetailViewModel 创建 CrimeDetailViewModelFactory 类（CrimeDetail-ViewModel.kt）

```kotlin
class CrimeDetailViewModel(crimeId: UUID) : ViewModel() {
    private val crimeRepository = CrimeRepository.get()

    private val _crime: MutableStateFlow<Crime?> = MutableStateFlow(null)
    val crime: StateFlow<Crime?> = _crime.asStateFlow()
    init {
        viewModelScope.launch {
            _crime.value = crimeRepository.getCrime(crimeId)
        }
    }
}

class CrimeDetailViewModelFactory(
    private val crimeId: UUID
) : ViewModelProvider.Factory {
    override fun <T : ViewModel> create(modelClass: Class<T>): T {
        return CrimeDetailViewModel(crimeId) as T
    }
}
```

这里通过调用其构造函数来创建 **CrimeDetailViewModelFactory** 的实例，并将 **Crime** 的 ID 作为构造函数参数传入。一旦将 **Crime** 的 ID 作为 **CrimeDetailViewModelFactory** 的类属性，就可以在创建 **CrimeDetailViewModel** 的实例时使用它。这就是通过构造函数将 **Crime** 的 ID 传递给 **CrimeDetailViewModel** 的方法。

后面的工作就是使用新的 **CrimeDetailViewModelFactory** 类来访问 **CrimeDetailFragment** 中的 **CrimeDetailsViewModel**。在后台,viewModel 属性委托是一个函数,此函数有两个参数,每个参数都是一个具有默认值的 lambda 表达式。

覆盖最后一个参数的默认值,并让 viewModel 返回新 **CrimeDetailViewModelFactory** 的实例,见程序清单 13-18。

程序清单 13-18　访问 CrimeDetailViewModel(CrimeDetailFragment. kt)

```kotlin
class CrimeDetailFragment : Fragment() {
    ...
    private val args: CrimeDetailFragmentArgs by navArgs()

    private val crimeDetailViewModel: CrimeDetailViewModel by viewModels {
        CrimeDetailViewModelFactory(args.crimeId)
    }
    ...
}
```

有了这些,就可以开始显示 **Crime** 信息了。正如在第 12 章中使用 **CrimeListFragment** 所做的那样,将使用 **repeatOnLifecycle** 从 **Crime** 的 **StateFlow** 中收集 **Crime** 信息。为了使代码更可读,可以在名为 **updateUi** 的私有函数中更新 UI。

updateUi() 函数的大部分代码看起来与以前的代码相似。有一点不同的是,在 **EditText** 上设置文本的位置。在这里,需要检查传入的现有值和新值是否不同,如果它们不同,则更新 **EditText**;如果是一样的,什么都不做。当开始监听 **EditText** 上的更改时,这样做可以防止出现死循环,见程序清单 13-19。

程序清单 13-19　更新 UI(CrimeDetailFragment. kt)

```kotlin
class CrimeDetailFragment : Fragment() {
    ...
    override fun onViewCreated(view: View, savedInstanceState: Bundle?) {
        super.onViewCreated(view, savedInstanceState)

        binding.apply {
            ...
        }

        viewLifecycleOwner.lifecycleScope.launch {
            viewLifecycleOwner.lifecycle.repeatOnLifecycle(Lifecycle.State.STARTED) {
                crimeDetailViewModel.crime.collect { crime ->
                    crime?.let { updateUi(it) }
                }
            }
        }
    }

    override fun onDestroyView() {
        super.onDestroyView()
        _binding = null
    }

    private fun updateUi(crime: Crime) {
        binding.apply {
            if (crimeTitle.text.toString() != crime.title) {
                crimeTitle.setText(crime.title)
            }
            crimeDate.text = crime.date.toString()
            crimeSolved.isChecked = crime.isSolved
```

```
        }
    }
}
```

运行应用程序并选择一条 **Crime** 列表项，这时在屏幕上能看到 **Crime** 的详细信息。

现在 UI 能显示 **Crime** 数据了，还需要将用户的输入发送回 **CrimeDetailViewModel**。可以创建单独的函数来更新 **Crime** 的每个属性（例如，**setTitle** 用于更新 **Crime** 的标题，**setIsSolved** 用于更新已解决状态），但这样做没多大意思。

编写一个用 lambda 表达式作为参数的函数，在 lambda 表达式中，有 **CrimeDetailViewModel** 提供可用的最新 **Crime** 数据，且 **CrimeDetailFragment** 以安全的方式来更新。这将安全地把 **Crime** 公开给 **StateFlow**（而不是 **MutableStateFlow**），同时仍然能够在用户输入数据时轻松更新 **Crime**，见程序清单 13-20。

程序清单 13-20　更新 Crime（CrimeDetailViewModel. kt）

```
class CrimeDetailViewModel(crimeId: UUID) : ViewModel() {
    ...
    init {
        viewModelScope. launch {
            _crime. value = crimeRepository. getCrime(crimeId)
        }
    }

    fun updateCrime(onUpdate: (Crime) -> Crime) {
        _crime. update { oldCrime ->
            oldCrime?. let { onUpdate(it) }
        }
    }
}
```

最后，将 UI 连接到这个新函数，单向数据流的循环就完成了，见程序清单 13-21。

程序清单 13-21　响应用户的输入（CrimeDetailFragment. kt）

```
class CrimeDetailFragment : Fragment() {
    ...
    override fun onViewCreated(view: View, savedInstanceState: Bundle?) {
        super. onViewCreated(view, savedInstanceState)

        binding. apply {
            crimeTitle. doOnTextChanged { text, _, _, _ ->
                crimeDetailViewModel. updateCrime { oldCrime ->
                    oldCrime. copy(title = text. toString())
                }
            }

            crimeDate. apply {
                isEnabled = false
            }

            crimeSolved. setOnCheckedChangeListener { _, isChecked ->
                crimeDetailViewModel. updateCrime { oldCrime ->
                    oldCrime. copy(isSolved = isChecked)
                }
            }
        }
        ...
    }
    ...
}
```

再次运行应用程序。选择一个 **Crime** 列表项并编辑标题或切换复选框，UI 跟着更新了。现在，UI 和 **CrimeDetailViewModel** 将始终保持同步。

13.3 更新数据库

现在可以修改 **Crime** 的详细信息，但离开展现详细信息的屏幕时，所有更改都会被删除。本章中的最后一项任务是将这些更改保存到数据库中。

要完成这项任务，要从数据库层面开始。首先，打开 CrimeDao.kt 文件。之前曾用 **@Query** 注释编写查询数据库的函数，其他注释则用于创建添加、删除或更新数据库记录的函数。

由于数据库中已经有 **Crime** 数据了，要编写一个函数来更新数据。这个函数用 **@Update** 注释，并使用 suspend 修饰符，这样从协程作用域内也能调用它，见程序清单 13-22。

程序清单 13-22　更新数据库（CrimeDao.kt）

```
@Dao
interface CrimeDao {
    @Query("SELECT * FROM crime")
    fun getCrimes(): Flow<List<Crime>>

    @Query("SELECT * FROM crime WHERE id=(:id)")
    suspend fun getCrime(id: UUID): Crime

    @Update
    suspend fun updateCrime(crime: Crime)
}
```

通过 **CrimeRepository** 公开此新函数，见程序清单 13-23。

程序清单 13-23　更新 CrimeRepository（CrimeRepository.kt）

```
class CrimeRepository private constructor(context: Context) {
    ...
    suspend fun getCrime(id: UUID): Crime = database.crimeDao().getCrime(id)

    suspend fun updateCrime(crime: Crime) {
        database.crimeDao().updateCrime(crime)
    }

    companion object {
    ...
    }
}
```

ViewModel 类有一个非常简单的生命周期，与具有许多状态的 **Fragment** 和 activity 不同，**ViewModel** 类只有两个状态：要么是活的，要么是死的。在实例的销毁过程中，例如当导航离开 **Fragment** 时，会在 **ViewModel** 上调用 **onCleared()** 函数，这是保存 **Crime** 更改的最佳时机。

在 **onCleared()** 函数中使用 **viewModelScope** 类属性来启动协程。在协程中读取 **crimeStateFlow** 的最新值并将其保存到数据库中，见程序清单 13-24。

程序清单 13-24　当 CrimeDetailViewModel 被清除时更新数据库（CrimeDetailViewModel.kt）

```
class CrimeDetailViewModel(crimeId: UUID) : ViewModel() {
    ...
    fun updateCrime(onUpdate: (Crime) -> Crime) {
        _crime.update { oldCrime ->
```

```
            oldCrime?.let { onUpdate(it) }
        }
    }

    override fun onCleared() {
        super.onCleared()
        viewModelScope.launch {
            crime.value?.let { crimeRepository.updateCrime(it) }
        }
    }
}
```

运行应用程序,选择一条 **Crime** 并对其进行编辑,然后退出展现详细信息的屏幕。很不幸,详细信息修改后在列表屏幕上没有任何反应。

正如在第 12 章中提到过的,协程作用域与它们关联的组件的生命周期相关联。对于 **ViewModel** 来说,只要其关联的 ViewModel 是存活的,viewModelScope 属性就是存活的。一旦 **ViewModel** 被销毁,在 **viewModelScope** 作用域内运行的所有任务都将被取消。

要保存更改,就需要一个比 **CrimeDetailFragment** 和 **CrimeDetailViewModel** 生命更长的协程作用域。

其中一个作用域是 **GlobalScope**。顾名思义,**GlobalScope** 是一个全局可用的协程作用域,在整个应用程序生命周期中运行。

在 **GlobalScope** 中启动的任务从不会被取消。但在 **GlobalScop**e 内运行的任务无法保持应用的运行。如果应用被终止,那么 **GlobalScope** 中的任务也将立即被强制终止。

由于取消了协程的许多安全功能,如果不能正确使用 **GlobalScope**,它可能会带来危险。如果任务在 **GlobalScope** 内挂起,会不必要地消耗资源。

但是,就这里的目的而言,**GlobalScope** 仍是一个有用的工具。**GlobalScope** 的生命周期比 viewModelScope 长,因此虽然用户离开 **CrimeDetailFragment**,也可以利用它在后台更新数据库。

在 **CrimeRepository** 类中,传入 GlobalScope 作为新的协程作用域构造函数属性的默认参数,就可以轻松访问它。同时,如果将来需要更改功能,还可以灵活地为 **CrimeRepository** 提供新的协程作用域,用新的 coroutineScope 属性将更新的 **Crime** 保存到数据库中。此外,由于 **CrimeRepository** 负责管理与协程作用域交互的工作,因此不再需要 **CrimeRepository** 中的 **updateCrime()** 函数作为挂起函数,因此可以删除 suspend 修饰符,见程序清单 13-25。

程序清单 13-25　使用 GlobalScope(CrimeRepository.kt)

```
class CrimeRepository private constructor(
    context: Context,
    private val coroutineScope: CoroutineScope = GlobalScope
) {
    ...
    suspend fun getCrime(id: UUID): Crime = database.crimeDao().getCrime(id)

    suspend fun updateCrime(crime: Crime) {
        coroutineScope.launch {
            database.crimeDao().updateCrime(crime)
        }
    }
    ...
}
```

最后,从 **CrimeDetailViewModel** 中的协程作用域外调用更新后的函数,见程序清单 13-26。

程序清单 13-26　最后一步调整（CrimeDetailViewModel.kt）

```
class CrimeDetailViewModel(crimeId: UUID) : ViewModel() {
    ...
    override fun onCleared() {
        super.onCleared()

        viewModelScope.launch {
        crime.value?.let { crimeRepository.updateCrime(it) }
        }
    }
}
```

运行应用，可以在屏幕之间导航，更新 **Crime** 详细信息，并在返回列表视图时查看保存的这些详细信息。现在有了一个真正的、功能强大的应用程序。在接下来的 6 章中，将在此基础上逐步完善 **CriminalIntent**。

13.4　深入学习：更好用的列表预览

本章使用 tools 命名空间来启用导航图中目的地的预览。但是，**CrimeListFragment** 的预览可能会与预期有点不一样。每个列表项都是一行普通的文本，而不是已创建好的美观布局。

值得庆幸的是，Android Studio 提供了在 **RecyclerView** 中预览列表项布局的工具。打开 fragment_crime_list.xml 文件，使用 tools:listitem 属性预览每个列表项，见程序清单 13-27。

程序清单 13-27　为列表项提供预览（fragment_crime_list.xml）

```
<?xml version = "1.0" encoding = "utf - 8"?>
< androidx.recyclerview.widget.RecyclerView
    xmlns:android = "http://schemas.android.com/apk/res/android"
    xmlns:tools = "http://schemas.android.com/tools"
    android:id = "@ + id/crime_recycler_view"
    android:layout_width = "match_parent"
    android:layout_height = "match_parent"
    tools:listitem = "@layout/list_item_crime" />
```

使用这个属性，在 nav_graph.xml 里预览看起来要好得多，如图 13-11 所示。

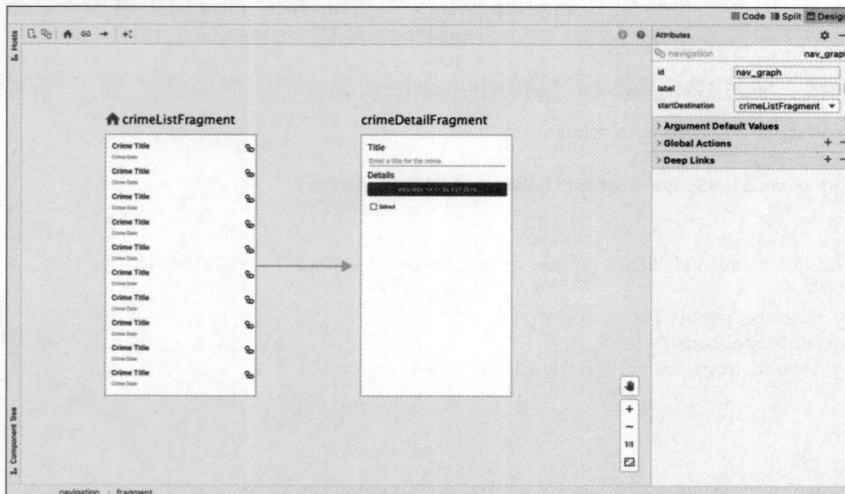

图 13-11　导航图预览

13.5 挑战练习：无标题 Crime 的处理

如果不知道发生了什么 **Crime**，就不可能处理它。如果打开 **Crime** 的详细信息视图，删除其标题，然后导航回列表视图，则会保存一个没有标题的 **Crime**。

此挑战的任务是，在 **CrimeDetailFragment** 中，如果所选 **Crime** 的标题为空，则阻止用户导航回列表。使用 **OnBackPressedCallback**，可以覆盖默认的"后退"按钮行为。如果标题为空，则提示用户应该提供有关 **Crime** 的描述。

使用 **OnBackPressedCallback** 时不会进行导航。因此，如果 **Crime** 有标题，不要忘记使用 **NavController** 从导航返回堆栈中弹出 **CrimeDetailFragment**。

第14章

对话框和DialogFragment

对话框要引起用户的注意并可接收用户的输入，对于向用户提供选择或提示重要信息非常有用。本章将为 **CriminalIntent** 应用添加一个对话框，用户可以在对话框中更改 **Crime** 日期。当用户单击 **CrimeDetailFragment** 中的日期按钮时将弹出此对话框，如图 14-1 所示。

图 14-1　可选择 **Crime** 日期的对话框

DatePickerDialog 向用户显示一个日期选择提示，并提供了一个监听器接口来捕获用户的选择。如果要创建更多的自定义对话框，**AlertDialog** 是最常用的通用对话框子类。

14.1　创建 DialogFragment

14.1.1　DialogFragment 简介

在使用 **DatePickerDialog** 时，最好将其封装在 **DialogFragment** 的实例中，**DialogFragment** 是 **Fragment** 子类，也可以不用 **DialogFragment** 来显示 **DatePickerDialog**，但不建议这样做。**FragmentManager** 可以提供更多的对话框选项来管理 **DatePickerDialog**。

此外，如旋转设备，没有保护的 **DatePickerDialog** 将消失。如果 **DatePickerDialog** 被封装在一个 **Fragment** 中，那么设备旋转时，对话框将被重新创建，并在旋转后放回屏幕。

给 **CriminalIntent** 创建一个名为 **DatePickerFragment** 的 **DialogFragment** 子类。在 **DatePickerFragment** 中创建和配置 **DatePickerDialog** 的实例,然后把这个新 **fragment** 添加到导航图中,并用 **Navigation** 库对它进行导航。

首要任务如下:

(1) 创建 **DatePickerFragment** 类。

(2) 构建 **DatePickerFragment**。

(3) 借助 **Navigation** 库在屏幕上显示对话框。

本章稍后将在 **CrimeDetailFragment** 和 **DatePickerFragment** 之间传递必要的数据。

创建一个名为 **DatePickerFragment** 的新类,设其父类为 **DialogFragment**。要确保选择的是 **DialogFragment** 的 Jetpack 版本,即 androidx. fragment. app. DialogFragment。

与通常覆写 **onCreateView** 生命周期函数来显示 UI 不同,覆写 **onCreateDialog** 生命周期函数可构建用当前日期初始化的 **DatePickerDialog**,做完这些更改后再解释原因,见程序清单 14-1。

程序清单 14-1 创建 DialogFragment 类(DatePickerFragment. kt)

```kotlin
class DatePickerFragment : DialogFragment() {

    override fun onCreateDialog(savedInstanceState: Bundle?): Dialog {
        val calendar = Calendar.getInstance()
        val initialYear = calendar.get(Calendar.YEAR)
        val initialMonth = calendar.get(Calendar.MONTH)
        val initialDay = calendar.get(Calendar.DAY_OF_MONTH)

        return DatePickerDialog(
            requireContext(),
            null,
            initialYear,
            initialMonth,
            initialDay
        )
    }
}
```

DialogFragment 的职责是管理要显示的对话框。对话框自身可以进行所有渲染,并在屏幕上显示自己,因此,**DialogFragment** 不会像其他 **Fragment** 那样拥有自己的视图。如果需要自定义对话框的外观或内容,可以通过选择最适合显示内容的对话框,并在需要定制时对其进行修改。

DatePickerDialog 构造函数有几个参数。第一个是上下文对象,它是访问视图所需资源所必需的。第二个参数用于日期监听器,本章稍后会介绍如何添加它。最后三个参数是日期选择器初始化时设的年、月和日,在读取 **Crime** 日期之前,可以将其初始化为当前日期。

14.1.2 显示 DialogFragment

和其他 **Fragment** 一样,将 **DialogFragment** 集成到导航图中。打开 nav_graph. xml 文件并切换到设计视图,单击以添加目的地按钮,然后从目的地列表中选择 **DatePickerFragment**。因为要从 **CrimeDetailFragment** 导航到此目的地,因此需要添加一个将两个目的地连接在一起的导航操作。

更新后的导航图如图 14-2 所示。

在生成导航操作时,导航工具同时也会给它生成一个名字很长的 ID。在代码视图中,将其重命名为 select_date,见程序清单 14-2。

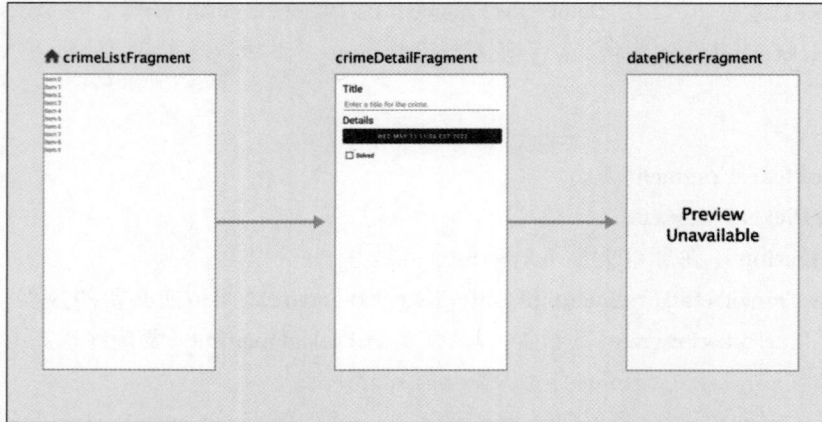

图 14-2　更新导航图

程序清单 14-2　重命名导航操作(nav_graph.xml)

```xml
<?xml version = "1.0" encoding = "utf – 8"?>
<navigation xmlns:android = "http://schemas.android.com/apk/res/android"
    xmlns:app = "http://schemas.android.com/apk/res – auto"
    xmlns:tools = "http://schemas.android.com/tools"
    android:id = "@ + id/nav_graph"
    app:startDestination = "@id/crimeListFragment">

    <fragment
        android:id = "@ + id/crimeListFragment"
        android:name = "com.bignerdranch.android.criminalintent.CrimeListFragment"
        android:label = "CrimeListFragment"
        tools:layout = "@layout/fragment_crime_list" >
        <action
            android:id = "@ + id/show_crime_detail"
            app:destination = "@id/crimeDetailFragment" />
    </fragment>
    <fragment
        android:id = "@ + id/crimeDetailFragment"
        android:name = "com.bignerdranch.android.criminalintent.CrimeDetailFragment"
        android:label = "CrimeDetailFragment"
        tools:layout = "@layout/fragment_crime_detail" >
        <argument
            android:name = "crimeId"
            app:argType = "java.util.UUID" />
        <action
            android:id = "@ + id/action_crimeDetailFragment_to_datePickerFragment"
            android:id = "@ + id/select_date"
            app:destination = "@id/datePickerFragment" />
    </fragment>
    <dialog
        android:id = "@ + id/datePickerFragment"
        android:name = "com.bignerdranch.android.criminalintent.DatePickerFragment"
        android:label = "DatePickerFragment" />
</navigation>
```

设置完成后,返回 Kotlin 代码。打开 **CrimeDetailFragment**,然后在 **onViewCreated()** 函数中删除禁用日期按钮的代码,见程序清单 14-3。

程序清单 14-3　删除禁用日期按钮（CrimeDetailFragment. kt）

```kotlin
class CrimeDetailFragment : Fragment() {
    ...
    override fun onViewCreated(view: View, savedInstanceState: Bundle?) {
        super.onViewCreated(view, savedInstanceState)

        binding.apply {
            crimeTitle.doOnTextChanged { text, _, _, _ ->
                crimeDetailViewModel.updateCrime { oldCrime ->
                    oldCrime.copy(title = text.toString())
                }
            }

            crimeDate.apply {
                isEnabled = false
            }

            crimeSolved.setOnCheckedChangeListener { _, isChecked ->
                crimeDetailViewModel.updateCrime { oldCrime ->
                    oldCrime.copy(isSolved = isChecked)
                }
            }
        }
        ...
    }
    ...
}
```

接下来，在 **updateUi（）** 函数中设置一个 **View. OnClickListener**，单击日期按钮时它将导航到 **DatePickerFragment**。好像在这里设置 **View. OnClickListener** 有点奇怪，但 **updateUi（）** 函数是唯一可以访问最新 **Crime** 的地方，很快就会需要该访问权限，见程序清单 14-4。

程序清单 14-4　显示 DialogFragment（CrimeDetailFragment. kt）

```kotlin
class CrimeDetailFragment : Fragment() {
    ...
    private fun updateUi(crime: Crime) {
        binding.apply {
            if (crimeTitle.text.toString() != crime.title) {
                crimeTitle.setText(crime.title)
            }
            crimeDate.text = crime.date.toString()
            crimeDate.setOnClickListener {
                findNavController().navigate(
                    CrimeDetailFragmentDirections.selectDate()
                )
            }

            crimeSolved.isChecked = crime.isSolved
        }
    }
}
```

运行 **CriminalIntent**，选择一条 **Crime**，然后单击详细信息视图中的日期按钮查看对话框，如图 14-3 所示。

日期对话框看上去不错。在 14. 2 节将它连接起来，配置显示 **Crime** 日期，并允许用户进行修改。

图 14-3　已配置的日期对话框

14.2　Fragment 间的数据传递

在第 13 章中,实现了 **Crime** 的 ID 从 **CrimeListFragment** 到 **CrimeDetailFragment** 的传递。将数据传递到 **DialogFragment** 目的地的工作原理与之完全相同。

这次不同的是,还将结果传递回 **CrimeDetailFragment**:当用户选择新日期时,**CrimeDetailFragment** 需要该日期来更新其 UI。这次不使用 Navigation 库来处理通信,而是依靠 **Fragment Results API**,它的用法与第 7 章中使用的 **Activity Results API** 的用法略有不同,但思想相同,用起来也会得心应手。

Fragment 之间的对话如图 14-4 所示。当 **DatePickerFragment** 启动时,当前日期将在 **Navigation** 库的帮助下作为参数传递给它。一旦用户选择了 **Crime** 日期,利用 **Fragment Results API** 将此日期传递回 **CrimeDetailFragment**。如果用户没有选择日期并取消操作,则不会发回任何结果。

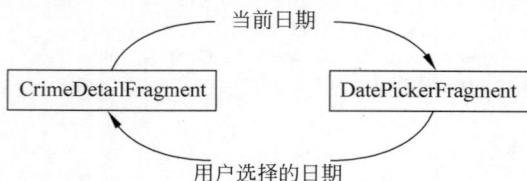

图 14-4　**CrimeDetailFragment** 与 **DatePickerFragment** 间的对话

14.2.1　传递数据给 DatePickerFragment

回到 nav_graph.xml,在设计视图中查看导航图。单击 **datePickerFragment**,要向其添加一个参数,单击属性窗口中参数区头部右边的"+"图标,将会弹出添加参数对话框。

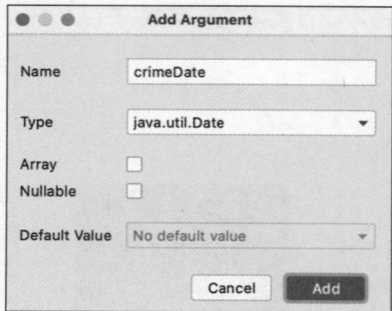

图 14-5　给 **DatePickerFragment** 添加一个参数

在弹出的对话框中将参数命名为 crimeDate。由于 **Date** 类实现了 Serializable 接口,因此在类型下拉列表中选择 java.util. Date,然后在弹出的对话框中搜索并选择 **Date**,如图 14-5 所示。保留其余选项,然后单击 Add 按钮将参数添加到导航图中。

回想一下第 13 章的内容,Safe Args 插件基于导航图生成的类和函数。因为已经更改了 **DatePickerFragment** 目的地所需的参数,因此该类所有生成的导航操作也将更新。

这意味着现在需要使用 **CrimeDetailFragmentDirections. selectDate(date)** 函数传入一个日期,返回 **CrimeDetailFragment**,更新执行对话框导航的代码,见程序清单 14-5。

程序清单 14-5　传递日期(CrimeDetailFragment.kt)

```kotlin
class CrimeDetailFragment : Fragment() {
...
    private fun updateUi(crime: Crime) {
        binding.apply {
            if (crimeTitle.text.toString() != crime.title) {
                crimeTitle.setText(crime.title)
            }
            crimeDate.text = crime.date.toString()
            crimeDate.setOnClickListener {
                findNavController().navigate(
```

```
                CrimeDetailFragmentDirections.selectDate(crime.date)
            )
        }

        crimeSolved.isChecked = crime.isSolved
    }
  }
}
```

DatePickerFragment 需要使用 **Date** 中包含的信息初始化 **DatePickerDialog**。但是，初始化 **DatePickerDialog** 需要月份、日期和年份的整数值。**Date** 对象更像是一个时间戳，不能直接提供这样的整数值。

要获得所需的整数值，需要将 **Date** 对象提供给 **DatePickerFragment** 的 **Calendar** 对象，然后就可以从 **Calendar** 对象中获得所需的信息。

在 **DatePickerFragment** 的 **onCreateDialog（Bundle?）**函数中，从导航参数中获取 **Date** 对象，并用它和 **Calendar** 对象来初始化 **DatePickerDialog**，见程序清单 14-6。

程序清单 14-6　提取日期并初始化 DatePickerDialog（DatePickerFragment. kt）

```
class DatePickerFragment : DialogFragment() {

    private val args: DatePickerFragmentArgs by navArgs()

    override fun onCreateDialog(savedInstanceState: Bundle?): Dialog {
        val calendar = Calendar.getInstance()
        calendar.time = args.crimeDate
        val initialYear = calendar.get(Calendar.YEAR)
        val initialMonth = calendar.get(Calendar.MONTH)
        val initialDate = calendar.get(Calendar.DAY_OF_MONTH)

        return DatePickerDialog(
            requireContext(),
            null,
            initialYear,
            initialMonth,
            initialDate
        )
    }
    ...
}
```

现在，**CrimeDetailFragment** 成功地告诉 **DatePickerFragment** 要显示的日期。运行应用程序，选择一个 **Crime** 并单击日期按钮，看看效果如何。

14.2.2　返回数据给 CrimeDetailFragment

要让 **CrimeDetailFragment** 从 **DatePickerFragment** 接收返回的日期，需要跟踪两个 **Fragment** 之间的关系。

对于 activity，可以用 Activity Result API 和 **ActivityManager** 跟踪父子 activity 之间的关系。当子 activity 被销毁，**ActivityManager** 知道哪个 activity 应该接收数据。

14.2.3　设置 Fragment 结果

可以通过 **CrimeDetailFragment** 侦听 **DatePickerFragment** 的结果来创建类似 activity 的连接。

CrimeDetailFragment 和 **DatePickerFragment** 都被销毁并重建后,操作系统会自动重新建立二者的连接。可调用以下 Fragment 函数来创建二者的关联:

```
setFragmentResultListener(
    requestKey: String,
    listener: ((requestKey: String, bundle: Bundle) -> Unit)
)
```

此函数使用一个 **requestKey** 属性,它在两个 **Fragment** 和一个 lambda 表达式之间共享,在 **CrimeDetailFragment** 处于已启动状态并有数据要使用时调用。**FragmentManager** 在后台跟踪监听器。

在 **DatePickerFragment** 的伴随对象中定义 **requestKey**。这样,两个 **Fragment** 都可以很容易地访问常量,见程序清单 14-7。

程序清单 14-7 定义常量(DatePickerFragment.kt)

```
class DatePickerFragment : DialogFragment() {

    private val args: DatePickerFragmentArgs by navArgs()

    override fun onCreateDialog(savedInstanceState: Bundle?): Dialog {
        ...
    }

    companion object {
        const val REQUEST_KEY_DATE = "REQUEST_KEY_DATE"
    }
}
```

回到 **CrimeDetailFragment**,用新的常量来调用 **onViewCreated()** 生命周期函数中的 **setFragmentResultListener()** 函数。暂时将 lambda 表达式保留为空,见程序清单 14-8。

程序清单 14-8 设置监听器(CrimeDetailFragment.kt)

```
class CrimeDetailFragment : Fragment() {
    ...
    override fun onViewCreated(view: View, savedInstanceState: Bundle?) {
        ...
        viewLifecycleOwner.lifecycleScope.launch {
            viewLifecycleOwner.lifecycle.repeatOnLifecycle(Lifecycle.State.STARTED) {
                crimeDetailViewModel.crime.collect { crime ->
                    crime?.let { updateUi(it) }
                }
            }
        }

        setFragmentResultListener(
            DatePickerFragment.REQUEST_KEY_DATE
        ) { requestKey, bundle ->
            // TODO
        }
    }
}
```

回到 **DatePickerFragment**,需要在用户选择新日期后设置 **Fragment** 结果。向 **DatePickerDialog** 添加一个监听器,该监听器将日期发送回 **CrimeDetailFragment**,见程序清单 14-9。

程序清单 14-9 发回日期(DatePickerFragment.kt)

```
class DatePickerFragment : DialogFragment() {

    private val args: DatePickerFragmentArgs by navArgs()
```

```kotlin
override fun onCreateDialog(savedInstanceState: Bundle?): Dialog {
    val dateListener = DatePickerDialog.OnDateSetListener {
            _: DatePicker, year: Int, month: Int, day: Int ->

        val resultDate = GregorianCalendar(year, month, day).time

        setFragmentResult(REQUEST_KEY_DATE,
                    bundleOf(BUNDLE_KEY_DATE to resultDate))
    }

    val calendar = Calendar.getInstance()
    ...

    return DatePickerDialog(
        requireContext(),
        null,
        dateListener,
        initialYear,
        initialMonth,
        initialDate
    )
}

companion object {
    const val REQUEST_KEY_DATE = "REQUEST_KEY_DATE"
    const val BUNDLE_KEY_DATE = "BUNDLE_KEY_DATE"
}
}
```

OnDateSetListener 用于接收用户选择的日期。第一个参数是用户选择日期时用的 **DatePicker**。这里不使用这个参数,用"_"代替,这样它就会被忽略。

所选日期是以年、月和日的格式提供的,但需要一个 **Date** 对象才能发送回 **CrimeDetailFragment**,所以将年、月和日的值传递给 **GregorianCalendar**,然后加上它的 time 属性来得到一个 **Date** 对象。

一旦获取到日期,就要将其发送回 **CrimeDetailFragment**。要在 **Fragment** 之间传递数据,需要将结果打包到键值对(key-value)的 **Bundle** 对象中。

DatePickerFragment 中的工作完成后,最后要做的就是读取从 **Bundle** 对象传递回 **CrimeDetailFragment** 的日期,并用它更新 **CrimeDetailViewModel** 中的 **Crime**。只有当用户试图保存更改时才会调用 lambda 表达式,如果用户取消对话框或取消更新日期,则不会调用 lambda 表达式,见程序清单 14-10。

程序清单 14-10 处理结果(CrimeDetailFragment. kt)

```kotlin
class CrimeDetailFragment : Fragment() {
    ...
    override fun onViewCreated(view: View, savedInstanceState: Bundle?) {
        ...
        viewLifecycleOwner.lifecycleScope.launch {
            viewLifecycleOwner.lifecycle.repeatOnLifecycle(Lifecycle.State.STARTED) {
                crimeDetailViewModel.crime.collect { crime ->
                    crime?.let { updateUi(it) }
                }
            }
        }

        setFragmentResultListener(
            DatePickerFragment.REQUEST_KEY_DATE
```

```
        ) { requestKey_, bundle ->
            // TODO
            val newDate =
                bundle.getSerializable(DatePickerFragment.BUNDLE_KEY_DATE) as Date
            crimeDetailViewModel.updateCrime { it.copy(date = newDate) }
        }
    }
}
```

日期数据流动闭环完成了。运行 **CriminalIntent** 应用,确保可以控制日期的传递与显示。更改某个 **Crime** 的日期,确认更改后的日期显示在 **CrimeDetailFragment** 视图中。然后返回 **Crime** 列表并检查 **Crime** 日期,确认数据库已更新。

第 15 章将允许 **CriminalIntent** 的用户创建一个新的 **Crime**(不用默认数据)。在第 28 章,将看到如何在 JetpackCompose 中创建对话框。

14.3 挑战练习:更多对话框

编写另一个名为 **TimePickerFragment** 的对话框 **Fragment**,允许用户使用 **TimePicker** 选择 **Crime** 发生的时间。在 **CrimeFragment** 界面上添加另一个按钮,单击按钮显示 **TimePickerFragment**。

第15章

应 用 栏

Android 应用精心设计的一个关键组件是应用栏。应用栏给用户提供了各种操作和导航,还能帮助统一设计风格、塑造品牌形象。

本章将在应用程中添加一个菜单选项,允许用户添加新的 **Crime**,如图 15-1 所示。

应用栏 →

添加Crime
的操作项

图 15-1　**CriminalIntent** 的应用栏

应用栏通常被称为操作栏或工具栏。在 15.3 节将介绍更多关于这些交替使用的术语:应用栏、操作栏与工具栏。

15.1　默认应用栏

CriminalIntent 应用已经有了一个简单的应用栏,如图 15-2 所示。

因为 Android Studio 在用 activity 创建新项目时,所有继承自 **AppCompatActivity** 的 activity 都包含了一个默认应用栏。首先添加 **JetpackAppCompat** 和 **Material** 组件库依赖,再申请一个包含应用栏的主题即可实现。

打开 app/build. gradle 文件(带有标签 Module:CriminalIntent. app),可以看到 **AppCompat** 和

图 15-2 **CriminalIntent** 的默认应用栏

Material 组件库依赖：

```
dependencies {
    …
    implementation 'androidx.appcompat:appcompat:1.4.1'
    implementation 'com.google.android.material:material:1.5.0'
    …
```

AppCompat 是应用兼容性（application compatibility）的缩写。**Jetpack AppCompat** 基础库包含类和资源，这些类和资源是不同版本的 Android 提供外观风格一致的 UI 的核心。

Android Studio 在创建项目时会自动定义应用的主题。默认情况下，此主题继承自 Theme.MaterialComponents.DayNight.DarkActionBar，是 **Material** 组件库的一部分，该库将最新的 **Material Design** 功能引入应用。**Material** 组件库建立在 **AppCompat** 的基础上，其设计风格能够在不同版本中工作。

该主题为整个应用指定默认样式，在 res/values/themes.xml 文件中设置：

```
< resources xmlns:tools = "http://schemas.android.com/tools">
<!-- Base application theme. -->
    < style name = "Theme.CriminalIntent"
        parent = "Theme.MaterialComponents.DayNight.DarkActionBar">
        <!-- Primary brand color. -->
        < item name = "colorPrimary">@color/purple_500</item>
        …
    </style>
</resources >
```

应用的主题是按应用级别指定的，也可以根据 manifest 中的每个 activity 指定。打开 manifest/AndroidManifest.xml 文件，在< application >标记内查看 android:theme 属性，应该可以看到以下的内容（灰底部分）：

```
< manifest … >
    < application
        …
        android:theme = "@style/Theme.CriminalIntent" >
        …
    </application >
</manifest >
```

好了，下面着手添加一个应用栏。

15.2 应用栏菜单

应用栏的右上角区域是为应用栏菜单保留的。菜单由操作项（有时称为菜单项）组成，可以在当前屏幕或整个应用上执行操作。添加一个菜单操作项，允许用户创建新的 **Crime**，见程序清单 15-1。

程序清单 15-1 添加菜单项字符串资源（res/values/strings.xml）

```
< resources >
    …
    < string name = "crime_solved_label"> Solved </string >
```

```
< string name = "new_crime"> New Crime </string >
</resources >
```

操作项还需要一个图标。就像在第 2 章添加一个右箭头图标一样，用 **Vector Asset Studio** 向项目添加一个矢量图。从菜单栏中选择 File→New→Vector Asset，然后就打开了 Asset Studio，单击 Clip Art 标签右侧的按钮。

在"选择图标"窗口中，搜索并添加加号图标。返回 **Vector Asset** 配置窗口，将资源重命名为 ic_menu_add。系统会自动给图标着色，将其颜色设置为默认的黑色，如图 15-3 所示。然后单击 Next 按钮，再单击 Finish 按钮，这样图标就添加到项目中了。

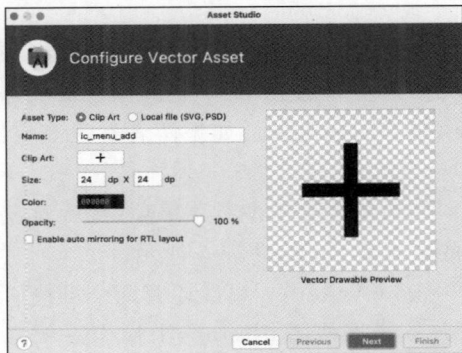

图 15-3　添加菜单操作项图标

15.2.1　在 XML 文件中定义菜单

1. 菜单定义

菜单也是一种类似于布局的资源。创建菜单定义的 XML 文件，并将文件放在项目的 res/menu 目录中。Android 会为菜单文件自动生成一个资源 ID，在代码中实例化菜单时可以直接使用。

在项目工具窗口中，右击 res 目录，然后选择 New→Android Resource File 菜单项。在弹出的对话框中，将菜单命名为 fragment_crime_list，将 Resource type 设为 Menu，如图 15-4 所示，然后单击 OK 按钮。

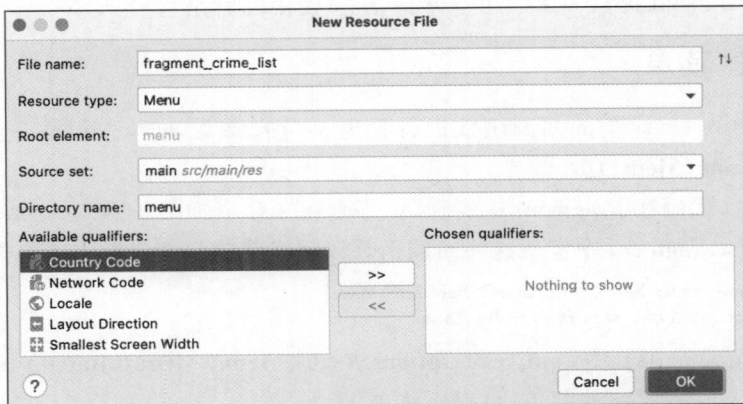

图 15-4　创建菜单定义文件

这里，菜单定义文件遵循了与布局文件一样的命名原则。Android Studio 将生成 res/menu/

fragment_crime_list. xml,该文件与 **CrimeListFragment** 的布局文件同名,但位于菜单文件夹中。打开这个新文件,切换到代码视图并添加一个 item 元素,见程序清单 15-2。

程序清单 15-2　为 CrimeListFragment 创建菜单资源(res/menu/fragment_crime_list. xml)

```
< menu xmlns:android = "http://schemas.android.com/apk/res/android"
       xmlns:app = "http://schemas.android.com/apk/res - auto">
    < item
        android:id = "@ + id/new_crime"
        android:icon = "@drawable/ic_menu_add"
        android:title = "@string/new_crime"
        app: showAsAction = "ifRoom|withText"/>
</menu >
```

showAsAction 属性指的是该项目是显示在应用栏本身还是显示在溢出菜单中。这里将 ifRoom 和 withText 这两个值组合在一起,如果空间足够,菜单项的图标和文本都会显示在应用栏中。如果只有显示图标的空间,则文本不可见,只有图标可见。如果两者都没有空间,那么该菜单项将被隐藏到溢出菜单中。

图 15-5　应用栏中的溢出菜单

如果溢出菜单中有菜单项,那么这些菜单项将在应用栏右侧以 3 个点的形式表示,如图 15-5 所示。

showAsAction 属性还有两个可选值:always 和 never。不建议使用 always,最好使用 ifRoom,由操作系统来决定如何显示。对于那些很少用到的菜单项,使用 never 是一个不错的选择。一般来说,应该只把用户经常用到的操作项放在应用栏中,以避免用户界面混乱。

2. app 命名空间

fragment_crime_list. xml 使用 **xmlns** 标记定义一个 app 命名空间,该命名空间与通常的 Android 命名空间声明是分开的,这个命名空间用于指定 showAsAction 属性。

之前已多次使用命名空间,例如用于 **Navigation** 库和 **ConstraintLayout** 的命名空间。库可以使用命名空间来声明库内函数的自定义属性。app:navGraph 属性让 **Navigation** 库知道如何处理导航图;app:layout_conconstraintEnd_toStartOf 属性则专门用于 **ConstraintLayout** 库。

操作系统内置了 android:showAsAction 属性,但 **AppCompat** 库提供了定制版的 **showAsAction** 属性,它为所有版本的 Android 提供一致的用户体验,这里使用的就是它。

15.2.2　创建菜单

在代码中,菜单由 **Activity** 类的回调函数进行管理。当需要菜单时,Android 会调用 **Activity** 类函数 **onCreateOptionsMenu(Menu)**。

然而,按设计要求,代码在 **Fragment** 中实现,而不是在 activity 中实现。**Fragment** 自带一组菜单回调函数,可在 **CrimeListFragment** 中实现这些回调函数。创建菜单和响应操作项选择的函数有两个:

```
onCreateOptionsMenu(menu: Menu, inflater: MenuInflater)
onOptionsItemSelected(item: MenuItem): Boolean
```

在 CrimeListFragment. kt 中,**onCreateOptionsMenu(Menu,MenuInflater)** 覆盖函数实例化在 fragment_crime_list. xml 中定义的菜单,见程序清单 15-3。

程序清单 15-3　实例化菜单资源(CrimeListFragment. kt)

```
class CrimeListFragment : Fragment() {
    ...
```

```
    override fun onDestroyView() {
        super.onDestroyView()
        _binding = null
    }

        override fun onCreateOptionsMenu(menu: Menu, inflater: MenuInflater) {
        super.onCreateOptionsMenu(menu, inflater)
        inflater.inflate(R.menu.fragment_crime_list, menu)
    }
    ...
}
```

在上面这个函数中,调用 **MenuInflater.inflate(Int,Menu)** 并传入菜单文件的资源 ID,用布局文件中定义的菜单项填充 **Menu** 实例。

注意,其中调用了 **onCreateOptionsMenu()** 的超类实现,这不是必需的,但建议按照惯例来调用。这样,超类定义的任何菜单函数在子类函数中都能调用。不过,这只是一种惯例,其实对于基本的 **Fragment** 实现,此函数什么也没做。

默认情况下,在创建 **Fragment** 时,不会调用覆盖的 **onCreateOptionsMenu()**。必须明确地告诉系统,**Fragment** 应该接受对 **onCreateOptionsMenu()** 的调用。通过调用以下 **Fragment()** 函数执行此操作:

```
setHasOptionsMenu(hasMenu: Boolean)
```

覆盖 **CrimeListFragment.onCreate(Bundle?)**,并让系统知道 **CrimeListFragment** 需要接受菜单函数回调,见程序清单 15-4。

程序清单 15-4　接受菜单函数回调(CrimeListFragment.kt)

```
class CrimeListFragment : Fragment() {
    ...
    private val crimeListViewModel: CrimeListViewModel by viewModels()

    override fun onCreate(savedInstanceState: Bundle?) {
        super.onCreate(savedInstanceState)
        setHasOptionsMenu(true)
    }
    ...
}
```

运行 **CriminalIntent** 应用,查看新创建的菜单项,如图 15-6 所示。

菜单项的标题文本怎么没有显示?大多数手机只有在横屏模式才有足够的空间放置图标。长按应用栏中的图标才会显示其标题文本,如图 15-7 所示。

横屏模式下,应用栏才会有足够的空间同时显示菜单项图标和标题,如图 15-8 所示。

15.2.3　响应菜单项选择

为响应用户选择 New Crime 菜单项,需要实现 **CrimeListFragment** 向数据库添加新 **Crime** 的方法。和以前一样,构建一个从数据库级别到 UI 的新函数。

从 **CrimeDao** 接口开始,添加一个将 **Crime** 插入数据库的函数。与 **@Query** 和 **@Update** 注释类似,**@Insert** 注释告诉 **Room** 生成代码,实现将 **Crime** 插入数据库,见程序清单 15-5。

程序清单 15-5　插入一条新的 Crime 到数据库(CrimeDao.kt)

```
@Dao
interface CrimeDao {
    ...
```

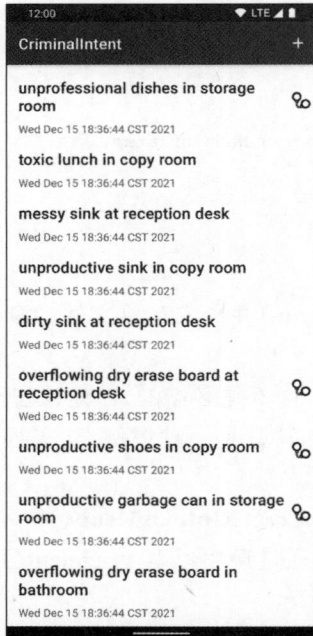

图 15-6　**Crime** 应用栏上的菜单项图标　　　图 15-7　长按应用栏中的菜单项图标显示标题文本

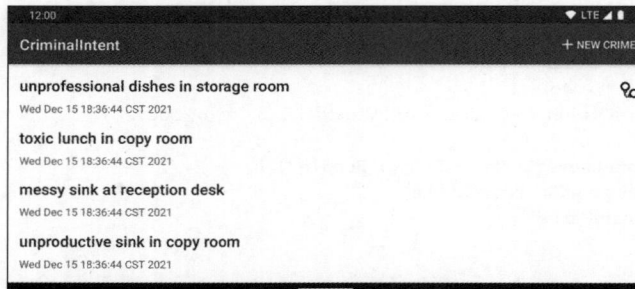

图 15-8　横屏模式下应用栏中的菜单项图标和标题文本

```
@Update
suspend fun updateCrime(crime: Crime)

@Insert
suspend fun addCrime(crime: Crime)
}
```

接下来,通过 **CrimeRepository** 类公开该函数,见程序清单 15-6。

程序清单 15-6　公开 addCrime()函数(CrimeRepository.kt)

```
class CrimeRepository private constructor(
    context: Context,
    private val coroutineScope: CoroutineScope = GlobalScope
) {
    ...
    fun updateCrime(crime: Crime) {
        coroutineScope.launch {
            database.crimeDao().updateCrime(crime)
        }
```

```
    }

    suspend fun addCrime(crime: Crime) {
        database.crimeDao().addCrime(crime)
    }
    ...
}
```

现在,向 **CrimeListViewModel** 添加一个函数来封装对 **repository** 的 **addCrime(Crime)** 函数的调用。与在 **ViewModel** 实现中创建的其他函数不同,这里要将此函数公开为挂起函数。在 **CrimeListFragment** 中,希望在插入数据库后导航到 **CrimeDetailFragment**,在 **CrimeListFragment** 中处理异步工作是最简单的方法,见程序清单 15-7。

程序清单 15-7　封装 addCrime()函数(CrimeListViewModel.kt)

```
class CrimeListViewModel : ViewModel() {
    ...
    init {
        ...
    }

    suspend fun addCrime(crime: Crime) {
        crimeRepository.addCrime(crime)
    }
}
```

当用户选择一个操作项时,**Fragment** 会收到函数 **onOptionsItemSelected(MenuItem)** 的回调,此函数接收一个说明用户选择的 MenuItem 实例。

目前,菜单只包含一个操作项,但菜单通常有多个操作项。可通过检查 MenuItem 的 ID 来确定选择了哪个操作项,然后做出相应的响应,此 ID 与菜单文件中 MenuItem 的 ID 相对应。

在 CrimeListFragment.kt 中,**onOptionsItemSelected(MenuItem)** 响应 MenuItem 选择的操作是:创建一个新的 **Crime** 实例,并将其保存到数据库中,然后导航到 **CrimeDetailFragment**,见程序清单 15-8。

程序清单 15-8　响应菜单项选择(CrimeListFragment.kt)

```
class CrimeListFragment : Fragment() {
        ...
        override fun onCreateOptionsMenu(menu: Menu, inflater: MenuInflater) {
        super.onCreateOptionsMenu(menu, inflater)
        inflater.inflate(R.menu.fragment_crime_list, menu)
    }

    override fun onOptionsItemSelected(item: MenuItem): Boolean {
        return when (item.itemId) {
            R.id.new_crime -> {
                showNewCrime()
                true
            }
            else -> super.onOptionsItemSelected(item)
        }
    }

    private fun showNewCrime() {
        viewLifecycleOwner.lifecycleScope.launch {
            val newCrime = Crime(
                id = UUID.randomUUID(),
```

```
            title = "",
            date = Date(),
            isSolved = false
        )
        crimeListViewModel.addCrime(newCrime)
        findNavController().navigate(
            CrimeListFragmentDirections.showCrimeDetail(newCrime.id)
        )
    }
  }
}
```

onOptionsItemSelected(**MenuItem**)函数返回一个布尔值。处理完 MenuItem 后,如果返回 true,则表示不需要进一步处理。如果返回 false,则通过调用托管 activity 的 **onOptionsItemSelected**(**MenuItem**)函数继续菜单处理(或者,如果该 activity 托管了其他 **Fragment**,则对这些 **Fragment** 调用 onOptionsItemSelected 函数)。如果菜单操作项 ID 没有被选择,则默认调用超类实现。

现在可以添加 **Crime** 了,之前在应用程序中打包的种子数据库数据不需要了。从 assets 文件夹中删除 CrimeRepository 中包含预打包数据库的那行代码,见程序清单 15-9。

程序清单 15-9 清除预打包数据库(CrimeRepository. kt)

```
class CrimeRepository private constructor(
    context: Context,
    private val coroutineScope: CoroutineScope = GlobalScope
) {

    private val database: CrimeDatabase = Room
        .databaseBuilder(
            context.applicationContext,
            CrimeDatabase::class.java,
            DATABASE_NAME
        )
        .createFromAsset(DATABASE_NAME)
        .build()
    ...
}
```

接着,从 assets 文件夹中删除 **crime** 数据库文件。

> **注意**:用 Android Studio 的安全删除是好的操作习惯,它会警告学习者 **crime** 数据库还在使用,其实是数据库名称在使用,在删除之前可以确认一下。

要清除设备或模拟器上加载的应用数据库,需要清除应用的缓存。运行应用,并在其运行时转到设备或模拟器上的概览屏幕,长按 **CriminalIntent** 的启动器图标,出现下拉列表时选择 App info 选项,如图 15-9 所示。

在应用信息界面上选择 Storage→Clear storage,在弹出的对话框中确认清除操作,如图 15-10 所示。

现在,编译并运行 **CriminalIntent**,首先会看到一个空列表。试一下用新菜单项添加一条 **Crime**,可以看到新的 **Crime** 出现在 **Crime** 列表中,如图 15-11 所示。

在添加任何 **Crime** 之前,空列表可能看上去不够专业。如果学习者能在本章末尾的挑战练习中应对挑战,当列表为空时,学习者就知道怎么做了。

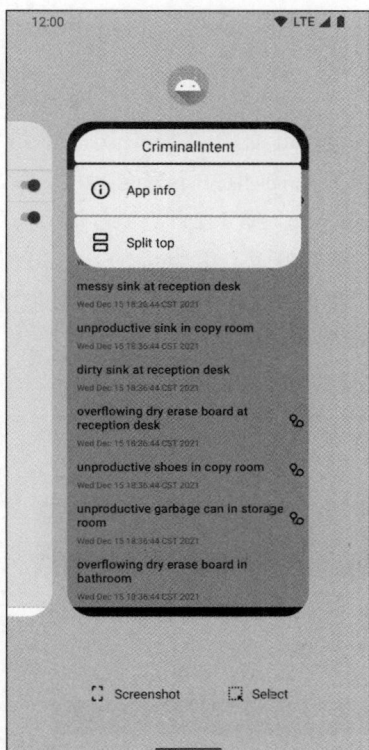

图 15-9　打开 **CriminalIntent** 的应用信息

图 15-10　清除 **CriminalIntent** 数据

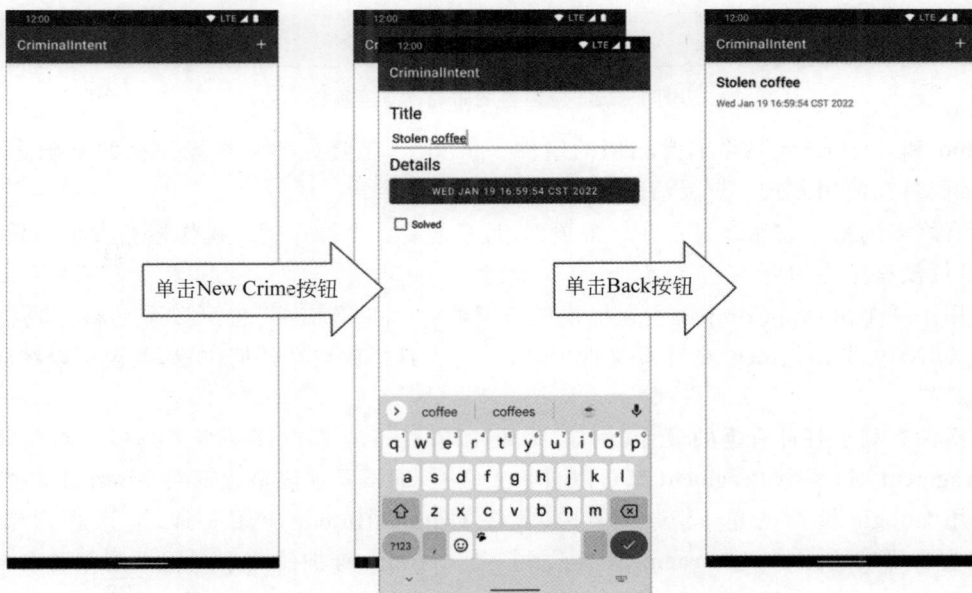

图 15-11　添加新的 **Crime** 到列表

15.3　深入学习：应用栏、操作栏和工具栏

经常会听到人们把应用栏称为"工具栏"或"操作栏"。Android 官方文档中这些术语可以交替使用。但是应用栏、操作栏和工具栏真的是一样的吗？这些术语有关联，但并不完全等同。

UI 设计元素本身被称为应用栏。在 Android 5.0（Lollipop，API 21 级）之前，应用栏是使用 **ActionBar** 类来实现的，操作栏和应用栏这两个术语是完全一样的概念。从 Android 5.0 开始，**Toolbar** 类被新引入，作为实现应用栏的首选方法。为了有吸引力，在创建 Android UI 的最新方法 Jetpack Compose 中，应用栏是用一个名为 **TopAppBar** 的可组合元素实现的。

撰写本书时，AppCompat 使用 **Jetpack Toolbar** 视图来实现应用栏，如图 15-12 所示。

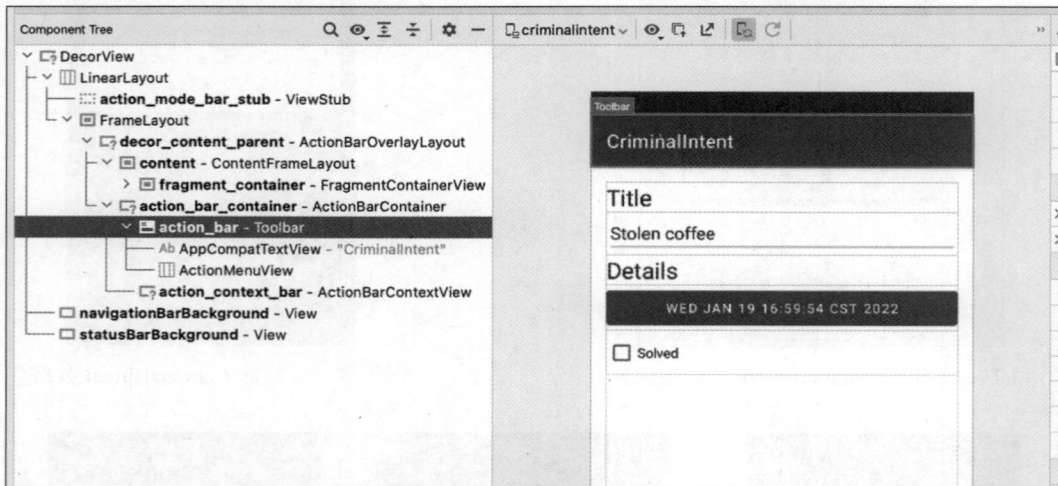

图 15-12　应用栏的布局检查器视图

ActionBar 和 **Toolbar** 是两个非常相似的组件。事实上，工具栏建立在操作栏的基础之上，它的用户界面经过调整，在使用方式上更灵活。

操作栏有许多约束。它始终显示在屏幕顶部，且只能有一个操作栏。操作栏的大小是固定的，不能更改，而工具栏没有这些约束。

本章使用了一个由 AppCompat 主题提供的工具栏。如果有需要，也可以手动将工具栏作为普通视图包含在 activity 或 **Fragment** 的布局文件中，可以将工具栏放置在任何位置，甚至可以在屏幕上同时放置多个工具栏。

这种灵活性有利于各种有趣的设计，例如，为每个 **Fragment** 都设计一个工具栏。当在屏幕上同时托管多个 **Fragment** 时，每个 **Fragment** 都可以自带工具栏，而不是在屏幕顶部共享一个工具栏。

如果使用 Google 推荐的单 activity 架构，就像 **CriminalIntent** 应用一样，应该强烈考虑让每个 **Fragment** 都有自己的应用栏，让 **Fragment** 扰乱由一个 activity 维护的共享应用栏是一场灾难。用这种方法将单个 **Fragment** 的所有功能都封装在该 **Fragment** 中，这样也能改进和重构单个 **Fragment**，而不用担心破坏其他 **Fragment** 的功能。

了解了应用栏相关 API 的历史演变，查阅应用栏相关的官方开发者文档就更加有的放矢了。如果不从历史发展的视角看，应用栏相关术语的概念很让人困惑，也很难澄清这些术语间的细微差别。

15.4　深入学习：访问 AppCompat 应用栏

正如本章所学，可以通过添加菜单项来更改应用栏的内容，还可以在运行时更改应用栏的其他属性，例如它显示的标题。

要访问 AppCompat 应用栏，可以引用 **AppCompatActivity** 的 supportFragmentManager 属性。从 **CrimeFragment** 来看，它看起来是这样的：

```
val appCompatActivity = activity as AppCompatActivity
val appBar = appCompatActivity.supportActionBar as Toolbar
```

托管 **fragment** 的 **activity** 被强制转换为 **AppCompatActivity**。回想一下，因为 **CriminalIntent** 使用了 AppCompat 库，将 **MainActivity** 设置为 **AppCompatActivity** 的子类，所以能访问 AppCompat 应用栏。

将 **supportActionBar** 转换为 **Toolbar**，就可以调用 **Toolbar** 的任何函数。注意，AppCompat 使用 **Toolbar** 来实现应用栏，但它过去一直用的是 **ActionBar**，因此应用栏的属性名称有点令人困惑。

一旦引用到应用栏，就可以像这样进行设置：

```
appBar.setTitle(R.string.some_cool_title)
```

有关更多用于更改应用栏的函数及使用方法（假设应用栏是 Toolbar）可访问 Toolbar API 参考页面。

> **注意**：如果 activity 仍在显示时需要更改应用栏菜单的内容，可以通过调用 invalidateOptionsMenu( ) 函数触发 onCreateOptionsMenus(Menu,MenuInflater) 回调函数。在 onCreateOptionsMenu( )回调函数中以编程方式更改菜单的内容，这些更改将在回调完成后显示生效。

15.5　挑战练习：RecyclerView 空视图

当前，**CriminalIntent** 启动时显示一个空的 **RecyclerView**，即一个大的空白。当列表中没有内容时，应该向用户提供一些可以交互的内容。

对于这个挑战，显示一条类似"现在还没有 Crime"的消息，并在视图中添加一个按钮，单击按钮创建一个新的 **Crime**。

在适当的情况下，使用任何 View 类上存在的可见性属性来显示和隐藏此新占位符视图。

CriminalIntent 启动后先判断 **Crime** 列表是否有数据，然后用所有视图类都有的 visibility 属性来动态控制消息的显示。

15.6　挑战练习：删除 Crime

现在已经实现了在数据库中添加和更新 **Crime**。一旦 **Crime** 得到处理，最好的办法就是把它删除。

完成这个挑战，添加删除在 **CrimeDetailFragment** 中选定 **Crime** 的操作。在 **CrimeDetailFragment** 的应用栏中添加一个图标，并按本章的方法将其与菜单连接起来。

除在 CrimeDao 中使用的 @**Query**、@**Insert** 和 @**Update** 注释之外，还有一个注释可能会派上用场：@**Delete**。

第16章

隐式Intent

Android 可以利用 **Intent** 在设备上启动的另一个应用的 activity。在显式 **Intent** 方式下，指定要启动的 **activity** 类，操作系统会直接启动它。在隐式 **Intent** 方式下，只要描述要完成的任务，操作系统会找到适合的应用来启动相应的 **activity**。

本章在 CriminalIntent 中实现：使用隐式 **Intent** 从用户的联系人列表中选择 **Crime**（嫌疑人），并发送基于文本的 **Crime** 报告。用户从设备上安装的联系人应用中选取 **Crime**，并选择一个应用来发送 **Crime** 报告，如图 16-1 所示。

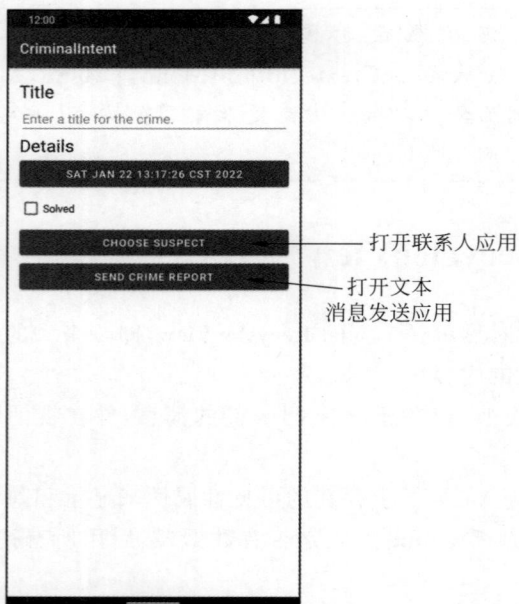

图 16-1　打开联系人和文本消息发送的应用

使用隐式 **Intent** 并利用其他应用来完成常见任务要比自己编写代码实现容易得多，对于用户来说，也愿意在应用中调用自己熟悉或喜爱的应用。

创建隐式 **Intent** 之前，需要在 CriminalIntent 中进行一些设置：

（1）在 **CrimeDetailFragment** 布局中添加 CHOOSE SUSPECT 和 SEND CRIME REPORT 按钮。

（2）在 **Crime** 类中添加一个 suspect 属性来保存嫌疑人姓名。

（3）使用格式化的字符串资源创建 **Crime** 报告。

16.1 添加按钮

更新 CrimeDetailFragment 的布局,添加两个按钮,一个用于选择 **Crime**;另一个用于发送文本报告。首先,添加显示在按钮上的字符串资源,见程序清单 16-1。

程序清单 16-1 添加显示在按钮上的字符串资源(res/values/strings.xml)

```
< resources >
…
< string name = "new_crime"> New Crime </string>
< string name = "crime_suspect_text"> Choose Suspect </string >
< string name = "crime_report_text"> Send Crime Report </string >
</resources >
```

在文件 res/layout/fragment_crime_detail.xml 中添加两个按钮,见程序清单 16-2。

程序清单 16-2 添加两个按钮(res/layout/fragment_crime_detail.xml)

```
< LinearLayout xmlns:android = "http://schemas.android.com/apk/res/android"
            … >
    …
    < CheckBox
        android:id = "@ + id/crime_solved"
        android:layout_width = "match_parent"
        android:layout_height = "wrap_content"
        android:text = "@string/crime_solved_label"/>

    < Button
        android:id = "@ + id/crime_suspect"
        android:layout_width = "match_parent"
        android:layout_height = "wrap_content"
        android:text = "@string/crime_suspect_text"/>

    < Button
        android:id = "@ + id/crime_report"
        android:layout_width = "match_parent"
        android:layout_height = "wrap_content"
        android:text = "@string/crime_report_text"/>
</LinearLayout >
```

预览新布局或者直接运行 **CriminalIntent** 应用,确认看到了新增的按钮。

16.2 添加 suspect 属性

打开 Crime.kt,给 **Crime** 对象添加一个 suspect 属性,用以保存嫌疑人姓名,用一个空字符串进行初始化,这样就不必在创建 **Crime** 的代码中更改 suspect 属性的初值,见程序清单 16-3。

程序清单 16-3 添加 suspect 属性(Crime.kt)

```
@Entity
data class Crime(
    @PrimaryKey val id: UUID,
    val title: String,
    val date: Date,
    val isSolved: Boolean,
    val suspect: String = ""
)
```

由于更新了 **Crime** 类,并且 **Room** 用该类来创建数据库表,因此还需要对数据库进行一些更改。具体来说,需要增加 **CrimeDatabase** 类的版本,并告诉 **Room** 如何在不同版本之间迁移数据库。

Room 用版本控制系统管理数据在数据库中的结构。数据库用于长期存储数据,但随着应用的发展不断扩展新功能,模型类的扩展可能会带来数据库的变化。向其中一个实体添加一个新属性,将导致向数据库中添加一个新列。更改实体某个属性的类型,或者完全删除某个属性,都会影响数据库的结构。

所有这些情况,**Room** 都需要知道如何管理更改,以便数据库的结构与数据库实体类保持同步。

Room 用 **CrimeDatabase** 类的@database 注释中的 version 属性来跟踪数据库的版本。当第一次创建 **CrimeDatabase** 类时,该值设置为 1。当更改数据库的结构时,例如在 **Crime** 类上添加 suspect 属性时,该值会递增。由于初始数据库版本设置为 1,因此现在需要将其增加到 2。

当应用启动且 **Room** 构建数据库时,它将首先检查设备上现有数据库的版本。如果此版本与在 @Database 注释中定义的版本不匹配,**Room** 就会将数据库迁移到最新版本。

Room 提供了两种迁移的方法。

(1)简单的方法是调用 **fallbackToDestinationMigration**()函数。但是,正如名称所暗示的那样,当调用此函数时,**Room** 将删除数据库中的所有数据,并重新创建新版本。这意味着所有的数据都将丢失,显然不是用户想看到的。

(2)更好的方法是定义 **Migration** 类。**Migration** 类构造函数接受两个参数:第一个是要迁移的数据库版本,第二个是迁移后的版本。在本例中,存在两个版本号 1 和 2。

需要在 **Migration** 对象中实现的唯一功能是 **migrate**(SupportSQLiteDatabase)函数。可以用数据库参数来执行升级数据库表所需的任何 SQL 命令(正如在第 12 章中提到的,**Room** 在后台使用 **SQLite**)。用 ALTER TABLE 和 ADD COLUMNN 命令把新的 suspect 列添加到 **Crime** 数据库表中。

打开 CrimeDatabase. kt,增加数据库版本,然后添加 **migration**()函数。在 **CriminalIntent** 数据库的第 1 版和第 2 版之间,名为 suspect 的 **String** 属性已经加到了 **Crime** 对象中。相应的 **migration**()函数包括一条指令,将 suspect 列添加到存储 **Crime** 的数据库表中,见程序清单 16-4。

程序清单 16-4 创建 migration()函数(database/CrimeDatabase. kt)

```
@Database(entities = [Crime::class], version = 1 version = 2)
@TypeConverters(CrimeTypeConverters::class)
abstract class CrimeDatabase : RoomDatabase() {
    abstract fun crimeDao(): CrimeDao
}

val migration_1_2 = object : Migration(1, 2) {
    override fun migrate(database: SupportSQLiteDatabase) {
        database.execSQL(
            "ALTER TABLE Crime ADD COLUMN suspect TEXT NOT NULL DEFAULT ''"
        )
    }
}
```

migration()函数创建好后,需要将其提交给数据库。打开 CrimeRepository. kt,在创建 **CrimeDatabase** 实例时提交 **Migration** 给 Room。在调用 **build**()函数前,先调用 **addMigrations**()函数。**addMigrations**()函数接受一定数量的 **Migration** 对象作为参数,因此可以传入所有声明的 **Migration**,见程序清单 16-5。

程序清单 16-5 提交 Migration 给 Room(CrimeRepository. kt)

```
class CrimeRepository private constructor(
    context: Context,
private val coroutineScope: CoroutineScope = GlobalScope
```

```
) {
    private val database: CrimeDatabase = Room
        .databaseBuilder(
            context.applicationContext,
            CrimeDatabase::class.java,
            DATABASE_NAME
        )
        .addMigrations(migration_1_2)
        .build()
        ...
}
```

一旦数据库迁移就绪，运行 **CriminalIntent** 确认一切是否正常。应用表现应该与迁移之前一样，会看到在第 15 章中添加的 **Crime** 数据。稍后，来使用新添加的列。

16.3　使用格式化字符串

最后一个准备步骤是创建一个 **Crime** 报告模板，该模板可以配置指定 **Crime** 的详细信息。因为在应用运行之前无法知道 **Crime** 的详细信息，所以必须使用带有占位符的格式字符串，这些占位符可以在应用运行时被替换。以下是将使用的格式字符串：

%1$s! The crime was discovered on %2$s. %3$s, and %4$s

%1$s、%2$s 等是接受字符串参数的占位符。在代码中，调用 **getString()** 函数，并按替换占位符的顺序传入格式化字符串和其他 4 个字符串。结果将是一份类似于"Stolen yogurt! The crime was discoveredon Wed., May 11. The case is not solved,and there is no suspect."的报告。

首先，在 strings.xml 中，添加字符串资源，见程序清单 16-6。

程序清单 16-6　添加字符串资源（res/values/strings.xml）

```
<resources>
    ...
    <string name="crime_suspect_text">Choose Suspect</string>
    <string name="crime_report_text">Send Crime Report</string>
    <string name="crime_report">%1$s!
        The crime was discovered on %2$s. %3$s, and %4$s
    </string>
    <string name="crime_report_solved">The case is solved</string>
    <string name="crime_report_unsolved">The case is not solved</string>
    <string name="crime_report_no_suspect">there is no suspect.</string>
    <string name="crime_report_suspect">the suspect is %s.</string>
    <string name="crime_report_subject">CriminalIntent Crime Report</string>
    <string name="send_report">Send crime report via</string>
</resources>
```

在 CrimeDetailFragment.kt 中添加一个函数，该函数创建 4 个字符串，然后将它们拼接在一起并返回一个完整的报告，见程序清单 16-7。

程序清单 16-7　添加 getCrimeReport（crime：Crime）函数（CrimeDetailFragment.kt）

```
private const val DATE_FORMAT = "EEE, MMM, dd"

class CrimeDetailFragment : Fragment() {
    ...
    private fun updateUi(crime: Crime) {
```

```
        ...
    }

    private fun getCrimeReport(crime: Crime): String {
        val solvedString = if (crime.isSolved) {
            getString(R.string.crime_report_solved)
        } else {
            getString(R.string.crime_report_unsolved)
        }

        val dateString = DateFormat.format(DATE_FORMAT, crime.date).toString()
        val suspectText = if (crime.suspect.isBlank()) {
            getString(R.string.crime_report_no_suspect)
        } else {
            getString(R.string.crime_report_suspect, crime.suspect)
        }

        return getString(
            R.string.crime_report,
            crime.title, dateString, solvedString, suspectText
        )
    }
}
```

> **注意**：DateFormat 类有多个，确保导入的是 android.text.format.DateFormat。

至此，准备工作全部完成了，接下来学习如何使用隐式 Intent。

16.4　使用隐式 Intent

Intent 是一个对象，向操作系统说明学习者希望它做的事情。通过显式 **Intent**，可以明确告诉操作系统要启动的 **activity**，例如：

```
val intent = Intent(this, CheatActivity::class.java)
startActivity(intent)
```

使用隐式 **Intent** 时，向操作系统说明学习者想要完成的任务，然后，操作系统启动有能力完成该任务的 **activity**。如果操作系统发现有能力胜任的 **activity** 不止一个，则会为用户提供一个选择列表。

16.4.1　隐式 Intent 的组成

下面是隐式 **Intent** 的主要组成部分，用于定义要实现的任务。

（1）要执行的操作。操作通常是 **Intent** 类中的常量。例如，如果要访问某个 URL，可以使用 Intent.ACTION_VIEW；如果要发送内容，可以使用 Intent.ACTION_SEND。

（2）数据的位置。数据可以是设备之外的东西，例如网页的 URL，也可以是指向文件的 URI 或指向 **ContentProvider** 某个记录的内容 URI。

（3）操作涉及的数据类型。这指的是一种 MIME（Multipurpose Internet Mail Extensions，MIME）类型，类似于 text/html 或 audio/mpeg3。如果 **Intent** 包含数据的位置，那么通常可以从该数据推断出类型。

（4）可选类别。如果操作用于描述要做什么，则类别通常描述在哪里、何时或如何使用 **activity**。

Android 使用类别 android. intent. category. LAUNCHER 来指示 **activity** 应显示在顶级应用启动器中。另外，android. intent. category. INFO 类别表明，虽然 **activity** 向用户显示了包信息，但它不应该出现在启动器中。

例如，查看网站的简单隐式 **Intent**，会发现其包括 Intent. ACTION_VIEW 操作和一个作为网站 URL 的数据 URI。基于这些信息，操作系统将启动适合应用的 **activity**。如果它找到多个应用，则向用户提供一个选择。

通过配置文件 manifest 中的 **Intent** 过滤器设置，**activity** 会宣称自己是 ACTION_VIEW 操作的合适 **activity**。例如，如果想编写浏览器应用，可以在响应 ACTION_VIEW 的 **activity** 声明中包含以下 **Intent** 过滤器：

```
< activity
    android:name = ". BrowserActivity"
    android:label = "@string/app_name"
    android:exported = "true" >
    < intent – filter >
        < action android:name = "android. intent. action. VIEW" />
        < category android:name = "android. intent. category. DEFAULT" />
        < data android:scheme = "http" android:host = "www. bignerdranch. com" />
    </ intent – filter >
</ activity >
```

要响应隐式 **Intent**，**activity** 必须将 **android：exported** 属性设置为 true，并且在 **Intent** 过滤器中明确包含 **DEFAULT** 类别。**Intent** 过滤器中的 **action** 元素告诉操作系统该 **activity** 能够完成任务，而 **DEFAULT** 类别告诉操作系统，当操作系统发出任务请求时，该任务应考虑这个 **activity**。这个 **DEFAULT** 类别被隐式地添加到每个隐式 **Intent** 中。

隐式 **Intent** 也可以包含 **extra** 信息，就像显式 **Intent** 一样。但是，操作系统不会使用任何隐含 **Intent** 的 **extra** 信息来找到合适的 **activity**。隐式 **Intent** 的操作和数据部分也可以与显式 **Intent** 结合使用，这相当于告诉一个指定的 **activity** 去做一些特定的事情。

16. 4. 2　发送 Crime 报告

下面来看看如何通过在 **CriminalIntent** 中创建隐式 **Intent** 来发送 **Crime** 报告。要完成的任务是发送纯文本，**Crime** 报告是一串字符。因此，隐式 **Intent** 的操作是 **action_SEND**，它不会指向任何数据或具有任何类别，但会指定数据类型为 text/plain。

在 **CrimeDetailFragment** 的 **updateUi()** 方法中，给新的 **Crime** 报告按钮设置一个监听器。在监听器的接口实现中，创建一个隐式 **Intent**，将其传入 **startActivity(intent)** 中，见程序清单 16-8。

程序清单 16-8　发送 Crime 报告（CrimeDetailFragment. kt）

```
class CrimeDetailFragment : Fragment() {
    ...
    private fun updateUi(crime: Crime) {
        binding.apply {
            ...
            crimeSolved. isChecked = crime. isSolved

            crimeReport. setOnClickListener {
                val reportIntent = Intent(Intent. ACTION_SEND). apply {
                    type = "text/plain"
                    putExtra(Intent. EXTRA_TEXT, getCrimeReport(crime))
                    putExtra(
```

```
                              Intent.EXTRA_SUBJECT,
                              getString(R.string.crime_report_subject)
                          )
                      }

                      startActivity(reportIntent)
                  }
              }
          }
          ...
      }
```

这里使用了 **Intent()** 构造函数,它接受一个字符串参数,该字符串是定义操作的常量。根据创建的隐式 **Intent** 的类型,还可以使用其他的构造函数,在开发文档的 **Intent** 参考页中可以找到所有 **Intent()** 构造函数的说明。对于没有接受类型的构造函数,必须专门设置。

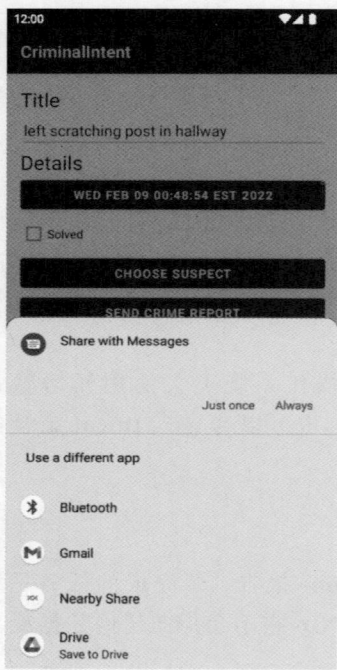

可以将报告的文本和报告主题的字符串作为 **extra** 附加到 **Intent** 上。注意,这些 **extra** 项使用了 **Intent** 类中定义的常量,任何响应此 **Intent** 的 activity 都知道这些常量以及如何处理相关值。

从 **Fragment** 启动 activity 的工作原理与从 activity 启动 activity 几乎相同。可以调用 **Fragment** 的 **startActivity**(**Intent**)函数,然后该函数在后台调用相应的 **Activity()** 函数。

运行 **CriminalIntent** 并按下 SEND CRIME REPORT 按钮。由于这个 **Intent** 可能会匹配设备上的许多 activity,会弹出选择器出现一个 activity 列表,如图 16-2 所示,可能需要在列表中向下滚动才能看到所有的 activity。

从列表中做出一个选择,可以看到 **Crime** 报告加载到了选择的应用中,接下来要做的就是输入地址单击发送按钮。

像 Gmail 和 Google Drive 等应用要求使用 Google 账户登录,所以选择 Messages 应用更简单,它不需要登录环节。在 Select conversation 对话框中单击 New message 按钮,在 to 字段中输入任何电话号码,然后选择 Send to phone number(此处为"Send to (555) 555-5555")。如图 16-3 所示,**Crime** 报告就出现在消息正文中。

图 16-2 适合发送 **Crime** 报告的 activity

有时可能不会弹出 activity 选择器,原因可能有两个:要么已经为隐式 **Intent** 设置了默认应用,要么设备上只有一个 activity 可以响应此 **Intent**。

通常,最好使用用户的默认应用进行操作。但在这里并不是最佳。不同的人群使用不同的消息应用是很常见的,用户可能会与家人一起使用 WhatsApp,与同事一起使用 Slack,与朋友一起使用 Discord。所以最好向用户提供适合发送消息的所有 activity 选项,这样他们就可以每次都能选择自己希望使用的那个应用。

通过 **extra** 配置,就可以创建一个选择器,每次使用隐式 **Intent** 启动 activity 时都会显示该选择器。像以前一样创建隐式 **Intent** 之后,可以调用 **intent.createChooser**(**intent**,**String**)函数,并传入隐式 **Intent** 和选择器标题的字符串作为参数,然后将 **createChooser()** 函数返回的 **Intent** 传递到 **startActivity()** 函数中。

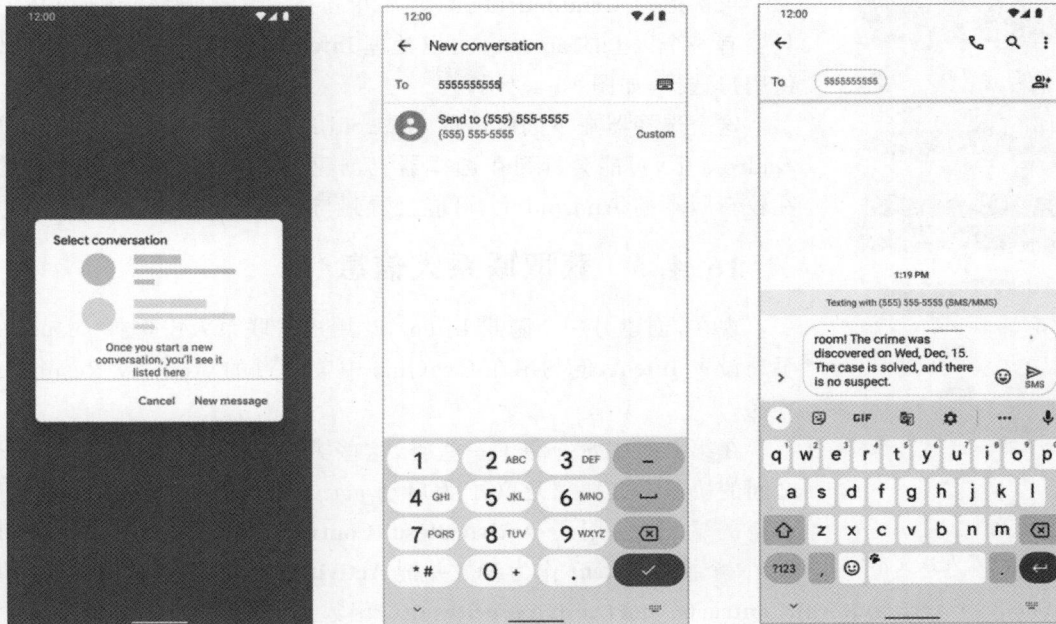

图 16-3 使用 Messages 应用发送 **Crime** 报告

在 CrimeDetailFragment.kt 中，创建一个选择器来显示响应隐式 **Intent** 的 activity，见程序清单 16-9。

程序清单 16-9 使用选择器（CrimeDetailFragment.kt）

```kotlin
class CrimeDetailFragment : Fragment() {
    ...
    private fun updateUi(crime: Crime) {
        binding.apply {
            ...
            crimeReport.setOnClickListener {
                val reportIntent = Intent(Intent.ACTION_SEND).apply {
                    type = "text/plain"
                    putExtra(Intent.EXTRA_TEXT, getCrimeReport(crime))
                    putExtra(
                        Intent.EXTRA_SUBJECT,
                        getString(R.string.crime_report_subject)
                    )
                }

                startActivity(reportIntent)
                val chooserIntent = Intent.createChooser(
                    reportIntent,
                    getString(R.string.send_report)
                )
                startActivity(chooserIntent)
            }
        }
    }
    ...
}
```

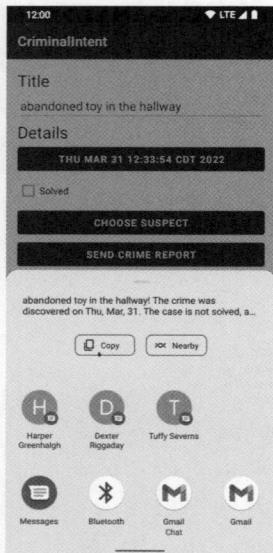

图16-4　用选择器发送文本信息

再次运行 **CriminalIntent**，然后单击 SEND CRIME REPORT 按钮，只要有一个以上的 activity 可以处理 **Intent**，它就会提供一个 activity 列表供用户选择，如图 16-4 所示。

这个选择器在不同版本的 Android 系统中有很多变化。在旧版本的 Android 上，可能会看到在选择器上创建 chooserContent 时传入的标题；在较新版本的 Android 上，可能会看到与联系人相关的各种应用供选择。

16.4.3　获取联系人信息

现在，创建另一个隐式 Intent，让用户从联系人中选择 suspect。可以手动设置 **Intent**，但利用在 GeoQuiz 中曾用过的 Activity Results API 更容易。

在第 7 章中曾介绍了一些类，这些类定义了学习者和启动的 **activity** 之间的协议。此协议定义了为启动 activity 而提供的输入以及期望由此获得的输出，使用了 **ActivityResultContracts. StartActivityForResult( )** 函数，一个接受 **Intent** 作为参数并把 **ActivityResult** 作为输出的基本协议。

这里也能用 **ActivityResultContracts. StartActivityForResult()** 函数。但是，有个更好的选择，使用更特殊的 **ActivityResultContracts. PickContact()** 函数，正如它的名称所示，这个函数是专门为这里的案例设计的。

ActivityResultContracts. PickContact() 类会将用户带到一个 activity，用户可以在该 activity 中选择联系人。一旦用户选择了联系人，学习者将收到一个返回的 URI。本章后续部分会介绍如何从此 URI 读取联系人的数据。

希望从启动的 activity 返回一个结果，要再次调用 **registerForActivityResult()** 函数。在 CrimeDetailFragment. kt 文件中，添加以下代码，见程序清单 16-10。

程序清单 16-10　　登记返回结果（CrimeDetailFragment. kt）

```
class CrimeDetailFragment : Fragment() {
    ...
    private val crimeDetailViewModel: CrimeDetailViewModel by viewModels {
        CrimeDetailViewModelFactory(args.crimeId)
    }

    private val selectSuspect = registerForActivityResult(
        ActivityResultContracts.PickContact()
    ) { uri: Uri? ->
        // Handle the result
    }
    ...
}
```

在 **onViewCreated()** 函数中，给 **crimeSuspect** 按钮上设置一个单击监听器。在监听器接口调用 selectSuspect 属性的 **launch()** 函数。与第 7 章中的内容有点不同，选择联系人不需要输入，因此将 null 值传给 **launch()** 函数，见程序清单 16-11。

程序清单 16-11　　发送隐式 intent（CrimeDetailFragment. kt）

```
class CrimeDetailFragment : Fragment() {
    ...
    override fun onViewCreated(view: View, savedInstanceState: Bundle?) {
```

```
        super.onViewCreated(view, savedInstanceState)

        binding.apply {
            ...
            crimeSolved.setOnCheckedChangeListener { _, isChecked ->
                crimeDetailViewModel.updateCrime { oldCrime ->
                    oldCrime.copy(isSolved = isChecked)
                }
            }

            crimeSuspect.setOnClickListener {
                selectSuspect.launch(null)
            }
        }
    }
    ...
}
```

如果 **Crime** 有 **suspect**，则修改 **updateUi（crime：Crime）**函数设置 CHOOSE SUSPECT 按钮上的文本。如果当前没有 **suspect**，则用 **String. ifEmpty()**扩展函数提供默认文本，见程序清单 16-12。

程序清单 16-12　设置 CHOOSE SUSPECT 按钮的文本（CrimeDetailFragment. kt）

```
class CrimeDetailFragment : Fragment() {
    ...
    private fun updateUi(crime: Crime) {
        binding.apply {
            ...
            crimeReport.setOnClickListener {
                ...
            }

            crimeSuspect.text = crime.suspect.ifEmpty {
                getString(R. string. crime_suspect_text)
            }
        }
    }
    ...
}
```

在有联系人应用的设备上运行 **CriminalIntent**，如果 Android 设备没有联系人应用，可以使用模拟器。如果用的是模拟器，在运行 **CriminalIntent** 之前先在联系人应用里添加一些联系人，然后再运行。

单击 CHOOSE SUSPECT 按钮，应该能看到一个类似图 16-5 所示的联系人列表。

如果设备安装了不同的联系人应用，画面会有所不同。同样，这也是隐式 **Intent** 的好处之一：不必知道联系人应用的名称即可从应用中使用它。用户可以安装他们最喜欢的任何应用，操作系统都会找到并启动它。

1. 从联系人列表中获取数据

现在，需要从联系人应用中获取返回结果。许多应用会共享联系人信息，因此 Android 提供了一个深度 API，通过 **ContentProvider** 类来处理联系人信息。此类的实例封装了联系人数据库，使数据可用于其他应用，通过 **ContentResolver** 可以访问 **ContentProvider**。

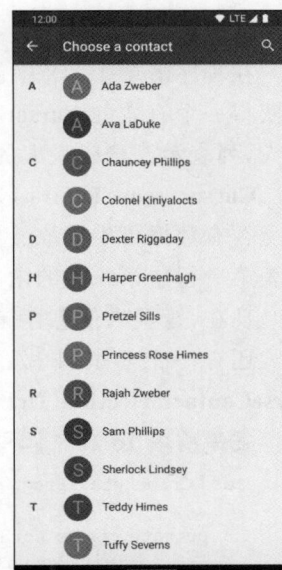

图 16-5　可能的联系人列表

> 注意：联系人数据库本身就是一个大主题，这里不会展开讨论。如果想了解更多内容，请参考 Content Provider API 指南。

因为是用 **ActivityResultContracts.PickContact()** 类启动 **activity** 的，可能会收到一个数据 URI 的输出（在这里说"可能"，是因为如果用户取消选择联系人，则输出将为 null）。数据 URI 不是联系人的姓名或任何有关他们的数据，它是数据定位符，指向一个可以查询该信息的资源。

在 CrimeDetailFragment.kt 中，添加一个函数，实现从联系人应用中检索联系人的姓名。这里有很多新代码，本书将在学习者输完代码后逐步进行解释，见程序清单 16-13。

程序清单 16-13　提取联系人的姓名（CrimeDetailFragment.kt）

```
class CrimeDetailFragment : Fragment(), DatePickerFragment.Callbacks {
    ...
    private fun getCrimeReport(crime: Crime): String {
        ...
    }

    private fun parseContactSelection(contactUri: Uri) {
        val queryFields = arrayOf(ContactsContract.Contacts.DISPLAY_NAME)

        val queryCursor = requireActivity().contentResolver
            .query(contactUri, queryFields, null, null, null)

        queryCursor?.use { cursor ->
            if (cursor.moveToFirst()) {
                val suspect = cursor.getString(0)
                crimeDetailViewModel.updateCrime { oldCrime ->
                    oldCrime.copy(suspect = suspect)
                }
            }
        }
    }
    ...
}
```

在程序清单 16-13 中创建了一个查询，要求返回数据中所有联系人的名称，然后查询联系人数据库并获得一个有效的 **Cursor** 对象。该 **Cursor** 对象指向数据库表，它包含一条记录，行表示用户选择的联系人，列表示已选联系人的名称。

Cursor.moveToFirst() 函数完成了两件事：它将 **Cursor** 移动到第一行，并返回一个布尔值，用于确定是否有数据可供读取。要获取嫌疑人的姓名，可调用 **Cursor.getString(Int)** 函数，传入参数 0，将数据库表第一行中第一列的内容作为字符串读取出来，最后，在 **CrimeDetailViewModel** 中更新 **Crime**。

现在，嫌疑人信息存储在 **CrimeDetailViewModel** 中，UI 监测 **StateFlow**，在它有变化时进行更新。

还有一个步骤要做：当得到返回结果后，在调用 **registerForActivityResult()** 函数时需要调用 **parseContactSelection(Uri)** 函数，见程序清单 16-14。

程序清单 16-14　调用 parseContactSelection(Uri) 函数（CrimeDetailFragment.kt）

```
class CrimeDetailFragment : Fragment() {
    ...
    private val selectSuspect = registerForActivityResult(
        ActivityResultContracts.PickContact()
    ) { uri: Uri? ->
        // Handle the result
        uri?.let { parseContactSelection(it) }
    }
```

```
    }
        …
}
```

运行应用,选择一条 **Crime**,然后选择嫌疑人。已选择的嫌疑人姓名应显示在 CHOOSE SUSPECT 按钮上,然后发送 **Crime** 报告,报告中应显示嫌疑人的姓名,如图 16-6 所示。

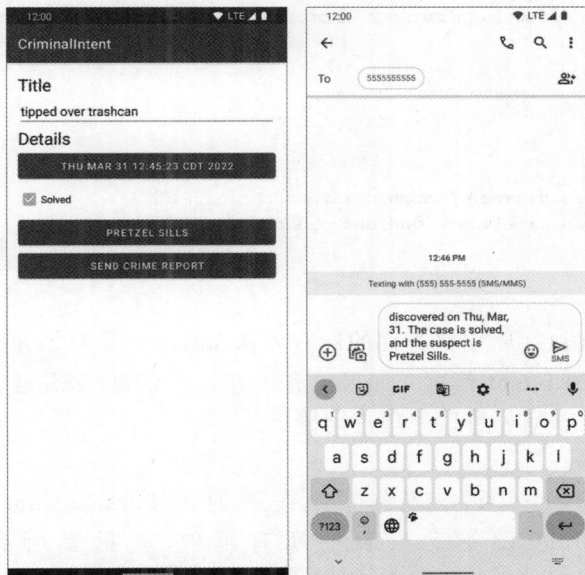

图 16-6　嫌疑人姓名出现在按钮和报告中

2. 联系人信息权限

如何获得读取联系人数据库的权限?实际上是联系人应用赋予的。

联系人应用拥有联系人数据库的全部权限。当联系人应用将数据 URI 作为返回结果时,它还会添加一个 Intent.FLAG_GRANT_READ_URI_PERMISSION 标志,这个标志向 Android 发出信号,允许 **CriminalIntent** 使用数据一次。这样做效果很好,因为并不需要访问整个联系人数据库,只需访问该数据库中的一条联系人信息就可以了。

16.4.4　检查可响应任务的 activity

本章创建的第一个隐式 **Intent** 始终以某种方式得到响应,可能无法发送报告,但选择器仍将正确显示。然而,第二个例子并非如此:一些设备可能没有安装联系人程序,这会带来一些问题,因为如果操作系统找不到匹配的 activity,应用就会崩溃。

要确定设备是否有合适的联系人应用,需要查询系统有哪些 activity 可以响应对应的隐式 **Intent**。如果返回了一个或多个 activity,那么用户就可以选择联系人了。如果没有 activity 返回,就没有合适的联系人选择器,则应在 **CriminalIntent** 中禁用该功能。

1. 公开查询

要成功进行查询,必须首先公开将要进行的查询。这为用户提供了额外的安全性,因为应用必须声明他们向系统发出的外部请求类型。过去,有些别有用心的应用会滥用查询,来盗取指纹或唯一的身份识别,然后通过指纹在应用中跟踪设备。

为了防止这种对隐私的侵犯,可以在 AndroidManifest.xml 中公开查询。打开此文件做以下更新,见程序清单 16-15。

程序清单 16-15　在 manifest 标签中添加外部查询(AndroidManifest.xml)

```
<?xml version = "1.0" encoding = "utf-8"?>
<manifest xmlns:android = "http://schemas.android.com/apk/res/android"
                package = "com.bignerdranch.android.criminalintent">

    <application ...>
        ...
    </application>
    <queries>
        <intent>
            <action android:name = "android.intent.action.PICK" />
            <data android:mimeType = "vnd.android.cursor.dir/contact" />
        </intent>
    </queries>
</manifest>
```

程序清单末尾的查询块包括应用要查询的所有外部 **Intent**。因为 **CriminalIntent** 想要查询联系人应用,因此要告诉系统相关的 **Intent** 信息。如果没有公开这个信息,或是较新版本的 Android,系统会一直提醒学习者,没有任何 activity 可以处理查询请求。

2. 查询 PackageManager

现在已经公开了查询,可以判定操作系统是否通过 **PackageManager** 类来处理查询请求。**PackageManager** 管理 Android 设备上安装的所有组件,包括其所有的 activity。通过调用 **resolveActivity(Intent, Int)** 函数,要求它查找与给定的 **Intent** 相匹配的 activity。MATCH_DEFAULT_ONLY 标志将搜索范围限制为具有 CATEGORY_DEFAULT 标志的 activity,和 **startActivity(Intent)** 很相似。

如果搜索成功,它将返回一个 **ResolveInfo** 实例,告诉学习者它找到的所有 activity。另外,如果搜索返回 null,则表示没有任何应用可以处理给定的 **Intent**。利用这个搜索结果来启用或禁用某些功能,如是否能够从联系人列表中选择嫌疑人。

将 **canResolveIntent()** 函数添加到 **CrimeDetailFragment** 的底部,该函数接收一个 **Intent** 参数并返回一个布尔值,表示是否可以处理该 **Intent**,见程序清单 16-16。

程序清单 16-16　处理 Intent(CrimeDetailFragment.kt)

```
class CrimeDetailFragment : Fragment() {
    ...
    private fun parseContactSelection(contactUri: Uri) {
        ...
    }

    private fun canResolveIntent(intent: Intent): Boolean {
        val packageManager: PackageManager = requireActivity().packageManager
        val resolvedActivity: ResolveInfo? =
            packageManager.resolveActivity(
                intent,
                PackageManager.MATCH_DEFAULT_ONLY
            )
        return resolvedActivity != null
    }
}
```

在后台,**Activity Results API** 利用 **Intent** 来执行操作,通过在启动器的 contract 属性上调用

createIntent() 函数来创建这些 **Intent** 的实例。用新创建的带 **Intent** 参数的 **canResolveIntent()** 函数返回结果来设置 selectSuspect 属性，实现启用或禁用 **onViewCreated()** 函数中的嫌疑人选取按钮。这样，当设备没有联系人应用时，如果用户试图选择嫌疑人，设备就不会崩溃，见程序清单 16-17。

程序清单 16-17　防范无联系人应用造成设备崩溃（CrimeDetailFragment. kt）

```kotlin
class CrimeDetailFragment : Fragment() {
    ...
    override fun onViewCreated(view: View, savedInstanceState: Bundle?) {
        super.onViewCreated(view, savedInstanceState)

        binding.apply {
            ...
            crimeSuspect.setOnClickListener {
                selectSuspect.launch(null)
            }

            val selectSuspectIntent = selectSuspect.contract.createIntent(
                requireContext(),
                null
            )
            crimeSuspect.isEnabled = canResolveIntent(selectSuspectIntent)
        }
    }
    ...
}
```

如果想验证过滤器是否有效，但又没有不带联系人应用的设备，可临时添加一个额外的类别给 **Intent**，这个类别没有实际的作用，只是阻止任何联系人应用与 **Intent** 匹配，见程序清单 16-18。

程序清单 16-18　添加伪代码来验证过滤器（CrimeDetailFragment. kt）

```kotlin
class CrimeDetailFragment : Fragment() {
    ...
    private fun canResolveIntent(intent: Intent): Boolean {
        intent.addCategory(Intent.CATEGORY_HOME)
        val packageManager: PackageManager = requireActivity().
packageManager
        val resolvedActivity: ResolveInfo? =
            packageManager.resolveActivity(
                intent,
                PackageManager.MATCH_DEFAULT_ONLY
            )
        return resolvedActivity != null
    }
}
```

再次运行 **CriminalIntent** 应用，嫌疑人选取按钮被禁用了，如图 16-7 所示。

验证完毕，删除伪代码，见程序清单 16-19。

程序清单 16-19　删除伪代码（CrimeDetailFragment. kt）

```kotlin
class CrimeDetailFragment : Fragment() {
    ...
    private fun canResolveIntent(intent: Intent): Boolean {
        intent.addCategory(Intent.CATEGORY_HOME)
        val packageManager: PackageManager = requireActivity().packageManager
        val resolvedActivity: ResolveInfo? =
            packageManager.resolveActivity(
```

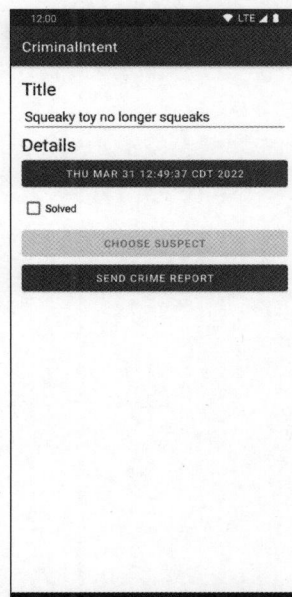

图 16-7　嫌疑人选取按钮已禁用

```
                intent,
                PackageManager.MATCH_DEFAULT_ONLY
            )
        return resolvedActivity != null
    }
}
```

16.5 挑战练习：第二个隐式 Intent

愤怒的用户可能更倾向于直接打电话责问嫌疑人，而不是间接发送 **Crime** 报告。添加一个新按钮实现直接打电话给嫌疑人。

要完成这个挑战，首先需要联系人数据库中的电话号码，这需要查询 **ContactsContract** 数据库中的 **CommonDataKinds.Phone** 表。如何实现查询，可参考 **ContactsContract** 和 **ContactsContract. CommonDataKinds.Phone** 的相关文档。

> 提示：要查询其他数据，可以使用 android.permission.READ_CONCATS 权限。这是一个运行时权限，需要明确向用户请求访问联系人的权限。

有了权限，才能读取 **ContactsContract.Contacts._ID** 得到一个联系人 ID，用这个联系人 ID 来查询 **CommonDataKinds.Phone** 数据表。

一旦获得了电话号码，就可以用数据 URI 来创建一个隐式 **Intent**：

```
Uri number = Uri.parse("tel:5551234")
```

与打电话相关的 Intent 操作可以是 **Intent.ACTION_DIAL** 或 **Intent.ACTION_CALL**。二者有什么区别？**ACTION_CALL** 直接调出电话应用并立即拨打来自 **Intent** 的电话号码，**ACTION_DIAL** 只是输好号码然后等待用户发起通话。

建议使用 **ACTION_DIAL**，这是一个更友善、更温和的选择。**ACTION_CALL** 可能会受到限制，需要明确的许可，而使用 **ACTION_DIAL** 有机会让用户在开始通话前冷静下来。

第17章

使用Intent拍照

掌握了隐式 **Intent** 之后，就可以进一步丰富 **Crime** 的细节。例如，给 **Crime** 现场拍照，与每个人分享 **Crime** 的细节。拍照用到几个新的工具，这些工具与隐式 **Intent** 结合在一起使用。

隐式 **Intent** 可以用来启动用户最喜欢的相机应用，并从相机应用中接收照片。接收到照片后，该如何存储和展示这些照片呢？本章将回答这两个问题。

17.1　布置照片

第一步要做的是在 **Crime** 详细信息界面上布置照片。增加两个 **View** 对象：一个用于显示照片的 **ImageView** 和一个用于拍摄照片的按钮，如图 17-1 所示。

如果在同一行放置照片缩略图和拍照按钮会让应用界面显得拥挤且不专业。要布置得美观点，把 **Crime** 的照片和拍照按钮放在标题旁边。

这一次新按钮上不显示文本，用图标来代替。与之前在按钮和应用栏上使用图标一样，需要用到 **Vector Asset**。从 Android Studio 的菜单栏中选择 File→New→Vector Asset，打开 Asset Studio，单击 Clip Art 标签右侧的"＋"按钮。

在选择图标窗口中，找到相机并选择第一个图标，将名称改为 ic_camera，如图 17-2 所示。完成后，先单击 Next 按钮，再单击 Finish 按钮，将图标添加到项目中。

现在相机图标已在项目中，添加新视图到 res/layout/fragment_crime_tail.xml 文件中，布置一个新区域。从左边开始，添加一个用于显示图片的 **ImageView** 和拍照的 **ImageButton**，见程序清单 17-1。

程序清单 17-1　添加一个用于显示图片的 ImageView 和拍照按钮到布局中（res/layout/fragment_crime_detail.xml）

```
< LinearLayout xmlns: android = " http://schemas. android. com/apk/res/
android"
        ... >
    < LinearLayout
        android: layout_width = "match_parent"
        android: layout_height = "wrap_content"
        android: orientation = "horizontal">
```

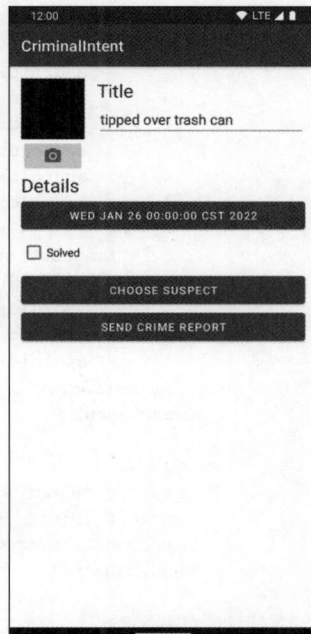

图 17-1　带拍照的新 UI

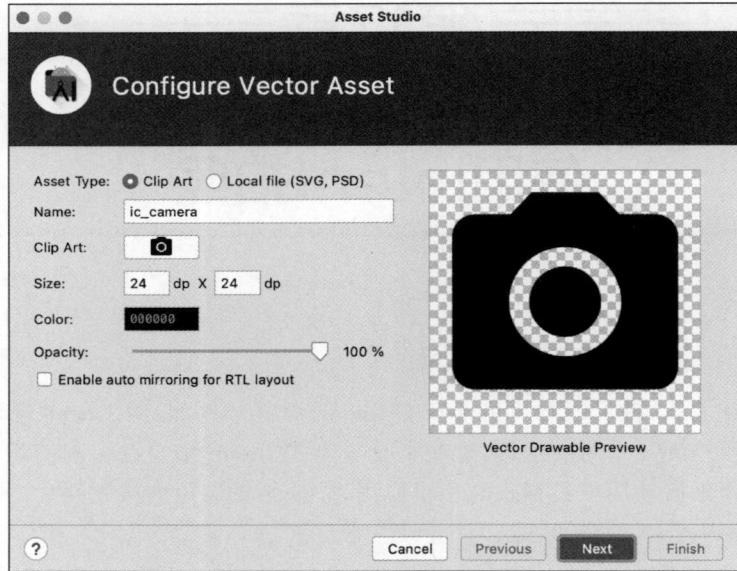

图 17-2 相机图标设置

```
< LinearLayout
      android:layout_width = "wrap_content"
      android:layout_height = "wrap_content"
      android:orientation = "vertical"
      android:layout_marginEnd = "16dp">

      < ImageView
            android:id = "@ + id/crime_photo"
            android:layout_width = "80dp"
            android:layout_height = "80dp"
            android:scaleType = "centerInside"
            android:cropToPadding = "true"
            android:background = "@color/black"/>

      < ImageButton
            android:id = "@ + id/crime_camera"
            android:layout_width = "match_parent"
            android:layout_height = "wrap_content"
            android:src = "@drawable/ic_camera"/>
   </LinearLayout >
</LinearLayout >

< TextView
      android:layout_width = "match_parent"
      android:layout_height = "wrap_content"
      android:textAppearance = "?attr/textAppearanceHeadline5"
      android:text = "@string/crime_title_label" />
   ...
</LinearLayout >
```

现在设置新区域的右边,将 **TextView** 标题栏和 **EditText** 移到一个新 **LinearLayout** 布局里,并把这个新布局作为刚刚构建的 **LinearLayout** 的子布局,见程序清单 17-2。

程序清单 17-2 布置标题布局(res/layout/fragment_crime. xml)

```
< LinearLayout xmlns:android = "http://schemas.android.com/apk/res/android"
```

```
    ... >
< LinearLayout
      android:layout_width = "match_parent"
      android:layout_height = "wrap_content"
      android:orientation = "horizontal">

      < LinearLayout
            android:layout_width = "wrap_content"
            android:layout_height = "wrap_content"
            android:orientation = "vertical"
            android:layout_marginEnd = "16dp">
            ...
      </LinearLayout>
</LinearLayout>

      < LinearLayout
            android:orientation = "vertical"
            android:layout_width = "0dp"
            android:layout_height = "wrap_content"
            android:layout_weight = "1">

            < TextView
                  android:layout_width = "match_parent"
                  android:layout_height = "wrap_content"
                  android:textAppearance = "?attr/textAppearanceHeadline5"
                  android:text = "@string/crime_title_label" />

            < EditText
                  android:id = "@ + id/crime_title"
                  android:layout_width = "match_parent"
                  android:layout_height = "wrap_content"
                  android:importantForAutofill = "no"
                  android:hint = "@string/crime_title_hint"
                  android:inputType = "text" />
      </LinearLayout>
</LinearLayout>
    ...
</LinearLayout>
```

　　运行 **CriminalIntent** 应用，单击某条 **Crime** 并查看其详细信息，应该可以看到如图 17-1 所示的画面。

　　至此，UI 的布置就暂时结束了，后续再进行按钮的关联。

17.2　文件存储

　　照片除了在屏幕上显示，还需要保存。由于照片文件太大，无法保存在 SQLite 数据库中，更不用说 **Intent** 了，它们需要保存在设备的文件系统中。

　　正好，Android 系统就有这么一个地方叫作私有存储空间，用于存放这些文件。Android 设备上的每个应用在设备沙盒中都有一个目录，将文件保存在沙盒中可以保护它们不被其他应用访问，甚至不被用户窥探（除非设备已经被赋予了最高权限，赋予了最高权限后，用户可以访问设备里的任何内容）。

　　Crime 数据库实际上是这个私有沙盒中的一个文件。**Room** 库知道如何去查找和访问此文件，由此来提供一个在应用启动期间持续有效的工作数据库。使用 **Context. getFileStreamPath**（**String**）和 **Context. getFilesDir()** 等函数，也可以对常规文件执行同样的操作（它们位于数据库所在的数据库子目录附近的某个子目录中)。

Context 类提供的基本文件和目录处理函数如下。

(1) **getFilesDir()**：**File**：返回私有应用程序文件的目录句柄。

(2) **openFileInput(name：String)**：**FileInputStream**：打开目录中的现有文件接受输入。

(3) **openFileOutput(name：String,mode：Int)**：**FileOutputStream**：打开目录中的现有文件接受输出，如果不存在，就创建它。

(4) **getDir(name：String,mode：Int)**：**File**：在目录中获取一个子目录(如果不存在，就先创建它)。

(5) **fileList()**：**Array < String >**：获取主文件目录中的文件名列表，例如用于 **openFileInput(String)**。

(6) **getCacheDir()**：**File**：返回一个目录句柄，该目录专门用于存储缓存文件。注意保持这个目录的整洁，及时清理使用空间。

因为沙盒中的文件都是私有的，所以只有自己的应用才能读取或写入。只要没有其他应用用到这些文件，这些函数就足够了。但是，如果另一个应用需要写入文件，事情就没那么简单了。**CriminalIntent** 就是这样，外部相机应用需要将它拍摄的图片保存在学习者的应用里。

在这种情况下，上述函数的作用就有限了。虽然可以将 Context. MODE_WORLD_READABLE 标志传递到 **openFileOutput()** 函数中，但这个标志已经废弃了，即使强制使用，在新设备上的效果也不完全可靠。以前还可以使用公共外部存储来传输文件，但出于安全原因，在最近版本的 Android 中被禁止了。

如果需要与其他应用共享文件或从其他应用接收文件，则需要通过 **ContentProvider** 对象公开这些文件。**ContentProvider** 允许向其他应用公开内容 URI，然后，其他应用可以从这些内容 URI 下载或写入这些内容 URI。无论哪种方式，主动权都在学习者手上，只要愿意，可以选择拒绝或允许读取或写入。

17. 2. 1　使用 FileProvider

如果只想从其他应用接收一个文件，实现整个 **ContentProvider** 就过分了。幸运的是，Google 提供了一个名为 **FileProvider** 的便利类，**FileProvider** 继承了 **ContentProvider** 类，旨在轻松安全地在应用之间共享文件。不需要实现 **ContentProvider** 类的所有方法，学习者只需配置一下 **FileProvider**，剩下的工作它都能搞定。

首先，将 **FileProvider** 声明为 **ContentProvider**，并给予一个指定的权限。在 AndroidManifest. xml 文件中添加一个 **FileProvider** 声明，见程序清单 17-3。

程序清单 17-3　添加 FileProvider 声明(manifests/AndroidManifest. xml)

```
< activity android:name = ".MainActivity">
...
</activity >
< provider
    android:name = "androidx. core. content. FileProvider"
    android:authorities = "com. bignerdranch. android. criminalintent. fileprovider"
    android:exported = "false"
    android:grantUriPermissions = "true">
</provider >
...
```

权限是指一个位置，文件将要保存的位置。android：authorities 属性值在整个操作系统中必须是唯一的。为了确保这一点，习惯做法是在权限字符串前面加上应用包的名称。在上面代码显示了应用包名称 com. bignerdranch. android. criminalintent。如果应用包名称不一样,用学习者自己的应用包名称。

　　继承 **ContentProvider** 类的类通常用于应用之间共享内容。但要谨慎分享内容,出于用户的信任,不要无意中将他们的数据泄露给其他应用。

　　FileProvider 类有助于实现与其他应用共享数据,它需要指定配置,以便在需要时公开数据内容。通过设置 **exported＝"false"** 属性,该 **FileProvider** 只能本应用使用,可以防止某些应用搜索到它。

　　当确实想向更大范围公开某些数据内容时,用 **grantUriPermissions** 属性能在 **Intent** 发送时临时授予其他应用写入 URI 的权限。

　　现在 Android 已经知道 **FileProvider** 在哪里,还要告诉 **FileProvider** 哪些文件需要公开,这部分配置是通过 XML 资源文件完成的。右击项目工具窗口中的 app/res 目录,然后选择 New→Android Resource File,在名称处输入 files,资源类型处选择 XML,单击 OK 按钮,Android Studio 将添加并打开新的资源文件。

　　在 res/xml/files. xml 的代码视图中,用文件路径的详细信息替换样板代码,见程序清单 17-4。

程序清单 17-4　填写路径描述(res/xml/files. xml)

```
<PreferenceScreen xmlns:android = "http://schemas.android.com/apk/res/android">

</PreferenceScreen>
<paths>
    <files - path name = "crime_photos" path = "."/>
</paths>
```

这个 XML 文件的意思是,"将我的私人存储的根路径映射为 crime_photos。"crime_photos 这个名字仅供 **FileProvider** 内部使用,外部将不再用到。

　　接着,在 AndroidManifest. xml 文件中,添加一个 meta-data 标签,将 files. xml 和 **FileProvider** 关联起来,见程序清单 17-5。

程序清单 17-5　关联路径描述资源(manifests/AndroidManifest. xml)

```
<provider
    android:name = "androidx. core. content. FileProvider"
    android:authorities = "com. bignerdranch. android. criminalintent. fileprovider"
    android:exported = "false"
    android:grantUriPermissions = "true">
    <meta - data
        android:name = "android. support. FILE_PROVIDER_PATHS"
        android:resource = "@xml/files"/>
</provider>
```

17. 2. 2　指定图片位置

现在要设置在设备上存储照片的位置。添加一个新属性用来存放照片的文件名,见程序清单 17-6。

程序清单 17-6　添加文件名属性(Crime. kt)

```
@Entity
data class Crime(
    @PrimaryKey val id: UUID,
    val title: String,
    val date: Date,
    val isSolved: Boolean,
    val suspect: String = "",
    val photoFileName: String? = null
)
```

接下来,在数据库中为这个新属性创建一个迁移并增加数据库版本,见程序清单 17-7。

程序清单 17-7　创建一个迁移(CrimeDatabase. kt)

```
@Database(entities = [Crime::class], version = 2 version = 3)
@TypeConverters(CrimeTypeConverters::class)
abstract class CrimeDatabase : RoomDatabase() {
    abstract fun crimeDao(): CrimeDao
}

val migration_1_2 = object : Migration(1, 2) {
    ...
}

val migration_2_3 = object : Migration(2, 3) {
    override fun migrate(database: SupportSQLiteDatabase) {
        database.execSQL(
            "ALTER TABLE Crime ADD COLUMN photoFileName TEXT"
        )
    }
}
```

最后,在 **CrimeRepository** 中创建数据库时包含迁移,见程序清单 17-8。

程序清单 17-8　包含迁移(CrimeDatabase. kt)

```
class CrimeRepository private constructor(
    context: Context,
    private val coroutineScope: CoroutineScope = GlobalScope
) {

    private val database: CrimeDatabase = Room
        .databaseBuilder(
            context.applicationContext,
            CrimeDatabase::class.java,
            DATABASE_NAME
        )
        .addMigrations(migration_1_2, migration_2_3)
        .build()
}
```

17.3　使用相机 Intent

拍照的基本过程相对简单:启动一个外部相机应用,用户拍照,然后用新照片文件的路径更新 **Crime**。要实现这一点,还得依靠 Activity Results API。

这次要用到 **ActivityResultContracts. TakePicture()** 契约,它接受一个 URI 参数,该 URI 参数由将要创建的文件的 **FileProvider** 类生成。一旦用户完成了拍照操作,契约就不会返回相同的 URI 参数;相反,它会返回一个布尔值,告诉学习者图像是否已保存到文件中。

在 **CrimeDetailFragment** 上创建一个名为 takePhoto 的类属性,并用 ActivityResults API 对其初始化,一旦契约有结果返回,暂时将被调用的 lambda 表达式设为空,见程序清单 17-9。

程序清单 17-9　设置 activity 结果(CrimeDetailFragment. kt)

```
class CrimeDetailFragment : Fragment() {
    ...
    private val selectSuspect = registerForActivityResult(
        ActivityResultContracts.PickContact()
```

```
    ) { uri: Uri? ->
        uri?.let { parseContactSelection(it) }
    }

    private val takePhoto = registerForActivityResult(
        ActivityResultContracts.TakePicture()
    ) { didTakePhoto: Boolean ->
        // Handle the result
    }
}
```

　　要调用 **takePhoto** 启动器，需要创建一个可共享的 URI 参数。需要几个步骤，首先，创建一个字符串，其中包含将要存储照片的文件名。为了不会意外覆盖现有文件，该字符串将包括一个代表照片拍摄时间的时间戳。

　　接着用该文件名，创建一个存储在应用内部的文件。最后，调用 **FileProvider. getUriForFile()** 函数，把本地文件路径转换为相机应用可以看到的 URI 参数。该函数接收 **activity**、**provider authority** 和照片文件作为参数来创建指向照片文件的 **URI**。传递给 **FileProvider. getUriForFile()** 函数的权限字符串必须与程序清单 17-3 中在 **manifest** 中定义的权限字符串匹配。

　　创建好这些变量，然后在 **ImageButton** 的 **click** 监听器中用新的 URI 参数启动 takePhoto 属性，见程序清单 17-10。

程序清单 17-10　启动相机应用（CrimeDetailFragment. kt）

```
class CrimeDetailFragment : Fragment() {
    ...
    override fun onViewCreated(view: View, savedInstanceState: Bundle?) {
        super.onViewCreated(view, savedInstanceState)

        binding.apply {
            ...
            crimeSuspect.isEnabled = canResolveIntent(selectSuspectIntent)

            crimeCamera.setOnClickListener {
                val photoName = "IMG_${Date()}.JPG"
                val photoFile = File(requireContext().applicationContext.filesDir,
                photoName)
                val photoUri = FileProvider.getUriForFile(
                    requireContext(),
                    "com.bignerdranch.android.criminalintent.fileprovider",
                    photoFile
                )

                takePhoto.launch(photoUri)
            }
        }
    }
    ...
}
```

　　运行应用并试试拍照。从 **Crime** 详细信息屏幕上会启动一个相机应用（模拟器有一个照片应用，即使没有连接到拍照设备，也可以尝试。）有进步了！但还没有更新 **Crime** 或展示照片，先来更新 **Crime**。

　　在 takePhoto 属性的 lambda 表达式中，用成功拍摄的相片来更新 **Crime**。由于只想在拍完照片就更新 **Crime**，所以要用传递到 lambda 表达式中的布尔值来检查这一点。

　　在启动相机应用时定义的 **photoName** 字符串就是要用于更新 **Crime** 的值。由于在拍摄照片后需要访问它,把它作为一个类属性而不仅仅是一个变量来使用。此外,在拍摄操作前设它为 null,这样,当检查这个属性时,就可以确定用户是否拍摄了照片,见程序清单 17-11。

程序清单 17-11   处理拍摄操作后的结果(CrimeDetailFragment.kt)

```kotlin
class CrimeDetailFragment : Fragment() {
    ...
    private val takePhoto = registerForActivityResult(
        ActivityResultContracts.TakePicture()
    ) { didTakePhoto ->
        // Handle the result
        if (didTakePhoto && photoName != null) {
            crimeDetailViewModel.updateCrime { oldCrime ->
                oldCrime.copy(photoFileName = photoName)
            }
        }
    }

    private var photoName: String? = null

    override fun onCreateView(
        inflater: LayoutInflater,
        container: ViewGroup?,
        savedInstanceState: Bundle?
    ): View? {
        ...
    }

    override fun onViewCreated(view: View, savedInstanceState: Bundle?) {
        super.onViewCreated(view, savedInstanceState)

        binding.apply {
            ...
            crimeCamera.setOnClickListener {
                val photoName = "IMG_${Date()}.JPG"
                val photoFile = File(requireContext().applicationContext.filesDir,
                    photoName)
                ...
            }
        }
    }
}
```

在展示照片之前,需要做一些事前工作。就像不能确定设备有联系人应用一样,也不能保证设备有相机应用。因此,与第 16 章所做的类似,如果隐式 **Intent** 没有匹配的 activity,则需要禁用相机按钮。

这次将根据 takePhoto 属性的契约生成 **Intent**。由于不用此 **Intent** 启动 activity,因此可以传递一个空的 URI 参数作为输入参数。如果系统上没有可用于拍照的 activity,重新使用 **canResolveIntent()** 函数来禁用相机按钮,见程序清单 17-12。

程序清单 17-12   禁用相机按钮(CrimeDetailFragment.kt)

```kotlin
class CrimeDetailFragment : Fragment() {
    ...
    override fun onViewCreated(view: View, savedInstanceState: Bundle?) {
        super.onViewCreated(view, savedInstanceState)

        binding.apply {
            ...
            crimeCamera.setOnClickListener {
```

```
        ...
    }
    val captureImageIntent = takePhoto.contract.createIntent(
        requireContext(),
        Uri.parse("")
    )
    crimeCamera.isEnabled = canResolveIntent(captureImageIntent)
    }
  }
}
```

还需要将一个查询 **Intent** 添加到 AndroidManifest.xml 文件中,允许 **CriminalIntent** 查询相机应用,见程序清单 17-13。

程序清单 17-13 添加另一个查询声明（AndroidManifest.xml）

```
< manifest xmlns:android = "http://schemas.android.com/apk/res/android"
    package = "com.bignerdranch.android.criminalintent">

    < application ...>
        ...
    </application >
    < queries >
        < intent >
            < action android:name = "android.intent.action.PICK" />
            < data android:mimeType = "vnd.android.cursor.dir/contact" />
        </intent >
        < intent >
            < action android:name = "android.media.action.IMAGE_CAPTURE" />
        </intent >
    </queries >
</manifest >
```

运行 **CriminalIntent** 并按下相机按钮运行相机应用,如图 17-3 所示。现在可以拍摄照片了,但如果要显示,仍有一些工作要做。

17.4 缩放和显示位图

图 17-3 相机拍摄的图片

终于可以成功拍照了,拍好的照片保存在文件系统上随时可以使用。

下一步是获取照片文件,加载它,然后展示给用户。为此,需要将其加载到大小合适的 **Bitmap** 对象中。要从照片文件中获取位图,只需使用 **BitmapFactory** 类即可：

```
val bitmap = BitmapFactory.decodeFile(photoFile.getPath())
```

看到这里,有没有感觉不对劲？肯定有的。否则依照本书代码风格,上述代码就会直接加粗印刷,学习者对照输入就行了。

问题在于什么是"大小合适"。**Bitmap** 是一个存储实际像素数据的简单对象,这意味着即使原始照片被压缩,但加载到 **Bitmap** 对象时也不会有压缩。因此,一个 1600 万像素 24 位的照片存为 JPG 格式大约只有 5MB,但加载到 **Bitmap** 对象时会膨胀到 48MB。

这个问题可以设法解决,但需要手动缩放位图照片。首先看看照片文件有多大,然后根据给定区域大小计算出需要缩放的比例,最后重读文件来创建缩小的 **Bitmap** 对象。

创建一个名为 PictureUtils.kt 的新文件,向其添加一个名为 **getScaledBitmap（String，Int，Int）** 的文

件级函数，见程序清单 17-14。

程序清单 17-14 创建 getScaledBitmap () 函数（PictureUtils. kt）

```kotlin
fun getScaledBitmap(path: String, destWidth: Int, destHeight: Int): Bitmap {
    // Read in the dimensions of the image on disk
    val options = BitmapFactory.Options()
    options.inJustDecodeBounds = true
    BitmapFactory.decodeFile(path, options)

    val srcWidth = options.outWidth.toFloat()
    val srcHeight = options.outHeight.toFloat()

    // Figure out how much to scale down by
    val sampleSize = if (srcHeight <= destHeight && srcWidth <= destWidth) {
        1
    } else {
        val heightScale = srcHeight / destHeight
        val widthScale = srcWidth / destWidth
        minOf(heightScale, widthScale).roundToInt()

    }

    // Read in and create final bitmap
    return BitmapFactory.decodeFile(path, BitmapFactory.Options().apply {
        inSampleSize = sampleSize
    })
}
```

这个函数的关键参数是 sampleSize，它决定了每个像素的"样本"应该有多大。sampleSize 为 1 时，原始文件中每个水平像素对应一个 **Bitmap** 水平像素；sampleSize 为 2 时，原始文件每两个水平像素对应一个 **Bitmap** 水平像素。因此，当 sampleSize 为 2 时，**Bitmap** 图像中的像素是原始图像中像素的四分之一。

但当 **Fragment** 最初启动时，不知道 **PhotoView** 有多大。在布局过程中，视图在屏幕上没有大小，这曾经是一个很难解决的问题，但现在，有了 **doOnLayout()** 扩展函数，可以很容易地等视图测量后再布局，这样就可以利用精确测量的布局来完成精细的 UI 工作。

向 **CrimeDetailFragment** 添加一个名为 **updatePhoto()** 的函数，该函数调用 **doOnLayout()** 扩展函数以合适的分辨率显示图像，见程序清单 17-15。

程序清单 17-15 添加 updatePhoto () 函数（CrimeDetailFragment. kt）

```kotlin
class CrimeDetailFragment : Fragment() {
    ...
    private fun canResolveIntent(intent: Intent): Boolean {
        ...
    }

    private fun updatePhoto(photoFileName: String?) {
        if (binding.crimePhoto.tag != photoFileName) {
            val photoFile = photoFileName?.let {
                File(requireContext().applicationContext.filesDir, it)
            }
            if (photoFile?.exists() == true) {
                binding.crimePhoto.doOnLayout { measuredView ->
                    val scaledBitmap = getScaledBitmap(
                        photoFile.path,
                        measuredView.width,
                        measuredView.height
```

```
            )
            binding.crimePhoto.setImageBitmap(scaledBitmap)
            binding.crimePhoto.tag = photoFileName
        }
    } else {
        binding.crimePhoto.setImageBitmap(null)
        binding.crimePhoto.tag = null
        }
    }
}
}
```

每次从 **CrimeDetailViewModel** 中获得一个新的 **Crime** 的 StateFlow 时，就会调用 **updatePhoto()** 函数。如果每次用户在 **Crime** 标题中添加一个字符都要从磁盘上读取照片，将导致应用低效，也会导致用户界面断断续续。

为了仅在必要时更新 **ImageView**，可在视图上设置 tag 属性。tag 属性允许在指定视图中存储一些简单信息，这里可以是照片的文件名。如果 tag 属性和 **Crime** 的照片文件名匹配，那么就知道 **ImageView** 已经显示了正确的照片。

当访问 **Crime** 的 StateFlow 的最新值时，调用新的 **updatePhoto()** 函数。这样，**ImageView** 将始终显示 **Crime** 现场的最新照片，见程序清单 17-16。

程序清单 17-16　修改 crime 显示最新照片（CrimeDetailFragment. kt）

```
class CrimeDetailFragment : Fragment() {
    ...
    private fun updateUi(crime: Crime) {
        binding.apply {
            ...
            crimeSuspect.text = crime.suspect.ifEmpty {
                getString(R.string.crime_suspect_text)
            }

            updatePhoto(crime.photoFileName)
        }
    }
    ...
}
```

再次运行 **CriminalIntent**。打开 **Crime** 详细信息屏幕，使用相机按钮拍照。应该可以在缩略图视图中看到照片，如图 17-4 所示。

图 17-4　相片缩略图出现在 Crime 详细信息屏幕上

17.5　功能声明

相机功能用起来还不错。但还有一件事情要做：告诉潜在用户应用有拍照功能。当应用使用相机或 NFC（Near Field Communication）等功能，抑或设备上具有的其他功能时，强烈建议学习者通知 Android 系统。当设备不支持这样的功能时，类似 Google Play Store 的安装程序就会拒绝安装应用。

为了声明应用要使用相机，在 AndroidManifest. xml 文件中添加一个< uses-feature >标签，见程序清单 17-17。

程序清单 17-17　添加< uses-feature >标签（manifests/AndroidManifest. xml）

```
< manifest xmlns:android = "http://schemas.android.com/apk/res/android"
```

```
        package = "com.bignerdranch.android.criminalintent" >

    < uses - feature android:name = "android.hardware.camera"
                android:required = "false"/>
        ...
</manifest>
```

此处包含可选属性 android:required。为什么？默认情况下，声明使用了某个功能意味着如果没有该功能，应用将无法正常工作。**CriminalIntent** 应用并非如此，它调用 **resolveActivity()** 函数检查是否存在一个能工作的相机应用，如果找不到，则直接禁用相机按钮。

设置 android:required＝"false"可以处理这种情况，这相当于告诉 Android 系统，本应用在没有相机应用的情况下也可以正常工作，但某些功能会因此被禁用。

17.6 挑战练习：优化照片显示

虽然可以看到这里显示的照片，但没法看到照片细节。应对这个挑战，创建一个新的 **DialogFragment**，显示一个放大的 **Crime** 现场照片。当单击缩略图时，会弹出这个 **DialogFragment**，让用户查看放大版的照片。

第18章

应用本地化

如果预计 **CriminalIntent** 应用会广受欢迎,那就要让更多的用户用上它。第一步就是要所有面向用户的文本本地化,这样应用就可以用本地语言阅读。

本地化是根据用户的语言设置为应用提供合适资源的过程。本章将提供中文版的 res/values/strings.xml。设备语言如果设置为中文,Android 就会自动找到并使用相应的中文资源,如图 18-1 所示。

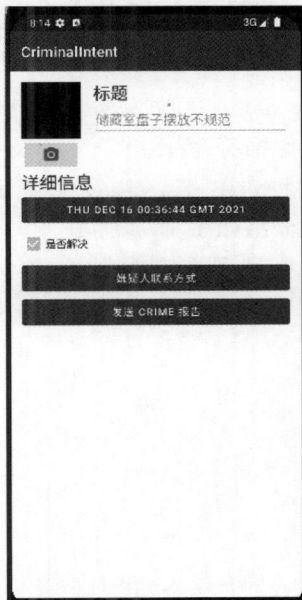

图 18-1　中文版 CriminalIntent 应用

18.1　资源本地化

语言设置与屏幕方向配置一样,都是设备配置的一部分。Android 为不同的语言提供限定符,就像为屏幕方向、屏幕大小和其他配置提供限定符一样。这使得本地化变得简单,用语言配置限定符创建资源子目录,并在其中放置备选资源,剩下的工作由 Android 资源系统完成。

在 **CriminalIntent** 项目中,创建一个新的 value 资源文件:在项目工具窗口中,右击 res/values 目录并选择 New → Values resource file,在 File name 处输入 strings,将 Source set 选项设置为 main,Directory name 设置为 values-zh。

在 Available qualifiers 列表中选择区域设置,然后单击>>按钮,将待选区域的限定符移到 Chosen qualifiers 列表。在 Language 列表中选择 **zh:Chinese**,右边的 Specific Region Only 列表会自动选中 Any Region。创建 value 资源文件的窗口如图 18-2 所示。

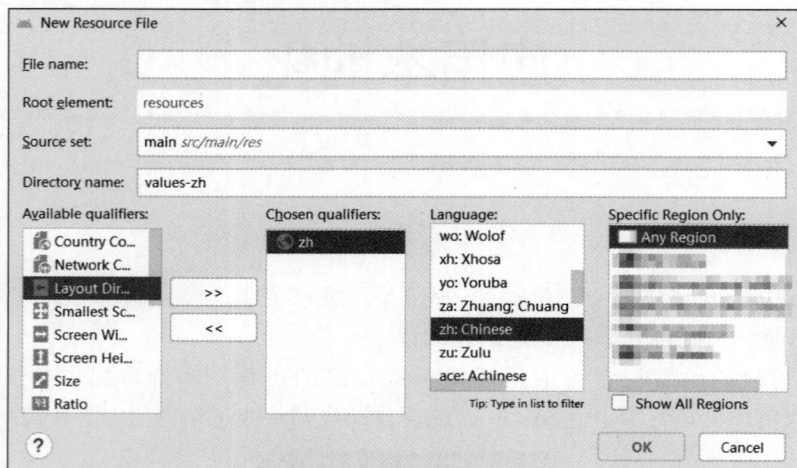

图 18-2 Android 优先考虑语言而非可用屏幕宽度

Android Studio 会自动将 Directory name 更改为 values-zh。语言配置限定符来自 ISO 639-1 代码,每个限定符由两个字符组成,中文的修饰符为-zh。

单击 OK 按钮,新 strings.xml 文件将列在 res/values 目录下,名称后面有后缀(zh)。字符串资源文件在项目工具窗口的 Android 视图中分组如图 18-3 所示。

然而,如果查看目录结构,会发现项目现在有另外一个 values 目录:res/values-zh,新生成的 strings.xml 文件位于这个新目录中,如图 18-4 所示。

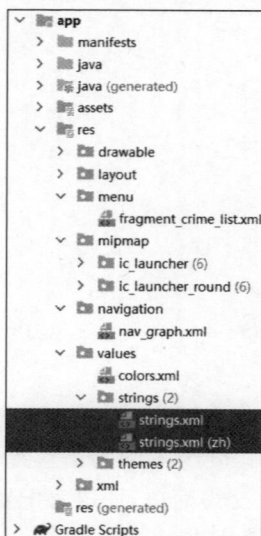

图 18-3 为宽屏添加字符串资源

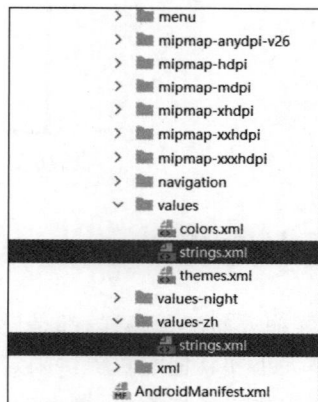

图18-4 用翻译编辑器检查本地化完成情况

现在开始本地化操作。将所有中文字符串资源添加到 res/values-es/strings.xml 文件中,见程序清单 18-1。

程序清单 18-1　添加中文字符串资源（res/values-zh/strings. xml）

```
< resources >
    < string name = "app_name"> CriminalIntent </string>
    < string name = "crime_title_hint"> crime 简要描述</string>
    < string name = "crime_title_label">标题</string>
    < string name = "crime_details_label">详细信息</string>
    < string name = "crime_solved_label">是否解决</string>
    < string name = "new_crime">新增 crime 记录</string>
    < string name = "crime_suspect_text">嫌疑人联系方式</string>
    < string name = "crime_report_text">发送 crime 报告</string>
    < string name = "crime_report">% 1 $ s!
        crime 发生于% 2 $ s. % 3 $ s, y %4 $ s
    </string>
    < string name = "crime_report_solved">问题已解决</string>
    < string name = "crime_report_unsolved">问题未解决</string>
    < string name = "crime_report_no_suspect">没发现嫌疑人.</string>
    < string name = "crime_report_suspect">嫌疑人是 % s.</string>
    < string name = "crime_report_subject"> crime 处理情况报告</string>
    < string name = "send_report">通过发送 crime 报告</string>
</resources >
```

这就是为应用提供本地化字符串资源所要做的全部工作。若要验证一下，打开设备的设置应用，查找语言设置，然后设置为简体中文。Android 版本繁多，语言设置有可能在"语言和输入""语言和键盘"或类似的设置里。在 Pixel 4 模拟器上，语言和输入设置在"系统"里面。

在进入语言选项列表时，要给简体中文选择一个地区。该地区无关紧要，因为限定符会自动匹配。

> **注意**：在较新版本的 Android 上，用户可以选择多种语言并分配优先级。如果使用的是较新的设备，确保简体中文出现在语言设置列表的第一行。

现在运行 **CriminalIntent** 应用，中文界面出现了。验证结束后，将设备的语言设置恢复为英语。

18.1.1　默认资源

英语的配置限定符是-en。为了适应本地化，学习者可能会想到将现有的 values 目录重命名为 values-en。这不是一个好主意，暂时假设学习者这么做了。

应用在语言设置为英语或简体中文的设备上运行正常。但是，如果用户把设备语言设置为意大利语，会发生什么？后果很糟糕。如果重新运行该应用，Android 将找不到与当前语言设置相匹配的字符串资源，这将导致应用崩溃，抛出一个 **Resources. NotFoundException** 异常。

Android Studio 会采取措施以避免这种异常。AAPT（Android Asset Packaging Tool）在打包资源时会进行许多检查，如果 AAPT 发现使用的资源不在默认资源文件中，它将在编译时抛出一个异常，内容如下：

```
Android resource linking failed

warn: removing resource
com.bignerdranch.android.criminalintent:string/crime_title_label
without required default value.

AAPT: error: resource string/crime_title_label
(aka com.bignerdranch.android.criminalintent:string/crime_title_label)
not found.

error: failed linking file resources.
```

这里说明：应该给每个资源提供一个默认资源。没有配置限定符的资源目录中的资源是默认资源。如果找不到与当前设备配置相匹配的资源，Android 就会使用默认资源。默认资源至少能保证应用正常运行，否则应用可能会崩溃。

18.1.2　使用翻译编辑器检查资源本地化

随着应用支持的语言越来越多，为每种语言提供相应的字符串版本变得更加困难。幸运的是，Android Studio 提供了一个方便使用的翻译编辑器工具，可以集中查看资源翻译完成情况。在开始之前，打开默认的 strings.xml 文件并注释掉 crime_title_label 和 crime_details_label，人为制造一些"丢失"的字符串，见程序清单 18-2。

程序清单 18-2　注释掉一些字符串（res/values/strings.xml）

```
< resources >
    < string name = "app_name"> CriminalIntent </string >
    < string name = "crime_title_hint"> Enter a title for the crime.</string >
    <!-- < string name = "crime_title_label"> Title </string > -->
    <!-- < string name = "crime_details_label"> Details </string > -->
    < string name = "crime_solved_label"> Solved </string >
    ...
</resources >
```

启动翻译编辑器。右击项目工具窗口中的 strings.xml 文件，在弹出的翻译编辑器窗口中显示了应用的全部字符串资源以及用限定符中包含的语言所翻译的情况。由于注释掉了 crime_title_label 和 crime_details_label，可以看到这些字段名称被标注了，如图 18-5 所示。

Key	Resource Folder	Untranslatable	Default Value	Chinese (zh)
app_name	app/src/main/res	☐	CriminalIntent	CriminalIntent
crime_title_hint	app/src/main/res	☐	Enter a title for the crime.	crime简要描述
crime_solved_label	app/src/main/res	☐	Solved	是否解决
new_crime	app/src/main/res	☐	New Crime	新增 crime 记录
crime_suspect_text	app/src/main/res	☐	Choose Suspect	嫌疑人联系方式
crime_report_text	app/src/main/res	☐	Send Crime Report	发送 crime 报告
crime_chinese_hint	app/src/main/res	☐	Enter a title for the crime.	储藏室盘子摆放不规范
crime_report	app/src/main/res	☐	%1$s![...]	%1$s![...]
crime_report_solved	app/src/main/res	☐	The case is solved	问题已解决
crime_report_unsolved	app/src/main/res	☐	The case is not solved	问题未解决
crime_report_no_suspect	app/src/main/res	☐	there is no suspect.	没发现嫌疑人.
crime_report_suspect	app/src/main/res	☐	the suspect is %s.	嫌疑人是 %s.
crime_report_subject	app/src/main/res	☐	CriminalIntent Crime Report	crime 处理情况报告
send_report	app/src/main/res	☐	Send crime report via	通过发送 crime 报告
crime_title_label	app/src/main/res	☐		标题
crime_details_label	app/src/main/res	☐		详细信息

图 18-5　在项目视图中查看新的 strings.xml 文件的位置

可以看到，找出未处理的资源很容易，再将它们添加到相关的字符串文件中。

可以直接在翻译编辑器中添加字符串，就本例而言，只需取消对 crime_title_label 和 crime_details_label 的注释。

18.1.3　区域限定符

可使用"语言＋区域"限定符来限定资源目录，这样可以让资源的使用更有针对性。例如，在中国，中文的限定符是-zh-rCN，其中 r 表示地区，zh 是中文的 ISO 3166-1-alpha-2 代码；在新加坡，中文的限定符是-zh-rSG。配置限定符不区分大小写,但最好遵循 Android 的约定:语言代码小写,区域代码大写,前面加上小写的 r。

注意,语言区域限定符(如-zh-rCN)可能看起来像是组合在一起的两个不同的配置限定符,但它只是一个,区域本身不是有效的限定符。

如果一个资源同时具有本地和地区限定符,该资源可以匹配用户区域两次。当语言和区域限定符都与用户的区域设置匹配时,那这就是一次精准匹配。如果没有精准匹配,系统将去掉区域限定符,只查找该语言的精准匹配。

这就引出了一个重要的观点:尽可能在一般的上下文中提供通用的限定字符串,使用语言限定符限定的目录,仅在必要时使用区域限定符限定的目录。例如,中国和新加坡的中文是有差异的,最好将大多数中文字符串存储在仅限语言限定符的 values-es 目录中,并仅为不同地区方言中的单词和短语提供区域限定字符串。

事实上,这个建议适用于 values 目录中的所有类型的备选资源:在常规的目录中提供共享资源,和那些需要在特别限定的目录中定制的资源。

18.2　配置限定符

在 3.6 节中,使用了配置限定符 layout-land,它用于设置横向屏幕。Android 为目标资源提供配置限定符的设备配置列表包括:

(1) 移动国家代码(Mobile Country Code,MCC),通常后随移动网络代码(Mobile Network Code,MNC)。

(2) 语言代码,通常附有区域代码。

(3) 布局方向。

(4) 最小宽度。

(5) 有效宽度。

(6) 有效高度。

(7) 屏幕尺寸。

(8) 屏幕纵横比。

(9) 圆形屏幕(API. 23+)。

(10) 广色域。

(11) 高动态范围。

(12) 屏幕方向。

(13) UI 模式。

(14) 夜间模式。

(15) 屏幕显示密度(单位为 dpi)。

(16) 触摸屏类型。

(17) 键盘可用性。

(18) 首选输入法。

(19) 导航键可用性。

(20) 首选非接触导航方法。

(21) API 级别。

早期版本的 Android 并不支持所有的限定符。幸运的是，Android 1.0 之后引入的限定符中隐式地添加了一个平台版本限定符。例如，如果使用高动态范围限定符，Android 将自动加上 v26 平台版本限定符，因为自 API 26 级后添加了高动态范围屏幕限定符。这意味着在为新设备引入资源时，不必担心在旧设备上会遇到问题。

18.2.1　备选资源优先级

考虑到有很多匹配资源的配置限定符，有时设备配置可能会匹配多个备选资源。遇到这种状况，Android 将按照上面显示的设备配置列表顺序来确定限定符的优先级。

为了实际了解这种优先级排序的效果，向 **CriminalIntent** 添加一个备选资源：更详细的 crime_title_hint 字符串资源，针对屏幕宽度至少 600dp 的设备显示。在用户输入文本之前，crime_title_hint 资源将显示在 **Crime** 的标题文本框中。当 **CriminalIntent** 在屏幕宽度至少 600dp 的屏幕上运行时（例如在平板计算机或较小设备上以横向模式运行），这个更改将为标题字段显示更详细的内容。

创建一个名为 strings 的 values 资源文件。按照 18.1 节的步骤创建资源文件，但在 Available qualifiers 列表中选择 Screen Width，然后单击“>>”按钮将 Screen Width 移到 Chosen qualifiers 列表区，在随后出现的 Screen width 栏处输入 600。

可以看到 Directory name 栏自动设置为 values-w600dp。-w600dp 将匹配当前屏幕宽度为 600dp 或更大的设备，这意味着设备在横向模式下可以匹配，但在纵向模式下不能。

要了解更多关于屏幕大小限定符的信息，可阅读 18.4 节。

设置对话框如图 18-6 所示。

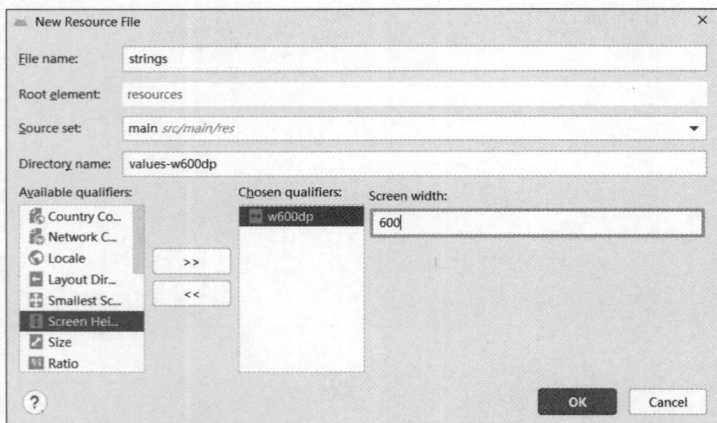

图 18-6　新的 strings.xml 在 Android 视图中的位置

现在，打开 res/values-w600dp/strings.xml 文件，给 crime_title_hint 添加一个更长的描述，见程序清单 18-3。

程序清单 18-3　针对宽屏创建一个备选字符串资源（res/values-w600dp/strings.xml）

```
<resources>
    <string name="crime_title_hint">
        Enter a meaningful, memorable title for the crime.
    </string>
</resources>
```

在宽屏上，看到唯一不同的字符串资源是 crime_title_hint，因为这是在限定目录 values-w600dp 中指定的唯一字符串。正如前面所说,应该只为那些匹配限定配置的资源提供备选方案。当字符串资源相同时,不要重复设置。更重要的是,那些重复的字符串名称维护起来很麻烦。

现在有 3 个版本的 crime_title_hint:res/values/strings. xml 中的默认版本、res/values-zh/strings. xml 中的简体中文备选版本和 res/valuesw600dp/strings. xml 中的宽屏备选版本。

将设备的语言设置为简体中文后,运行 **CriminalIntent**,按"+"按钮打开一个空白的 **Crime** 详细信息屏幕,然后旋转到横屏模式,如图 18-7 所示。简体中文备选资源优先级最高,因此可以看到 res/values-zh/strings. xml 中的字符串,而不是 res/values-cw600dp/strings. xml。

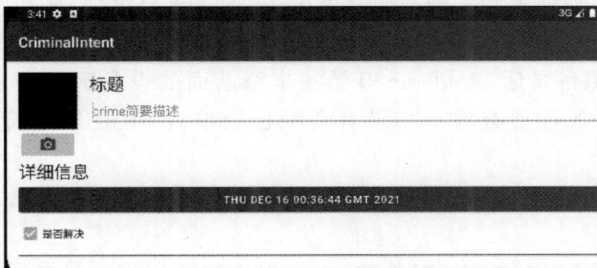

图 18-7 添加资源文件限定符

将设备的语言重新设置为英语,再次运行应用,可以看到宽屏模式的字符串资源显示出来了。

18.2.2 多重配置限定符

New Resource File 对话框中有许多可用的限定符。在资源目录上可配置多个限定符,在配置限定符时,必须将它们按优先级排列。因此,values-es-w600dp 是一个有效的目录名,但 values-w600dp-zh 不是。在使用 New Resource File 对话框时,它会自动配置正确的目录名。

在 New Resource File 对话框中同时选择区域设置和屏幕宽度,为宽屏简体中文字符串资源创建目录,它的名称应该是 values-zh-w600dp,并且里面有一个名为 strings. xml 的文件。在 strings. xml 文件中为 crime_title_hint 添加中文字符串资源,见程序清单 18-4。

程序清单 18-4 创建宽屏中文字符串资源(res/values-ch-w600dp/strings. xml)

```
< resources >
    < string name = "crime_title_hint">
        输入一个有意义并容易记住的 crime 标题。
    </ string >
</ resources >
```

现在,语言设置为中文,运行 **CriminalIntent**,确认中文备选资源显示在屏幕上,如图 18-8 所示。

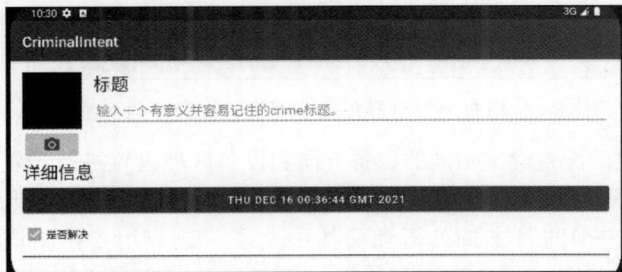

图 18-8 中文宽屏字符串资源

18.2.3　寻找最匹配的资源

Android 要确定这次运行中显示哪个版本的 crime_title_hint,首先名为 crime_title_hint 的字符串资源有 4 个备选方案,包括设置为简体中文且可用屏幕宽度大于 600dp 的 Pixel 4 的横向设备配置示例。

➢ 设备配置:语言设为中文,有效高度 393dp,有效宽度 830dp。

➢ 用于 crime_title_hint 的 4 个备选资源:values、values-zh、values-zh-w600dp 和 values-w600dp。

Android 查找最佳资源的第一步是排除任何与当前配置不兼容的资源目录。

4 个备选中没有一个与当前配置不兼容。如果将设备旋转至纵向,则可用宽度将变为 393dp,并且资源目录 values-w600dp 和 values-zh-w600dp 将不兼容,因此被排除在外。

在排除了不兼容的资源目录后,Android 开始按本章前面的设备配置列表中显示的优先级顺序,从最高优先级限定符 MCC 开始逐项查看。如果有资源目录带有 MCC 限定符,则会排除所有没有 MCC 限定符的资源目录。

如果仍然有多个匹配的目录,那么 Android 用下一优先级的限定符继续筛选,反复操作,直到找到唯一全部匹配的目录。

在本例中,没有任何目录包含 MCC 限定符,因此无法筛选掉任何目录。接着,Android 查看下一级语言限定符,values-zh 和 values-zh-w600dp 目录包含语言限定符,而 values 和 values-w600dp 目录不包含,因此被排除在外。

然而,正如本章前面所提到的,没有任何限定符的 values 是默认资源。因此,尽管缺少语言限定符,目前已将其排除在外,但如果其他 values 目录不能匹配比语言限定符优先级更低的限定符,则默认的 values 目录仍可能是最佳匹配。

由于仍有 2 个目录匹配成功,所以 Android 继续向下匹配配置限定符。当它匹配到有效宽度时,会找到一个带有效宽度限定符的 values-zh-w600dp 目录,另一个 values-zh 目录则没有,所以它排除了 values-zh,只留下 values-zh-w600dp。最后,Android 使用 values-zh-w600dp 中的资源。

18.3　测试备选资源

为了查看布局以及其他资源在不同的设备配置上的使用效果,应用测试很重要。可以在真实设备和虚拟设备上进行测试,也可以利用图形布局工具测试。

布局编辑器有许多选项用于预览布局在不同配置中的显示方式。可以预览不同屏幕大小、设备类型、API 级别、语言等的布局。

要查看这些选项,在布局编辑器中打开 res/layout/fragment_crime_detail.xml,然后在工具栏中尝试这些设置,如图 18-9 所示。

图 18-9　用布局编辑器预览不同设备配置下的显示效果

布局编辑器根据所提供的配置尝试不同的设备方向和设备区域设置进行预览。若要查看默认资源的运行情况,将设备或仿真程序设置为尚未本地化任何资源的语言。运行应用,查看所有视图界面并旋转设备。

现在,**CriminalIntent** 应用同时支持英语和简体中文了。让应用支持新语言很简单,也就是添加带限定符的字符串资源文件而已。

18.4　深入学习：确定设备尺寸

Android 提供了 3 个限定符，用于测试设备的尺寸。表 18-1 列出了这些新的限定符。

表 18-1　屏幕尺寸限定符

限定符格式	说　　明
wXXXdp	有效宽度：大于或等于 XXXdp
hXXXdp	有效高度：大于或等于 XXXdp
swXXXdp	最小宽度：宽或高（看哪个更小）大于或等于 XXXdp

假设要指定一个布局，该布局只有在屏幕宽度至少为 300dp 时才会显示。这种情况下，可以使用一个有效宽度限定符，将布局文件放在 res/layoutw300dp 目录中（w 表示宽度）。同理，通过使用 h 对高度做出限定。

但是，设备旋转会使高度和宽度互换。为检测特定的屏幕大小，可以使用 sw 限定符，sw 代表最小宽度，这就指定了屏幕的最小尺寸。根据设备的方向，可以是宽度或高度。如果屏幕为 1024×800，则 sw 为 800。如果屏幕是 800×1024，sw 仍然是 800。

18.5　挑战练习：日期显示本地化

学习者可能已经注意到，无论设备的区域设置如何，**CriminalIntent** 中的日期始终以默认的美国格式显示，即月份在日期前。通过区域设置格式化日期显示，进一步本地化，这个挑战比想象的要容易。

请查阅开发者文档中有关 **DateFormat** 类的用法，该类属于 Android 框架的一部分。**DateFormat** 类提供了一个匹配当前区域设置的 **date-time** 格式化程序，可以使用 **DateFormat** 类内置的配置常量来进一步定制输出日期的显示格式。

第19章

易用性与辅助功能

本章继续优化 CriminalIntent，让该应用更易用。一个易用的应用应适合所有人，无论他是否有视力、行动或听力上的任何障碍。这些障碍可能是永久性的，也可能是暂时的或特定情景下造成的，例如经过眼科检查后瞳孔放大可能导致眼睛会看不清楚；烹饪时双手油腻可能不想触摸屏幕；又或者在一场喧闹的音乐会上，音乐声淹没了设备发出的一切声音。总之，应用越易用，用户就越开心。

开发适合所有人的易用应用非常困难，但这不是借口。本章通过创建一个使视觉障碍者更容易使用的 **CriminalIntent** 来迈出这一步，这是学习无障碍应用设计的突破口。

本章建议使用物理设备代替模拟器完成练习。使用模拟器也可以完成本章的工作，但所需的一些用户输入很难在模拟器上执行，在物理设备上要容易得多。如果无法访问物理设备，在开始练习前可阅读 19.4 节的内容。

本章所做的工作不会改变应用的外观；相反，这些工作将利用 TalkBack 使应用更容易使用。

19.1 TalkBack

TalkBack 是 Google 公司开发的 Android 屏幕阅读器，它可以根据用户正在进行的操作读出屏幕上的内容。

TalkBack 可提供一种无障碍服务，是一种特殊的组件，可以从屏幕上读取信息（无论学习者使用的是哪款应用）。任何人都可以编写自己的无障碍服务，但 **TalkBack** 是最受欢迎的。

要使用 **TalkBack**，通过设备上的 Google Play Store 安装 Android Accessibility Suite（辅助功能套件），如图 19-1 所示。

接下来，确保设备没有设置为静音，建议先找副耳机戴着，因为一旦启用 **TalkBack**，设备就会喋喋不休地说个没完。

要启用 **TalkBack**，打开设置，单击辅助功能按钮，按下屏幕阅读器标题下的 **TalkBack**，然后打开 Use **TalkBack**（或使用服务），如图 19-2 所示。

如果是第一次在设备上使用 **TalkBack**，会弹出一个使用教程，阅读教程了解一下系统的基本使用方法。教程结束后，**TalkBack** 可能会请求其他权限，允许同意即可，如图 19-3 所示。

此时屏幕立刻出现一些不同的元素，向上按钮周围出现绿色方框，如图 19-4 所示，设备显示："Navigate Up button. Double-tap to activate."

图 19-1 Android Accessibility Suite(辅助功能套件)

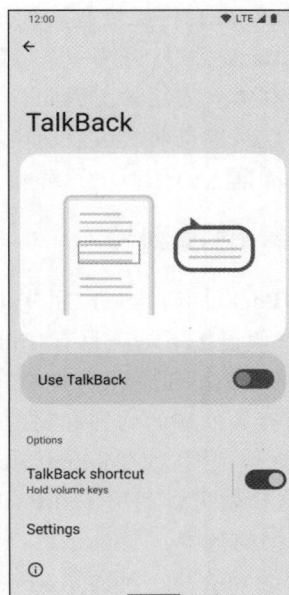

图 19-2 **TalkBack** 设置画面

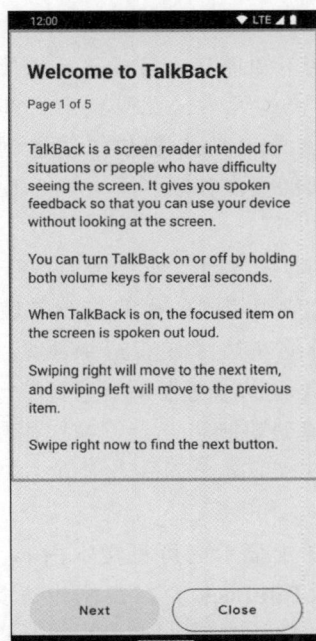

图 19-3 阅读 **TalkBack** 使用教程并授权

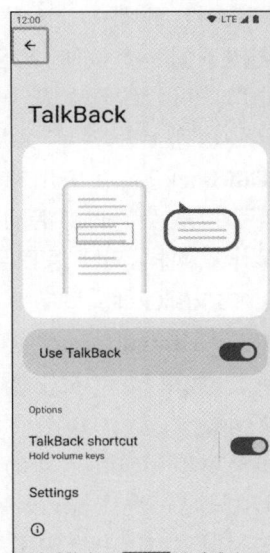

图 19-4 **TalkBack** 已启用

注意：虽然在移动设备屏幕上操作时"单击"是常见的说法，但 TalkBack 会使用不常见的"点"以及"连点两下"。

方框表示当前框内 UI 元素获得了辅助焦点，一次只能有一个 UI 元素获得辅助焦点。当 UI 元素

得到焦点后,**TalkBack** 将提供有关该元素的信息。

启用 **TalkBack** 后,只需按一下(或"轻点")即会给予 UI 元素辅助焦点。连点两下屏幕上的任何位置都会激活具有焦点的元素。因此,当"向上"按钮获得焦点后,连点两下任何位置就回到上一屏了。当复选框获得焦点时连点两次可以切换其勾选状态,等等。此外,如果设备锁屏,可以通过按下锁定图标,然后连点两次屏幕上的任何位置解锁。

19.1.1 触摸浏览

打开 **TalkBack**,同时也启用了 **TalkBack** 的触摸浏览模式。这意味着设备在按下后立即读出触及的相关项目信息(假设按下的项目有 **TalkBack** 可读的信息)。

向上按钮保持访问辅助聚焦状态。连点两次屏幕上的任意位置,设备会返回辅助功能菜单,**TalkBack** 读出有关的显示内容和辅助焦点的内容:"辅助功能。向上导航按钮。连点两次可激活。"

Android 框架视图,如 **Toolbar**、**RecyclerView** 和 **Button**,默认都支持 **TalkBack**。应该尽可能多地使用框架视图,这样就可以利用 **TalkBack** 实现辅助功能。也可以让自定义视图支持 **TalkBack** 辅助功能,但这超出了本书的范围。

第 26～29 章将介绍一种在 Android 上构建布局的新方法,称为 **Jetpack Compose**。**Jetpack Compose** 的内置 UI 元素也支持 **TalkBack**,其行为与在本章中看到的非常相似。

19.1.2 线性导航

想象一下,第一次通过触摸浏览一个应用会是什么情况?学习者不知道某项目或某元素放在哪里,要了解屏幕上内容的唯一方法是四处点,直到找到 **TalkBack** 可以读出的元素。在听到声音前,学习者可能会多次按下同一个按钮,甚至可能完全错过目标。针对这种情况,**TalkBack** 提供了线性浏览功能。利用此功能用户可以线性浏览屏幕上的每个项目,向右滑屏可以将辅助焦点移动到下一个 UI 元素;向左滑屏可以移动到上一个 UI 元素。

启用 **TalkBack** 后,在应用和屏幕之间使用滑动系统导航的操作略有不同。如果未启用 **TalkBack**,可以用一根手指从设备底部滑动,导航到主屏幕。启用 **TalkBack** 后,使用相同的手势进行导航,但要用两根手指操作。同样,对于返回导航,当启用 **TalkBack** 时,要从设备的左边缘或右边缘用两个手指滑动。没启用 **TalkBack** 时,只需要一根手指操作。启用 **TalkBack** 时,还可以用两根手指进行滚动操作。

现在体验 **CriminalIntent** 应用。编译并启动应用,默认情况下,辅助功能焦点会放在应用栏中的 ➕ 菜单操作项上(如果没有,按下 ➕ 让其聚焦)。此时设备会读出:"New Crime. Double-tap to activate." 如图 19-5 所示。

对于如菜单项和按钮这样的框架视图,**TalkBack** 会默认读取视图上显示的可见文本内容。但新建 **Crime** 菜单项只是一个图标,没有任何可见的文本。在这种情况下,**TalkBack** 会在视图中查找其他信息。由于在菜单 XML 中指定了一个 **Crime** 标题,**TalkBack** 会找到并向用户读出它。**TalkBack** 也能告诉用户某个视图接受什么操作,有时还提供关于视图类型的信息。

现在,向左滑屏,辅助焦点随即移动到应用工具栏标题上,**TalkBack** 会读出:"CriminalIntent",如图 19-6 所示。

向右滑屏,**TalkBack** 再次读出有关 ➕ 菜单按钮的信息。继续向右滑屏,辅助焦点将移动到第一条 **Crime** 记录。向左滑屏,焦点又移回 ➕ 菜单项按钮。Android 总是以合理的顺序移动辅助焦点,使用户获得关注点,这就是 **TalkBack** 的线性导航。

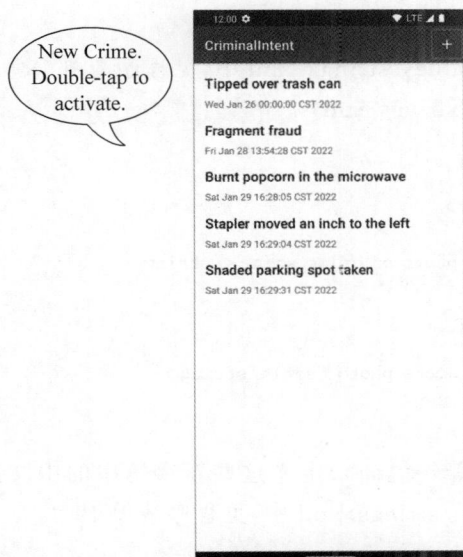

图 19-5　新建 **Crime** 按钮已聚焦

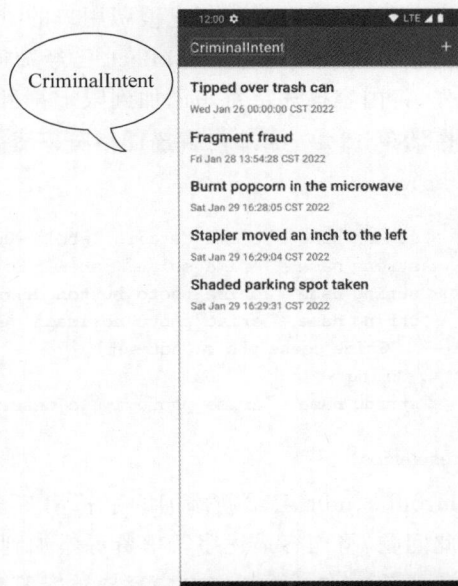

图 19-6　应用工具栏标题已聚焦

19.2　通过 TalkBack 使非文本元素可读

选择 ➕ 菜单按钮后，连点两次屏幕上的任何位置，进入 **Crime** 详细信息屏幕。

19.2.1　添加内容描述

在 **Crime** 详细信息屏幕上，按下相机拍照按钮，使其成为辅助焦点，如图 19-7 所示。**TalkBack** 会读出："Unlabeled button. Double-tap to activate."

拍照按钮无文字描述，因此 **TalkBack** 很难描述该按钮，虽然 **TalkBack** 有声音发出，但这些信息对视力受损的用户没有太大帮助。

这个问题很容易解决。通过向 **ImageButton** 添加内容描述来告诉 **TalkBack** 要读出的内容。内容描述是一段描述视图的文本，供 **TalkBack** 读取（一并给 **ImageView** 也添加一个内容描述）。

通过设置属性 android:contentDescription 的值，在 XML 布局文件中设置视图的内容描述。也可以用 someView.contentDescription = someString 在 UI 设置代码中设置它，本章稍后会用到。

内容描述的文本应该简洁明了，不应过长。记住，**TalkBack** 是读给用户听，虽然用户可以加快 **TalkBack** 的

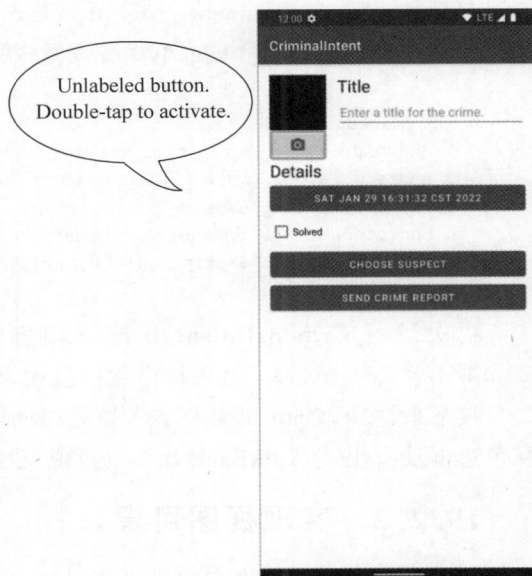

图 19-7　拍照按钮已聚焦

朗读速度,但也要避免无关信息浪费用户的时间。例如,为框架视图设置描述,就要避免包含它是哪种视图的信息(如按钮),因为 **TalkBack** 已经知道并包含了这些信息。

首先,将内容描述字符串添加到限定符目录下的 res/values/strings. xml 中,见程序清单 19-1。

程序清单 19-1　添加内容描述字符串资源(res/values/strings. xml)

```
< resources >
    …
    < string name = "crime_details_label"> Details </string >
    < string name = "crime_solved_label"> Solved </string >
    < string name = "crime_photo_button_description"> Take photo of crime scene </string >
    < string name = "crime_photo_no_image_description">
        Crime scene photo (not set)
    </string >
    < string name = "crime_photo_image_description"> Crime scene photo (set)</string >
    …
</resources >
```

Android Studio 会给新添加的字符串打上下画线,并警告说尚未定义这些新字符串的中文版本。要解决此问题,将内容描述字符串资源添加到 res/values-zh/strings. xml 中,见程序清单 19-2。

程序清单 19-2　添加中文内容描述字符串资源(res/values-zh/strings. xml)

```
< resources >
    …
    < string name = "crime_details_label"> Detalles </string >
    < string name = "crime_solved_label"> Solucionado </string >
    < string name = "crime_photo_button_description"> crime 现场拍照</string >
    < string name = "crime_photo_no_image_description">
        crime 现场 (未拍照)
    </string >
    < string name = "crime_photo_image_description"> crime 现场 (已拍照)</string >
    …
</resources >
```

打开 res/layout/fragment_crime_detail. xml 文件,为 **ImageButton** 设置内容描述,见程序清单 19-3。

程序清单 19-3　为 ImageButton 设置内容描述(res/layout/fragment_crime_detail. xml)

```
…
    < ImageButton
    android:id = "@ + id/crime_camera"
    android:layout_width = "match_parent"
    android:layout_height = "wrap_content"
    android:src = "@drawable/ic_camera"
    android:contentDescription = "@string/crime_photo_button_description"/>
…
```

再次运行 **CriminalIntent** 并按下相机拍照按钮。**TalkBack** 此时读出:"crime Scene button. Double-tap to activate."这种口语化信息比未标记按钮更有帮助。

接下来,按下 **Crime** 现场图像预览处(目前只是黑色占位符),希望辅助功能焦点移动到 **ImageView**,但绿色边框没有出现,**TalkBack** 什么也没说,没有读出有关 **ImageView** 的信息。问题出在哪里?

19.2.2　实现视图可聚焦

问题是 **ImageView** 没有完成可聚焦登记。某些视图(如按钮)默认情况下是可聚焦的,其他视图如 **ImageViews**,则不是。通过将视图的 android:focusable 属性设置为 true 或添加一个单击监听器可以让这些视图可聚焦，也可以通过添加 android:contentDescription 属性来使视图可聚焦。

为 **Crime** 照片的 **ImageView** 设置一个 contentDescription 属性值，使其可聚焦，见程序清单 19-4。

程序清单 19-4 用内容描述使 ImageView 可聚焦（res/layout/fragment_crime_detail. xml）

```
...
< ImageView
    android:id = "@ + id/crime_photo"
    ...
    android:background = "@color/black"
    android:contentDescription = "@string/crime_photo_no_image_description" />
...
```

运行 **CriminalIntent** 应用，单击 **Crime** 缩略图组件，ImageView 可聚焦了。TalkBack 会读出："Crime scene photo(not set). "，如图 19-8 所示。

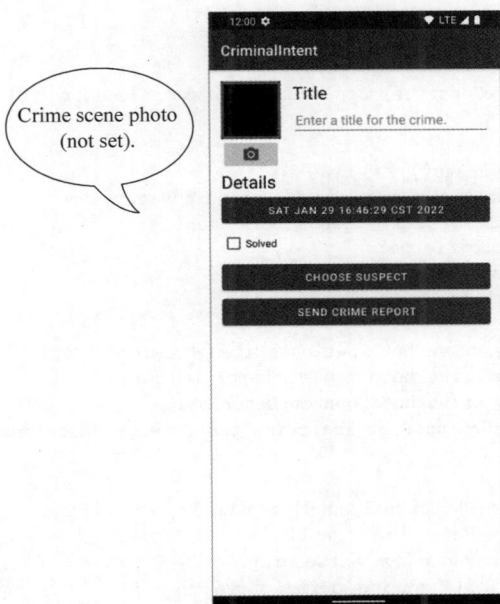

图 19-8 可聚焦的 **ImageView**

19.3 提升辅助体验

应尽量给没有文本信息的 UI 视图（如图像）指定内容描述，这样才能向特定用户传递信息。如果有视图，除图案之外没有提供任何有价值的信息，就应该将其 android:importantForAccessibility 属性设置为 no，明确告诉 **TalkBack** 忽略它。

学习者可能会想："既然用户看不见，为什么他们需要知道是否有图像？"即应该对用户做出假设。重要的是，应该让有视力障碍的用户与没有视力障碍的用户都能用到应用的全部功能。整体体验和操作流程可能不同，但所有用户都应该能够从应用中获得相同的功能。

好的无障碍设计不是要读出屏幕上的所有内容。相反，它侧重于用户体验的一致性：哪些信息和上下文是重要的？

目前，与 **Crime** 照片相关的用户体验是有限的。即使有照片，**TalkBack** 也始终说当前未拍照。一起感受一下操作过程：按下相机拍照按钮，然后连点两次屏幕上的任何位置来激活它，相机应用启动，**TalkBack** 会说："Photo"。接着按下快门按钮，然后在屏幕上的任意位置连点两次即可拍摄照片，最后确认所拍照片。根据相机应用的不同，步骤有所不同。但都需要按下拍照按钮，然后连点两次屏幕才能激活。**Crime** 详细信息屏幕显示更新的照片。点下照片使其聚焦，**TalkBack** 会读出："Crime scene, not photographed."

为了解决这个问题，向 **TalkBack** 用户提供更多正确信息，在 **updatePhoto()** 函数中动态设置 **ImageView** 的内容描述，见程序清单 19-5。

程序清单 19-5　动态设置内容描述（CrimeDetailFragment.kt）

```kotlin
class CrimeDetailFragment : Fragment() {
    ...
    private fun updatePhoto(photoFileName: String?) {
        if (binding.crimePhoto.tag != photoFileName) {
            val photoFile = photoFileName?.let {
                File(requireContext().applicationContext.filesDir, it)
            }

            if (photoFile?.exists() == true) {
                binding.crimePhoto.doOnLayout { measuredView ->
                    val scaledBitmap = getScaledBitmap(
                        photoFile.path,
                        measuredView.width,
                        measuredView.height
                    )
                    binding.crimePhoto.setImageBitmap(scaledBitmap)
                    binding.crimePhoto.tag = photoFileName
                    binding.crimePhoto.contentDescription =
                        getString(R.string.crime_photo_image_description)
                }
            } else {
                binding.crimePhoto.setImageBitmap(null)
                binding.crimePhoto.tag = null
                binding.crimePhoto.contentDescription =
                    getString(R.string.crime_photo_no_
image_description)
            }
        }
    }
}
```

现在，只要有照片更新，**updatePhoto()** 函数都会更新内容描述。如果没有照片，它将设置内容描述明确为没拍照，否则就明确说明已拍照。

运行 **CriminalIntent**。查看刚刚添加照片的 **Crime** 详细信息屏幕，点下 **Crime** 现场的照片聚焦，**TalkBack** 这次正确地读出："Crime scene, photoed."如图 19-9 所示。

应用的易用性有了很大改善。开发人员没有让应用更容易访问的常见原因之一是对辅助功能缺乏认识。学习者现在已经意识到为特殊人群提高应用的易用性很容易。此外，改进应用的 **TalkBack** 支持意味着更容易学会支持其他

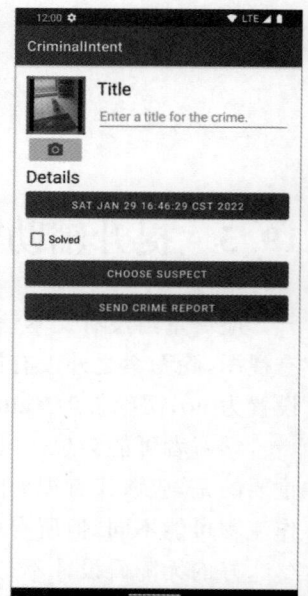

图 19-9　聚焦动态内容描述的 ImageView

无障碍服务，如 **BrailleBack**。

　　设计和实现带辅助功能的应用容易让人望而却步。在这个领域，有很多专职工程师。但是，与其因为担心自己做得不好而完全放弃，不如从基本做起：确保 **TalkBack** 可以访问和阅读屏幕上每一条有意义的内容，确保传递给 **TalkBack** 用户足够的上下文，让他们了解学习者的应用，不要让用户浪费时间听废话。最重要的是，倾听用户的意见，虚心学习。

　　至此，**CriminalIntent** 应用完成了。历经 11 章的学习，学习者创建了一个复杂的应用，它使用 **Fragment**，支持应用间通信，可以拍照，可以保存数据，甚至可以说中文。

19.4　深入学习：在模拟器中使用 TalkBack

　　如果无法访问物理的 Android 设备，可以在模拟器上完成本章。**TalkBack** 不是设计用于计算机的键盘和鼠标的，但模拟器提供了一些变通方法来实现这一目的。

　　首先，需要一个安装了 Google Play Store 的模拟器镜像，以便下载 Android 辅助功能套件。并非所有模拟器都在设备镜像中包含 Google Play Store，因此在创建模拟器时请查找 Google Play Store 图标，若无，则需安装。学习者需要登录 Google 账户才能使用 Google Play Store。

　　要在模拟器上滚动，按住键盘上的 Control 按钮，随后出现两个半透明圆圈，单击其中一个，然后用鼠标或触控板向上或向下拖动，如图 19-10 所示。这个手势也可以在模拟器上完成一个"捏"的手势操作。

　　当启用 **TalkBack** 时，使用滑动系统在应用和屏幕之间导航是不同的。许多操作，如导航到主屏幕或在应用之间切换，都是在未启用 **TalkBack** 时用一根手指滑动即可完成。使用 **TalkBack**，要用两根手指做同样的手势。

　　然而，在真实物理设备上执行这个双指手势很容易，但在模拟器上则不然。如果正在使用模拟器，用图 19-11 所示模拟器控制工具栏或模拟设备上的 3 个系统按钮在应用和屏幕之间导航。

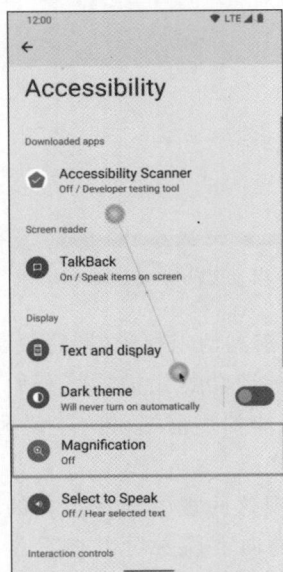

图 19-10　模拟器上的滚动操作

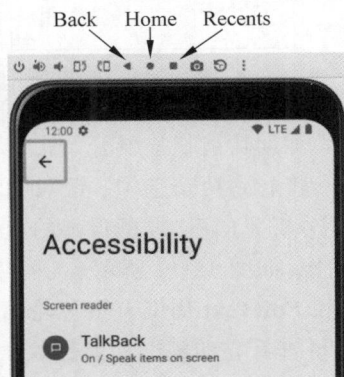

图 19-11　用模拟器上 3 个系统按钮进行导航操作

19.5　深入学习：使用辅助功能扫描器

本章重点介绍了使用 **TalkBack** 让视力障碍人群更方便地使用应用。但这并不是全部,照顾视力障碍人群只是做了辅助工作的一小部分。

理想情况下,测试应用的辅助功能需要靠真正每天在用辅助服务的用户。如果现实不允许,仍然应该尽最大努力让应用易用。

Google 提供了一个辅助功能扫描器,它能分析并评估应用的辅助功能,根据评估结果提出改进建议。现在来试试评估一下 **CriminalIntent**。

首先在设备上安装辅助功能扫描器,如图 19-12 所示。

运行辅助功能扫描器,它会引导学习者完成几个设置步骤。当它运行时,会有一个蓝色圆圈内有带钩的图标悬停在屏幕上。好戏开始了,启动 **CriminalIntent**,先不理这个带钩图标,直接进入 **Crime** 详细信息屏幕,如图 19-13 所示。

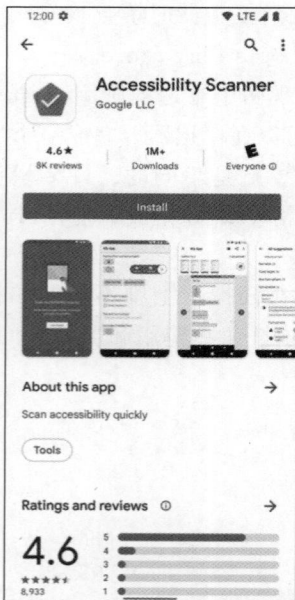

图 19-12　安装辅助功能扫描器

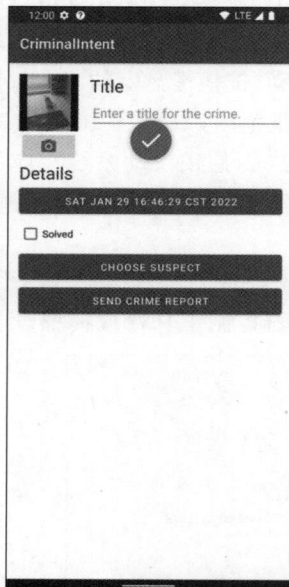

图 19-13　启动 **CriminalIntent** 应用

单击带钩图标,辅助功能扫描器开始工作。如果辅助功能扫描器请求权限,同意授予这些权限。随后带钩图标会展开,将看到两个选项:记录和快照。选择快照,辅助功能扫描器将开始工作,分析时会出现一个进度条。分析完成后,屏幕顶部的应用栏会显示辅助功能扫描器提供的建议数量,一些 UI 元素周围将有橙色轮廓,如图 19-14 所示。

ImageButton 和 **EditText** 周围有橙色轮廓,这表明扫描器发现这些视图存在潜在的辅助功能问题。单击 **ImageButton** 可查看它的辅助功能建议。按下底部表格中的向下箭头可以查看建议的详细信息,如图 19-15 所示。

辅助功能扫描器建议增加 **ImageButton** 的大小。针对所有触摸类视图,扫描器建议最小尺寸为 48dp。**ImageButton** 的高度较小,可以通过设置它的 android:minHeight 属性轻松修复。

要了解有关辅助功能扫描器的更多建议可以选择"Learn more: Touch target"。

要关闭辅助功能扫描器，回到设备设置界面，单击辅助功能，再单击辅助功能扫描器，然后用开关按钮关掉它，如图 19-16 所示。

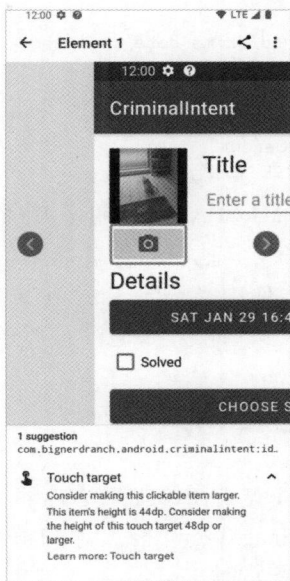

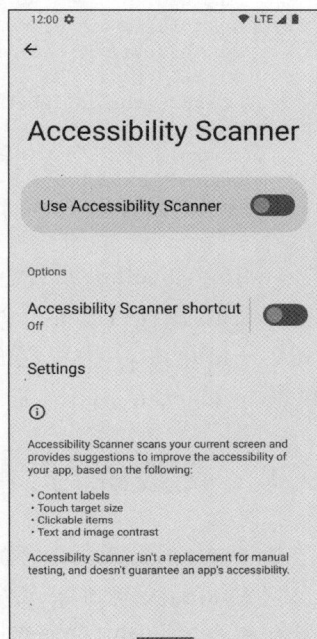

图 19-14 辅助功能扫描器分析结果　　图 19-15 **ImageButton** 辅助功能改进建议　　图 19-16 关掉辅助功能扫描器

19.6　挑战练习：优化列表项

在 **Crime** 列表屏幕上，**TalkBack** 会读出每条 **crime** 记录的标题和日期。然而，它并没有表明 **crime** 是否得到解决。通过给手铐图标添加内容描述就能解决此问题。

注意，由于日期格式较长，**TalkBack** 要花点时间读出，并且最后才读出已解决状态。如果是未解决状态，则根本不读出。为了应对这一挑战，与其让 **TalkBack** 读出两个 **TextView** 的内容和图标的内容描述（如果图标存在），不如在 **RecyclerView** 中的每一行添加一个动态内容描述，在描述中，将 **TextView** 的内容和图标的内容描述结合在一起。

19.7　挑战练习：补全上下文信息

日期按钮和 CHOOSE SUSPECT 按钮都有类似的问题。无论是否使用 **TalkBack**，都没有明确告知日期按钮是用来做什么的。同样，用户选择一个联系人作为嫌疑人后，他们也可能不知道联系人按钮的作用是什么。用户也许能猜测出按钮的作用和按钮上文本的意思，但为什么要让用户这么做？

这是 UI 设计的微妙之处。这取决于学习者或学习者的设计团队拿出最佳体验的应用，做到 UI 的简单性和易用性的平衡。

对于这个挑战，更新详细信息屏幕的实现，这样用户就不会错过他们所做的操作代表的全部含义。

可以简单到为每个组件都添加标签。为此,可以为每个按钮添加一个 **TextView** 标签,通过设置 android:labelFor 属性告诉 **TalkBack**,**TextView** 是一个按钮的标签。

```
< TextView
    android:id = "@ + id/crime_date_label"
    android:layout_width = "match_parent"
    android:layout_height = "wrap_content"
    android:text = "Date"
    < shd > android:labelFor = "@ + id/crime_date"/> </ shd >
< Button
    android:id = "@ + id/crime_date"
    android:layout_width = "match_parent"
    android:layout_height = "wrap_content"
    tools:text = "Wed May 11 11:56 EST 2022"/>
```

android:labelFor 属性告诉 **TalkBack**,**TextView** 用作 ID 值指定的视图的标签。labelFor 是在 **View** 类上定义的,因此可以将一个视图和任何其他视图关联起来,让其作为自己的标签。注意,必须在此处使用 **@＋id** 语法,因为引用的 ID 是文件中尚未定义的 ID。现在可以从 **TextView** 定义中的 android:id＝"@＋id/crime_date" 这一行移除"＋"符号了,但没有必要这样做。

19.8　挑战练习:事件通知

通过向 crime 现场照片的 **ImageView** 视图添加动态内容描述,改善了 crime 现场照片 **TalkBack** 体验。但 **TalkBack** 必须等单击并聚焦 **ImageView** 之后,才知道照片是否已拍或已更新,而视力正常的用户从相机应用返回时就能看到照片更新的情况。

可以提供类似体验:让 **TalkBack** 读出相机应用关闭后发生的事情。查阅文档中关于 **View.announceForAccessibility()** 函数的用法,研究一下在 **CriminalIntent** 中何时来调用它。

或许学习者考虑过在拍照结束获得返回结果时发出一个通知。这么做的话,会出现与 activity 生命周期相关的时间控制问题,可以通过推迟发出通知避开这些问题。启动一个 **Runnable** 可以延时执行代码,看起来像这样:

```
someView.postDelayed(Runnable {
    // code for making announcements here
}, SOME_DURATION_IN_MILLIS)
```

或者,也可以避免使用 **Runnable**,而是使用其他机制确定发出通知的准确时间。例如,可考虑在 **onResume()** 函数中发出通知,前提是需要跟踪用户是否刚刚从相机应用返回。

第20章

网络请求与图像显示

　　用户使用最多的应用是网络应用。人们在餐桌上不是打电话就是在浏览手机，他们疯狂地查看新闻、回复短信或玩网络游戏。

　　在 Android 中建立网络应用，创建一个名为 **PhotoGallery** 的新应用。**PhotoGallery** 是照片共享网站 Flickr 的客户端，它能获取并显示当天最有趣的公开照片。图 20-1 展示了该应用的外观。

> 　　**注意**：**PhotoGallery** 的实现中添加了一个过滤器，只显示 Flickr 上列出的没有版权限制的照片。Flickr 上的很多图片归上传者私有，使用它们需遵守使用许可限制条款。

　　接下来的几章会学习开发 **PhotoGallery** 应用。本章介绍如何使用 **Retrofit** 库向 REST API 发出 Web 请求，获得返回 JSON（JavaScript Object Notation）数据后，如何使用 **Moshi** 库将返回的数据解析成 Kotlin 对象。如今，几乎所有的 Web 服务日常开发都是基于 HTTP（HyperText Transfer Protocol）网络协议的。**Retrofit** 库提供了一种类型安全的方式，让 Android 应用轻松访问 HTTP 和 HTTP 2 Web 服务。

　　此外，还将通过网络请求响应的数据生成的 URL 下载和显示照片，依靠 Instacart（一家生鲜杂货配送服务商）团队开发的 **Coil** 库代替手工完成在 **RecyclerView** 中高效地显示这些图像。到本章结束，学习者将学会从 Flickr 中获取、解析和显示照片，如图 20-2 所示。

图 20-1　**PhotoGallery** 的最初样子

图 20-2　本章结束时的 **PhotoGallery**

20.1 创建 PhotoGallery 应用

创建一个新的 Android 应用。在 Android Studio 中，选择 File→New→New Project...菜单项创建新项目，选择空的 Activity 模板，然后单击 Next 按钮。如图 20-3 所示配置项目，将应用命名为 **PhotoGallery**。确保包名称为 com. bignerdranch. android. photogallery，语言为 Kotlin。从 Minimum SDK 下拉列表中选择 API 24：Android 7.0(Nougat)，其他保持默认配置。单击 Finish 按钮生成项目。

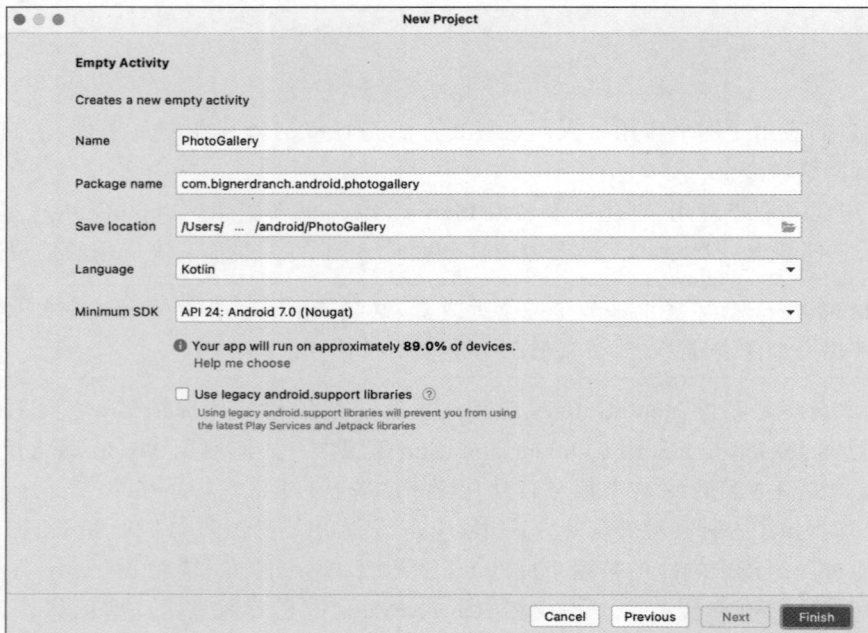

图 20-3 设置 **PhotoGallery** 项目

设置这个项目的许多初始步骤与之前的项目设置很类似，再次用到库和工具，如 **Fragment** 类、**ViewModel** 类、**RecyclerView** 组件和 **ViewBinding**。首先打开 app/build. gradle 文件（标记为 Module：PhotoGallery. app 的文件），添加所需的依赖项并启用 **ViewBinding**，见程序清单 20-1。

程序清单 20-1 项目构建设置（app/build. gradle）

```
...
android {
    ...
    kotlinOptions {
        jvmTarget = '1.8'
    }
    buildFeatures {
        viewBinding true
    }
}

dependencies {
    ...
    implementation 'androidx. constraintlayout:constraintlayout:2.1.3'
    implementation 'androidx. fragment:fragment - ktx:1.4.1'
    implementation 'androidx. recyclerview:recyclerview:1.2.1'
```

```
implementation 'androidx.lifecycle:lifecycle‑viewmodel‑ktx:2.4.1'
implementation 'androidx.lifecycle:lifecycle‑runtime‑ktx:2.4.1'
testImplementation 'junit:junit:4.13.2'
...
}
```

进行完这些更改后,不要忘记同步文件。

创建应用启动时显示的 **fragment**。**PhotoGallery** 应用在 **RecyclerView** 中显示结果,用内置的 **GridLayoutManager** 将照片排列在网格中。Kotlin 类将命名为 **PhotoGalleryFragment**,因此首先右击项目工具窗口中的 res/layout 目录,然后选择 New→Layout resource file,将新资源文件命名为 fragment_ photo_gallery.xml,并输入 androidx.recyclerview.widget.RyclerView 作为根元素。

单击 OK 按钮,生成的文件基本正确,只需添加一个 ID,就可以在 Kotlin 代码中引用 **RecyclerView**,见程序清单 20-2。

程序清单 20-2　添加 ID(res/layout/fragment_photo_gallery.xml)

```
<?xml version = "1.0" encoding = "utf‑8"?>
<androidx.recyclerview.widget.RecyclerView
    xmlns:android = "http://schemas.android.com/apk/res/android"
    android:id = "@+id/photo_grid"
    android:layout_width = "match_parent"
    android:layout_height = "match_parent">

</androidx.recyclerview.widget.RecyclerView>
```

接下来,为 **PhotoGalleryFragment** 类创建一个 Kotlin 文件。在项目工具窗口中,右击 com.bignerdranch. android.photogallery 包,然后选择 New→Kotlin 类/文件。

对 **Fragment** 类进行子类化,并用 **ViewBinding** 对布局进行实例化和绑定。在进行操作时,将 **RecyclerView** 的 **layoutManager** 设置为 **GridLayoutManager** 的新实例,将网格列数硬编码为 3,见程序清单 20-3。

程序清单 20-3　设置 fragment(PhotoGalleryActivity.kt)

```
(res/layout/fragment_photo_gallery.xml)
class PhotoGalleryFragment : Fragment() {
    private var _binding: FragmentPhotoGalleryBinding? = null
    private val binding
        get() = checkNotNull(_binding) {
            "Cannot access binding because it is null. Is the view visible?"
        }

    override fun onCreateView(
        inflater: LayoutInflater,
        container: ViewGroup?,
        savedInstanceState: Bundle?
    ): View {
        _binding =
            FragmentPhotoGalleryBinding.inflate(inflater, container, false)
        binding.photoGrid.layoutManager = GridLayoutManager(context, 3)
        return binding.root
    }

    override fun onDestroyView() {
        super.onDestroyView()
        _binding = null
    }
}
```

PhotoGalleryFragment 类的框架完成后,用 **FragmentContainerView** 将其包含在 **MainActivity** 中,见程序清单 20-4。

程序清单 20-4　添加 fragment 容器(res/layout/activity_main. xml)

```xml
<?xml version = "1.0" encoding = "utf - 8"?>
< androidx. constraintlayout. widget. ConstraintLayout
    xmlns:android = "http://schemas. android. com/apk/res/android"
    xmlns:app = "http://schemas. android. com/apk/res - auto"
    xmlns:tools = "http://schemas. android. com/tools"
    android:layout_width = "match_parent"
    android:layout_height = "match_parent"
    tools:context = ". MainActivity">

    <TextView
        android:layout_width = "wrap_content"
        android:layout_height = "wrap_content"
        android:text = "Hello World!"
        app:layout_constraintBottom_toBottomOf = "parent"
        app:layout_constraintLeft_toLeftOf = "parent"
        app:layout_constraintRight_toRightOf = "parent"
        app:layout_constraintTop_toTopOf = "parent" />

</androidx. constraintlayout. widget. ConstraintLayout >
< androidx. fragment. app. FragmentContainerView
    xmlns:android = "http://schemas. android. com/apk/res/android"
    xmlns:tools = "http://schemas. android. com/tools"
    android:id = "@ + id/fragment_container"
    android:layout_width = "match_parent"
    android:layout_height = "match_parent"
    android:name = "com. bignerdranch. android. photogallery. PhotoGalleryFragment"
    tools:context = ". MainActivity" />
```

运行 **PhotoGallery**,确保一切连接正确后再继续。如果一切正常,将看到一个空白屏幕。

20. 2　Retrofit 网络基础

尽管 **Retrofit** 库不是由 Google 公司开发的,但它是 Android 上使用 HTTP API 进行通信的事实上的官方标准。**Retrofit** 是由 Square 公司创建和维护的开源库,它具有高度可配置性和可扩展性,能够轻松安全地与远程 Web 服务器进行通信。它被组成多个组件,用于特定用途,可根据需要单独使用。

Retrofit 为许多不同类型的网络请求定义协议。与使用 **Room** 数据库类似,可以使用带注释的实例方法编写一个接口,然后用 **Retrofit** 创建实现方法。在后台,**Retrofit** 使用 Square 公司的另一个 **OkHttp** 库处理 HTTP 请求和解析 HTTP 响应。

回到 app/build. gradle 文件,添加 **Retrofit** 和 **OkHttp** 依赖项。**Retrofit** 与 Kotlin 协程无缝集成,因此也添加协程依赖项。更改完成后同步 Gradle 文件,见程序清单 20-5。

程序清单 20-5　添加 Retrofit 依赖项(app/build. gradle)

```
dependencies {
    ...
    implementation 'androidx. lifecycle:lifecycle - runtime - ktx:2.4.1'
    implementation 'com. squareup. retrofit2:retrofit:2.9.0'
    implementation 'com. squareup. okhttp3:okhttp:4.9.3'
    implementation 'org. jetbrains. kotlinx:kotlinx - coroutines - core:1.6.0'
    implementation 'org. jetbrains. kotlinx:kotlinx - coroutines - android:1.6.0'
    ...
}
```

与 Flickr REST API 交互之前,需要先配置 **Retrofit** 抓取和记录网页 URL 的内容,特别是 Flickr 的主页。

使用 **Retrofit** 会涉及一堆活动部件。从简单处入手,实现创建 Flickr 请求并反序列化解析 HTTP 响应数据,这意味着把序列化数据转换为非序列化数据,这些非序列化数据就是应用模型对象。

20.2.1　定义 Retrofit API 接口

为 **PhotoGallery** 应用定义需要的 API。首先,为特定 API 代码创建一个新包。在项目工具窗口中,右击 com. bignerbranch. android. photogallery 包,然后选择 New→Package,命名新包为 **api**。

将一个 **Retrofit** API 接口添加到新包中。**Retrofit** API 接口是一个标准的 Kotlin 接口,它用 **Retrofit** 注释来定义 API 调用。在项目工具窗口中右击 **api** 包,选择 New→Kotlin Class/File,并将文件命名为 **FlickrApi**。在新文件中,定义一个名为 **FlickrApi** 的接口,并添加一个表示 GET 请求的函数,见程序清单 20-6。

程序清单 20-6　添加 Retrofit API 接口(api/FlickrApi. kt)

```
interface FlickrApi {
    @GET("/")
    suspend fun fetchContents(): String
}
```

由于网络请求本质上是异步操作,因此 **Retrofit** 自然支持 Kotlin 协程。如果用 suspend 修饰符标记函数,那么 **Retrofit** 将能够在协程生命周期内执行网络请求,并在等待服务器响应时挂起。它支持许多异步库,但本书重点关注对网络请求使用协程。

接口中的每个函数都映射到一个特定的 HTTP 请求,并且必须使用 HTTP 请求方法进行注释,此注释告诉 **Retrofit** API 接口中函数映射的 HTTP 请求类型(也称为"HTTP 谓词")。最常见的请求类型是**@GET**、**@POST**、**@PUT**、**@DELETE** 和**@HEAD**。

上面代码中的**@GET** ("/")注释的作用是把 **fetchContents()**函数用于执行 GET 请求的 HTTP 请求。"/"是相对路径,表示 Flickr API 端点的基 URL 的相对 URL 路径。大多数 HTTP 请求方法注释都包含一个相对路径。在这种情况下,"/"的相对路径意味着请求将被发送到基 URL,稍后就会提供基 URL。

作为返回类型指定了 **Retrofit** 反序列化解析 HTTP 响应数据的类型。在 **Retrofit** API 中定义的每个 API 请求都包含一个返回类型。**Retrofit** 提供了一种称为 **OkHttp. ResponseBody** 的通用响应类型,可以用它从服务器获取原始响应,指定字符串会告诉 **Retrofit**,希望将响应解析为字符串对象。

20.2.2　构建 Retrofit 对象并创建 API 实例

Retrofit 实例负责实现和创建 API 接口的实例。基于定义的 API 接口进行 Web 请求,需要 **Retrofit** 实现和实例化 **FlickrApi** 接口。

1. 构建 Retrofit 对象

首先,构建并配置一个 **Retrofit** 实例。打开 PhotoGalleryFragment. kt 文件,在 **onViewCreated()**函数中,先构建一个 **Retrofit** 对象,并用它来创建 **FlickrApi** 接口的具体实现,见程序清单 20-7。

程序清单 20-7　用 Retrofit 对象创建 API 实例(PhotoGalleryFragment. kt)

```
class PhotoGalleryFragment : Fragment() {
    ...
```

```
override fun onCreateView(
    inflater: LayoutInflater,
    container: ViewGroup?,
    savedInstanceState: Bundle?
): View {
    ...
}

override fun onViewCreated(view: View, savedInstanceState: Bundle?) {
    super.onViewCreated(view, savedInstanceState)

    val retrofit: Retrofit = Retrofit.Builder()
        .baseUrl("https://www.flickr.com/")
        .build()
    val flickrApi: FlickrApi = retrofit.create<FlickrApi>()
}
    ...
}
```

Retrofit. Builder()是一个流接口,可用来方便地配置并构建 **Retrofit** 实例。可用 **baseUrl()** 函数为端点提供基 URL,这里,即 Flickr 主页:https://www.flickr.com/。确保在 URL 中包含正确的协议(此处为 HTTPS)。此外,URL 后面始终以"/"结束,以确保 **Retrofit** 正确地将 API 接口中提供的相对路径附加到基 URL 上。

调用 **build()** 函数返回一个 **Retrofit** 实例,该实例是根据构建对象指定的设置进行配置的。有了 **Retrofit** 对象后,就可以用它来创建 API 接口的实例。

与 **Room** 库不同,**Retrofit** 在编译时不生成任何代码,而是在运行时完成所有工作。在调用 **retrofit. create()** 时,**Retrofit** 用指定的 API 接口中的信息以及在创建 **Retrofit** 实例时指定的信息,来创建和实例化一个匿名类,该类用于实现动态接口。

2. 添加 String 类型转换器

Retrofit 实际上并不是用于处理网络请求的。在后台,它使用 **OkHttp** 库作为其 HTTP 客户端(square. github. io/OkHttp)。当获得服务器返回响应时,默认情况下,**Retrofit** 会将 Web 响应反序列化为 **okhttp3. ResponseBody** 对象。但是对于记录网页内容而言,用纯字符串要容易得多。

为了让 **Retrofit** 将服务器返回的响应数据反序列化为字符串,要在创建 **Retrofit** 对象时指定一个类型转换器,转换器知道如何将 **ResponseBody** 对象解码为其他对象类型。可以自己创建一个转换器,但没必要这样做。Square 公司提供了一个开源转换器,称为 **scalars** 转换器,可以将响应数据转换为字符串,这里用它将 Flickr 响应数据反序列化为字符串对象。

要使用 **scalars** 转换器,首先将依赖项添加到 app/build. gradle 文件中,见程序清单 20-8。

程序清单 20-8 添加 scalars 转换器依赖项(app/build. gradle)

```
dependencies {
    ...
    implementation 'org.jetbrains.kotlinx:kotlinx-coroutines-android:1.6.0'
    implementation 'com.squareup.retrofit2:converter-scalars:2.9.0'
    ...
}
```

Gradle 文件同步后,创建一个 **scalars** 转换器工厂的实例,并将其添加到 **Retrofit** 对象中,见程序清单 20-9。

程序清单 20-9　添加 scalars 转换器到 Retrofit 对象中（PhotoGalleryFragment. kt）

```kotlin
class PhotoGalleryFragment : Fragment() {
    ...
    override fun onViewCreated(view: View, savedInstanceState: Bundle?) {
        super.onViewCreated(view, savedInstanceState)

        val retrofit: Retrofit = Retrofit.Builder()
            .baseUrl("https://www.flickr.com/")
            .addConverterFactory(ScalarsConverterFactory.create())
            .build()

        val flickrApi: FlickrApi = retrofit.create<FlickrApi>()
    }
    ...
}
```

Retrofit. Builder 的 **addConverterFactory()** 函数需要一个 **Converter. Factory** 实例作为参数，转换器工厂知道如何创建和返回一个特定转换器的实例。**ScalarsConverterFactory. create()** 返回一个 **scalars** 转换器工厂的实例（**retrofit2. converter. scalars. ScalarsConverterFactory**），后者将在 **Retrofit** 需要时提供 **scalars** 转换器的实例。

具体地说，由于将 **String** 类型指定为 **FlickrApi. fetchContents()** 的返回类型，**scalars** 转换器工厂将提供字符串转换器的一个实例（**retrofit2. converter. scalars. StringResponseBodyConverter**）。**Retrofit** 对象在返回结果之前使用字符串转换器将 **ResponseBody** 对象转换为 **String** 对象。

Square 公司为 **Retrofit** 提供了一些其他的开源转换器。稍后，还将用到 **Moshi** 转换器。可以在公司网站上查看其他可用的转换器，以及有关创建自定义转换器的内容。

20.2.3　执行网络请求

到目前为止，一直在编写代码来配置网络请求，现在要开始执行 Web 请求并记录结果。下一步是用 viewLifecycleOwner. lifecycleScope 属性来启动协程，然后调用 **fetchContents()** 函数输出结果，见程序清单 20-10。

程序清单 20-10　创建网络请求（PhotoGalleryFragment. kt）

```kotlin
private const val TAG = "PhotoGalleryFragment"

class PhotoGalleryFragment : Fragment() {
    ...
    override fun onViewCreated(view: View, savedInstanceState: Bundle?) {
        super.onViewCreated(view, savedInstanceState)

        val retrofit: Retrofit = Retrofit.Builder()
            .baseUrl("https://www.flickr.com/")
            .addConverterFactory(ScalarsConverterFactory.create())
            .build()

        val flickrApi: FlickrApi = retrofit.create<FlickrApi>()

        viewLifecycleOwner.lifecycleScope.launch {
            val response = flickrApi.fetchContents()
            Log.d(TAG, "Response received: $ response")
        }
    }
    ...
}
```

Retrofit 遵守两个最重要的 Android 线程规则：

(1) 仅在后台线程上执行耗时的操作，从不在主线程上执行。

(2) 仅在主线程更新 UI，从不在后台线程更新。

当调用 **fetchContents()** 时，**Retrofit** 会在后台线程上自动执行请求。**Retrofit** 会管理并调度好后台线程，不必为它操心。当 **Retrofit** 收到响应时，因为有协程，它会将结果传递回第一次调用它的线程，在本例中就是 UI 线程。

20.2.4 请求网络权限

要连接并访问网络的最后一件事就是请求网络权限。正如用户不希望学习者偷拍他们的照片一样，他们也不希望学习者偷偷下载 ASCII(American Standard code for Information Interchange)图片。

要请求网络权限，将以下权限添加到 manifest/AndroidManifest.xml 文件中，见程序清单 20-11。

程序清单 20-11　在 manifest 中添加网络权限(manifests/AndroidManifest.xml)

```
< manifest xmlns:android = "http://schemas.android.com/apk/res/android"
           package = "com.bignerdranch.android.photogallery" >

    < uses - permission android:name = "android.permission.INTERNET" />

    < application >
        ...
    </application >
</manifest >
```

Android 将 INTERNET 权限视为"正常"权限，因为许多应用都需要它。因此，只需在 manifest 中声明即可使用。而一些有危险的权限(例如允许定位设备的权限)，既需要声明又需要在运行时动态申请。

运行 **PhotoGallery** 应用，在 Logcat 中会看到神奇的 Flickr 主页的 HTML(HyperText Markup Language)代码，如图 20-4 所示。使用 TAG 常量搜索或筛选 **PhotoGalleryFragment** 的输出。

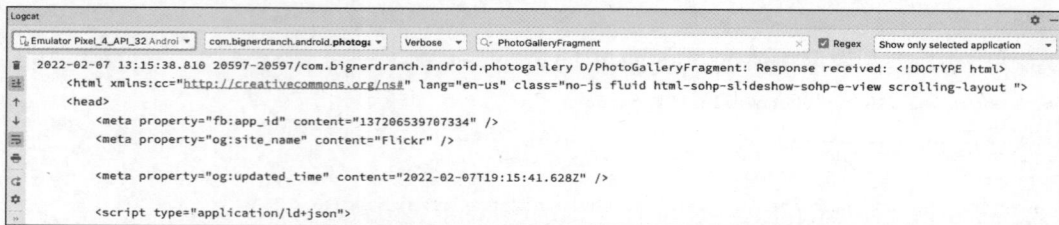

图 20-4　Logcat 中 Flickr 主页的 HTML 代码

20.2.5 使用仓库模式

现在，网络相关代码已经封装到 **fragment** 中。如果 **Retrofit** 配置代码和 API 直接访问整合在一个单独的类中会更好。

创建一个名为 PhotoRepository.kt 的 Kotlin 文件，添加一个属性存储 **FlickrApi** 实例。从 **PhotoGalleryFragment** 中剪切 **Retrofit** 配置代码和 API 接口实例化代码，并将这些代码复制到新类的 init 块中(程序清单 20-12 中以 retrofit:Retrofit = ...开头和 val flickrApi = ...开头的那两行)。

将 **flickrApi** 声明和赋值拆分为两行，将 **flickdApi** 声明为 **PhotoRepository** 上的私有属性，这将允许

在类的其他地方（init 块之外）访问它，但不能在类之外访问。

完成后，**PhotoRepository** 类的代码，见程序清单 20-12。

程序清单 20-12　创建 PhotoRepository 类（PhotoRepository.kt）

```
class PhotoRepository {
    private val flickrApi: FlickrApi

    init {
        val retrofit: Retrofit = Retrofit.Builder()
            .baseUrl("https://www.flickr.com/")
            .addConverterFactory(ScalarsConverterFactory.create())
            .build()
        flickrApi = retrofit.create()
    }
}
```

剪切操作：从 **PhotoGalleryFragment** 中剪切多余的 **Retrofit** 配置代码（见程序清单 20-13），会导致一个错误提示，暂时先忽略，完善 **PhotoRepository** 后再来修复该错误。

程序清单 20-13　从 Fragment 中剪切 Retrofit 配置代码（PhotoGalleryFragment.kt）

```
class PhotoGalleryFragment : Fragment() {
    ...
    override fun onViewCreated(view: View, savedInstanceState: Bundle?) {
        super.onViewCreated(view, savedInstanceState)

        val retrofit: Retrofit = Retrofit.Builder()
            .baseUrl("https://www.flickr.com/")
            .addConverterFactory(ScalarsConverterFactory.create())
            .build()

        val flickrApi: FlickrApi = retrofit.create<FlickrApi>()

        viewLifecycleOwner.lifecycleScope.launch {
            val response = flickrApi.fetchContents()
            Log.d(TAG, "Response received: $ response")
        }
    }
    ...
}
```

接下来，向 **PhotoRepository** 添加一个名为 **fetchContents()** 的函数，用来封装抓取 **Flickr** 主页内容而定义的 Reform API 函数，见程序清单 20-14。

程序清单 20-14　向 PhotoRepository 添加 fetchContents() 函数（PhotoRepository.kt）

```
class PhotoRepository {

    private val flickrApi: FlickrApi

    init {
        ...
    }

    suspend fun fetchContents() = flickrApi.fetchContents()
}
```

PhotoRepository 把大部分网络代码封装在 **PhotoGallery** 中（现在它很小很简单，但在接下来的几章中会不断扩充）。现在，应用中的其他视图，如 **PhotoGalleryFragment**（或某些 ViewModel、activity 或其他视图），都可以创建 **PhotoRepository** 的实例并请求照片数据，而无须关心 **Retrofit** 或数据来源。

更新 **PhotoGalleryFragment**,用 **PhotoRepository** 来看看封装效果,见程序清单 20-15。

程序清单 20-15　在 PhotoGalleryFragment 使用 PhotoRepository(PhotoGalleryFragment. kt)

```kotlin
class PhotoGalleryFragment : Fragment() {
    ...
    override fun onViewCreated(view: View, savedInstanceState: Bundle?) {
        super.onViewCreated(view, savedInstanceState)

        viewLifecycleOwner.lifecycleScope.launch {
            val response = flickrApi PhotoRepository().fetchContents()
            Log.d(TAG, "Response received: $ response")
        }
    }
    ...
}
```

这个重构使应用更接近于第 12 章中介绍的仓库模式。**PhotoRepository** 作为一个最基本的仓库,封装了从单源访问数据的逻辑。它决定了如何获取和存储一组特定的数据,目前是 HTML 代码,后面是照片。UI 代码请求的是仓库中的所有数据,因为 UI 并不关心数据的实际存储或获取方式,这些都是仓库本身的实现细节。

现在,应用的所有数据都直接来自 Flickr 网络服务器,但将来可能会将数据缓存到本地数据库中,那时还是由仓库负责从合适的地方获取数据。应用中的其他视图可以直接从仓库获取数据,而无须知道数据来自何处。

再次运行应用,并验证它是否仍然正常工作。应该会看到 Flickr 主页的内容再次输出到 Logcat,如图 20-4 所示。

20.3　从 Flickr 获取 JSON 数据

JSON 代表 JavaScript 对象表示法,它是一种流行的数据格式,尤其适用于 Web 服务。

Flickr 提供了强大的 JSON API。在常用浏览器中打开 API 文档网页,找到 **RequestFormats** 列表。由于只打算使用最简单的 REST 服务,所以查找关于 REST API 的内容。REST 服务的 API 端点是 API. flickr. com/services/REST,因此可以调用 Flickr 在此端点上提供的方法。

返回 API 文档的主页,找到 API 方法列表,向下滚动到 interestingness 区域,找到并单击 flickr. interestingness. getList 方法,文档对该方法的描述为:返回最近或用户指定日期的有趣照片列表。这正是 **PhotoGallery** 需要的结果。

getList() 方法需要的唯一参数是一个 API 密钥。要获取 API 密钥,需要在 Flickr 网站找到按照 API 密钥的链接进行操作(需要 Flickr ID 登录)。登录后,申请一个非商业用途的 API 密钥。

API 密钥类似于 4f721bgafa75bf6d2cb9be54f937bb71 这样的一串字符。只有当应用访问用户特定信息或图像时才会使用到密钥,这里不需要,忽略即可。

用 API 密钥可以向 Flickr 网络服务提出请求,GET 请求 URL 如下所示:

https://api.flickr.com/services/rest/?method = flickr.interestingness.getList&api_key = yourApiKeyHere&format = json&nojsoncallback = 1&extras = url_s

Flickr 的响应返回默认为 XML 格式。要获得有效的 JSON 数据,需要给 format 和 nojsoncallback 参数指定值。将 nojsoncallback 设置为 1,即告诉 Flickr 从发送回的响应数据中排除方法名称和括号,这样才方便 Kotlin 代码解析数据。将 extra 参数设置为 url_s,是告诉 Flickr,如果图片有缩略图也一并提供它们的 URL。

复制上述链接到浏览器地址栏，用刚获取的 API 密钥替换 yourApiKeyHere 后按 Enter 键，就能看到 JSON 返回的数据，如图 20-5 所示。

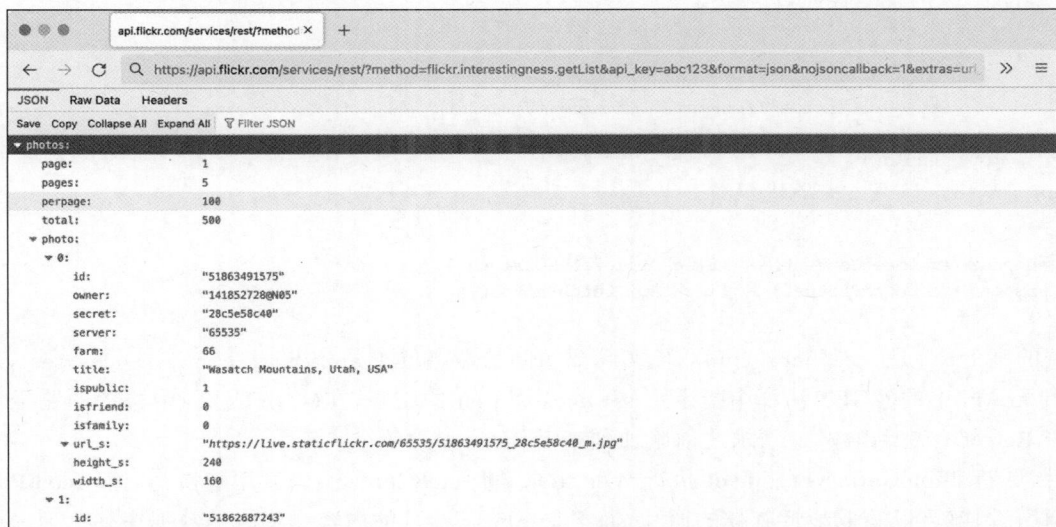

图 20-5　JSON 数据示例

> **注意**：浏览器不同，看到的结果可能会有不同。但是，不管页面如何布局，都应该看到诸如"照片""页面""网页"等数据。

现在来更新现有的网络代码，实现从 Flickr REST API 请求感兴趣的照片数据，而不是从 Flickr 主页请求。首先，在 FlickrApi API 接口中添加一个函数，再将 yourApiKeyHere 替换为自己的 API 密钥，然后，在相对路径字符串中对 URL 查询参数进行硬编码（抽取出这些查询参数，并以代码方式将它们添加进来），见程序清单 20-16。

程序清单 20-16　定义"获取感兴趣的照片"请求（api/FlickrApi.kt）

```
private const val API_KEY = "yourApiKeyHere"

interface FlickrApi {
    @GET("/")
    suspend fun fetchContents() : String
    @GET(
        "services/rest/?method = flickr.interestingness.getList" +
            "&api_key = $ API_KEY" +
            "&format = json" +
            "&nojsoncallback = 1" +
            "&extras = url_s"
    )
    suspend fun fetchPhotos(): String
}
```

> **注意**：这里给 method、api_key、format、nojsoncallback 和 extras 参数赋了值。

更新 **PhotoRepository** 中的 **Retrofit** 实例配置代码。将 Flickr 主页的基 URL 更改为基本 API 端点，将 **fetchContents()** 函数重命名为 **fetchPhotos()**，并在 API 接口上调用新的 **fetchPhotos()** 函数，见程

序清单 20-17。

程序清单 20-17　修改基 URL 并在 API 接口上调用新 fetchPhotos()函数(PhotoRepository.kt)

```
class PhotoRepository {
    private val flickrApi: FlickrApi

    init {
        val retrofit: Retrofit = Retrofit.Builder()
            .baseUrl("https://wwwapi.flickr.com/")
            .addConverterFactory(ScalarsConverterFactory.create())
            .build()
        flickrApi = retrofit.create()
    }

    suspend fun fetchContent() = flickrApi.fetchContent()
    suspend fun fetchPhotos() = flickrApi.fetchPhotos()
}
```

设置的基 URL 是 api.flickr.com/,但实际要访问的端点位于 api.flickr.com/services/rest,这是因为,在 FlickrApi 中的 @GET 注释中指定了 services 和 rest 的路径,在 @GET 注释中包含的路径和其他信息将由 **Retrofit** 在发出 Web 请求之前附加到基 URL 上。

最后,更新 **PhotoGalleryFragment** 执行 Web 请求,将 **fetchContents()** 调用替换为对新 **fetchPhotos()** 函数的调用后,就可以获取最近有趣的照片,而不是 Flickr 主页的内容。将响应数据序列化为一个字符串对象,与之前所做的那样,见程序清单 20-18。

程序清单 20-18　执行"获取最近有趣的照片"网络请求(PhotoGalleryFragment.kt)

```
class PhotoGalleryFragment : Fragment() {
    ...
    override fun onViewCreated(view: View, savedInstanceState: Bundle?) {
        super.onViewCreated(view, savedInstanceState)

        viewLifecycleOwner.lifecycleScope.launch {
            val response = PhotoRepository().fetchContent()
            val response = PhotoRepository().fetchPhotos()
            Log.d(TAG, "Response received: $ response")
        }
    }
    ...
}
```

对现有代码进行这些调整可以使应用做好准备获取和记录 Flickr 数据。运行 **PhotoGallery**,在 Logcat 中会看到丰富多彩的 Flickr JSON 响应数据,如图 20-6 所示。

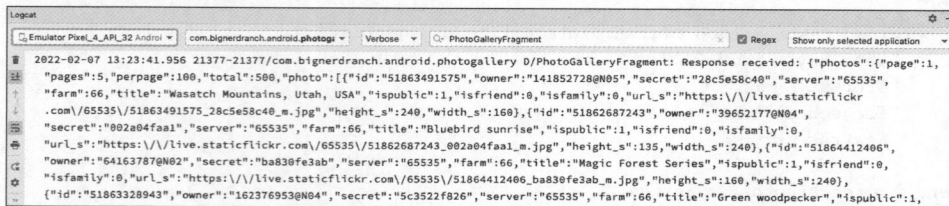

图 20-6　Logcat 中的 Flickr JSON 响应数据

注意:Logcat 可能很挑剔。如果看不到类似图 20-6 这样的结果,不要担心。有时与模拟器的连接不太稳定,日志消息无法及时显示。通常它会自行恢复,实在不行,重启应用或重启模拟器。

本书撰写时，Android Studio 的 Logcat 窗口还无法像图 20-6 那样换行显示，要向右滚动才能完整查看超长的 JSON 响应字符串。可以单击 Logcat 左侧的换行按钮强制将 Logcat 的内容进行换行，如图 20-6 所示。

成功取得 Flickr JSON 返回的数据后，应该如何解析它呢？和处理其他数据操作一样，将其放入一个或多个模型对象中。为 **PhotoGallery** 创建的模型类称为 **GalleryItem** 类，**GalleryItem** 类用来保存单个照片的元数据，包括标题、ID 和下载照片的 URL。

在 api 子包中创建 **GalleryItem** 数据类，并添加以下代码，见程序清单 20-19。

程序清单 20-19　创建模型对象（GalleryItem. kt）

```
data class GalleryItem(
    val title: String,
    val id: String,
    val url: String,
)
```

现在已经定义了一个模型对象，是时候用从 Flickr 获得的 JSON 输出数据来创建和填充该对象的实例了。

20.3.1　将 JSON 文本反序列化为模型对象

在浏览器和 Logcat 窗口中显示的 JSON 响应数据很难读取。如果用空格和 Enter 键重新排版输出，结果看起来像图 20-7 中左侧的样子。

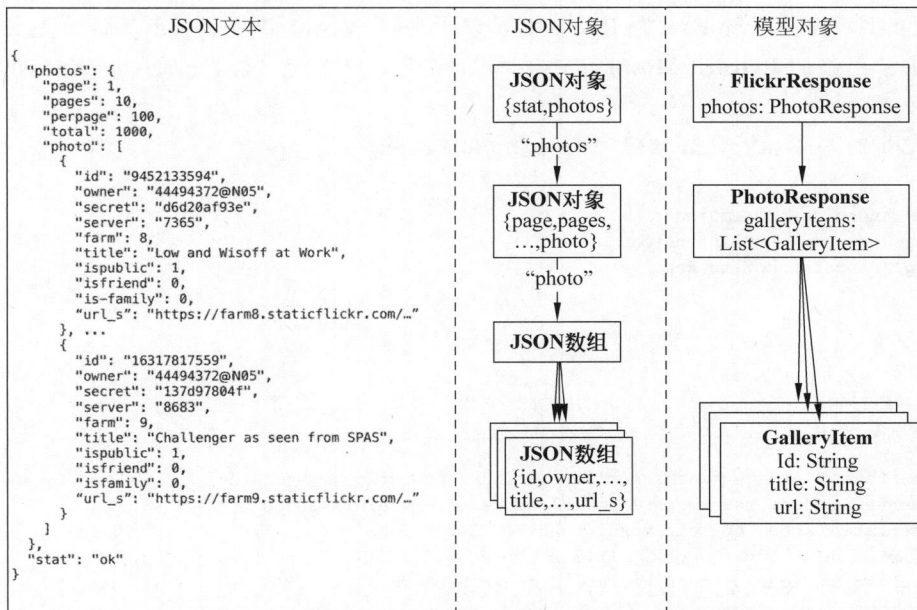

图 20-7　JSON 文本、JSON 层次结构和相应的模型对象

JSON 对象是一组包含在大括号{}之间的键-值对。JSON 数组是一个以逗号分隔的 JSON 对象列表，用方括号[]括起来。JSON 对象可以相互嵌套，从而形成如图 20-7 中间一列所示的层次结构。

> **注意**：图 20-7 的右侧显示了 GalleryItem 和即将创建的用于表示该数据的其他模型对象。

Android 提供了标准的 **org.json** 包,里面有一些可以创建和解析 JSON 文本的类(如 **JSONObject** 和 **JSONArray**)。不过,有些聪明的开发人员已创建了不少 JSON 库,用以简化 JSON 文本与 Kotlin 对象之间的互相转换。

其中一个库是 **Moshi**,它来自 Square。**Moshi** 自动将 JSON 数据映射到 Kotlin 对象,这意味着不需要编写任何解析代码,只要定义了 Kotlin 类和 JSON 对象层次结构的映射关系,其余的工作交给 **Moshi** 来完成。

Moshi 类似于 Room 数据库的 **@Entity** 数据类,它用代码生成 JSON 到 Kotlin 类的映射关系。对相关代码进行注释,**Moshi** 就会生成代码,实现将 JSON 字符串填充到 Kotlin 类实例。**Moshi** 还具备在运行时将字符串动态解析为 Kotlin 类的功能,但代码生成方法更高效,更易于设置。

要配置 **Moshi** 来做这些事,首先要启用曾在 **Room** 中使用过的 **kapt** 插件,这是在项目级定义的,因此将以下行添加到带标记(project:PhotoGallery)的 build.gradle 文件中,见程序清单 20-20。

程序清单 20-20　启用 kapt 插件(build.gradle)

```
plugins {
    id 'com.android.application' version '7.1.2' apply false
    id 'com.android.library' version '7.1.2' apply false
    id 'org.jetbrains.kotlin.android' version '1.6.10' apply false
    id 'org.jetbrains.kotlin.kapt' version '1.6.10' apply false
}
...
```

启用 **kapt** 插件后,将其应用于 app/build.gradle 中的应用构建过程。在依赖项中包括核心库以及执行代码生成的库。最后,Square 为 **Retrofit** 创建了一个 **Moshi** 转换器,可以简单地将 **Moshi** 插入 **Retrofit** 实现中。再添加 **Retrofit Moshi** 转换器库依赖项。和之前一样,完成后一定要同步文件,见程序清单 20-21。

程序清单 20-21　添加 Moshi 依赖项(app/build.gradle)

```
plugins {
    id 'com.android.application'
    id 'org.jetbrains.kotlin.android'
    id 'org.jetbrains.kotlin.kapt'
}

android {
    ...
}
dependencies {
    ...
    implementation 'org.jetbrains.kotlinx:kotlinx-coroutines-android:1.6.0'
    implementation 'com.squareup.retrofit2:converter-scalars:2.9.0'
    implementation 'com.squareup.moshi:moshi:1.13.0'
    kapt 'com.squareup.moshi:moshi-kotlin-codegen:1.13.0'
    implementation 'com.squareup.retrofit2:converter-moshi:2.9.0'
    ...
}
```

有了依赖关系后,就可以创建模型对象了,该对象映射到 Flickr 响应中的 JSON 数据。之前创建的 **GalleryItem** 模型类几乎可以直接映射到照片 JSON 数组中的单个对象。默认情况下,**Moshi** 将 JSON 对象名称映射到其属性名称。如果属性名称与 JSON 对象名称匹配,则可以保持原样直接使用。

但属性名称不是非得与 JSON 对象名称匹配。对比 GalleryItem.url 属性和 JSON 数据中的 url_s 字段,GalleryItem.url 在代码上下文中更有意义,所以最好保留它。这种情况下,可以在属性中添加

@**Json** 注释，告诉 **Moshi** 属性映射到哪个 Json 字段。

要生成将 JSON 字符串填充到 **GalleryItem** 类实例的代码，需要用@**JsonClass** 注释来注释该类，告诉 **Moshi** 在编译期间执行代码生成工作。现在用这些注释更新 **GalleryItem**，见程序清单 20-22。

程序清单 20-22　集成 Moshi（GalleryItem. kt）

```
@JsonClass(generateAdapter = true)
data class GalleryItem(
    val title: String,
    val id: String,
    @Json(name = "url_s") val url: String,
)
```

现在，创建一个 **PhotoResponse** 类来映射 JSON 数据中的照片对象，将这个新类也放入 api 包中。它包括一个名为 galleryItems 的属性用来存储图片列表，并用@Json（name＝"photo"）进行注释，**Moshi** 将自动创建一个列表，并用名为 photo 的 JSON 数组的照片对象填充该列表，见程序清单 20-23。

程序清单 20-23　添加 PhotoResponse 类（PhotoResponse. kt）

```
@JsonClass(generateAdapter = true)
data class PhotoResponse(
    @Json(name = "photo") val galleryItems: List < GalleryItem >
)
```

现在，只需关心 JSON 对象 photo 中的照片数据数组。如果想完成本章最后 20.7 节的挑战，还得去抓取分页数据。

最后，将一个名为 **FlickrResponse** 的类添加到 api 包中。这个类将映射到 JSON 数据中的最外层对象（JSON 对象层次结构顶部的对象，包含在最外层的大括号{}里），再添加一个属性映射到"photos"字段，见程序清单 20-24。

程序清单 20-24　添加 FlickrResponse 类（FlickrResponse. kt）

```
@JsonClass(generateAdapter = true)
data class FlickrResponse(
    val photos: PhotoResponse
)
```

再看一下 JSON 文本与模型对象进行比较的图（图 20-8），留意创建的对象是如何映射到 JSON 数据的。

现在最关键的操作来了：配置 **Retrofit**，使用 **Moshi** 将数据反序列化为刚才定义的模型对象。首先，将 **Retrofit** API 接口中指定的返回类型更新为 **FlickrResponse**，它是定义的映射到最外层 JSON 对象的模型对象，这向 **Moshi** 表明，它应该使用 **FlickrResponse** 来反序列化 JSON 响应数据，见程序清单 20-25。

程序清单 20-25　更新 fetchPhoto()的返回类型（FlickrApi. kt）

```
interface FlickrApi {
    @GET(...)
    fun fetchPhotos(): ~~String~~FlickrResponse
}
```

接下来更新 **PhotoRepository**。将 scalars 转换器工厂换为 **Moshi** 转换器工厂，并更新 **fetchPhotos()** 来返回图片列表，见程序清单 20-26。

程序清单 20-26　为 Moshi 更新 PhotoRepository（PhotoRepository. kt）

```
class PhotoRepository {
    private val flickrApi: FlickrApi
```

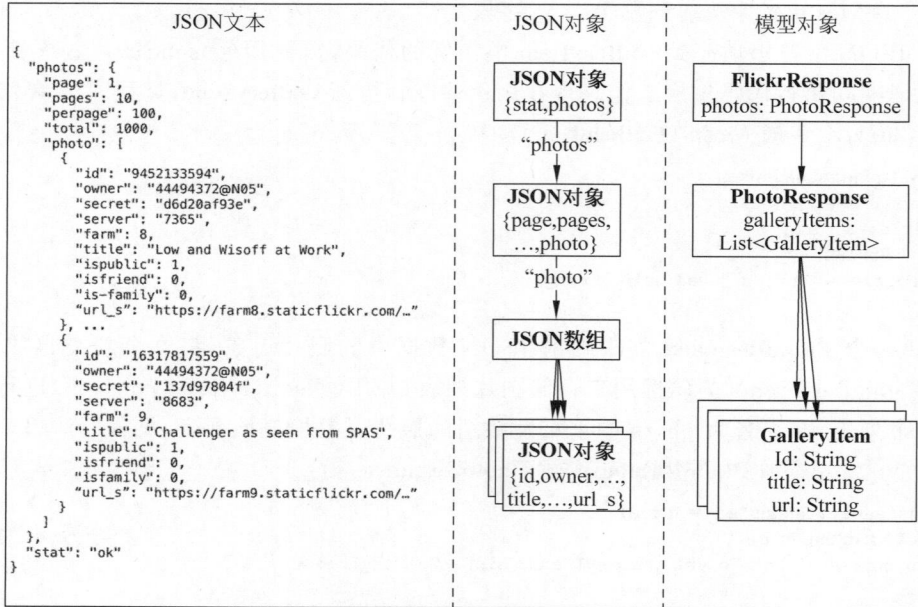

图 20-8 **PhotoGallery** 的数据与模型对象

```
init {
    val retrofit: Retrofit = Retrofit.Builder()
        .baseUrl("https://api.flickr.com/")
        .addConverterFactory(ScalarsConverterFactory.create())
        .addConverterFactory(MoshiConverterFactory.create())
        .build()
    flickrApi = retrofit.create()
}

suspend fun fetchPhotos() = flickrApi.fetchPhotos()
suspend fun fetchPhotos(): List<GalleryItem> =
    flickrApi.fetchPhotos().photos.galleryItems
}
```

现在不再使用 **scalars** 转换器工厂,所以不需要在 PhotoRepository. kt 和 PhotoGalleryFragment. kt 中导入 **retrofit2. converter. scalars**。这些代码可能会自动消失,如果还在,应该删除,否则可能会引起错误。

不需要对 **PhotoGalleryFragment** 类进行任何更改,因为只是记录结果。运行 **PhotoGallery**,测试一下 JSON 解析代码,在 Logcat 窗口中应该能看到获取图片列表的日志输出。如果想进一步研究输出结果,在 lambda 表达式中的日志行上设置断点,用调试器深入查看 galleryItems 的解析数据,如图 20-9 所示。

如果遇到问题,先检查 Web 请求格式是否正确。此外,如 API 密钥无效,**Moshi** 将无法初始化模型,Flickr API 也会返回错误响应。20.3.2 节将学习如何处理意外情况。

20.3.2 出错处理

网络请求失败有各种原因,例如设备未连接到 Internet(互联网)、访问的服务器可能已关闭,这些都无法响应请求。还有,请求内容或服务器的响应都可能存在问题。

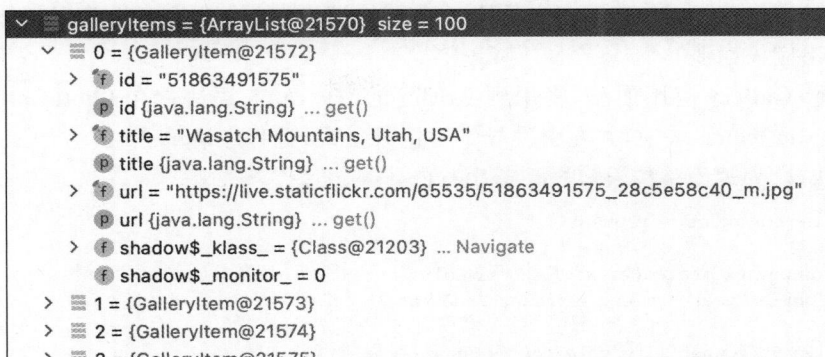

图 20-9　浏览 Flickr 的响应数据

　　网络请求失败将无法获得 **FlickrResponse** 的响应数据，这时需要根据出错原因手动进行处理。

　　要模拟常见的网络问题，先关闭设备或模拟器上的互联网访问：从屏幕顶部向下滑动，打开快速设置，按下互联网图标，关闭移动数据和 Wi-Fi，如图 20-10 所示。

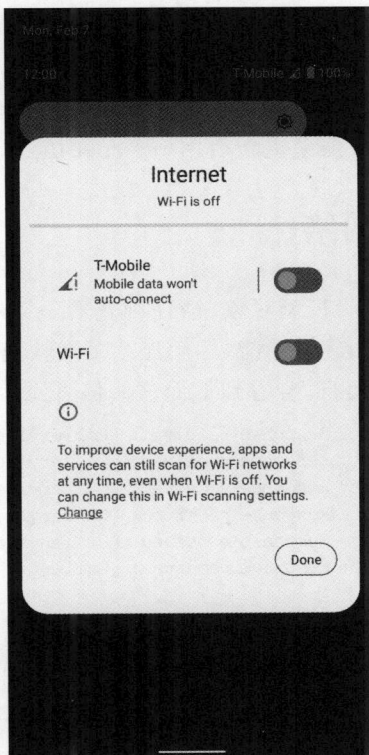

图 20-10　关闭互联网

　　注意：禁用互联网访问的步骤可能会因 Android 版本的不同有所不同，例如，可能需要查找单独的 Wi-Fi 和移动数据开关设置来禁用。

　　接下来，导航到概览屏幕并关闭 **PhotoGallery**（如果它正在运行）。最后，重新启动 **PhotoGallery**，由于应用无法成功实现网络请求，短暂显示一下就崩溃了。

根据出错原因，通过 **Retrofit** 有很多方法来处理网络请求错误，以此来改善用户体验，至少当网络出现错误时，应用不应该崩溃。

为了防止 **PhotoGallery** 应用崩溃，将用到 Kotlin 的 **try/catch** 语法。在 **PhotoGalleryFragment** 中，将网络请求封装在 **try/catch** 块中，并在引发异常时记录错误，见程序清单 20-27。

程序清单 20-27　处理网络错误（PhotoGalleryFragment. kt）

```
class PhotoGalleryFragment : Fragment() {
    ...
    override fun onViewCreated(view: View, savedInstanceState: Bundle?) {
        super.onViewCreated(view, savedInstanceState)

        viewLifecycleOwner.lifecycleScope.launch {
            try {
                val response = PhotoRepository().fetchPhotos()
                Log.d(TAG, "Response received: $ response")
            } catch (ex: Exception) {
                Log.e(TAG, "Failed to fetch gallery items", ex)
            }
        }
    }
    ...
}
```

编译并重新运行应用。查看 Logcat，会看到一个错误记录，但应用会继续运行。

在继续学习之前，请在设备或模拟器上重新启用 Internet 访问。

20.4　跨配置更改建立网络

现在应用已经将 JSON 反序列化为模型对象，请仔细查看一下在配置更改中应用是怎么做的。运行应用，确保设备或模拟器打开了自动旋转功能，然后连续多次快速旋转设备。检查 Logcat 输出，输入 **PhotoGalleryFragment** 过滤并关闭软换行，会看到下面这些信息：

```
15:49:07.304 D/PhotoGalleryFragment: Response received: [GalleryItem(...
15:49:16.794 D/PhotoGalleryFragment: Response received: [GalleryItem(...
15:49:20.098 D/PhotoGalleryFragment: Response received: [GalleryItem(...
15:49:23.565 D/PhotoGalleryFragment: Response received: [GalleryItem(...
15:49:27.043 D/PhotoGalleryFragment: Response received: [GalleryItem(...
15:49:30.099 D/PhotoGalleryFragment: Response received: [GalleryItem(...
...
```

这是怎么回事？每次旋转设备时都会发出一个新的网络请求。这是因为在 **onViewCreated()** 中启动了请求。由于 **fragment** 在每次旋转时都会被销毁并重新创建，因此会发出一个新的请求来（不必要地）重新下载数据。

这是有问题的，因为不停地在做重复的工作，应该在第一次创建 **fragment** 时发出下载请求。同样的请求（以及由此产生的数据）应该在整个旋转过程中持续存在，以保证良好的用户使用体验（同时在用户没连 Wi-Fi 时节约用户的数据流量）。

不需要在每次配置更改时启动新的 Web 请求，只需在最初创建 **fragment** 并在屏幕上显示时提取一次照片数据。当配置发生变化时（例如设备旋转），允许 Web 请求继续执行，将响应数据缓存在内存中，随后根据 **fragment** 生命周期的变化，在需要时使用缓存的数据，而不是发起新请求。

ViewModel 是解决这个问题的好工具。

将 **ViewModel** 依赖项添加到项目后,继续创建一个名为 **PhotoGalleryViewModel** 的 **ViewModel** 类。这个 **ViewModel** 看起来与 **CriminalIntent** 中的 **ViewModel** 非常相似,用 **StateFlow** 向 **fragment** 公开图片列表。在 **ViewModel** 首次初始化时启动 Web 请求获取照片数据,并将获取的数据保存在刚添加的属性中,使用 **try/catch** 块来处理抛出的异常,见程序清单 20-28。

程序清单 20-28　创建一个 ViewModel 类(PhotoGalleryViewModel. kt)

```
private const val TAG = "PhotoGalleryViewModel"

class PhotoGalleryViewModel : ViewModel() {
    private val photoRepository = PhotoRepository()

    private val _galleryItems: MutableStateFlow<List<GalleryItem>> =
        MutableStateFlow(emptyList())
    val galleryItems: StateFlow<List<GalleryItem>>
        get() = _galleryItems.asStateFlow()

    init {
        viewModelScope.launch {
            try {
                val items = photoRepository.fetchPhotos()
                Log.d(TAG, "Items received: $ items")
                _galleryItems.value = items
            } catch (ex: Exception) {
                Log.e(TAG, "Failed to fetch gallery items", ex)
            }
        }
    }
}
```

回想一下,第一次在其提供者的生命周期内请求 **ViewModel** 时,会创建 **ViewModel** 的实例。对 **ViewModel** 的连续请求返回的实例与最初创建的实例相同。

在 **PhotoGalleryViewModel** 的 init{}块中调用 PhotoRepository(). fetchPhotos(),会在 **ViewModel** 首次创建时启动对照片数据的请求。由于 **ViewModel** 在提供者的生命周期中只创建一次(当第一次从 **ViewModelProvider** 类中查询时),因此请求只进行一次(用户启动 **PhotoGalleryFragment** 时)。

当用户旋转设备或配置改变时,**ViewModel** 仍会保留在内存中,销毁后重建的 **fragment** 就能从它这里获得原始请求的结果。

由于协程的原因,当 **viewModelScope** 被取消时,网络请求也将被取消。但在一个生产应用中,应该把网络请求结果缓存在数据库或本地存储中,这样,应用再次启动后继续进行网络请求,让图片下载继续完成。

更新 **PhotoGalleryFragment** 来获取 **PhotoGalleryViewModel**。删除与 **PhotoRepository** 交互的现有代码,因为 **PhotoGalleryViewModel** 现在可以自己实现这些代码。

此外,在创建 **fragment** 视图后,更新 **PhotoGalleryFragment** 来观察 **PhotoGalleryViewModel** 的 **StateFlow** 的变化,并记录表示数据已接受的状态。最后,用这些结果来更新 **RecyclerView** 的内容,见程序清单 20-29。

程序清单 20-29　从提供者那里获得 ViewModel 实例(PhotoGalleryFragment. kt)

```
class PhotoGalleryFragment : Fragment() {
```

```
private var _binding: FragmentPhotoGalleryBinding? = null
private val binding
    get() = checkNotNull(_binding) {
        "Cannot access binding because it is null. Is the view visible?"
    }

private val photoGalleryViewModel: PhotoGalleryViewModel by viewModels()
...
override fun onViewCreated(view: View, savedInstanceState: Bundle?) {
    super.onViewCreated(view, savedInstanceState)

    viewLifecycleOwner.lifecycleScope.launch {
        try {
            val response = PhotoRepository().fetchPhotos()
            Log.d(TAG, "Response received: $ response")
        } catch (ex: Exception) {
            Log.e(TAG, "Failed to fetch gallery items", ex)
        }
        viewLifecycleOwner.repeatOnLifecycle(Lifecycle.State.STARTED) {
            photoGalleryViewModel.galleryItems.collect { items ->
                Log.d(TAG, "Response received: $ items")
            }
        }
    }
}
...
}
```

后面还会更新与 UI 相关的部件(如 **RecyclerViewAdapter**)来响应数据的变化。在 **onViewCreated()** 中启动观察可以确保 UI 视图和其他关联对象是否做好响应准备,同时,也能正确处理 **Fragment** 被断开及其视图被销毁的情况。也就是说,当 **Fragment** 重新关联时,视图将重新创建,并且请求在创建后能重新添加到新视图中。

运行应用。输入 **PhotoGalleryViewModel** 过滤 Logcat 窗口日志。无论模拟器旋转多少次,这时应该只看到一次"PhotoGalleryViewModel:Items received"的日志输出。

20.5 在 RecyclerView 中显示结果

20.5.1 RecyclerView 配置

本章的最后一项任务:切换到视图层,让 **PhotoGalleryFragment** 的 **RecyclerView** 显示图片。

首先为单个列表项创建布局。在项目工具窗口中,右击 res/layout 目录,然后选择 New→Layout resource file,将文件命名为 list_item_gallery,将根元素设置为 ImageView,然后单击 OK 按钮。

在布局中,更新并添加一些 XML 属性。**RecyclerView** 可为列表项提供合适的宽度,因此将 android:layout_width 设置为 match_parent,但将高度限制为 120dp,这样用户在 **RecyclerView** 中能同时看到多行图像。

Flickr 并没有标准化照片的大小,所以不能完全确定图片的大小。无论图像的大小如何,都可以使用两个属性设置来提供良好的图像体验。

第一个属性设置,将 android:scaleType 设置为 centerCrop。这个设置保持图像的宽高比,进行缩放图像,直到图像的宽和高都大于或等于 ImageView 的宽和高,然后居中显示;当图片和 ImageView 的宽高比例不相等时,图片会有部分被裁剪掉,从而导致显示不全。

第二个属性设置,将 android:layout_gravity 属性设置为 center。这个设置使图像在 ImageView 的宽高内垂直和水平居中,见程序清单 20-30。

程序清单 20-30 修改列表项布局文件(layout/list_item_gallery.xml)

```xml
<?xml version = "1.0" encoding = "utf - 8"?>
< ImageView xmlns:android = "http://schemas.android.com/apk/res/android"
    android:id = "@ + id/item_image_view"
    android:layout_width = "match_parent"
    android:layout_height = "match_parent"
    android:layout_height = "120dp"
    android:layout_gravity = "center"
    android:scaleType = "centerCrop" />

</ImageView>
```

定义好布局后,可以开始 Kotlin 编码了。像在第 10 章中提到的,需要创建两个 Kotlin 类:一个将继承 RecyclerView.ViewHolder,另一个继承 RecyclerView.Adapter。

首先,创建 PhotoViewHolder,它继承了 RecyclerView.ViewHolder,将负责为刚刚创建的布局保留视图的一个实例,并将 GalleryItem 绑定到该视图。接下来,创建 PhotoListAdapter,它继承了 RecyclerView.Adapter,管理 RecyclerView 和后台数据之间的通信,向 RecyclerView 提供 PhotoViewHolder 实例,并适时将这些实例与 GalleryItem 绑定。

现在开始创建一个名为 PhotoListAdapter.kt 的新文件,在新文件中定义一个 PhotoViewHolder 类,它将 ListItemGalleryBinding 作为构造函数参数,并拥有一个 bind(galleryItem:GalleryItem)函数,该函数用 GalleryItem 中的数据更新 PhotoViewHolder,见程序清单 20-31。

程序清单 20-31 添加 ViewHolder 实现(PhotoListAdapter.kt)

```kotlin
class PhotoViewHolder(
    private val binding: ListItemGalleryBinding
) : RecyclerView.ViewHolder(binding.root) {
    fun bind(galleryItem: GalleryItem) {
        // TODO
    }
}
```

接下来,添加一个 RecyclerView.Adapter,根据需要提供基于 GalleryItems 列表的 PhotoViewHolders,见程序清单 20-32。

程序清单 20-32 添加 RecyclerView.Adapter 实现(PhotoListAdapter.kt)

```kotlin
class PhotoViewHolder(
    private val binding: ListItemGalleryBinding
) : RecyclerView.ViewHolder(binding.root) {
    ...
}

class PhotoListAdapter(
    private val galleryItems: List < GalleryItem >
) : RecyclerView.Adapter < PhotoViewHolder >() {
    override fun onCreateViewHolder(
```

```
        parent: ViewGroup,
        viewType: Int
    ): PhotoViewHolder {
        val inflater = LayoutInflater.from(parent.context)
        val binding = ListItemGalleryBinding.inflate(inflater, parent, false)
        return PhotoViewHolder(binding)
    }

    override fun onBindViewHolder(holder: PhotoViewHolder, position: Int) {
        val item = galleryItems[position]
        holder.bind(item)
    }

    override fun getItemCount() = galleryItems.size
}
```

现在,**RecyclerView** 已经准备就绪,当 **StateFlow** 发出新值时,用更新的 **GalleryItems** 数据关联 Adapter,见程序清单 20-33。

程序清单 20-33　当有数据可用或数据变化时向 RecyclerView 添加一个 Adapter(PhotoGallery-Fragment. kt)

```
class PhotoGalleryFragment : Fragment() {
    ...
    override fun onViewCreated(view: View, savedInstanceState: Bundle?) {
        super.onViewCreated(view, savedInstanceState)

        viewLifecycleOwner.lifecycleScope.launch {
            viewLifecycleOwner.repeatOnLifecycle(Lifecycle.State.STARTED) {
                photoGalleryViewModel.galleryItems.collect { items ->
                    Log.d(TAG, "Response received: $ items")
                    binding.photoGrid.adapter = PhotoListAdapter(items)
                }
            }
        }
    }
    ...
}
```

20.5.2　显示图像

所有的基本工作都已就绪,要开始显示图像了。很遗憾,这次无法重用 **CriminalIntent** 中的代码来显示图像,因为这些图像不是保存在设备中,而是来自互联网。

另外,高效地显示图像比之前更加重要。这次不像在 **CriminalIntent** 中那样显示单个图像,而是 20 多个。用户向下滚动网格,则需要再加载几十个。这看似简单的任务会带来大量的计算和内存使用。因此,需要在 UI 线程之外完成尽可能多的工作,因为即使在加载所有图像时,UI 也需要做出响应。

高效的图像加载是一个难题。要考虑的事很多,例如网络连接、跨线程处理图像、缓存图像、调整图像大小以适应其容器、在不需要图像时取消请求等。虽然也可以手动编写所需的图像加载代码,事实上,在本书的前几版中,专门用了整整一章来完成这项任务。

除非必要,不应手动编码,况且现在有 Android 工具。正如有许多库用于解析 JSON 或执行网络请求一样,也有许多库可以帮助学习者在 Android 上下载和显示图像。常用的工具有 **Picasso**(同样来自 Square)和 **Glide**。

在 **PhotoGallery** 应用中,使用了最初 Instacart 公司开发的 **Coil**。**Coil** 利用了现代 Kotlin 语言的所

有便利功能,并与协程无缝集成来管理后台执行的工作。

将 **Coil** 依赖项添加到 app/build.gradle 中,见程序清单 20-34。

程序清单 20-34　添加 Coil 依赖项(app/build.gradle)

```
...
dependencies {
    ...
    implementation 'com.squareup.retrofit2:converter-moshi:2.9.0'
    implementation 'io.coil-kt:coil:2.0.0-rc02'
    testImplementation 'junit:junit:4.13.2'
    ...
}
```

不要忘记同步 Gradle 文件。

Coil 是一个高度可定制的库,但基本用法很简单:当将数据绑定到 **PhotoViewHolder** 时,调用 **Coil** 为 **ImageView** 提供的 **load()** 扩展函数,从 **GalleryItem** 传入 url 属性作为参数,然后 **Coil** 将处理余下的事情,见程序清单 20-35。

程序清单 20-35　载入图像(PhotoListAdapter.kt)

```
class PhotoViewHolder(
    private val binding: ListItemGalleryBinding
) : RecyclerView.ViewHolder(binding.root) {
    fun bind(galleryItem: GalleryItem) {
        // TODO
        binding.itemImageView.load(galleryItem.url)
    }
}
...
```

就那么简单! 运行 **PhotoGallery**,欣赏一下它显示的有趣照片,如图 20-11 所示。

Coil 还有一些有趣的功能,这些功能超出了基本功能。例如可以自动将图像裁剪成圆形,又如实现图像的淡入淡出效果,还可以在图像加载较慢时显示占位图,等等。

所有这些定制功能都可以在 lambda 表达式中进行配置,lambda 表达式是刚才使用的 **load()** 扩展函数的可选参数。来看看如何配置;添加一个占位图,这样用户在等待加载照片时就不必看着空白屏幕。在解决方案文件中找到 bill_up_close.png,将其放入 res/drawable 中,当从 Flickr 下载图片时,用它作为占位图,见程序清单 20-36。

程序清单 20-36　载入图像时显示占位图(PhotoListAdapter.kt)

```
class PhotoViewHolder(
    private val binding: ListItemGalleryBinding
) : RecyclerView.ViewHolder(binding.root) {
    fun bind(galleryItem: GalleryItem) {
        binding.itemImageView.load(galleryItem.url) {
            placeholder(R.drawable.bill_up_close)
        }
    }
}
...
```

再次运行应用,看到占位图填满了 RecyclerView,然后随着 Flickr 中的图像到达而消失,如图 20-12 所示。

图 20-11 有趣的照片

图 20-12 占位图效果

20.6 深入学习:管理依赖项

PhotoRepository 对 Flickr 照片元数据的来源提供了一个抽象层,其他视图(如 **PhotoGalleryFragment**)利用这个抽象层来获取 Flickr 数据,不必考虑数据来自哪里。

PhotoRepository 本身并不知道如何从 Flickr 下载 JSON 数据。相反,**PhotoRepository** 依赖 **FlickrApi** 来了解端点 URL,连接该端点,并执行下载 JSON 数据的实际工作,所以说 **PhotoRepository** 依赖 **FlickrApi**。

FlickrApi 是在 **PhotoRepository** 的 init 初始化块里进行初始化的(见灰底行):

```
class PhotoRepository {
    ...
    init {
        val retrofit: Retrofit = Retrofit.Builder()
            .baseUrl("https://api.flickr.com/")
            .addConverterFactory(MoshiConverterFactory.create())
            .build()
        flickrApi = retrofit.create()
    }
    ...
}
```

这对于一个简单的应用来说没什么问题,但也有一些潜在的问题需要考虑。

首先,很难对 **PhotoRepository** 进行单元测试。回顾第 6 章,单元测试的目标是验证某个类及它与其他类的交互行为。要想正确地对 **PhotoRepository** 进行单元测试,就需要将它与真正的 **FlickrApi** 隔离开来。但这很难办,因为 **FlickrApi** 是在 **PhotoRepository** 的 init 块中初始化的。

因此没有办法将 **FlickrApi** 的模拟实例提供给 **PhotoRepository** 进行测试。这是有问题的,因为针对 **fetchPhotos()** 运行的任何测试都会导致网络请求,测试的成功取决于网络状态和运行测试时 Flickr

后端 API 的可用性。

另一个问题是 **FlickrApi** 实例化起来很烦琐。在构建 **FlickrApi** 的实例之前,必须构建并配置 **Retrofit** 的实例,这个实现要求在任何创建 **FlickrApi** 实例的地方都要复制 **Retrofit** 配置代码。

最后,在每个用到 **FlickrApi** 的地方创建一个 **FlickrApi** 实例会导致不必要的对象创建。相对于移动设备的稀缺可用资源,对象创建是昂贵的。实践中,应该尽量在应用中共享类的实例,避免不必要的对象分配资源。**FlickrApi** 是理想的共享类,因为它没有可变的实例状态。

依赖项注入(或称 **DI**)是一种设计模式,它将创建依赖项(如 **FlickrApi**)的逻辑中心化处理,再将依赖项提供给需要的类,从而解决上述问题。将 **DI**(Dependency Injection,DI)应用于 **PhotoGallery**,可以在每次构建 **PhotoRepository** 的新实例时很容易地将 **FlickrApi** 实例传递到 **PhotoRepository** 中。使用 **DI** 可以:

> 将 **FlickrApi** 的初始化逻辑封装到 **PhotoRepository** 之外的公共位置。
> 在整个应用中使用 **FlickrApi** 的单个实例。
> 在单元测试时替换 **FlickrApi** 的模拟版本。

将 **DI** 模式应用于 **PhotoRepository**,如下所示:

```
class PhotoRepository(private val flickrApi: FlickrApi) {
    suspend fun fetchPhotos(): List<GalleryItem> =
        flickrApi.fetchPhotos().photos.galleryItems
}
```

> **注意**:应用 DI 模式并不要求所有依赖都使用单例模式。传入一个 **FlickrApi** 实例就能创建 **PhotoRepository**。这种创建 **PhotoRepository** 的机制能够灵活地根据应用场景提供一个 **FlickrApi** 的新实例或共享实例就可以了。

DI 模式是个广泛的话题,涉及 Android 开发之外的方方面面,本节的讨论只触及表面。有专门介绍 **DI** 概念的图书,也有许多使 **DI** 更容易实现的库。如果学习者想在应用中使用 **DI**,可以考虑使用其中的某些库,它将帮助并指导学习者完成 **DI** 实现的过程,从而少写一些代码。

本书撰写时,Google 官方推荐 Dagger 2 及其配套的 Hilt,这些是在 Android 上实现 **DI** 的库。

20.7　挑战练习:分页

默认情况下,getList()方法返回一页共 100 个结果。getList 方法有一个名为 **page** 的参数,使用该参数可以返回第二页、第三页等更多页的结果。

要完成这一挑战,先研究 Jetpack 分页库,并用它来实现 **PhotoGallery** 的分页。Jetpack 分页库提供了一个框架,用于在需要时加载应用的数据。虽然可以手动实现分页功能,但利用分页库将减少工作量,也不容易出错。

第21章

搜索与数据存储

本章实现在 **PhotoGallery** 中搜索 Flickr 网站上的照片,学习如何使用 **SearchView** 将搜索集成到应用中。**SearchView** 是一个操作视图类,可以直接嵌入应用工具栏中。还将学习如何使用 **AndroidX DataStore** 库将数据存储到设备的文件系统中。

添加搜索功能后,用户可按下 **SearchView**,输入要查询的关键字并提交查询请求。提交查询将向 Flickr 的搜索 API 发送查询字符串,并用搜索结果填充 RecyclerView,如图 21-1 所示。查询字符串也将保留到文件系统中,这样,在重新启动应用或设备后,依然可以找回用户的最后一次搜索记录。

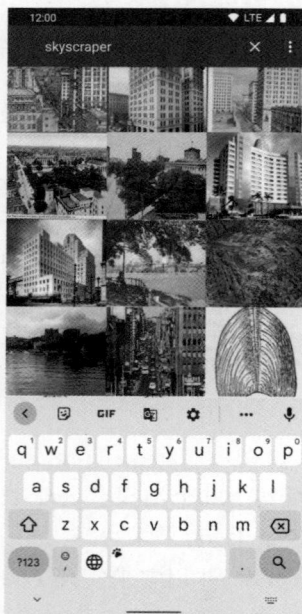

图 21-1　**PhotoGallery** 应用预览

21.1　搜索 Flickr 网站

要搜索 Flickr,可以调用 **Flickr. photos. search** 方法。以下是获取请求的示例:

```
https://api.flickr.com/services/rest/?method = flickr.photos.search
&api_key = xxx&format = json&nojsoncallback = 1&extras = url_s&safe_search = 1&text = cat
```

method 参数指定为 **flickr. photos. search**，text 参数附加在请求后面，text 参数为正在搜索的任何字符串（在本例中为 cat），safe-search 参数设置为 1 表示从发回数据里过滤掉不适宜的内容。

还有一些参数键-值对，如 format＝json，在 **flickr. photos. search** 和 **flickr. internetness. getList** 请求 URL 中都是常量，需要把这些共享参数键-值对单独抽出来放到一个 **interceptor**（拦截器）里。

Interceptor 根据参数键-值对执行预期的操作，它拦截请求或响应，在请求或响应完成之前进行某种干预操作。**interceptor** 接口是 OkHttp 库的一部分，如在第 20 章中所谈到的，它是实际负责执行 **Retrofit** 网络请求的库。

在 API 文件夹中创建一个名为 **PhotoInterceptor** 的 **Interceptor** 类，覆盖 **intercept（chain）** 获取原始网络请求，向其添加共享参数键-值对，并用新创建的 URL 覆盖原始 URL（切记在 ApiKeyHere 处用在第 20 章中创建的 API 密钥进行替换，API 密钥可以从 API/FlickrApi. kt 中复制），见程序清单 21-1。

程序清单 21-1 通过 interceptor（）函数添加 URL 常量（api/PhotoInterceptor. kt）

```
private const val API_KEY = "yourApiKeyHere"

class PhotoInterceptor : Interceptor {
    override fun intercept(chain: Interceptor.Chain): Response {
        val originalRequest: Request = chain.request()

        val newUrl: HttpUrl = originalRequest.url.newBuilder()
            .addQueryParameter("api_key", API_KEY)
            .addQueryParameter("format", "json")
            .addQueryParameter("nojsoncallback", "1")
            .addQueryParameter("extras", "url_s")
            .addQueryParameter("safesearch", "1")
            .build()

        val newRequest: Request = originalRequest.newBuilder()
            .url(newUrl)
            .build()

        return chain.proceed(newRequest)
    }
}
```

在导入 **Request** 和 **Response** 包时，Android Studio 提供了几个选择，记得选 **OkHttp 3** 库包。

这里调用 **chain. request（）** 来获取原始请求。originalRequest. url 属性包含请求中的原始 URL，可用 **HttpUrl. Builder** 将查询参数添加到该属性中。**HttpUrl. Builder** 基于原始请求创建一个新的请求，并用新的 URL 覆盖原始 URL。

最后，调用 **chain. proceed（newRequest）** 生成一个 **Response**。如果没有调用 **chain. proceed（）**，网络请求将不会发生。

现在，打开 PhotoRepository. kt 将 **interceptor** 添加到 **Retrofit** 配置中。创建一个 **OkHttpClient** 实例并添加一个名为 **PhotoInterceptor** 的 **interceptor**，然后在 **Retrofit** 实例上设置带新配置的客户端，替换正在使用的默认客户端；**Retrofit** 利用这个客户端，对所有产生的请求执行 **PhotoInterceptor. cintercept（）**，见程序清单 21-2。

程序清单 21-2 添加 interceptor 到 Retrofit 配置（PhotoRepository. kt）

```
class PhotoRepository {
    private val flickrApi: FlickrApi

    init {
```

```
val okHttpClient = OkHttpClient.Builder()
    .addInterceptor(PhotoInterceptor())
    .build()

val retrofit: Retrofit = Retrofit.Builder()
    .baseUrl("https://api.flickr.com/")
    .addConverterFactory(MoshiConverterFactory.create())
    .client(okHttpClient)
    .build()
flickrApi = retrofit.create()
}
...
}
```

FlickrApi 中指定的 **flickr. interentiness. getList** URL 现在不需要了，删掉它，然后添加一个 **searchPhotos()**函数，为 **Retrofit**API 配置定义一个搜索请求，见程序清单 21-3。

程序清单 21-3　为 Retrofit 添加一个搜索函数（api/FlickrApi. kt）

```
private const val API_KEY = "yourApiKeyHere"

interface FlickrApi {
    @GET(
        "services/rest/?method = flickr. interestingness. getList" +
            "&api_key = $ API_KEY" +
            "&format = json" +
            "&nojsoncallback = 1" +
            "&extras = url_s"
    )

    @GET("services/rest/?method = flickr. interestingness. getList")
    suspend fun fetchPhotos(): FlickrResponse
    @GET("services/rest?method = flickr. photos. search")
    suspend fun searchPhotos(@Query("text") query: String): FlickrResponse
}
```

@Query 注释允许动态地附加一个查询参数到 URL 里。在这里附加一个名为 text 的查询参数，text 的值取决于传递给 **searchPhotos(String)**的参数。例如，调用 **searchPhotos("robot")**会在 URL 中添加 text＝robot。

在 **PhotoRepository** 中添加一个搜索函数来封装新添加的 **FlickrApi. searchPhotos(String)**函数，见程序清单 21-4。

程序清单 21-4　在 PhotoRepository 中添加一个搜索函数（PhotoRepository. kt）

```
class PhotoRepository {
    ...
    suspend fun fetchPhotos(): List < GalleryItem > =
        flickrApi.fetchPhotos().photos.galleryItems

    suspend fun searchPhotos(query: String): List < GalleryItem > =
        flickrApi.searchPhotos(query).photos.galleryItems
}
```

最后，更新 **PhotoGalleryViewModel** 以启动 Flickr 搜索。现在暂时将搜索词硬编码为"planets. "。尽管还没有为用户提供输入查询的 UI，但对查询进行硬编码可以用来测试新的搜索代码，同时删除调试日志语句，不再需要了，见程序清单 21-5。

程序清单 21-5　开始一个搜索请求（PhotoGalleryViewModel. kt）

```
class PhotoGalleryViewModel : ViewModel() {
```

```
...
init {
    viewModelScope.launch {
        try {
            val items = photoRepository.~~fetchPhotos()~~ searchPhotos("planets")
            ~~Log.d(TAG, "Items received: $ items")~~
            _galleryItems.value = items
        } catch (ex: Exception) {
            Log.e(TAG, "Failed to fetch gallery items", ex)
        }
    }
}
```

虽然搜索请求 URL 与之前用于请求照片的 URL 不同,但返回的 JSON 数据的格式保持不变。这是个好消息,因为这意味着可以复用之前已经写好的 **Moshi** 配置和模型映射代码。

运行 **PhotoGallery**,看看搜索查询能否正常工作,希望能看到一两张很酷的地球照片。

> **注意**:如果没有返回明显与"planets."有关的结果,并不是说查询不起作用,可以尝试其他的搜索词(如"自行车"或"美洲驼"),然后再次运行应用,直到看到预期的搜索结果。

21.2 使用 SearchView

现在 **PhotoRepository** 已支持搜索,是时候为用户添加输入查询并启动搜索功能了。添加 **SearchView** 来实现。

21.2.1 SearchView 定义

前面说过,**SearchView** 是一个操作视图,可以让整个搜索界面嵌入应用的工具栏中。

为 **PhotoGalleryFragment** 创建一个名为 res/menu/fragment_photo_gallery.xml 的菜单 XML 文件,该文件定义在应用工具栏中显示的项目(参阅第 15 章,了解添加菜单 XML 文件的详细步骤),见程序清单 21-6。

程序清单 21-6 添加菜单 XML 文件(res/menu/fragment_photo_gallery.xml)

```
< menu xmlns:android = "http://schemas.android.com/apk/res/android"
        xmlns:app = "http://schemas.android.com/apk/res - auto">

    < item android:id = "@ + id/menu_item_search"
        android:title = "@string/search"
        app:actionViewClass = "androidx.appcompat.widget.SearchView"
        app:showAsAction = "ifRoom" />

    < item android:id = "@ + id/menu_item_clear"
        android:title = "@string/clear_search"
        app:showAsAction = "never" />
</ menu >
```

新 XML 文件会出现几个错误,因为未定义 android:title 属性而引用字符串。暂时忽略这些,稍后会处理。

程序清单 21-6 中的第一个定义项将 app:actionViewClass 属性设置为 androidx.appcompat. widget.SearchView,告知工具栏要显示 **SearchView**。

> **注意**：showAsAction 和 actionViewClass 属性需要使用 **app** 命名空间，如果不确定为什么用，参阅第 15 章中的相关内容。

程序清单 21-6 中的第二定义项添加选项 Clear Search，由于 app：showAsAction 属性设置为 never，此选项将始终显示在溢出菜单中，稍后将配置此项，实现单击该选项就从磁盘中删除用户保存的搜索记录。

现在解决菜单 XML 文件中未定义字符串的错误。打开 res/values/strings. xml 并添加缺少的字符串，见程序清单 21-7。

程序清单 21-7　添加搜索字符串（res/values/strings. xml）

```
< resources >
    ...
    < string name = " search"> Search </string >
    < string name = " clear_search"> Clear Search </string >

</resources >
```

最后，打开 PhotoGalleryFragment. kt 文件，在 **onCreate()** 中添加对 **setHasOptionsMenu (true)** 的调用，来注册 **fragment** 接收菜单回调函数。覆盖 **onCreateOptionsMenu()** 并实例化菜单 XML 文件。如果没有在 **onCreate()** 中调用 **setHasOptionsMenu (true)**，则永远不会调用 **onCreateOptionsMenu()**，菜单也不会出现在屏幕上。执行完这些操作，菜单 XML 文件中定义的菜单项就添加到应用工具栏中了，见程序清单 21-8。

程序清单 21-8　覆盖 onCreateOptionsMenu()（PhotoGalleryFragment. kt）

```
class PhotoGalleryFragment : Fragment() {
    ...
    private val photoGalleryViewModel: PhotoGalleryViewModel by viewModels()

    override fun onCreate(savedInstanceState: Bundle?) {
        super.onCreate(savedInstanceState)
        setHasOptionsMenu(true)
    }
    ...
    override fun onDestroyView() {
        ...
    }

    override fun onCreateOptionsMenu(menu: Menu, inflater: MenuInflater) {
        super.onCreateOptionsMenu(menu, inflater)
        inflater.inflate(R.menu.fragment_photo_gallery, menu)
    }
}
```

启动 **PhotoGallery**，看看 **SearchView** 的界面是什么样的。单击 **Search** 图标，将展开视图并显示一个文本框，可以在其中输入要查询的内容，如图 21-2 所示。

SearchView 展开后，右侧会显示一个 **X** 图标，单击 **X** 图标会清除输入的内容，再次单击 **X** 图标 **SearchView** 会折叠回去，变成一个搜索图标。

现在提交搜索不会有任何结果。不要急，**SearchView** 稍后就会有响应。

21.2.2　响应用户搜索

当用户提交查询时，应用应立即开始搜索 Flickr 网站，并用搜索结果刷新用户看到的图像。首先，

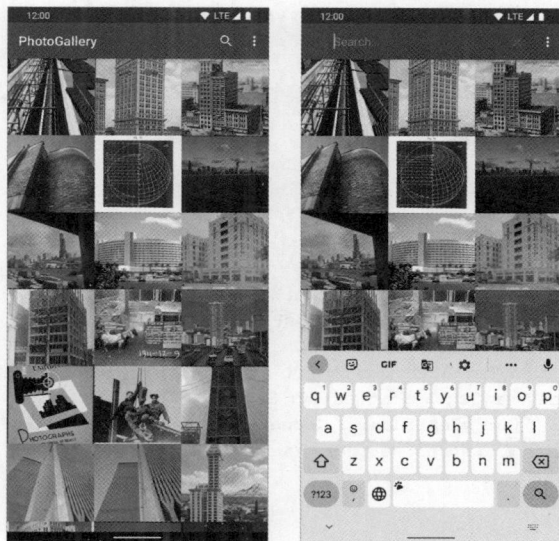

图 21-2 **SearchView** 折叠并展开

更新 **PhotoGalleryViewModel** 启动网络请求,并在查询内容变化时刷新搜索结果。搜索一个空字符串没有意义,所以当查询内容为空时,返回的是最有趣的照片。由于有两种情况需要发出网络请求,所以将请求代码放到私有函数中,见程序清单 21-9。

程序清单 21-9　在 PhotoGalleryViewModel 中进行搜索(PhotoGalleryViewModel.kt)

```
class PhotoGalleryViewModel : ViewModel() {
    ...
    init {
        viewModelScope.launch {
            try {
                val items = photoRepository.searchPhotos("planets")
                val items = fetchGalleryItems("planets")
                _galleryItems.value = items
            } catch (ex: Exception) {
                Log.e(TAG, "Failed to fetch gallery items", ex)
            }
        }
    }

    fun setQuery(query: String) {
        viewModelScope.launch { _galleryItems.value = fetchGalleryItems(query) }
    }

    private suspend fun fetchGalleryItems(query: String): List<GalleryItem> {
        return if (query.isNotEmpty()) {
            photoRepository.searchPhotos(query)
        } else {
            photoRepository.fetchPhotos()
        }
    }
}
```

每次用户通过 **SearchView** 提交查询时,需要用 **PhotoGalleryViewModel.setQuery()** 刷新 **PhotoGalleryFragment**。幸运的是,**SearchView.OnQueryTextListener** 接口提供了一种在提交查询时接收回调函数的方法。

更新 **onCreateOptionsMenu()**，添加一个 **SearchView. OnQueryTextListener** 到 **SearchView**，见程序清单 21-10。

程序清单 21-10　记录 SearchView. OnQueryTextListener 事件（PhotoGalleryFragment. kt）

```kotlin
class PhotoGalleryFragment : Fragment() {
    ...
    override fun onCreateOptionsMenu(menu: Menu, inflater: MenuInflater) {
        super.onCreateOptionsMenu(menu, inflater)
        inflater.inflate(R.menu.fragment_photo_gallery, menu)

        val searchItem: MenuItem = menu.findItem(R.id.menu_item_search)
        val searchView = searchItem.actionView as? SearchView

        searchView?.setOnQueryTextListener(object : SearchView.OnQueryTextListener {
            override fun onQueryTextSubmit(query: String?): Boolean {
                Log.d(TAG, "QueryTextSubmit: $query")
                photoGalleryViewModel.setQuery(query ?: "")
                return true
            }

            override fun onQueryTextChange(newText: String?): Boolean {
                Log.d(TAG, "QueryTextChange: $newText")
                return false
            }
        })
    }
}
```

导入 **SearchView** 时，请从提供的选项中选择 **androidx. appcompat. widget. SearchView** 选项。

在 **onCreateOptionsMenu()** 中，从菜单中取出代表搜索框的 **MenuItem**，并将其保存在 **searchItem** 中，然后用 actionView 属性从 **searchItem** 中取出 **SearchView** 对象。

一旦引用了 **SearchView**，就可以用 **setOnQueryTextListener()** 来设置 **SearchView. OnQueryTextListener**。另外还必须在 **SearchView. OnQueryTextListener** 实现中覆盖两个函数：**onQueryTextSubmit（String）** 和 **onQueryTextChange（String）**。

只要 **SearchView** 文本框中的内容有变化，**onQueryTextChange（String）** 回调函数就会执行，这意味着只要有一个字符发生变化都会调用它。除记录输入并返回 false 值外，没有在这个回调函数中做任何事。返回 false 值是告诉系统覆盖回调函数没有处理文本变化，这实际是暗示系统执行 **SearchView** 的默认操作。

在用户提交查询时，**onQueryTextSubmit（String）** 回调函数就会执行，用户提交的查询字符串将作为参数传入，返回 true 值向系统表示搜索请求已被处理。这个回调函数在 **PhotoGalleryViewModel** 中调用，触发查询的照片下载。

运行应用并提交查询，会看到反映 **SearchView. OnQueryTextListener** 回调函数执行情况的日志，以及响应搜索请求后重新加载的图像，如图 21-3 所示。

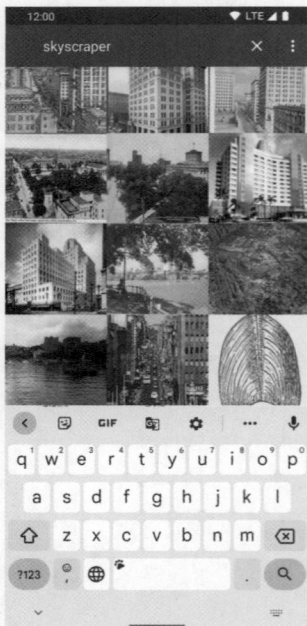

图 21-3　工作中的 **SearchView**

> **注意**：如果在模拟器上使用物理键盘提交查询（而不是模拟器的屏幕键盘），搜索可能会执行了两次。这是因为 **SearchView** 有一个小错误，可以忽略，这只会出现在模拟器上，在真实的 Android 设备上运行没有影响。

21.3　用 DataStore 实现轻量级数据存储

在 PhotoGallery 应用中，一次只能有一个激活的查询。**PhotoGalleryViewModel** 应该在 **fragment** 生命周期内保存这个查询，甚至在应用或设备重启后也不会丢失（即使用户关闭了设备）。

可以用 **DataStore AndroidX** 库实现这一点。**DataStore** 是一个库，它可以与 **shared preferences** 实现交互，应用可以将键值对保存在文件系统的文件上。当用户提交查询时，将要搜索的字符串写入 **shared preferences** 中，覆盖之前记录的字符串。应用首次启动时，从 **shared preferences** 中取出保存的搜索字符串，并用它来执行 Flickr 搜索。

shared preferences 支持的基本类型有 String、Int、Boolean 等。它内置于 Android 操作系统中，自第一次发布以来一直可用。在 **DataStore** 出现之前，通常是直接访问 **shared preferences**，但 **DataStore** 为数据一致性提供了更强的保证，并改进了异步访问和存储数据的 API 以及后台线程。当然，它也支持协程来执行异步工作。

除与 **shared preferences** 交互之外，**DataStore** 还支持用于存储复杂对象的协议缓冲区，协议缓冲区读取速度快，节省空间，但需要一些额外的设置，会给代码增加一些复杂性，因此这里使用 **shared preferences**。

打开 app/build.gradle 文件添加 **DataStore** 依赖项，见程序清单 21-11。

程序清单 21-11　添加 DataStore 依赖项（app/build.gradle）

```
...
dependencies {
...
    implementation 'io.coil‐kt:coil:2.0.0‐rc02'
    implementation 'androidx.datastore:datastore‐preferences:1.0.0'
    ...
}
```

添加好后记得同步 Gradle 文件。

在 **CriminalIntent** 中使用了 **CrimeRepository** 来封装 **Room** 库，在 **PhotoGallery** 中，正在用 **PhotoRepository** 来封装 **Retrofit**。类似地，创建一个 **PreferencesRepository** 来封装 **DataStore** 库。

DataStore 库本质上是用 Kotlin 构建的，因此它利用了 Kotlin 的一些更高级功能来实现一些巧妙的技巧。与之前有所不同，**PreferencesRepository** 的一些设置可能有点奇怪，别担心，设置一旦完成，**PreferencesRepository** 的使用将非常简单。与之前其他库的设置类似，通过设置类属性与 **DataStore** 库交互，这个类属性就是 **DataStore ＜ Preferences ＞**接口的实例。

无论何时读取或写入查询字符串值，都会用到一个 **key**。**DataStore** 定义 **key** 的方法有点特殊，它不是用简单字符串键来定义，而是根据存储值的类型库函数来创建键。函数名的前缀是类型，所以如果要创建一个 **key** 来存储字符串，可以调用 **stringPreferencesKey()** 函数，如果要存储一个整数，可以调用 **intPreferencesKey()** 函数。

这些函数仍然需要一个唯一的字符串作为参数。如果不想为这些 **key** 创建多个实例，可以在

PreferencesPositionry 伴生对象中保留一个引用。

一旦 **key** 定义好了,就可以用它来访问保存的查询。**DataStore** 通过 **coroutine Flow** 公开数据,将保存的查询公开为 **Flow<String>**,调用方可以很容易就读取到最新保存的查询,通过将 data 属性映射到 DataStore<Preferences> 属性上来提取 **key** 的值。为防止 **Flow** 排放多个相同的值,要用到 **distinctUntilChanged()** 函数。

在 PreferencesRepository.kt 文件中实现,见程序清单 21-12。

程序清单 21-12 读取保存的字符串(PreferencesRepository.kt)

```
class PreferencesRepository(
    private val dataStore: DataStore<Preferences>
) {
    val storedQuery: Flow<String> = dataStore.data.map {
        it[SEARCH_QUERY_KEY] ?: ""
    }.distinctUntilChanged()

    companion object {
        private val SEARCH_QUERY_KEY = stringPreferencesKey("search_query")
    }
}
```

DataStore 库还使用协程将查询写入文件系统中。通过在 data 属性上调用 **edit()** 函数读取 lambda 表达式来更改数据。lambda 表达式中的所有更改都将被视为一个事务,因此可以编辑多个值,然后一次性写入磁盘。在用户提交新查询时用读取已保存查询的 **key** 对保存的查询进行更新,见程序清单 21-13。

程序清单 21-13 编辑已保存的查询(PreferencesRepository.kt)

```
class PreferencesRepository(
    private val dataStore: DataStore<Preferences>
) {
    val storedQuery: Flow<String> = dataStore.data.map {
        it[SEARCH_QUERY_KEY] ?: ""
    }.distinctUntilChanged()

    suspend fun setStoredQuery(query: String) {
        dataStore.edit {
            it[SEARCH_QUERY_KEY] = query
        }
    }

    companion object {
        private val SEARCH_QUERY_KEY = stringPreferencesKey("search_query")
    }
}
```

应用只需要一个能在所有其他组件中共享的 **PreferencesRepository** 实例。正如在 **CrimeRepository** 所做的那样,在伴生对象中创建一个 **PreferencesRepository** 的单例实例,并传入 **DataStore<Preferences>** 类的实例。

让 **PreferenceDataStoreFactory** 类来创建 **DataStore<Preferences>** 实例。这里需要提供保存数据的 File,在 **Context** 上调用 **preferences DataStoreFile()** 扩展函数,并传入 File 的名称。

此外,由于不希望其他类也能创建 **PreferencesRepository** 实例,因此将其构造函数标记为 **private**,见程序清单 21-14。

程序清单 21-14　创建一个单例实例(PreferencesRepository.kt)

```
class PreferencesRepository private constructor(
    private val dataStore: DataStore<Preferences>
) {
    ...
    companion object {
        private val SEARCH_QUERY_KEY = stringPreferencesKey("search_query")
        private var INSTANCE: PreferencesRepository? = null

        fun initialize(context: Context) {
            if (INSTANCE == null) {
                val dataStore = PreferenceDataStoreFactory.create {
                    context.preferencesDataStoreFile("settings")
                }

                INSTANCE = PreferencesRepository(dataStore)
            }
        }

        fun get(): PreferencesRepository {
            return INSTANCE ?: throw IllegalStateException(
                "PreferencesRepository must be initialized"
            )
        }
    }
}
```

设置好 **PreferencesRepository** 类后,接下来将重复在 **CriminalIntent** 中对 **CrimeRepository** 所做的一些操作:对 **Application** 类进行子类化,并在 **manifest** 中引用新的子类。

创建一个名为 **PhotoGalleryApplication** 的新类,并让它继承 **Application** 类。在 **onCreate()**方法中初始化 **Preferencespository**,见程序清单 21-15。

程序清单 21-15　创建 PhotoGalleryApplication 子类(PhotoGalleryApplication.kt)

```
class PhotoGalleryApplication : Application() {
    override fun onCreate() {
        super.onCreate()
        PreferencesRepository.initialize(this)
    }
}
```

现在,可以在 AndroidManifest.xml 中对 **PhotoGalleryApplication** 进行登记,见程序清单 21-16。

程序清单 21-16　登记 PhotoGalleryApplication(AndroidManifest.xml)

```
<manifest xmlns:android="http://schemas.android.com/apk/res/android"
    package="com.bignerdranch.android.photogallery">

    <uses-permission android:name="android.permission.INTERNET" />

    <application
        android:name=".PhotoGalleryApplication"
        android:allowBackup="true"
        ...>
        ...
    </application>

</manifest>
```

PreferencesRepository 是 **PhotoGallery** 的整体持久化引擎。现在可以轻松地存储和访问用户的最新查询了，接下来更新 **PhotoGalleryViewModel**，实现从磁盘读取和写入查询。

与 **CriminalIntent** 一样，都是使用单向数据流模式来简化业务逻辑。在 **PhotoGallery** 中，状态源是存储在文件系统中的数据。而在 **CriminalIntent** 中，状态源略有不同。**CriminalIntent** 将一个 **crime** 从数据库加载到 **CrimeDetailViewModel**，一旦加载完成，由于用户与 UI 交互的原因，**CrimeDetailViewModel** 会不断改变，因此 **CrimeDetailViewModel** 是状态的来源。

PhotoGalleryViewModel 不会修改查询。当用户输入查询时，它只需将查询传递给 **PreferencesRepository**。当数据流向下发送到 **PhotoGalleryFragment** 时，**PhotoGalleryViewModel** 用 **PreferencesRepository** 提供的最新查询执行网络请求，并通过该数据流提供响应的图片集。数据流仍将朝着一个方向流动，要做的只是改变数据的形式，如图 21-4 所示。

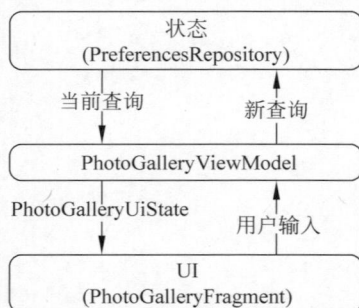

图 21-4 **PhotoGallery** 中的数据流

用 **storedQuery** 更新 **PhotoGalleryViewModel**，见程序清单 21-17。

程序清单 21-17 持久化查询（PhotoGalleryViewModel.kt）

```kotlin
class PhotoGalleryViewModel : ViewModel() {
    private val photoRepository = PhotoRepository()
    private val preferencesRepository = PreferencesRepository.get()
    ...
    init {
        viewModelScope.launch {
            preferencesRepository.storedQuery.collectLatest { storedQuery ->
                try {
                    val items = fetchGalleryItems("planets" storedQuery)
                    _galleryItems.value = items
                } catch (ex: Exception) {
                    Log.e(TAG, "Failed to fetch gallery items", ex)
                }
            }
        }
    }

    fun setQuery(query: String) {
        viewModelScope.launch { _galleryItems.value = fetchGalleryItems(query) }
        viewModelScope.launch { preferencesRepository.setStoredQuery(query) }
    }
    ...
}
```

由于用户可以在执行单个网络请求期间提交多个查询，因此要调用 **collectLatest()** 而不是 **collect()**。如果 lambda 表达式处于 **Flow** 中的最后一个排放处理期间，并且新的 **Flow** 排放已到达，则当前工作将被取消，并且 lambda 表达式将重新启动，在新的 **Flow** 排放上执行。

这非常适合本例。如果用户提交了新的查询，则之前的查询请求不会再继续处理。

接下来，当用户从溢出菜单中选择"清除搜索"菜单项时清除已保存的查询信息（设置为""），见程序清单 21-18。

程序清单 21-18 清除已保存的查询（PhotoGalleryFragment.kt）

```kotlin
class PhotoGalleryFragment : Fragment() {
    ...
    override fun onCreateOptionsMenu(menu: Menu, inflater: MenuInflater) {
        ...
```

```
    }

    override fun onOptionsItemSelected(item: MenuItem): Boolean {
        return when (item.itemId) {
            R.id.menu_item_clear -> {
                photoGalleryViewModel.setQuery("")
                true
            }
            else -> super.onOptionsItemSelected(item)
        }
    }
}
```

搜索功能现在应该能用了。运行 **PhotoGallery**，试着搜索一些有趣的东西，例如"独轮车"，看看会得到什么结果。然后按 Back 按钮完全退出应用，或者更进一步，重启设备。当重新启动应用时，应该会看到同样的搜索结果。

21.4　定义 UI 状态

进行一些优化，当用户按下搜索图标搜索视图时，用已保存的查询预先填充搜索文本框。

然而，在初始化搜索视图的同时，没有很好办法可以读取已存储的查询。由于 **DataStore** 以异步方式公开其数据，因此在创建 **fragment** 期间没有很好的方法来访问其值。第 12 章曾谈到，异步读取磁盘上的数据库可以避免阻塞主线程。由于 **DataStore** 支持磁盘存储，所以同样的性能也适用 **DataStore**，这意味着需要再次用到协程。

利用 **StateFlow** 和 **ViewModel** 可以向 UI 发送异步值。如果需要，可以在 **PhotoGalleryViewModel** 中创建一个 StateFlow < String >属性来跟踪查询。这是可行的，但有两个 **flow** 需要从 **PhotoGalleryFragment** 中收集和处理。如果只有这两个 **flow**，可能没问题，但随着应用的扩展，**flow** 越来越多会变得难以维护。

相反，可以将图片列表和查询组合为一个值，将该值发送给 **PhotoGalleryFragment**，通过定义一个新的数据类来跟踪 UI 状态，UI 状态对象包含在应用中显示部分或整个屏幕所需的所有数据中。

在 **PhotoGalleryFragment** 中描述显示内容的两条数据是图片列表和搜索文本框中的值。在 PhotoGalleryViewModel.kt 文件底部创建一个名为 **PhotoGalleryUiState** 的数据类，用它保存这两条数据，见程序清单 21-19。

程序清单 21-19　创建 PhotoGalleryUiState 数据类（PhotoGalleryViewModel.kt）

```
class PhotoGalleryViewModel : ViewModel() {
    ...
}

data class PhotoGalleryUiState(
    val images: List<GalleryItem> = listOf(),
    val query: String = "",
)
```

更新 **PhotoGalleryViewModel**，以公开 StateFlow < PhotoGalleryUiState >属性，代替 StateFlow < List < GalleryItem >>属性，见程序清单 21-20。

程序清单 21-20　从 PhotoGalleryViewModel 公开搜索项（PhotoGalleryViewModel.kt）

```
class PhotoGalleryViewModel : ViewModel() {
```

```
...
private val _galleryItems: MutableStateFlow<List<GalleryItem>> =
    MutableStateFlow(listOf())
val galleryItems: StateFlow<List<GalleryItem>>
    get() = _galleryItems.asStateFlow()
private val _uiState: MutableStateFlow<PhotoGalleryUiState> =
    MutableStateFlow(PhotoGalleryUiState())
val uiState: StateFlow<PhotoGalleryUiState>
    get() = _uiState.asStateFlow()

init {
    viewModelScope.launch {
        preferencesRepository.storedQuery.collectLatest { storedQuery ->
            try {
                val items = fetchGalleryItems(storedQuery)

                _galleryItems.value = items
                _uiState.update { oldState ->
                    oldState.copy(
                        images = items,
                        query = storedQuery
                    )
                }
            } catch (ex: Exception) {
                Log.e(TAG, "Failed to fetch gallery items", ex)
            }
        }
    }
}
...
}
...
```

若要用已保存的查询更新 **SearchView**，必须维护对它的引用，为该引用向 **PhotoGalleryFragment** 添加一个类属性。与_binding 属性类似，不要一直保持对该属性的引用。所以，与在 **onDestroyView( )** 函数中取消引用_binding 属性一样，在 **onDestructionOptionsMenu( )** 中也要取消引用该属性，见程序清单 21-21。

程序清单 21-21　保持对 SearchView 的引用（**PhotoGalleryFragment. kt**）

```
class PhotoGalleryFragment : Fragment() {
    ...
    private var searchView: SearchView? = null

    private val photoGalleryViewModel: PhotoGalleryViewModel by viewModels()
    ...
    override fun onCreateOptionsMenu(menu: Menu, inflater: MenuInflater) {
        ...
        val searchItem: MenuItem = menu.findItem(R.id.menu_item_search)
        val searchView = searchItem.actionView as? SearchView
        pollingMenuItem = menu.findItem(R.id.menu_item_toggle_polling)
        ...
    }

    override fun onOptionsItemSelected(item: MenuItem): Boolean {
        ...
    }

    override fun onDestroyOptionsMenu() {
        super.onDestroyOptionsMenu()
```

```
        searchView = null
    }
}
```

现在，用新的 StateFlow < PhotoGalleryUiState >属性更新 **PhotoGalleryFragment**。和之前一样设置 **RecyclerView. Adapter**，并在搜索视图上调用 **setQuery()** 函数，用最新的查询作为参数传给它，见程序清单 21-22。

程序清单 21-22 更新 PhotoGalleryFragment（PhotoGalleryFragment. kt）

```
class PhotoGalleryFragment : Fragment() {
    ...
    override fun onViewCreated(view: View, savedInstanceState: Bundle?) {
        super.onViewCreated(view, savedInstanceState)

        viewLifecycleOwner.lifecycleScope.launch {
            viewLifecycleOwner.repeatOnLifecycle(Lifecycle.State.STARTED) {
                photoGalleryViewModel.galleryItems.collect { items ->
                    binding.photoGrid.adapter = PhotoListAdapter(items)
                }
                photoGalleryViewModel.uiState.collect { state ->
                    binding.photoGrid.adapter = PhotoListAdapter(state.images)
                    searchView?.setQuery(state.query, false)
                }
            }
        }
    }
    ...
}
```

运行应用并提交一些搜索，尽情享受一下优化后的应用。当然，应用还有更多要优化的地方。

21.5 挑战练习：进一步完善应用

PhotoGallery 的搜索功能还有一些小缺陷和不足。一个高质量的应用搜索会在各个细节方面进行调整来提高用户体验。看看能否实现其中的某个挑战：

（1）提交查询后，立即隐藏软键盘。

（2）执行网络请求时，显示加载指示器（显示进度条）。

（3）当前的搜索实现有一个小问题：如果在搜索进行时开始输入新查询，则在搜索完成时会重置该查询。让用户在执行查询时禁止输入新查询（或完全禁用 **SearchView** 上的文本输入）。

（4）许多应用显示"搜索建议"或"搜索历史"，以帮助用户更快地输入查询。跟踪以前提交的查询，并在用户输入 **SearchView** 时模糊匹配搜索历史，并显示匹配的搜索历史列表（需要用到第二个 **RecyclerView** 来显示"搜索建议"，当搜索正在进行时，在图片位置显示"搜索建议"）。

一些挑战可以自己完成，其他的挑战可能会要求学习者更改 UI 的状态以及表示数据的方式。

第22章

WorkManager

PhotoGallery 应用现在已经实现了从 Flickr 下载有趣的图片,根据用户的查询搜索图片,还可以保存查询历史。本章添加一个轮询 Flickr 的功能,用以查询 Flickr 上有没有新图片发布。

这项轮询工作将在后台进行,不管用户有没有打开应用,它也会执行。如果 Flickr 上有新照片,则应用将显示通知,提示用户回到应用来查看新照片。

Jetpack WorkManager 架构组件库中的一些工具可以实现定期检查 Flickr 是否有新照片。需要创建一个 **Worker** 类来执行实际工作,然后每隔一段时间执行一次。当发现有新照片时,用 **NotificationManager** 向用户发布通知,如图 22-1 所示。

图 22-1　轮询结果

22.1　创建 Worker 类

后台要实现的逻辑会放到 **Worker** 类里,一旦 **Worker** 就绪,就会创建一个 **WorkRequest**,它告诉系统工作何时执行。

添加 **Worker** 之前,先要在 app/build.gradle 中添加需要的依赖项,见程序清单 22-1。

程序清单 22-1　添加 WorkManager 依赖项（app/build.gradle）

```
dependencies {
    ...
    implementation "androidx.datastore:datastore-preferences:1.0.0"
    implementation 'androidx.work:work-runtime-ktx:2.7.1'
    ...
}
```

添加完成后，还需要同步项目。

有了依赖项后，就可以设置 **Worker** 了。与之前使用过的几个库一样，**WorkManager** 库也集成了协程。创建一个名为 **PollWorker** 的新类，让它继承 **CoroutineWorker** 基类。**PollWorker** 需要两个参数，一个 Context 对象和一个 WorkerParameters 对象，这两个参数都将传递给超类构造函数。现在，覆盖 **doWork()** 函数并将消息日志打印到控制台，见程序清单 22-2。

程序清单 22-2　创建 worker（PollWorker.kt）

```
private const val TAG = "PollWorker"

class PollWorker(
    private val context: Context,
    workerParameters: WorkerParameters
) : CoroutineWorker(context, workerParameters) {
    override suspend fun doWork(): Result {
        Log.i(TAG, "Work request triggered")
        return Result.success()
    }
}
```

doWork() 函数是从后台线程调用的，因此可以安排执行耗时的任务。函数的返回值表示操作的状态。这里返回成功状态，因为该函数目前的任务只是将日志打印到控制台。

如果工作没有完成，**doWork()** 函数返回失败结果，这时，**WorkRequest** 不会再次执行。如果遇到临时错误并且希望以后再次运行该工作，**doWork()** 函数也可以返回一个重试结果。

PollWorker 类只知道如何执行后台工作，至于何时执行，还需要另一个组件来调度工作。

22.2　Worker 调度

要调度 **Worker** 执行任务，需要一个 **WorkRequest** 来协助。**WorkRequest** 类本身是个抽象类，因此需要根据待执行任务的类型，用它的某个子类实现。如果需要执行的是一次性任务，就用 **OneTimeWorkRequest** 子类实现。如果任务必须定期执行，就用 **PeriodicWorkRequest** 子类实现。

目前使用 **OneTimeWorkRequest** 子类实现，通过这个实现来了解有关创建和控制请求的更多信息，并验证 **PollWorker** 是否正常工作。稍后，将更新应用，使用 **PeriodicWorkRequest** 子类实现。

打开 PhotoGalleryFragment.kt 文件，创建一个 **WorkRequest**，并安排其执行，见程序清单 22-3。

程序清单 22-3　调度一个 WorkRequest（PhotoGalleryFragment.kt）

```
class PhotoGalleryFragment : Fragment() {
    ...
    override fun onCreate(savedInstanceState: Bundle?) {
        super.onCreate(savedInstanceState)
        setHasOptionsMenu(true)

        val workRequest = OneTimeWorkRequest
```

```
                    .Builder(PollWorker::class.java)
                    .build()
            WorkManager.getInstance(requireContext())
                    .enqueue(workRequest)
        }
        ...
    }
```

OneTimeWorkRequest 类使用构造器来构造实例。将 **Worker** 类提供给 **WorkRequest** 要执行的构造器,一旦 **WorkRequest** 准备就绪,就可以使用 **WorkManager** 类对其进行调度。调用 **getInstance(Context)** 函数来访问 **WorkManager**,然后以 **WorkRequest** 为参数调用 **enqueue()** 函数,根据请求类型和添加到请求中的 **constraints** 来调度 **WorkRequest** 的执行。

运行应用并在 Logcat 中搜索 **PollWorker**,在应用启动后应该会立即看到日志输出,内容如下:

```
19:58:39.415 I/PollWorker: Work request triggered
19:58:39.420 I/WM - WorkerWrapper: Worker result SUCCESS for Work [ id = 896...
```

很多时候,要在后台执行的工作与网络有关。例如正在轮询用户尚未看到的新信息,或者正在从本地数据库推送更新到远程服务器上进行保存。这些工作虽然很重要,但也不要浪费昂贵的数据流量,最好是在设备连上免费网络时再执行任务。

可以用 **Constraints** 类将约束条件添加到 **WorkRequest** 中。利用这个类,可以要求在满足某些条件下执行工作,例如在连上免费网络,或者电池电量充足或正在充电时等条件。

在 **PhotoGalleryFragment** 中编辑 **OneTimeWorkRequest**,给请求添加限制约束条件,见程序清单 22-4。

程序清单 22-4　给请求添加限制约束(PhotoGalleryFragment.kt)

```
class PhotoGalleryFragment : Fragment() {
    ...
    override fun onCreate(savedInstanceState: Bundle?) {
        super.onCreate(savedInstanceState)
        setHasOptionsMenu(true)

        val constraints = Constraints.Builder()
            .setRequiredNetworkType(NetworkType.UNMETERED)
            .build()
        val workRequest = OneTimeWorkRequest
            .Builder(PollWorker::class.java)
            .setConstraints(constraints)
            .build()
        WorkManager.getInstance(requireContext())
            .enqueue(workRequest)
    }
    ...
}
```

确保导入 **androidx.work.Constraints** 的选择正确。

与 **WorkRequest** 类似,**Constraints** 对象使用构造器来配置新实例,这里指定设备必须在免费网络上才能执行 **WorkRequest**。

要测试这个功能,需要在模拟器上模拟不同的网络类型。默认情况下,模拟器连接到模拟的 Wi-Fi 网络。由于 Wi-Fi 是一个免费网络,如果现在运行应用,网络正好满足限制条件,应该会看到来自 **PollWorker** 的日志消息输出。

若要验证设备在按流量计费的网络上不会执行 **WorkRequest**,需要修改模拟器的网络设置。退出

PhotoGallery，在消息通知区域下滑展开设备的快捷设置界面，单击 Internet 图标，在 Internet 快速设置中，关闭 Wi-Fi 选项，如图 22-2 所示。这样，模拟器就会强制使用（流量计费的）蜂窝网络。

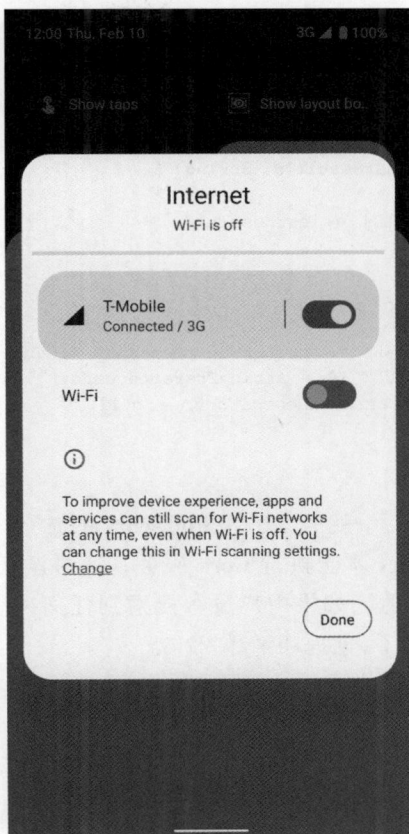

图 22-2　关闭 Wi-Fi

在禁用 Wi-Fi 的情况下，从 Android Studio 重新运行 **PhotoGallery**，并验证 **PollWorker** 的日志是否未显示。继续学习之前，记得重新启动 Wi-Fi 网络。

22.3　检查新图片

现在 **PollWorker** 能运行了，可以添加用以检查新照片的逻辑代码，此功能需要分几步来实现。首先需要保存用户看到的最新照片的 ID，然后再更新 **PollWorker** 类来提取新照片，并将存储的 ID 与服务器上的最新 ID 进行比较。

第一个更改是更新 **PreferencesRepository**，实现存储和检索 **shared preferences** 中最新照片的 ID，见程序清单 22-5。

程序清单 22-5　保存最新照片的 ID（PreferencesRepository. kt）

```
class PreferencesRepository private constructor(
    private val dataStore: DataStore < Preferences >
) {
    ...
    suspend fun setStoredQuery(query: String) {
```

```
        dataStore.edit {
            it[SEARCH_QUERY_KEY] = query
        }
    }

    val lastResultId: Flow<String> = dataStore.data.map {
        it[PREF_LAST_RESULT_ID] ?: ""
    }.distinctUntilChanged()

    suspend fun setLastResultId(lastResultId: String) {
        dataStore.edit {
            it[PREF_LAST_RESULT_ID] = lastResultId
        }
    }

    companion object {
        private val SEARCH_QUERY_KEY = stringPreferencesKey("search_query")
        private val PREF_LAST_RESULT_ID = stringPreferencesKey("lastResultId")
        private var INSTANCE: PreferencesRepository? = null
        ...
    }
}
```

设置好 **PreferencesRepository** 后，就可以在 **PollWorker** 中开始 **work** 服务。需要同时访问 **PreferencesRepository** 和 **PhotoRepository** 才能执行 **work** 服务。通过调用 **PreferencesRepository** 上的 **first()** 函数，从每个 Flow 属性中获得一个值。如果用户没有搜索到任何内容，则表示没有用于查找新内容的搜索词，那样的话，**work** 服务就完成了，见程序清单 22-6。

程序清单 22-6　开始 work 服务（PollWorker. kt）

```
class PollWorker(
    private val context: Context,
    workerParameters: WorkerParameters
) : CoroutineWorker(context, workerParameters) {
    override suspend fun doWork(): Result {
        Log.i(TAG, "Work request triggered")
        val preferencesRepository = PreferencesRepository.get()
        val photoRepository = PhotoRepository()

        val query = preferencesRepository.storedQuery.first()
        val lastId = preferencesRepository.lastResultId.first()

        if (query.isEmpty()) {
            Log.i(TAG, "No saved query, finishing early.")
            return Result.success()
        }

        return Result.success()
    }
}
```

当用户有查询结果保存时，会发出请求来获取该查询的图片列表。如果网络请求由于各种原因失败，**PollWorker** 返回 **Result. failure()**。有时请求失败不可避免，网络请求可能失败的原因有很多，在大多数情况下没办法解决。

如果网络请求成功，那么需要检查最新的照片 ID 是否与已保存的照片 ID 匹配。如果不匹配，那么将向用户发出一个通知。无论照片 ID 是否匹配，**PollWorker** 都将返回 **Result. success()**，见程序清单 22-7。

程序清单 22-7 Getting the work done(PollWorker.kt)

```
class PollWorker(
    private val context: Context,
    workerParameters: WorkerParameters
) : CoroutineWorker(context, workerParameters) {
    override suspend fun doWork(): Result {
        val preferencesRepository = PreferencesRepository.get()
        val photoRepository = PhotoRepository()

        val query = preferencesRepository.storedQuery.first()
        val lastId = preferencesRepository.lastResultId.first()

        if (query.isEmpty()) {
            Log.i(TAG, "No saved query, finishing early.")
            return Result.success()
        }

        return Result.success()
        return try {
            val items = photoRepository.searchPhotos(query)
            if (items.isNotEmpty()) {
                val newResultId = items.first().id
                if (newResultId == lastId) {
                    Log.i(TAG, "Still have the same result: $ newResultId")
                } else {
                    Log.i(TAG, "Got a new result: $ newResultId")
                    preferencesRepository.setLastResultId(newResultId)
                }
            }

            Result.success()
        } catch (ex: Exception) {
            Log.e(TAG, "Background update failed", ex)
            Result.failure()
        }
    }
}
```

在设备或模拟器上运行 **PhotoGallery** 应用。第一次运行时,最后一个图片 ID 没有保存在 **QueryPreferences** 中,因此从日志可以看到,**PollWorker** 发现了一个新结果。如果再次快速运行应用,会看到 **PollWorker** 找到了相同的图片 ID,运行结果如下:

```
20:08:05.930 I/PollWorker: Got a new result: 51873395252
20:08:05.987 I/WM - WorkerWrapper: Worker result SUCCESS for Work [ id = 988...
20:08:35.189 I/PollWorker: Still have the same result: 51873395252
20:08:35.192 I/WM - WorkerWrapper: Worker result SUCCESS for Work [ id = 88b...
```

22.4 通知用户

PollWorker 在后台运行并检查新照片,但用户对此一无所知。当 **PhotoGallery** 发现用户尚未查看新照片时,它应该提示用户打开应用并查看新照片。

当应用需要与用户沟通时,一般都是使用 **notification** 这个工具。通知是显示在"通知抽屉"中的消息条目,用户可以从屏幕顶部向下拖动来查看这些消息条目。

在运行 Android Oreo(API 26 级)及更高版本的 Android 设备上创建通知之前,必须创建一个频道。频道对通知进行分类管理,为用户提供更精细的通知偏好控制管理。用户不仅可以选择关闭整个应用的通知,还可以选择关闭应用中某些类别的通知。另外,用户还可以逐个频道自定义静音、振动和其他通知设置。

例如,假设希望 **PhotoGallery** 在获取到新的可爱动物图片时发送 3 类通知:新小猫图片、新小狗图片和图腾饰品(适用于所有可爱的动物图片,不分物种)。这时可创建 3 个频道,每个频道对应一个通知类别,用户可以独立配置它们,如图 22-3 所示。

为支持 Android Oreo 及更高版本,应用必须至少创建一个频道。应用可以创建的频道数量没有上限,但不要太多,够用且合理才对用户有意义。记住,频道的作用是让用户在应用中配置通知,过多的频道会让用户无所适从,从而导致用户体验不佳。

如果设备是在 Android Oreo 及更高版本上运行,修改 **PhotoGalleryApplication** 以创建一个频道,见程序清单 22-8。

程序清单 22-8   创建一个通知频道(PhotoGalleryApplication. kt)

```
const val NOTIFICATION_CHANNEL_ID = "flickr_poll"

class PhotoGalleryApplication : Application() {
    override fun onCreate() {
        super.onCreate()
        PreferencesRepository.initialize(this)

        if (Build.VERSION.SDK_INT >= Build.VERSION_CODES.O) {
            val name = getString(R.string.notification_channel_name)
            val importance = NotificationManager.IMPORTANCE_DEFAULT
            val channel =
                NotificationChannel(NOTIFICATION_CHANNEL_ID, name, importance)
            val notificationManager: NotificationManager =
                getSystemService(NotificationManager::class.java)
                notificationManager.createNotificationChannel(channel)
        }
    }
}
```

图 22-3   精细化通知的频道设置

频道名称是一个用户看得见的字符串,显示在应用的通知设置界面中,如图 22-3 所示。将用以存储频道名称的字符串资源添加到 res/values/strings. xml 中,再顺手添加一些通知消息需要的其他字符串资源,见程序清单 22-9。

程序清单 22-9   添加字符串资源(res/values/strings. xml)

```
< resources >
    < string name = "clear_search"> Clear Search </string>
    < string name = "notification_channel_name"> Background updates </string>
    < string name = "new_pictures_title"> New PhotoGallery Pictures </string>
    < string name = "new_pictures_text"> You have new pictures in PhotoGallery.</string>
</resources>
```

要发布通知,需创建一个 **Notification** 对象。**Notification** 对象是用一个构建器对象创建的,很像在第 14 章中使用的 **AlertDialog** 对象。**Notification** 对象至少应具有:

(1)在状态栏中显示的图标。

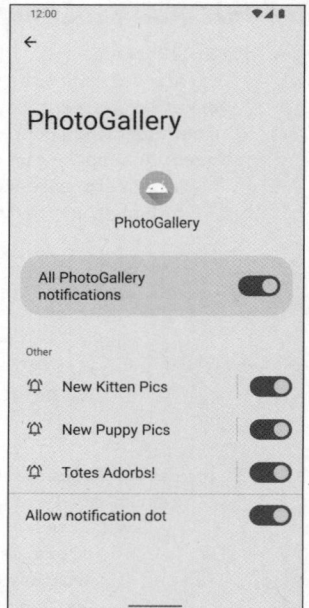

（2）显示在"通知抽屉"中表示通知本身的视图。

（3）当用户按下"抽屉"中的通知时触发的 **PendingIntent**。

（4）一个 **NotificationChannel**，用于应用样式并为用户提供对通知的控制。

还需通知添加记号文字（ticker text）。记号文字不会随通知显示，但会发送到辅助功能服务用以支持屏幕阅读器。

创建 **Notification** 对象后，可以通过在 **NotificationManager** 系统服务上调用 notify（**Int**，**Notification**）函数来发布，其中参数 Int 是应用通知的 ID。

首先，需要添加一些基础代码。打开 MainActivity.kt 文件并添加一个 **newIntent（Context）**函数，此函数返回一个 **Intent** 实例，该实例用于启动 **MainActivity**（最后，**PollWorker** 调用 **MainActivity. newIntent（）**函数，将生成的 intent 封装在 **PendingIntent** 中，设置给 notification），见程序清单 22-10。

程序清单 22-10　给 MainActivity 添加 newIntent（）函数（MainActivity. kt）

```kotlin
class MainActivity : AppCompatActivity() {
    override fun onCreate(savedInstanceState: Bundle?) {
        ...
    }

    companion object {
        fun newIntent(context: Context): Intent {
            return Intent(context, MainActivity::class.java)
        }
    }
}
```

现在，通过创建 **Notification** 并调用 **NotificationManager. notify（Int，Notification）**，一旦有了新结果就让 **PollWorker** 通知用户，见程序清单 22-11。

程序清单 22-11　添加一个 Notification（PollWorker. kt）

```kotlin
class PollWorker(
    private val context: Context,
    workerParameters: WorkerParameters
) : CoroutineWorker(context, workerParameters) {
    override suspend fun doWork(): Result {
        ...
        return try {
            val items = photoRepository.searchPhotos(query)

            if (items.isNotEmpty()) {
                val newResultId = items.first().id
                if (newResultId == lastId) {
                    Log.i(TAG, "Still have the same result: $ newResultId")
                } else {
                    Log.i(TAG, "Got a new result: $ newResultId")
                    preferencesRepository.setLastResultId(newResultId)
                    notifyUser()
                }
            }

            Result.success()
        } catch (ex: Exception) {
            ...
        }
    }
    private fun notifyUser() {
        val intent = MainActivity.newIntent(context)
```

```kotlin
    val pendingIntent = PendingIntent.getActivity(
        context,
        0,
        intent,
        PendingIntent.FLAG_IMMUTABLE
    )
    val resources = context.resources
    val notification = NotificationCompat
        .Builder(context, NOTIFICATION_CHANNEL_ID)
        .setTicker(resources.getString(R.string.new_pictures_title))
        .setSmallIcon(android.R.drawable.ic_menu_report_image)
        .setContentTitle(resources.getString(R.string.new_pictures_title))
        .setContentText(resources.getString(R.string.new_pictures_text))
        .setContentIntent(pendingIntent)
        .setAutoCancel(true)
        .build()

    NotificationManagerCompat.from(context).notify(0, notification)
    }
}
```

从上至下解读一下新增代码。

NotificationCompat 类支持 Android Oreo 之前及以上设备。如果是 Android Oreo 或更高版本，**NotificationCompat. Builder** 用传入的频道 ID 来设置 **notification** 频道。如果是 Android Oreo 之前版本，**NotificationCompat. Builder** 会忽略频道。

> **注意**：此处传入的频道 ID 来自添加到 PhotoGalleryApplication 的 NOTIFICATION_CHANNEL_ID 常量。

在程序清单 22-8 中，因为没有用于创建频道的 **AndroidXneneneba API**，创建频道之前检查了 SDK 构建版本。在这里不需要这样做，因为 **NotificationCompat** 会自己检查构建版本，从而保持代码的整洁，这也是使用 AndroidX 版本的 Android API 的原因之一。

接下来，通过调用 **setTicker**（**CharSequence**）和 **setSmallIcon**（**Int**）函数配置记号文字和小图标。

> **注意**：正在使用的图标资源作为 Android 框架的一部分已内置，这些图标由包名称限定符 **Android. R. drawable. ic_menu_report_image** 标记，因此不必将图标图像拉到资源文件夹中。

之后，在"通知抽屉"（Notification drawer）中配置通知的外观。虽然可以自定义通知，但使用标准外观和样式更容易些，标准外观带有图标、标题和文本区。图标的值来自于 **setSmallIcon**（**Int**）函数，调用 **setContentTitle**（**CharSequence**）和 **setContentText**（**CharSequence**）函数设置标题和显示文本。

接下来，需指定用户按下通知时触发的动作行为，由 **PendingIntent** 对象来处理。当用户按下"通知抽屉"中的通知时，传递到 **setContentIntent**（**PendingIntent**）函数的 **PendingIntent** 会被触发。setAutoCancel(true)函数会稍微调整上述行为：当用户按下通知时，该通知会从"通知抽屉"中删除。

最后，从当前 **context**（**NotificationManagerCompat. from**）中获得一个 **NotificationManager** 实例，并调用 **NotificationManager. notify()** 函数发布通知。

传递给 **notify()** 函数的整数参数是通知的 ID，它在整个应用中是唯一的，但它可复用。如果使用同一 ID 发送两条通知，则仍在"通知抽屉"中的通知会替换另一个通知。如果没有这个 ID 的现有通知，系统将显示一个新通知，这是进度条或其他动态视觉效果的实现方式。

运行应用,会看到一个通知图标出现在状态栏中,如图 22-4 所示。

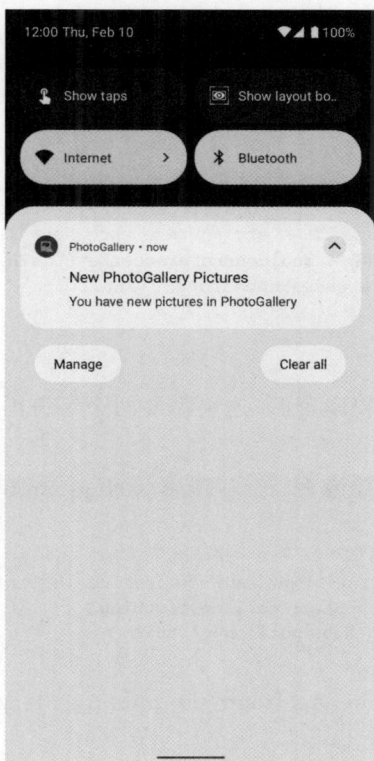

图 22-4　新的照片消息通知器

22.5　轮询服务的用户控制

有些用户可能不希望应用在后台运行,应用应该为用户提供一个启用和禁用后台轮询的功能。

对于 **PhotoGallery** 应用,在应用工具栏中添加一个菜单项,该菜单项用于启停 **Worker** 服务。还要更新 **WorkRequest** 来定期运行 **Worker** 服务,而不是只运行一次。

要启停 **Worker** 服务,首先需要确定 **Worker** 服务当前是否正在运行。为此,用 **PreferencesRepository** 来保存一个表示服务是否启用的标志,见程序清单 22-12。

程序清单 22-12　保存 Worker 的状态(PreferencesRepository. kt)

```
class PreferencesRepository private constructor(
    private val dataStore: DataStore < Preferences >
) {
...
    suspend fun setLastResultId(lastResultId: String) {
        dataStore.edit {
            it[PREF_LAST_RESULT_ID] = lastResultId
        }
    }

    val isPolling: Flow < Boolean > = dataStore.data.map {
        it[PREF_IS_POLLING] ?: false
```

```
    }.distinctUntilChanged()

    suspend fun setPolling(isPolling: Boolean) {
        dataStore.edit {
            it[PREF_IS_POLLING] = isPolling
        }
    }

    companion object {
        private val SEARCH_QUERY_KEY = stringPreferencesKey("search_query")
        private val PREF_LAST_RESULT_ID = stringPreferencesKey("lastResultId")
        private val PREF_IS_POLLING = booleanPreferencesKey("isPolling")
        private var INSTANCE: PreferencesRepository? = null
        ...
    }
}
```

然后,添加选项菜单项所需的字符串资源,这里需要两个字符串,一个提示用户启用轮询,另一个提示禁用轮询,见程序清单 22-13。

程序清单 22-13 添加轮询字符串资源(res/values/strings. xml)

```
<resources>
    ...
    <string name="new_pictures_text">You have new pictures in PhotoGallery.</string>
    <string name="start_polling">Start polling</string>
    <string name="stop_polling">Stop polling</string>
</resources>
```

添加完字符串资源后,打开 res/menue/fragment_photo_gallery. xml 菜单文件,为轮询切换添加一个新菜单项,见程序清单 22-14。

程序清单 22-14 添加轮询切换菜单项(res/menu/fragment_photo_gallery. xml)

```
<?xml version="1.0" encoding="utf-8"?>
<menu xmlns:android="http://schemas.android.com/apk/res/android"
    xmlns:app="http://schemas.android.com/apk/res-auto">
    ...
    <item android:id="@+id/menu_item_clear"
        android:title="@string/clear_search"
        app:showAsAction="never" />

    <item android:id="@+id/menu_item_toggle_polling"
        android:title="@string/start_polling"
        app:showAsAction="ifRoom|withText"/>
</menu>
```

新菜单项的默认文本是 **start_polling** 字符串。如果 **Worker** 已经在运行,则需要更新这个文本。在 **PhotoGalleryFragment** 中获取对新菜单项的引用,见程序清单 22-15。

程序清单 22-15 读取新菜单项(PhotoGalleryFragment. kt)

```
class PhotoGalleryFragment : Fragment() {
    ...
    private var searchView: SearchView? = null
    private var pollingMenuItem: MenuItem? = null
    ...
    override fun onCreateOptionsMenu(menu: Menu, inflater: MenuInflater) {
    super.onCreateOptionsMenu(menu, inflater)
    inflater.inflate(R.menu.fragment_photo_gallery, menu)

    val searchItem: MenuItem = menu.findItem(R.id.menu_item_search)
```

```
        searchView = searchItem.actionView as? SearchView
        pollingMenuItem = menu.findItem(R.id.menu_item_toggle_polling)

        searchView?.setOnQueryTextListener(object : SearchView.OnQueryTextListener {
            ...
            })
    }
    ...
    override fun onDestroyOptionsMenu() {
        super.onDestroyOptionsMenu()
        searchView = null
        pollingMenuItem = null
    }
    ...
}
```

接下来，通过从 **PreferencesRepository** 类的 isPolling 属性收集最新值来判别 **Worker** 是否在
PhotoGalleryUiState 中运行，再添加一个函数进行切换属性，见程序清单 22-16。

程序清单 22-16　给 PhotoGalleryUiState 添加更多的数据（PhotoGalleryViewModel.kt）

```
class PhotoGalleryViewModel : ViewModel() {
    ...
    init {
        viewModelScope.launch {
            preferencesRepository.storedQuery.collectLatest { storedQuery ->
                ...
            }
        }

        viewModelScope.launch {
            preferencesRepository.isPolling.collect { isPolling ->
                _uiState.update { it.copy(isPolling = isPolling) }
            }
        }
    }

    fun setQuery(query: String) {
        viewModelScope.launch { preferencesRepository.setStoredQuery(query) }
    }

    fun toggleIsPolling() {
        viewModelScope.launch {
            preferencesRepository.setPolling(!uiState.value.isPolling)
        }
    }
    ...
}

data class PhotoGalleryUiState(
    val images: List<GalleryItem> = listOf(),
    val query: String = "",
    val isPolling: Boolean = false,
)
```

打开 PhotoGalleryFragment.kt 文件，创建一个 **updatePollingState()** 私有函数，实现每当收到新的
PhotoGalleryUiState 值时就更新菜单项文本，见程序清单 22-17。

程序清单 22-17　设置正确的菜单项文本（PhotoGalleryFragment.kt）

```
class PhotoGalleryFragment : Fragment() {
```

```
    ...
    override fun onViewCreated(view: View, savedInstanceState: Bundle?) {
        super.onViewCreated(view, savedInstanceState)
        viewLifecycleOwner.lifecycleScope.launch {
            viewLifecycleOwner.repeatOnLifecycle(Lifecycle.State.STARTED) {
                photoGalleryViewModel.uiState.collect { state ->
                    binding.photoGrid.adapter = PhotoListAdapter(state.images)
                    searchView?.setQuery(state.query, false)
                    updatePollingState(state.isPolling)
                }
            }
        }
    }
    ...
    override fun onDestroyOptionsMenu() {
        ...
    }

    private fun updatePollingState(isPolling: Boolean) {
        val toggleItemTitle = if (isPolling) {
            R.string.stop_polling
        } else {
            R.string.start_polling
        }
        pollingMenuItem?.setTitle(toggleItemTitle)
    }
}
```

现在，每当按下菜单项时，在 **PhotoGalleryViewModel** 上就调用新创建的 **toggleIsPolling()** 函数，见程序清单 22-18。

程序清单 22-18　处理菜单项按下事件（PhotoGalleryFragment.kt）

```
class PhotoGalleryFragment : Fragment() {
    ...
    override fun onOptionsItemSelected(item: MenuItem): Boolean {
        return when (item.itemId) {
            R.id.menu_item_clear -> {
                photoGalleryViewModel.setQuery("")
                true
            }
            R.id.menu_item_toggle_polling -> {
                photoGalleryViewModel.toggleIsPolling()
                true
            }
            else -> super.onOptionsItemSelected(item)
        }
    }
    ...
}
```

最后，从 **onCreate()** 函数中删除 **OneTimeWorkRequest** 逻辑。在新的 **updatePollingState()** 函数中添加代码，更新后台工作。如果 **Worker** 没有运行，就创建一个新的 **PeriodicWorkRequest**，并用 **WorkManager** 进行调度。如果 **Worker** 正在运行，就停止它，见程序清单 22-19。

程序清单 22-19　处理轮询菜单项按下事件（PhotoGalleryFragment.kt）

```
private const val TAG = "PhotoGalleryFragment"
private const val POLL_WORK = "POLL_WORK"

class PhotoGalleryFragment : Fragment() {
```

```
...
override fun onCreate(savedInstanceState: Bundle?) {
    super.onCreate(savedInstanceState)
    setHasOptionsMenu(true)

    val constraints = Constraints.Builder()
        .setRequiredNetworkType(NetworkType.UNMETERED)
        .build()
    val workRequest = OneTimeWorkRequest
        .Builder(PollWorker::class.java)
        .setConstraints(constraints)
        .build()
    WorkManager.getInstance(requireContext())
        .enqueue(workRequest)
}
...
private fun updatePollingState(isPolling: Boolean) {
    val toggleItemTitle = if (isPolling) {
        R.string.stop_polling
    } else {
        R.string.start_polling
    }
    pollingMenuItem?.setTitle(toggleItemTitle)

    if (isPolling) {
        val constraints = Constraints.Builder()
            .setRequiredNetworkType(NetworkType.UNMETERED)
            .build()
        val periodicRequest =
            PeriodicWorkRequestBuilder<PollWorker>(15, TimeUnit.MINUTES)
            .setConstraints(constraints)
            .build()
        WorkManager.getInstance(requireContext()).enqueueUniquePeriodicWork(
            POLL_WORK,
            ExistingPeriodicWorkPolicy.KEEP,
            periodicRequest
        )
    } else {
        WorkManager.getInstance(requireContext()).cancelUniqueWork(POLL_WORK)
    }
}
}
```

如果在导入 **TimeUnit** 时有选项给出，选择 java. util. concurrent. TimeUnit。

首先来看看这里新增的 else 代码块。如果 **Worker** 当前未运行，则用 **WorkManager** 来调度新的 **WorkRequest**。这里，使用 **PeriodicWorkRequest** 类让 **Worker** 以一定的时间间隔发起周期性请求。就像以前使用的 **OneTimeWorkRequest** 一样，**WorkRequest** 也使用构建器，构建器需要两个参数：**Worker** 类，以及执行 **Worker** 的时间间隔。

如果学习者认为这里设置的 15min 的间隔时间有点长，尝试输入一个较小的间隔值，会发现 **Worker** 仍然以 15min 的间隔执行。这是因为 15min 的间隔是 **PeriodicWorkRequest** 允许的最小间隔，这样系统就不会频繁地执行同一任务，从而节约系统资源，延长电池寿命。

和 **OneTimeWorkRequest** 一样，**PeriodicWorkRequest** 构建器也支持 **Constraint**，所以添加了免费网络类型的约束。要调度 **WorkRequest**，可以用 **WorkManager** 类，但这次用的是 **enqueueUniquePeriodicWork()** 函数，这个函数需要 3 个参数：一个 String 类型名称，一个当前的服务策略和一个 **WorkRequest** 实例。

名称参数唯一标识网络服务请求,想要取消请求时非常有用。

当前的服务策略告诉 **WorkManager**,如果已经安排了具名 **WorkRequest**,该怎么办。这里使用的是 KEEP 策略,它会放弃新请求,保留使用已存在的请求。另一个策略是 REPLACE,顾名思义,它将用新的 **WorkRequest** 替换现有的 **WorkRequest**。

如果 **Worker** 已经在运行,那么需要告知 **WorkManager** 取消 **WorkRequest**。这里用服务名称 POLL_WORK 作为参数调用 **cancelUniqueWork()** 函数,删除周期性的 **WorkRequest**。

运行 **PhotoGallery** 应用,应该看到用来启停轮询服务的菜单选项。如果不想等待 15min,可以禁用轮询,等几秒钟,然后再次启用轮询重新运行 **WorkRequest**。

现在即使应用没有运行,也可以自动让用户知道是否有最新图片,如图 22-5 所示。

图 22-5　最终的 **PhotoGallery**

第23章

网页浏览与WebView

从 Flickr 获得的每张照片都有一个与之相关的页面。本章将继续升级 **PhotoGallery** 应用,用户可以单击照片查看相应的 Flickr 页面。本章主要介绍将 Web 内容集成到应用中的两种方式,第一种方式是使用设备的浏览器应用程序,如图 23-1(a)所示;第二种方式是使用 **WebView** 在 **PhotoGallery** 中显示 Web 的内容,如图 23-1(b)所示。

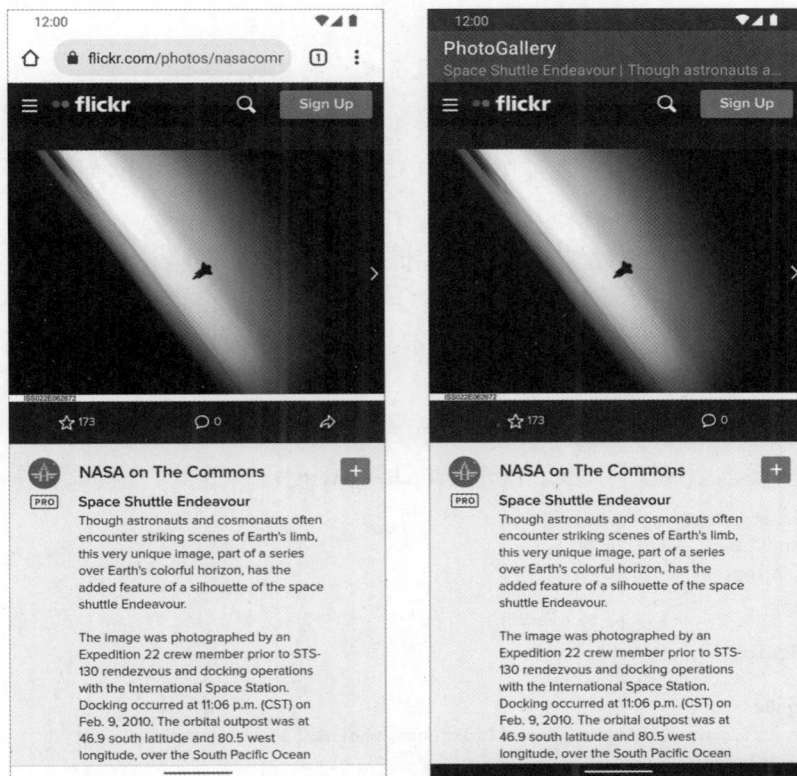

(a) 方式一   (b) 方式二

图 23-1 以两种方式呈现 Web 内容

23.1 最后一段 Flickr 数据

无论采用哪种方式打开 Flickr 的照片页面,都需要先获取它的 URL。如果查看当前收到的每张照

片的 JSON 数据,可以看到照片的网页地址并不包含在内:

```
{
    "photos": {
        ...,
        "photo": [
            {
                "id": "9452133594",
                "owner": "44494372@N05",
                "secret": "d6d20af93e",
                "server": "7365",
                "farm": 8,
                "title": "Low and Wisoff at Work",
                "ispublic": 1,
                "isfriend": 0,
                "isfamily": 0,
                "url_s":"https://farm8.staticflickr.com/7365/9452133594_d6d20af93e_m.jpg"
            }, ...
        ]
    },
    "stat": "ok"
}
```

> **注意**:url_s 是小尺寸版照片的 URL,而不是全尺寸照片的 URL。

学习者可能会认为需要编写更多的 JSON 请求来获取照片的 URL。实际并非如此,如果查看 Flickr 文档的网页 URL 部分,就会发现可按以下格式创建单个图片的 URL,如下所示:

https://www.flickr.com/photos/user-id/photo-id

URL 中的 photo-id 与 JSON 数据中的 id 属性值相同,它已经藏在 GalleryItem 的 id 中了。user-id 呢? 查阅 Flickr 文档可知,JSON 文件的 owner 属性值就是 user-id。因此,只需从 JSON 文件解析出 owner 属性值,即可创建图片的完整 URL,如下所示:

https://www.flickr.com/photos/owner/id

更新 **GalleryItem** 来实现这个操作,见程序清单 23-1。

程序清单 23-1 添加创建图片 URL 的代码(GalleryItem. kt)

```
@JsonClass(generateAdapter = true)
data class GalleryItem(
    val title: String,
    val id: String,
    @Json(name = "url_s") val url: String,
    val owner: String
) {
    val photoPageUri: Uri
        get() = Uri.parse("https://www.flickr.com/photos/")
            .buildUpon()
            .appendPath(owner)
            .appendPath(id)
            .build()
}
```

要确定照片的 URL,需创建一个新的 owner 属性,并添加一个名为 photoPageUri 的计算属性用以生成如上所述的照片页面 URL。由于 **Moshi** 已经帮学习者将 JSON 响应数据解析到 **GalleryItems** 中,所以可以直接使用 photoPageUri 属性,无须更改任何代码。

23.2 简单方式：使用隐式 Intent

使用隐式 **Intent** 来访问图片 URL。隐式 **Intent** 将启动浏览器，同时打开图片 URL 指向的网页。

第一步让应用监听 **RecyclerView** 中显示项的单击事件。更新 **PhotoViewHolder**，传入一个 lambda 表达式，在传入 **GalleryItem** 的 photoPageUri 属性时调用。单击根视图时调用这个 lambda 表达式，见程序清单 23-2。

程序清单 23-2　单击 RecyclerView 显示项时触发隐式 intent（PhotoListAdapter.kt）

```kotlin
class PhotoViewHolder(
    private val binding: ListItemGalleryBinding
) : RecyclerView.ViewHolder(binding.root) {
    fun bind(galleryItem: GalleryItem, onItemClicked: (Uri) -> Unit) {
        binding.itemImageView.load(galleryItem.url) {
            placeholder(R.drawable.bill_up_close)
        }
        binding.root.setOnClickListener { onItemClicked(galleryItem.photoPageUri) }
    }
}
```

接下来，将相同的 lambda 表达式作为构造函数参数传递到 **PhotoListAdapter** 中，在 **onBindViewHolder()** 中绑定 **PhotoViewHolder** 时使用它，见程序清单 23-3。

程序清单 23-3　绑定 PhotoViewHolder（PhotoListAdapter.kt）

```kotlin
class PhotoListAdapter(
    private val galleryItems: List<GalleryItem>,
    private val onItemClicked: (Uri) -> Unit
) : RecyclerView.Adapter<PhotoViewHolder>() {
    override fun onCreateViewHolder(
        parent: ViewGroup,
        viewType: Int
    ): PhotoViewHolder {
        ...
    }

    override fun onBindViewHolder(holder: PhotoViewHolder, position: Int) {
        val item = galleryItems[position]
        holder.bind(item, onItemClicked)
    }

    override fun getItemCount() = galleryItems.size
}
```

最后，在 **PhotoGalleryFragment** 中创建 **PhotoListAdapter** 实例时传入 lambda 表达式。在该 lambda 表达式中，用包含该 URL 的 **Intent** 启动一个 activity，见程序清单 23-4。

程序清单 23-4　开始隐式 intent（PhotoGalleryFragment.kt）

```kotlin
class PhotoGalleryFragment : Fragment() {
    ...
    override fun onViewCreated(view: View, savedInstanceState: Bundle?) {
        super.onViewCreated(view, savedInstanceState)

        viewLifecycleOwner.lifecycleScope.launch {
            viewLifecycleOwner.repeatOnLifecycle(Lifecycle.State.STARTED) {
                photoGalleryViewModel.uiState.collect { state ->
```

```
        binding.photoGrid.adapter = PhotoListAdapter(state.images)
        binding.photoGrid.adapter = PhotoListAdapter(
            state.images
    ) { photoPageUri ->
            val intent = Intent(Intent.ACTION_VIEW, photoPageUri)
            startActivity(intent)
    }
        searchView?.setQuery(state.query, false)
        updatePollingState(state.isPolling)
    }
        }
            }
        }
        …
    }
```

启动 **PhotoGallery**，然后单击一张照片。浏览器应用应该弹出并加载了单击的照片页面，类似于图 23-1(a)的图像。

23.3 较难方式：使用 WebView

使用隐式 **Intent** 来打开照片页面既简单又有效。但是，如果不想让应用打开浏览器怎么办？

通常都希望在自己的 activity 中显示网页内容，而不是打开浏览器。这么做或许是想显示自己生成的 HTML，或者想要以某种方式限制用户使用浏览器。对于那些有帮助文档的应用来说，常见的做法就是以网页的形式提供帮助文档，这样易于更新。打开 Web 浏览器查看帮助网页看起来不专业，而且会妨碍定制应用行为，无法将该网页集成到自己的 UI 中。

23.3.1 使用 WebView 类显示 UI

如果想在自己的 UI 中显示 Web 内容，可以使用 **WebView** 类，在这称之为"较难"方式，其实它非常容易（相对隐式 **Intent** 来，是要难一点）。

第一步是创建一个 activity 和显示 **WebView** 的 **Fragment**。像往常一样，首先定义一个布局文件：res/layout/fragment_photo_page.xml，使 **ConstraintLayout** 成为顶层布局。在设计视图中，将 **WebView** 作为子项拖动到 **ConstraintLayout** 中（**Widgets** 区域下面可以找到 **WebView**）。

添加好 **WebView** 后，为其父对象的每一边添加一个约束，具体如下：

（1）从 **WebView** 顶部到其父部件顶部。

（2）从 **WebView** 底部到其父部件底部。

（3）从 **WebView** 左边到其父部件左边。

（4）从 **WebView** 右边到其父部件右边。

最后，将高度和宽度改为 0 dp（匹配约束），并将所有边距改为 0，设置 **WebView** 的 ID 为 **web_view**。

学习者可能会想，这样设置的话，**ConstraintLayout** 是不是没什么用？目前是这样，本章稍后会添加用额外的 chrome 部件来完善它。

接下来设置 **Fragment** 的雏形。创建一个 PhotoPageFragment 类，实例化并绑定布局。这个 **Fragment** 所做的所有工作在 **onCreateView()** 函数中实现，因此这次不需要保留对绑定的引用，见程序清单 23-5。

程序清单 23-5　设置 Web 浏览 fragment（PhotoPageFragment. kt）

```
class PhotoPageFragment : Fragment() {
    override fun onCreateView(
        inflater: LayoutInflater,
        container: ViewGroup?,
        savedInstanceState: Bundle?
    ): View {
        val binding = FragmentPhotoPageBinding.inflate(
            inflater,
            container,
            false
        )

        return binding.root
    }
}
```

目前，这只不过是基础，稍后再来完善。接下来，需要设置框架实现 **Fragment** 之间的导航。与第13章中的步骤一样，在这里将快速完成导航步骤，如果仍不熟悉这些步骤，请参阅第 13 章。

首先进行 Gradle 构建文件设置，会再次用到 **Safe Args** 插件。打开标记为（Project：PhotoGallery）的 build. gradle 文件，将 **Safe Args** 插件包含在插件列表中，见程序清单 23-6。

程序清单 23-6　将 Safe Args 插件包含在插件列表中（build. gradle）

```
plugins {
    id 'com. android. application' version '7.1.2' apply false
    id 'com. android. library' version '7.1.2' apply false
    id 'org. jetbrains. kotlin. android' version '1.6.10' apply false
    id 'org. jetbrains. kotlin. kapt' version '1.6.10' apply false
    id 'androidx. navigation. safeargs. kotlin' version '2.4.1' apply false
}
...
```

接下来，打开 app/build. gradle 文件并启用 **Safe Args** 插件，再包含启用 **Fragment** 导航所需的两个依赖项，见程序清单 23-7。

程序清单 23-7　应用构建设置（app/build. gradle）

```
plugins {
    id 'com. android. application'
    id 'org. jetbrains. kotlin. android'
    id 'org. jetbrains. kotlin. kapt'
    id 'androidx. navigation. safeargs'
}
...
dependencies {
    ...
    implementation 'androidx. work:work – runtime – ktx:2.7.1'
    implementation 'androidx. navigation:navigation – fragment – ktx:2.4.1'
    implementation 'androidx. navigation:navigation – ui – ktx:2.4.1'
    ...
}
```

同步 Gradle 文件。设置好依赖项后，创建 nav_graph. xml 文件。在导航图中，需要处理以下一些任务：

（1）将 **PhotoGalleryFragment** 和 **PhotoPageFragment** 添加为目的地，**PhotoGalleryFragment** 是起始目的地。

（2）定义从 **PhotoGalleryFragment** 到 **PhotoPageFragment** 的导航操作，将此操作的 ID 命名为@＋

ID/show_photo。

（3）给 **PhotoPageFragment** 目的地添加一个参数，参数名称为 photoPageUri，类型为 android. net. Uri(Uri 是 Parcelable 类)。

完成这 3 个步骤后，nav_graph. xml 文件的代码如下所示：

```xml
<?xml version = "1.0" encoding = "utf - 8"?>
<navigation xmlns:android = "http://schemas.android.com/apk/res/android"
    xmlns:app = "http://schemas.android.com/apk/res - auto"
    android:id = "@ + id/nav_graph"
    app:startDestination = "@id/photoGalleryFragment">

    <fragment
        android:id = "@ + id/photoGalleryFragment"
        android:name = "com.bignerdranch.android.photogallery.PhotoGalleryFragment"
        android:label = "PhotoGalleryFragment" >
        <action
            android:id = "@ + id/show_photo"
            app:destination = "@id/photoPageFragment" />
    </fragment>
    <fragment
        android:id = "@ + id/photoPageFragment"
        android:name = "com.bignerdranch.android.photogallery.PhotoPageFragment"
        android:label = "PhotoPageFragment" >
        <argument
            android:name = "photoPageUri"
            app:argType = "android.net.Uri" />
    </fragment>
</navigation>
```

导航设置的最后一步是在 activity_main. xml 文件的 **FragmentContainerView** 中添加 **NavHostFragment**，配置与之前一样的 XML 属性，见程序清单 23-8。

程序清单 23-8 添加 NavHostFragment(activity_main. xml)

```xml
<?xml version = "1.0" encoding = "utf - 8"?>
<androidx.fragment.app.FragmentContainerView
    xmlns:android = "http://schemas.android.com/apk/res/android"
    xmlns:tools = "http://schemas.android.com/tools"
    xmlns:app = "http://schemas.android.com/apk/res - auto"
    android:id = "@ + id/fragment_container"
    android:layout_width = "match_parent"
    android:layout_height = "match_parent"
    android:name = "com.bignerdranch.android.photogallery.PhotoGalleryFragment"
    android:name = "androidx.navigation.fragment.NavHostFragment"
    app:defaultNavHost = "true"
    app:navGraph = "@navigation/nav_graph"
    tools:context = ".MainActivity" />
```

这样，导航就建立起来了。现在，在 **PhotoGalleryFragment** 中切换代码，导航到新的 **Fragment**，取代隐式 **Intent**，见程序清单 23-9。

程序清单 23-9 切换到启动 activity(PhotoGalleryFragment. kt)

```kotlin
class PhotoGalleryFragment : Fragment() {
    ...
    override fun onViewCreated(view: View, savedInstanceState: Bundle?) {
        super.onViewCreated(view, savedInstanceState)

        viewLifecycleOwner.lifecycleScope.launch {
            viewLifecycleOwner.repeatOnLifecycle(Lifecycle.State.STARTED) {
```

```
        photoGalleryViewModel.uiState.collect { state ->
            binding.photoGrid.adapter = PhotoListAdapter(
                state.images
            ) { photoPageUri ->
                val intent = Intent(Intent.ACTION_VIEW, photoPageUri)
                startActivity(intent)
                findNavController().navigate(
                    PhotoGalleryFragmentDirections.showPhoto(
                        photoPageUri
                    )
                )
            }
            searchView?.setQuery(state.query, false)
            updatePollingState(state.isPolling)
        }
    }
  }
 }
 ...
}
```

运行 **PhotoGallery**，然后单击一张图片，会看到弹出一个空屏幕。

好了，现在来处理关键部分，让 **Fragment** 发挥作用。要使 **WebView** 成功显示 Flickr 照片页面，需要做三件事。

第一件事很简单，告诉它要加载什么 URL。

第二件事是启用 JavaScript。默认情况下，JavaScript 是关闭的。虽然并不总是需要打开它，但对于 Flickr 网站，需要启用 JavaScript。

> **注意**：如果运行的是 Android Lint，它会提示警告信息，担心跨站点脚本攻击。可以通过 @SuppressLint("SetJavaScriptEnabled")注释 **onCreateView()** 来禁止这个 Lint 警告。

第三件事是要提供一个 **WebViewClient** 类的默认实现。**WebViewClient** 用于响应 **WebView** 上的呈现事件。接下来会进一步讨论这个类。

PhotoPageFragment 中的代码，见程序清单 23-10。

程序清单 23-10　在 WebView 中加载 URL（PhotoPageFragment.kt）

```
class PhotoPageFragment : Fragment() {
    private val args: PhotoPageFragmentArgs by navArgs()

    @SuppressLint("SetJavaScriptEnabled")
    override fun onCreateView(
        inflater: LayoutInflater,
        container: ViewGroup?,
        savedInstanceState: Bundle?
    ): View {
        val binding = FragmentPhotoPageBinding.inflate(
            inflater,
            container,
            false
        )

        binding.apply {
            webView.apply {
                settings.javaScriptEnabled = true
                webViewClient = WebViewClient()
```

```
                    loadUrl(args.photoPageUri.toString())
            }
        }

        return binding.root
    }
    …
}
```

加载 URL 必须在配置 **WebView** 之后实现,所以在最后加载。加载之前,通过访问 settings 属性获取 **WebSettings** 的实例并设置 WebSettings. javaScriptEnabled＝true 来启用 JavaScript。**WebSettings** 是修改 **WebView** 的 3 种方法中的第一种,它有各种可以设置的属性,如用户代理字符串和文本大小。

然后,将 **WebViewClient** 添加到 **WebView** 中。为什么要添加? 先看看在没有 **WebViewClient** 的情况下会发生什么。

一个新的 URL 可以通过几种不同的方式加载:通过当前页面跳转到另一个 URL(即重定向),或者用户可以直接单击链接。如果没有 **WebViewClient**,**WebView** 会要求 activity 管理器找到合适的 activity 来加载新 URL。

如果从手机浏览器加载,许多网站(包括 Flickr 的照片页面)会立即重定向到移动版本的网址,如果触发隐式 **Intent** 会启动其他浏览器,这不是项目设计的本意,项目要求在自己的应用里展示网页。

另外,如果向 **WebView** 提供自己的 **WebViewClient**,则处理方式会有所不同。**WebView** 不会问 activity 管理器该做什么,而是问 **WebViewClient**。在默认的 **WebViewClient** 实现中,它会说:"自己加载 URL!"这样页面就会出现在 **WebView** 中了。

运行 **PhotoGallery**,单击一张图片,应该会在 **WebView** 中看到该照片的页面,如图 23-1(b)所示。

23.3.2 使用 WebChromeClient 优化 WebView

既然花时间创建了自己的 **WebView**,接下来开始优化;添加进度条,用加载页面的标题更新应用栏的副标题。这些 **WebView** 外部的装饰和 UI 称为 **chrome**(不要与 Google 的 Chrome 浏览器混淆)。

打开 fragment_photo_page. xml 文件,在设计视图中,拖动 **ProgressBar**,使其作为 **ConstraintLayout** 的第二个子项,**ProgressBar** 为水平版本的进度条。删除 **WebView** 的顶部约束,然后固定其高度为 Fixed,这样方便使用它的约束 **handle**。

完成后,创建两个约束:从 **ProgressBar** 到其父项的顶部、右侧和左侧;从 **WebView** 的顶部到 **ProgressBar** 的底部。

在属性窗口中,将 **WebView** 的高度更改回 0 dp(匹配约束),并将 **ProgressBar** 的高度更改为 wrap_content,宽度更改为 0 dp(匹配约束)。

选中 **ProgressBar** 后,注意属性窗口中 layout_width 和 layout_height 下面的两个设置,它们都被标记为 visibility,但第二个 visibility 旁边有一个扳手图标。将第一个 visibility 更改为 gone,并将 tool visibility(带有扳手图标)更改为 visible。当应用在设备上运行时,第一个设置将隐藏进度条,第二个设置将使进度条在布局预览中可见。最后,将 **ProgressBar** 的 ID 重命名为 progress_bar。

操作完成后的结果如图 23-2 所示。

要关联 **ProgressBar**,需使用 **WebView** 上的第二个回调函数,即 **WebChromeClient**。**WebViewClient** 是一个用于响应渲染事件的接口,**WebChromeClient** 是一个用于响应改变浏览器周围 **chrome** 元素的事件接口,这些事件包括 JavaScript 警报、收藏夹以及进度条和当前页面标题的更新。

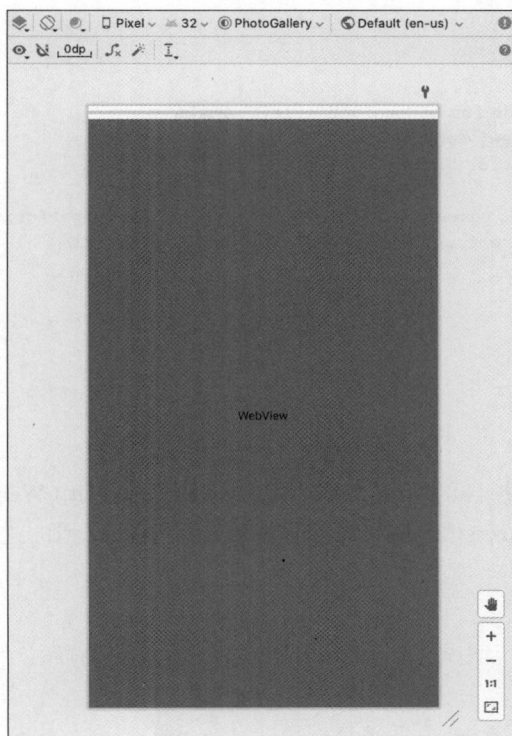

图 23-2　添加进度条

在 **onCreateView()** 函数中关联，见程序清单 23-11。

```kotlin
class PhotoPageFragment : Fragment() {
    ...
    @SuppressLint("SetJavaScriptEnabled")
    override fun onCreateView(
        inflater: LayoutInflater,
        container: ViewGroup?,
        savedInstanceState: Bundle?
    ): View? {
        ...
        binding.apply {
            progressBar.max = 100

            webView.apply {
                settings.javaScriptEnabled = true
                webViewClient = WebViewClient()
                loadUrl(args.photoPageUri.toString())

                webChromeClient = object : WebChromeClient() {
                    override fun onProgressChanged(
                        webView: WebView,
                        newProgress: Int
                    ) {
                        if (newProgress == 100) {
                            progressBar.visibility = View.GONE
                        } else {
                            progressBar.visibility = View.VISIBLE
                            progressBar.progress = newProgress
```

```
                    }
                }

                override fun onReceivedTitle(
                    view: WebView?,
                    title: String?
                ) {
                    val parent = requireActivity() as AppCompatActivity
                    parent.supportActionBar?.subtitle = title
                }
            }
        }
        return binding.root
    }
    …
}
```

进度更新和标题更新都有各自的回调函数：**onProgressChanged（WebView，Int）**和 **onReceivedTitle（WebView，String）**。从 **onProgressChanged（WebView，Int）**函数收到的进度值是 0～100 的整数，如果值是 100，则表示页面已加载完毕，通过将 **ProgressBar** 的 visibility 属性设置为 **View. GONE**，将 **ProgressBar** 隐藏起来。

运行 **PhotoGallery** 应用进行测试，可以看到如图 23-3 所示的画面。

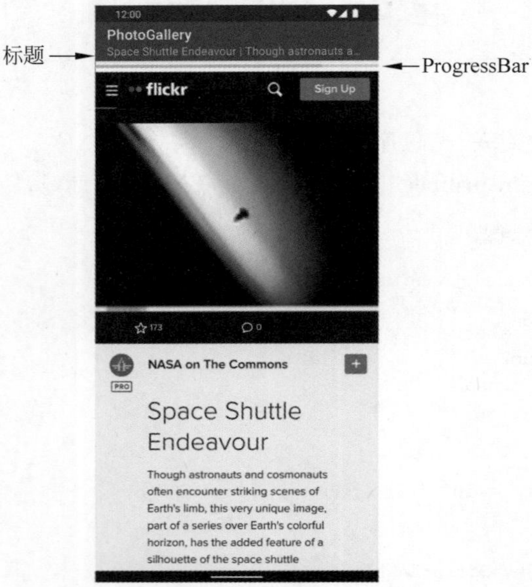

图 23-3　精致的 **WebView**

单击一张图片，会弹出 **PhotoPageFragment**，页面加载时会显示进度条，应用工具栏中会显示来自 **onReceivedTitle()**中接收到的子标题。页面加载完毕，进度条随即消失。

23.4　WebView 与定制 UI

上面两种方法可以处理从应用中打开照片的 Flickr 页面。当然，还有第三种方法：可以创建一个自定义 UI 来显示照片及其描述。

一个原生构建的 UI(没有 **WebView**)可以让学习者完全控制应用的外观和行为。另外,对用户来说,原生 UI 通常感觉更灵敏、更稳定。**WebView** 与原生定制 UI 相比,在显示 Web 内容方面有很多优点。

在 **WebView** 中显示 Flickr 网站内容可以快速引入各种新特性,不需要考虑如何获取图像描述、用户账户名或其他照片元数据来构建 UI,Flickr 网站中都有现成的,可以简单利用。

用 **WebView** 显示 Web 内容的另一个优点是,即使 Web 内容随时在变,也无须更改应用。例如,如果要在应用中显示隐私政策或服务条款,可以展示一个网页,而不是将文档硬编码到应用中。这样,有任何内容更新,直接推送到网站就可以了,应用完全不用更新。

PhotoGallery 应用现已完成。在接下来的两章中,将构建两个小应用,学习如何响应触摸事件和创建动画。

23.5　深入学习:WebView 升级

WebView 是基于 Chromium 的开源项目,它与 Chrome for Android 应用有着相同的渲染引擎,二者的页面外观和行为能基本保持一致。但 **WebView** 并不具备 Chrome for Android 的所有特性。

因为 **WebView** 是基于 Chromium 开发的,所以它可以支持最新的 Web 标准和 JavaScript。从开发的角度来看,最令人兴奋的功能之一是支持使用 Chrome DevTools 对 **WebView** 进行远程调试(可以通过调用 **WebView.setWebContentsDebuggingEnabled()**函数来启用)。

WebView 的 Chromium 层会自动从 Google Play Store 更新。用户不再需要等待 Android 新版本的发布来升级,所以可以放心了,因为 Google 的工作就是让 **WebView** 组件保持在最新状态。

23.6　深入学习:Chrome Custom Tabs

还有另一种显示 Web 内容的方法,这种方法结合了在本章中使用的两种方法:使用 **Chrome Custom Tabs**,它在应用里启动 Chrome 浏览器,看起来就像原生定制界面一样。可以配置它的外观,使其看起来像应用的一部分,用户使用起来感觉从未离开过应用。

图 23-4 是一个 **Chrome Custom Tabs** 的示例,看起来像是 Google Chrome 浏览器和 PhotoPageActivity 应用的结合体。

Chrome Custom Tabs 的使用和 Chrome 非常相似,它创建的浏览器实例甚至可以访问到 Chrome 浏览器保存的用户密码、浏览器缓存和 Cookie 等信息。这意味着如果用户在 Chrome 中登录了 Flickr,那么他们也会在每个 **Chrome Custom Tabs** 中自动登录到 Flickr。而使用 **WebView**,用户必须在 Chrome 和 PhotoGallery 中分别登录 Flickr。

Chrome Custom Tabs 与 **WebView** 相比,缺点是无法对所显示的内容进行更多的控制。例如,不能仅在屏幕的上半部分使用 **Chrome Custom Tabs**,也不能在 **Chrome Custom Tabs** 的底部添加导航按钮。

要使用 **Chrome Custom Tabs**,首先要添加以下依赖项:

```
implementation 'androidx.browser:browser:1.3.0'
```

然后就可以启动 **Chrome Custom Tabs** 了。例如,在 PhotoGallery 应用里,可以这样启动 **Chrome Custom Tabs** 来取代 PhotoPageFragment:

```
class PhotoGalleryFragment : Fragment() {
```

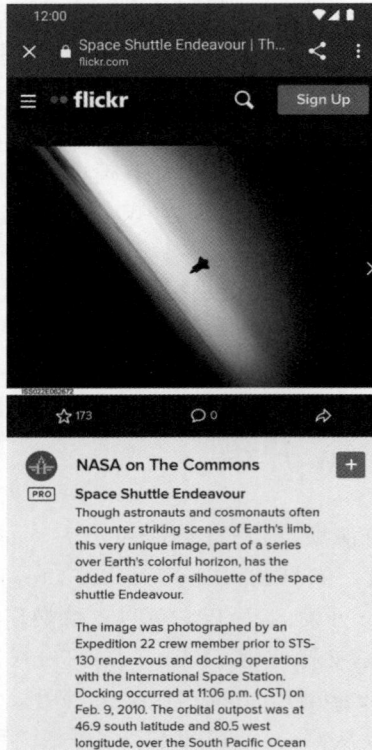

图 23-4　**Chrome Custom Tabs 示例**

```
...
override fun onViewCreated(view: View, savedInstanceState: Bundle?) {
    super.onViewCreated(view, savedInstanceState)

    viewLifecycleOwner.lifecycleScope.launch {
        viewLifecycleOwner.repeatOnLifecycle(Lifecycle.State.STARTED) {
            photoGalleryViewModel.uiState.collect { state ->
                binding.photoGrid.adapter = PhotoListAdapter(
                    state.images
                ) { photoPageUri ->
                    findNavController().navigate(
                        PhotoGalleryFragmentDirections.showPhoto(
                            photoPageUri
                        )
                    )
                }

                CustomTabsIntent.Builder()
                    .setToolbarColor(ContextCompat.getColor(
                        requireContext(), R.color.colorPrimary))
                    .setShowTitle(true)
                    .build()
                    .launchUrl(requireContext(), photoPageUri)
                }
                searchView?.setQuery(state.query, false)
                updatePollingState(state.isPolling)
            }
```

```
                }
            }
        }
        …
    }
```

通过这个改动，用户单击某张图片，将看到一个如图 23-4 所示的 **Chrome Custom Tabs** 画面。

> **注意**：如果设备安装的 Chrome 的版本低于 45，那么 PhotoGallery 会重新使用系统浏览器，相当于用隐式 intent 方式浏览网页，就像本章开头使用了隐式 intent 一样。

23.7　挑战练习：使用 Back 按钮浏览历史网页

学习者或许注意到了，在启动 **PhotoPageFragment** 之后，就可以在 **WebView** 中跳转到其他链接。然而，不管跳转多少个链接，Back 按钮总是会立即将学习者带回 **PhotoGalleryFragment**。如果希望 Back 按钮让用户浏览 **WebView** 中的历史浏览网页，该怎么做？

可以通过向 activity 的 onBackPressedDispatcher 属性添加回调函数来实现此操作。在该回调函数中，用 **WebView** 的历史浏览记录函数 **WebView.canGoBack()** 和 **WebView.goBack()** 来实现浏览逻辑。如果 **WebView** 的历史浏览中有记录，就返回前一个历史网页，否则通过调用 **activity?.onBackPressed()** 回到 **PhotoGalleryFragment**。

第24章

定制视图与触摸事件

本章通过编写一个名为 **BoxDrawingView** 的自定义 **View** 子类介绍如何处理触摸事件。**BoxDrawingView** 类是新项目 **DragAndDraw** 的重点，利用它实现响应用户触摸和拖动，在屏幕上绘制方框，成品如图 24-1 所示。

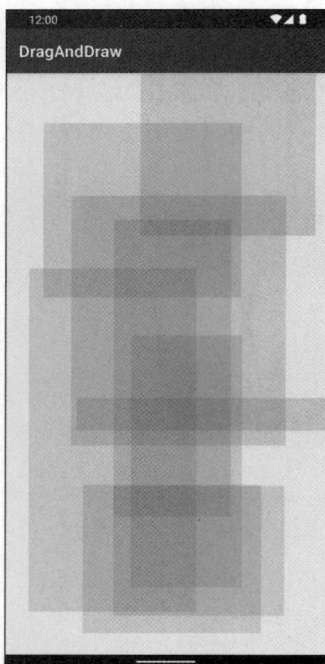

图 24-1　绘制各种形状大小的方框

24.1　创建 DragAndDraw 项目

创建一个名为 **DragAndDraw** 的新项目，从 Minimum SDK 下拉列表中选择 API 24：Android 7.0（Nougat）。

新建启动 **activity** 并命名为 **MainActivity**，它将托管一个自定义视图 **BoxDrawingView**，所有绘图和触摸事件的处理都在 **BoxDrawingView** 中实现。

24.2 创建自定义视图

Android 提供了许多出色的标准视图,但有时为了追求独特的应用视觉效果,需要自定义视图。

虽然有各种各样的自定义视图,但总体分为简单视图和聚合视图两大类。

(1)简单视图内部可能很复杂,它之所以简单,是因为它没有子视图。简单视图几乎总是用来处理自定义渲染。

(2)聚合视图由其他视图对象组成,通常用来管理子视图,但不处理自定义渲染;相反,渲染任务委托给每个子视图。

创建自定义视图需要遵循三个步骤:

(1)选择一个超类。对于简单的自定义视图,**View** 是一个空白画布,因此它作为超类最常见。对于聚合视图,要选择适当的布局类,例如 **FrameLayout**。

(2)继承选定的超类,并覆盖超类中的构造函数。

(3)覆盖其他关键函数来自定义行为。

BoxDrawingView 是个简单视图,同时也是 **View** 的直接子类。

创建一个名为 **BoxDrawingView** 的新类,并将 **View** 作为其超类。在 BoxDrawingView. kt 文件中,添加一个构造函数,该构造函数需要两个参数:一个是 **Context** 对象;另一个是默认值为 null 的可空 AttributeSet 属性,见程序清单 24-1。

程序清单 24-1 初始化 BoxDrawingView(BoxDrawingView. kt)

```
class BoxDrawingView(
    context: Context,
    attrs: AttributeSet? = null
) : View(context, attrs) {

}
```

设置 **AttributeSet** 属性默认值为 null 能为视图提供两个构造函数,这两个构造函数是必需的,因为视图可以在代码中实例化,也可以从布局文件实例化。从布局文件实例化的视图会收到一个 **AttributeSet** 的实例,该实例包含了在 XML 布局文件中指定的 XML 属性。即使不打算同时使用这两个构造函数,也可以将它们包括在内。

接下来,更新 res/layout/activity_main. xml 布局文件来使用 **BoxDrawingView** 视图,见程序清单 24-2。

程序清单 24-2 添加 BoxDrawingView 到布局文件(res/layout/activity_main. xml)

```
<androidx.constraintlayout.widget.ConstraintLayout
    xmlns:android = "http://schemas.android.com/apk/res/android"
    xmlns:app = "http://schemas.android.com/apk/res - auto"
    xmlns:tools = "http://schemas.android.com/tools"
    android:layout_width = "match_parent"
    android:layout_height = "match_parent"
    tools:context = "com.bignerdranch.android.draganddraw.MainActivity">
</androidx.constraintlayout.widget.ConstraintLayout>
<com.bignerdranch.android.draganddraw.BoxDrawingView
    xmlns:android = "http://schemas.android.com/apk/res/android"
    android:layout_width = "match_parent"
    android:layout_height = "match_parent" />
```

必须使用 **BoxDrawingView** 的完全限定类名，这样 **LayoutInflater** 才能找到它。**LayoutInflater** 解析创建视图实例的布局文件，如果元素名称是一个非限定类名，那么 **LayoutInflater** 将在 android. view 和 android. widget 包中查找匹配该名称的类。如果这个类在其他包里，那么 **LayoutInflater** 会找不到它，应用将崩溃。

因此，对于位于 android. view 和 android. widget 之外的自定义类和其他类，必须始终完全限定类名。

运行 **DragAndDraw** 应用，如果一切正常，屏幕上会出现一个空视图，如图 24-2 所示。

图 24-2　未开始绘制的 **BoxDrawingView**

下一步是让 **BoxDrawingView** 监听触摸事件，并使用触摸方式在屏幕上绘制方框。

24.3　处理触摸事件

24.3.1　监听触摸事件

监听触摸事件的一种方式是使用以下 **View()** 函数，设置一个触摸事件监听器：

```
fun setOnTouchListener(l: View.OnTouchListener)
```

该函数的工作方式与 **setOnClickListener**（**View. OnClickListener**）相同，提供了 **View. OnTouchListener** 的实现接口，每次发生触摸事件时都会调用。

不过，由于定制视图是 **View** 的子类，因此可以走捷径直接覆盖此 **View()** 函数：

```
override fun onTouchEvent(event: MotionEvent): Boolean
```

该函数接收一个 **MotionEvent** 类的实例，**MotionEvent** 是一个描述触摸事件的类，有 location 和 action 属性。action 属性描述了事件的不同阶段，见表 24-1。

表 24-1 action 属性描述

action 常量	action 属性描述
ACTION_DOWN	手指触摸到屏幕
ACTION_MOVE	手指在屏幕上移动
ACTION_UP	手指离开屏幕
ACTION_CANCEL	父视图拦截了触摸事件

在 **onTouchEvent（MotionEvent）**的实现中，可以通过读取事件的 action 属性来查看动作常量。

在 BoxDrawingView.kt 文件中，添加一个日志 TAG，然后添加一个 **onTouchEvent（MotionEvent）** 的实现，这个实现为 4 个操作分别记录一条日志消息，见程序清单 24-3。

程序清单 24-3　**BoxDrawingView 实现（BoxDrawingView.kt）**

```
private const val TAG = "BoxDrawingView"

class BoxDrawingView(
    context: Context,
    attrs: AttributeSet? = null
) : View(context, attrs) {

    override fun onTouchEvent(event: MotionEvent): Boolean {
        val current = PointF(event.x, event.y)
        var action = ""
        when (event.action) {
            MotionEvent.ACTION_DOWN -> {
                action = "ACTION_DOWN"
            }
            MotionEvent.ACTION_MOVE -> {
                action = "ACTION_MOVE"
            }
            MotionEvent.ACTION_UP -> {
                action = "ACTION_UP"
            }
            MotionEvent.ACTION_CANCEL -> {
                action = "ACTION_CANCEL"
            }
        }

        Log.i(TAG, " $ action at x = $ {current.x}, y = $ {current.y}")

        return true
    }
}
```

> **注意**：X 和 Y 坐标封装在 **PointF** 对象中。稍后，要将这两个坐标值一起传递。**PointF** 对象是 Android 系统提供的一个容器类，可以实现这一点。

再次运行 **DragAndDraw** 并打开 **Logcat**。触摸屏幕并移动手指（在模拟器上的操作是单击并拖动），在 **Logcat** 中应该会看到 **BoxDrawingView** 接收的每个触摸动作的 X 和 Y 坐标的记录报告。

24.3.2　跟踪运动事件

BoxDrawingView 不仅仅是记录坐标，还要能在屏幕上绘制方框，要做到这一点，有几个问题需要解决。

首先,定义方框需要两个坐标点：起点(手指最初放置的位置)和终点(手指当前所在的位置)。因此,定义方框需要跟踪多个 **MotionEvent** 的数据,并把这些数据存储在 **Box** 对象中。

创建一个名为 **Box** 的类用来表示一个方框的定义数据,见程序清单 24-4。

程序清单 24-4　添加 Box 类(Box.kt)

```
data class Box(val start: PointF) {
    var end: PointF = start
    val left: Float
        get() = Math.min(start.x, end.x)
    val right: Float
        get() = Math.max(start.x, end.x)
    val top: Float
        get() = Math.min(start.y, end.y)
    val bottom: Float
        get() = Math.max(start.y, end.y)
}
```

当用户触摸 **BoxDrawingView** 时,会创建一个新的 **Box** 对象,并将其添加到现有 **Box** 的列表中,如图 24-3 所示。

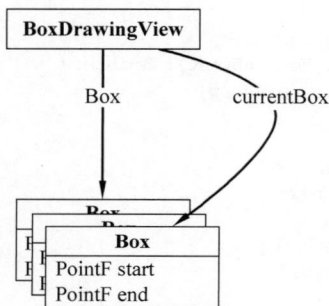

图 24-3　**DragAndDraw** 应用中的对象

回到 **BoxDrawingView** 类中,用新创建的 **Box** 对象跟踪绘制状态,见程序清单 24-5。

程序清单 24-5　用新创建的 Box 对象跟踪绘制状态(BoxDrawingView.kt)

```
class BoxDrawingView(
    context: Context,
    attrs: AttributeSet? = null
) : View(context, attrs) {

    private var currentBox: Box? = null
    private val boxes = mutableListOf<Box>()

    override fun onTouchEvent(event: MotionEvent): Boolean {
        val current = PointF(event.x, event.y)
        var action = ""
        when (event.action) {
            MotionEvent.ACTION_DOWN -> {
                action = "ACTION_DOWN"
                // Reset drawing state
                currentBox = Box(current).also {
                    boxes.add(it)
                }
            }
            MotionEvent.ACTION_MOVE -> {
                action = "ACTION_MOVE"
```

```
            updateCurrentBox(current)
        }
        MotionEvent.ACTION_UP -> {
            action = "ACTION_UP"
            updateCurrentBox(current)
            currentBox = null
        }
        MotionEvent.ACTION_CANCEL -> {
            action = "ACTION_CANCEL"
            currentBox = null
        }
    }

    Log.i(TAG, "$action at x=${current.x}, y=${current.y}")

    return true
}

private fun updateCurrentBox(current: PointF) {
    currentBox?.let {
        it.end = current
        invalidate()
    }
}
}
```

　　任何时候,只要接收到 ACTION_DOWN 运动事件,就将 **currentBox** 设置为一个新的 **Box**,其起点就是该事件的位置,新 **Box** 添加到 **Box** 列表中(在 24.4 节,在实现自定义绘制时,**BoxDrawingView** 会将此列表中的每个 **Box** 绘制到屏幕上)。

　　当用户的手指在屏幕上移动时,更新 **currentBox.end**。当触摸事件被取消或用户的手指离开屏幕时,用触摸的最后位置更新 **currentBox**,随后清空 **currentBox**,结束绘制动作。已完成的 **Box** 被安全地存储在 **Box** 列表中,不再受运动事件的影响。

　　在 **updateCurrentBox()** 中对 **invalidate()** 函数的调用会强制 **BoxDrawingView** 重新绘制自己,这样,用户在屏幕上触摸并拖动时可以实时看到方框的绘制。这就是 24.2 节的内容:将方框绘制到屏幕上。

24.4　onDraw(Canvas)函数内的图形绘制

　　启动应用时,其所有视图都处于失效状态。这意味着屏幕上没有绘制任何内容。为了解决这个问题,Android 调用了顶级视图的 **draw()** 函数,这个调用会引起视图自我绘制,再引起子视图自我绘制,然后是子视图的子视图自我绘制,以此类推。当层次结构中的所有视图都已自我绘制后,顶级视图也就生效了。

　　即便某个视图还在屏幕上,也可以手动让它失效。这样,系统将会用必要的更新来重新绘制这个视图。当用户创建一个新方框或通过移动手指改变方框的大小时,都会将 **BoxDrawingView** 标记为失效,这样用户在绘制的时候就能所绘即所见了。

　　要使用这种绘制方法,可覆盖以下 View 函数:

```
protected fun onDraw(canvas: Canvas)
```

　　在 **onTouchEvent**(**MotionEvent**)中响应 ACTION_MOVE 动作而调用 **invalidate()** 会使 **BoxDrawingView** 再次失效,这将导致它重新绘制自己,并再次调用 **onDraw**(**Canvas**)。

现在来看看 **Canvas** 参数。**Canvas** 和 **Paint** 是 Android 中的两个主要绘图类。

（1）**Canvas** 类具有所有能实现的绘制操作。在 **Canvas** 上调用的函数决定了在哪里绘制以及绘制什么：一条线、一个圆、一个单词或一个矩形等。

（2）**Paint** 类决定了这些操作的执行方式。在 **Paint** 上调用的函数指定了操作特征：是否填充形状、使用哪种字体的文本及线条的颜色等。

回到 BoxDrawingView. kt 文件，在 **BoxDrawingView** 完成初始化后，创建两个 **Paint** 对象，见程序清单 24-6。

程序清单 24-6　创建 Paint 对象（BoxDrawingView. kt）

```
class BoxDrawingView(
    context: Context,
    attrs: AttributeSet? = null
) : View(context, attrs) {

    private var currentBox: Box? = null
    private val boxes = mutableListOf<Box>()
    private val boxPaint = Paint().apply {
        color = 0x22ff0000.toInt()
    }
    private val backgroundPaint = Paint().apply {
        color = 0xfff8efe0.toInt()
    }
    ...
}
```

有了 **Paint** 对象，现在可以在屏幕上绘制方框了，见程序清单 24-7。

程序清单 24-7　覆盖 onDraw（Canvas）函数（BoxDrawingView. kt）

```
class BoxDrawingView(context: Context, attrs: AttributeSet? = null) :
        View(context, attrs) {
    ...
    override fun onDraw(canvas: Canvas) {
        // Fill the background
        canvas.drawPaint(backgroundPaint)

        boxes.forEach { box ->
            canvas.drawRect(box.left, box.top, box.right, box.
bottom, boxPaint)
        }
    }
}
```

这段代码的第一部分很简单：使用米白色背景填充画布来衬托上方框的背景。

然后，对于方框列表中的每个方框，通过检查方框的起点和终点来确定方框的左、右、顶和底部的位置。在 Android 上，原点是左上角，因此左上角的值是最小值，右下角的值为最大值。

计算完这些坐标值后，调用 **Canvas. drawRect()** 函数在屏幕上绘制方框。

运行 **DragAndDraw**，试着画几个方框，如图 24-4 所示。

就这样，一个捕捉触摸事件并自我绘制的 **view** 创建完成了。

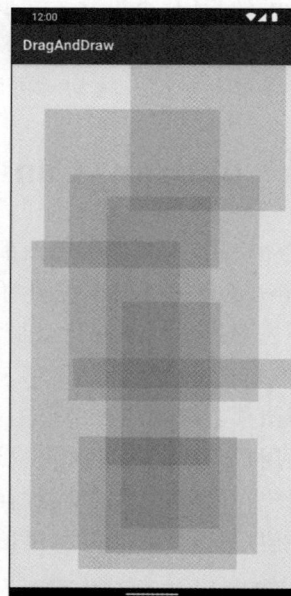

图 24-4　在 **DragAndDraw** 内画的方框

24.5　深入学习：检测手势

处理触摸事件的另一种方法是使用 **GestureDetectorCompat** 对象。**GestureDetectorCompat** 对象中没有用来检测轻扫还是猛滑这样的动作事件的逻辑，而是让监听器来完成这些繁杂的任务，并在特定事件发生时通知学习者。

在多数情况下，不需要通过覆盖 **onTouch( )** 函数来提供对触摸事件的全面控制，因此使用 **GestureDetectorCompat** 是一个不错的选择。

24.6　挑战练习：保存状态

设备旋转后，已绘制的方框会消失。要解决这个问题，可使用以下 **View( )** 函数：

```
protected fun onSaveInstanceState(): Parcelable
protected fun onRestoreInstanceState(state: Parcelable)
```

这些函数的工作方式类似于 **Activity** 和 **Fragment** 的 **onSaveInstanceState(Bundle)** 和 **ViewModel** 的 **SavedStateHandle**，但有一些关键区别。首先，只有当 **View** 类有 ID 时才会调用它们。其次，它们不接受 **Bundle** 参数，而是返回并处理一个实现 **Parcelable** 接口的对象。

由于 **Bundle** 实现了 **Parcelable** 接口，所以在这里仍可以使用它，通过将 **Box** 保存在 **Bundle** 中来保存 **Box** 的数据。

也可以尝试 Parcelize Kotlin 编译器插件，它可以帮学习者生成实现 **Parcelable** 的代码。Parcelize 在第 27 章中会用到，可以提前看看如何理解和使用它。

最后，还必须管理好 **BoxDrawingView** 的父级 **View** 类的保存状态。将 **super. onSaveInstanceState( )** 的结果保存在新的 **Bundle** 中，并在调用 **super. onRestoreInstanceState(Parcelable)** 时将结果发送给超类。

24.7　挑战练习：旋转方框

这个挑战更难一点，实现用两根手指旋转方框。要应对这个挑战，需要在 **MotionEvent** 处理代码中处理多个触控点（pointer），还需要旋转画布。

要处理多点触摸，需要先搞清楚以下概念：

（1）pointer index：指出当前一组触控点中，哪一个触控点是用于动作事件。

（2）pointer ID：手势中特定手指唯一的 ID。

pointer index 可能会变，但 pointer ID 绝对不会变。查阅开发者文档学习以下 MotionEvent 函数的使用：

```
final fun getActionMasked(): Int
final fun getActionIndex(): Int
final fun getPointerId(pointerIndex: Int): Int
final fun getX(pointerIndex: Int): Float
final fun getY(pointerIndex: Int): Float
```

另外，还需查查 ACTION_POINTER_UP 和 ACTION_POINTER_DOWN 常量的用法。

24.8 挑战练习：辅助功能支持

    Android 内置视图支持 **TalkBack** 和 **Switch Access** 等辅助功能，自定义视图也要支持辅助功能。作为本章的最后一个挑战，实现 **BoxDrawingView** 对内容描述的支持，配合 **TalkBack** 供视力障碍的人使用。

    实现方法有多个。可以提供视图的概述数据，告诉用户方框遮住了视图的多少内容。或者，也可以使每个方框成为可访问的元素，让它向用户描述其在屏幕上的位置。参阅第 19 章，了解有关应用支持辅助功能的更多信息。

第25章

属 性 动 画

一个基本应用，只要代码没错，运行起来不崩溃就可以了。然而，这些不够，还需多花些心思让应用更有趣，例如能模拟真实世界，让用户在手机或平板设备上有种身临其境的感受。

真实的事物在不断变化。要让 UI 动起来，就要实现其元素设置动态变化。

本章，将开发一个模拟落日景象的应用，该应用模拟太阳在天空中的场景。当按住屏幕时，太阳缓缓落到地平线下，天空的颜色随之不断变换，就像真的日落一样。

25.1 创建场景

第一步是创建动画场景。创建一个名为 **Sunset** 的新项目，确保最低 API 级别设置为 24。

在设置其他内容之前，先打开 app/build.gradle 文件。与其他应用一样，用 **ViewBinding** 来协助处理 **Sunset** 应用，见程序清单 25-1。

程序清单 25-1 设置 ViewBinding（app/build.gradle）

```
...
android {
    ...
    kotlinOptions {
        jvmTarget = '1.8'
    }
    buildFeatures {
        viewBinding true
    }
}
```

记得同步 Gradle 文件。

海边的日落应该是五颜六色的，因此需要准备一些色彩资源。打开 res/values 目录中的 colors.xml 文件，并向其中添加以下值，见程序清单 25-2。

程序清单 25-2 添加 Sunset 色彩资源（app/build.gradle）

```
< resources >
    ...
    < color name = "teal_700">#FF018786 </color >
    < color name = "black">#FF000000 </color >
    < color name = "white">#FFFFFFFF </color >

    < color name = "bright_sun">#fcfcb7 </color >
    < color name = "blue_sky">#1e7ac7 </color >
    < color name = "sunset_sky">#ec8100 </color >
```

```
< color name = "night_sky">#05192e </color >
< color name = "sea">#224869 </color >
</resources >
```

矩形视图模拟的景色会给人一种天空和大海的美好印象。但是,太阳不能是矩形的,无论技术实现多么简单。因此,在 res/drawable 目录中,为圆形太阳添加一个名为 sun.xml 的椭圆形可绘制对象,见程序清单 25-3。

程序清单 25-3　为太阳添加一个可绘制对象(res/drawable/sun.xml)

```
< shape xmlns:android = "http://schemas.android.com/apk/res/android"
        android:shape = "oval">
    < solid android:color = "@color/bright_sun" />
</ shape >
```

当在正方形视图中显示这个椭圆形时,会看到一个圆形。现在,用户一定会点头赞许,仿佛看到真正的太阳挂在天空。

接下来,在布局文件中构建整个场景。打开 res/layout/activity_main.xml,删除当前内容,然后添加以下内容,见程序清单 25-4。

程序清单 25-4　构建场景布局(res/layout/activity_main.xml)

```
< LinearLayout xmlns:android = "http://schemas.android.com/apk/res/android"
        android:id = "@ + id/scene"
        android:orientation = "vertical"
        android:layout_width = "match_parent"
        android:layout_height = "match_parent">
    < FrameLayout
        android:id = "@ + id/sky"
        android:layout_width = "match_parent"
        android:layout_height = "0dp"
        android:layout_weight = "0.61"
        android:background = "@color/blue_sky">
        < ImageView
            android:id = "@ + id/sun"
            android:layout_width = "100dp"
            android:layout_height = "100dp"
            android:layout_gravity = "center"
            android:src = "@drawable/sun" />
    </FrameLayout >
    < View
        android:layout_width = "match_parent"
        android:layout_height = "0dp"
        android:layout_weight = "0.39"
        android:background = "@color/sea" />
</LinearLayout >
```

图 25-1　日落前

查看一下预览,应该看到一个白天的场景,在深蓝色的海面上,太阳挂在蓝天上。运行 **Sunset**,确保一切都连接正确,然后再继续,如图 25-1 所示。

25.2　简单属性动画

在开始制作动画之前,需要在 **onCreate()** 函数的 MainActivity 中实例化并绑定布局,见程序清单 25-5。

程序清单 25-5　实例化并绑定布局（MainActivity.kt）

```kotlin
class MainActivity : AppCompatActivity() {

    private lateinit var binding: ActivityMainBinding

    override fun onCreate(savedInstanceState: Bundle?) {
        super.onCreate(savedInstanceState)
        setContentView(R.layout.activity_main)
        binding = ActivityMainBinding.inflate(layoutInflater)
        setContentView(binding.root)
    }
}
```

现在，是时候给地平线下的太阳设置动画了。计划如下：平滑地移动 **binding.sun**，使其顶部正好位于天空底部的边缘。由于天空的底部和海洋的顶部是相同的，太阳将隐藏在海景后面。通过将 **binding.sun** 顶部的位置转换到其父级的底部来完成此操作。

binding.sun 视图隐藏在海景后面，移动时不会立即显现，这与视图的绘制顺序有关。视图是按照在布局中声明的顺序绘制的，因此在布局中后声明的视图被绘制在先定义的视图之上。

就本例来说，太阳视图在大海视图之前定义，那么，大海视图就会被绘制在太阳视图之上。

当太阳掠过大海时，它看起来像是在大海后面。第一步要找到动画的起点和终点值，创建一个名为 **startAnimation()** 的新函数实现第一步，见程序清单 25-6。

程序清单 25-6　找到动画的起点和终点值（MainActivity.kt）

```kotlin
class MainActivity : AppCompatActivity() {
    ...
    override fun onCreate(savedInstanceState: Bundle?) {
        ...
    }

    private fun startAnimation() {
        val sunYStart = binding.sun.top.toFloat()
        val sunYEnd = binding.sky.height.toFloat()
    }
}
```

top 属性是 **View** 类返回该视图的局部布局矩形的 4 个属性之一：top、bottom、right 和 left。**rect**（矩形的缩写）是视图的矩形边界框，由这 4 个属性指定。视图的局部布局矩形指定该视图相对于其父视图的位置和大小，这是在布局视图时确定的。

可以通过修改这些属性值来更改屏幕上视图的位置，但不建议这样做。每次布局切换时，这些属性值都会被重置，因此它们的值往往不会固定。

无论怎样，动画都将从当前位置的视图顶部开始，到 **binding.sun** 的父对象 **binding.sky** 的底部结束。要到达结束位置，它应该一直向下移动，移动距离等于 **binding.sky** 的高，可以通过调用 **height.toFloat()** 函数来获得移动距离，height 属性的值等于 bottom 与 top 属性值之差。

现在已经知道了动画应该从哪里开始和结束，创建一个 **ObjectAnimator** 对象来实现，见程序清单 25-7。

程序清单 25-7　创建一个 ObjectAnimator 对象（MainActivity.kt）

```kotlin
...
private fun startAnimation() {
    val sunYStart = binding.sun.top.toFloat()
    val sunYEnd = binding.sky.height.toFloat()
```

```
    val heightAnimator = ObjectAnimator
        .ofFloat(binding.sun, "y", sunYStart, sunYEnd)
        .setDuration(3000)
    heightAnimator.start()
}
...
```

稍后再回到 **ObjectAnimator** 对象,看它是如何工作的。首先,关联 **startAnimation()** 函数,这样每当用户在场景中的任意位置单击时都会调用它,见程序清单 25-8。

程序清单 25-8　响应单击执行动画(MainActivity.kt)

```
...
override fun onCreate(savedInstanceState: Bundle?) {
    super.onCreate(savedInstanceState)
    binding = ActivityMainBinding.inflate(layoutInflater)
    setContentView(binding.root)

    binding.scene.setOnClickListener {
        startAnimation()
    }
}
...
```

图 25-2　日落

运行 **Sunset**,在场景中的任意位置单击,执行动画,如图 25-2 所示。

应该看到,太阳移动到海平面以下了。

看看它的工作原理:**ObjectAnimator** 是一个属性动画器。在实现动画效果时,属性动画器无须知道视图如何在屏幕上移动,只是重复用不同参数值的调用属性 **setter()** 函数。

例如,假设太阳顶部的 Y 坐标为 120.00,天空底部的 Y 坐标是 360.00。上例代码在对 **ObjectAnimator.ofFloat**(binding.sun,"y",sunYStart,sunYEnd)的调用中创建一个 **ObjectAnimator**。启动该 **ObjectAnimator** 后,它将重复调用 **binding.sun.setY(Float)**,其参数值从 120.00 开始递增,像这样:

```
binding.sun.setY(120.00)
binding.sun.setY(121.33)
binding.sun.setY(122.67)
binding.sun.setY(124.00)
binding.sun.setY(125.33)
...
```

循环往复,直到它最终调用 **binding.sun.setY(360.00)**。这个在起点和终点之间查找值的过程称为插值。在每个插值之间,都会耗费短暂的时间,这使视图看起来像是在移动。

25.2.1　视图转换属性

属性动画器非常棒,但如果只靠它们,不可能像刚才那样轻松地为视图设置动画。现代 Android 属性动画需要与转换属性(transformation properties)协同工作。

前面说过,视图有一个局部布局 **rect**,需要在布局过程中赋予位置和大小。之后,可以通过在视图上设置其他属性(称为转换属性)移动视图。

可以利用 3 个属性（rotation、pivotX 和 pivotY）旋转视图，如图 25-3 所示；利用两个属性（scaleX 和 scaleY）垂直和水平缩放视图，如图 25-4 所示；利用两个属性（translationX 和 translationY）在屏幕内部移动视图，如图 25-5 所示。

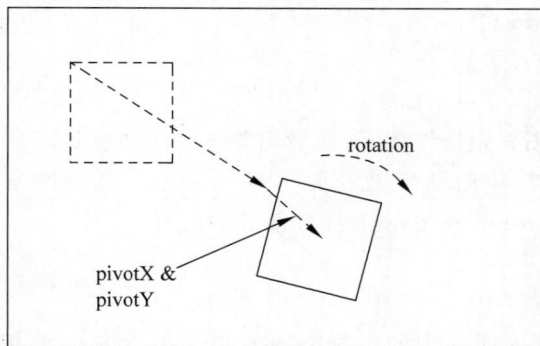

图 25-3　视图旋转

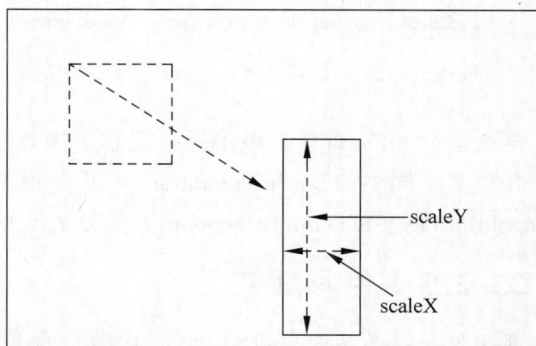

图 25-4　视图缩放

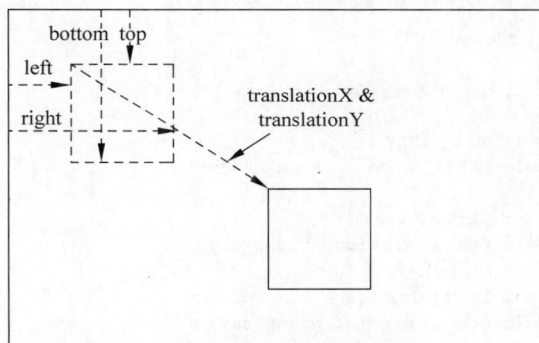

图 25-5　视图移动

所有这些属性都能被获取和修改。例如，如果想知道 translationX 的当前值，可以调用 **view.translationX**。如果想设置它，可以调用 **view.translationX＝Float**。

那么 y 属性有什么作用呢？x 和 y 属性是建立在局部布局坐标和变换属性之上的一种便利属性，它们通过简单代码就能实现：“将此视图放在 X 坐标和 Y 坐标下。”背后原理就是通过修改 translationX 或 translationY，将视图放在想要的位置。**binding.sun.Y＝50** 实际上同于：

```
binding.sun.translationY = 50 - binding.sun.top.
```

25.2.2　使用不同的 interpolator

Sunset 应用的动画效果还不够完美。假设太阳一开始静止于天空，在其落下的动画中应该有个加速过程，要添加这种加速感，使用 **TimeInterpolator** 就可以了。**TimeInterpolator** 的作用是改变动画从点 A 移动到点 B 的效果。

在 **startAnimation()** 函数中使用 **AccelerateInterpolator**，让太阳在开始时实现加速落下，见程序清单 25-9。

程序清单 25-9　添加加速特效（MainActivity.kt）

```
private fun startAnimation() {
    val sunYStart = binding.sun.top.toFloat()
```

```kotlin
    val sunYEnd = binding.sky.height.toFloat()

    val heightAnimator = ObjectAnimator
        .ofFloat(binding.sun, "y", sunYStart, sunYEnd)
        .setDuration(3000)
    heightAnimator.interpolator = AccelerateInterpolator()

    heightAnimator.start()
}
```

再次运行 **Sunset**，然后单击屏幕观察动画效果。太阳先是慢慢落下，然后朝着地平线加速坠落。

有很多不同的 **TimeInterpolator** 可以实现应用的各种动画特效。要了解 Android 自带的所有 **Interpolator**，可参阅 **TimeInterpolator** 参考文档中 Known indirectsubclasses 部分的内容。

25.2.3 色彩渐变

现在落日的动画效果已设置好，接着处理天空随日落所呈现的色彩变换效果。使用 **lazy** 委托将 colors.xml 中定义的颜色取出并存入相应的属性里，见程序清单 25-10。

程序清单 25-10 取出色彩资源（MainActivity.kt）

```kotlin
class MainActivity : AppCompatActivity() {

    private lateinit var binding: ActivityMainBinding

    private val blueSkyColor: Int by lazy {
        ContextCompat.getColor(this, R.color.blue_sky)
    }
    private val sunsetSkyColor: Int by lazy {
        ContextCompat.getColor(this, R.color.sunset_sky)
    }
    private val nightSkyColor: Int by lazy {
        ContextCompat.getColor(this, R.color.night_sky)
    }
    ...
}
```

在 **startAnimation()** 函数中，添加一个 **ObjectAnimator**，实现天空色彩从 blueSkyColor 到 sunsetSkyColor 的渐变效果，见程序清单 25-11。

程序清单 25-11 天空色彩渐变（MainActivity.kt）

```kotlin
private fun startAnimation() {
    val sunYStart = binding.sun.top.toFloat()
    val sunYEnd = binding.sky.height.toFloat()

    val heightAnimator = ObjectAnimator
        .ofFloat(binding.sun, "y", sunYStart, sunYEnd)
        .setDuration(3000)
    heightAnimator.interpolator = AccelerateInterpolator()

    val sunsetSkyAnimator = ObjectAnimator
        .ofInt(binding.sky, "backgroundColor", blueSkyColor, sunsetSkyColor)
        .setDuration(3000)

    heightAnimator.start()
    sunsetSkyAnimator.start()
}
```

这看起来好像天空色彩渐变效果已经实现了，如果运行，会发现有些地方不对劲。颜色从蓝色变换到橙色，不是平滑地变化，而是变化得太夸张，一点儿都不自然。

之所以会发生这种情况，是因为颜色的 Int 属性值不是一个简单的数字，它是由四个较小的数字组合成的一个 **Int** 值。因此，**ObjectAnimator** 要正确计算出蓝色和橙色之间的中间颜色，知道 **Int** 值的变化过程，才能实现颜色渐变。

当 **ObjectAnimator** 确定不了开始和结束颜色之间 Int 值的变化时，还需要 **TypeEvaluator** 的子类来协助解决这个问题。**TypeEvaluator** 是一个对象，它告诉 ObjectAnimator 从起点值到终点值之间的等分变化。这个 **TypeEvaluator** 子类就是 **ArgbEvaluator**，它将在这里发挥作用，见程序清单 25-12。

程序清单 25-12　使用 ArgbEvaluator（MainActivity. kt）

```
private fun startAnimation() {
    val sunYStart = binding.sun.top.toFloat()
    val sunYEnd = binding.sky.height.toFloat()

    val heightAnimator = ObjectAnimator
        .ofFloat(binding.sun, "y", sunYStart, sunYEnd)
        .setDuration(3000)
    heightAnimator.interpolator = AccelerateInterpolator()

    val sunsetSkyAnimator = ObjectAnimator
        .ofInt(binding.sky, "backgroundColor", blueSkyColor, sunsetSkyColor)
        .setDuration(3000)
    sunsetSkyAnimator.setEvaluator(ArgbEvaluator())

    heightAnimator.start()
    sunsetSkyAnimator.start()
}
```

注意：有几个版本的 **ArgbEvaluator** 可选，这里导入 android. animation 版本。

再次运行 Sunset 应用，应该能看到天空逐渐变成美丽的橙色（具体颜色变换请读者运行应用，自行观看），如图 25-6 所示。

图 25-6　**Sunset** 日落颜色变换

25.3 播放多个动画

如果需要同时启动几个动画,也很简单:同时调用 **start()** 函数,它们都将以同步的方式启动动画。

但对于更复杂的动画编排,这是行不通的。例如,为了实现完整的日落景象,最好能展示出太阳落山后天空从橙色变成午夜蓝色。

这可以使用 **AnimatorListener** 实现,它会告诉学习者动画什么时候结束。这样,通过编写一个监听器,等待第一个动画结束,然后开始第二个夜空变化的动画。但这也很麻烦,因为需要多个监听器。好在 Android 提供了一个方便易用的 **AnimatorSet**。

首先,删除原来的动画启动代码,创建夜空变化的动画,见程序清单 25-13。

程序清单 25-13 创建夜空变化的动画(MainActivity. kt)

```
private fun startAnimation() {
    val sunYStart = binding.sun.top.toFloat()
    val sunYEnd = binding.sky.height.toFloat()

    val heightAnimator = ObjectAnimator
        .ofFloat(binding.sun, "y", sunYStart, sunYEnd)
        .setDuration(3000)
    heightAnimator.interpolator = AccelerateInterpolator()

    val sunsetSkyAnimator = ObjectAnimator
        .ofInt(binding.sky, "backgroundColor", blueSkyColor, sunsetSkyColor)
        .setDuration(3000)
    sunsetSkyAnimator.setEvaluator(ArgbEvaluator())

    val nightSkyAnimator = ObjectAnimator
        .ofInt(binding.sky, "backgroundColor", sunsetSkyColor, nightSkyColor)
        .setDuration(1500)
    nightSkyAnimator.setEvaluator(ArgbEvaluator())

    heightAnimator.start()
    sunsetSkyAnimator.start()
}
```

然后,创建并启动一个 **AnimatorSet**,见程序清单 25-14。

程序清单 25-14 创建一个 AnimatorSet(MainActivity. kt)

```
private fun startAnimation() {
    ...
    val nightSkyAnimator = ObjectAnimator
        .ofInt(binding.sky, "backgroundColor", sunsetSkyColor, nightSkyColor)
        .setDuration(1500)
    nightSkyAnimator.setEvaluator(ArgbEvaluator())

    val animatorSet = AnimatorSet()
    animatorSet.play(heightAnimator)
        .with(sunsetSkyAnimator)
        .before(nightSkyAnimator)
    animatorSet.start()
}
```

简单来说,**AnimatorSet** 是一个可以一起播放的动画集。可以用多种方式创建动画集,但最简单的方式是使用这里用到的 **play(Animator)** 函数。

调用 **play**(Animator)时，会创建一个 **AnimatorSet. Builder** 对象，它将构建一条指令链。传入 **play**(Animator)函数的 **Animator** 是指令链的"subject"。所以，在这里写的一连串调用可以描述为"协同执行 heightAnimator 和 sunsetSkyAnimator 动画；在 nightSkyAnimator 动画之前执行 heightAnimator 动画。"对于复杂的动画集，需要的话，可以调用 **play**(Animator)多次。

再次运行 **Sunset** 应用，欣赏一下这个舒缓的日落画面。

25.4　深入学习：其他动画 API

虽然特性动画是动画工具箱中使用最广泛的工具，但它并不是唯一一个。无论学习者是否使用，了解一下其他动画工具总有好处。

25.4.1　传统动画工具

Android 有个 android. view. animation 的动画工具类包，但不要与 Honeycomb 中推出的较新的 android. animation 包混淆。

它们是基于传统的动画框架，简单了解就可以了。如果在类名中看到单词"animaTION"而不是"animaTOR"，这是一个明显的标志，表明它属于一个可以忽略的传统动画工具包。

25.4.2　过渡框架

Android 4.4 引入了过渡(transition)框架，该框架允许在视图层次结构之间进行复杂的转换。例如，可以定义一个转换，该转换将一个 **activity** 中的小视图演变为另一个 **activity** 中该视图的放大版本。

过渡框架的基本思想是：定义场景，这些场景表示视图层次结构在某个时点上的状态，以及这些场景之间的转换逻辑。场景可以在布局 XML 文件中描述，转换逻辑可以在动画 XML 文件中进行描述。

当一个 **activity** 已经在运行时，如本章所述，过渡框架就没有那么有用了。这就是属性动画框架的亮点所在。但是，属性动画框架不擅长为屏幕上待显示的布局设置动画。

以 **CriminalIntent** 应用的 **crime** 图片为例。如果要对显示放大版图像的对话框执行"缩放"动画，则必须弄清楚原始图像在哪里，以及新图像在对话框上的位置。如果没有大量的事先工作，**ObjectAnimator** 就无法实现这样的效果。在这种情况下，过渡框架就派上用场了。

25.5　挑战练习

第一个挑战是添加在日落完成后反转日落的功能，这样用户单击一次实现日落动画，然后再单击一次实现日出动画。为此，需要构建第二个 **AnimatorSet**，因为 **AnimatorSet** 不能反向运行。

第二个挑战是向太阳添加连续动画，让它有规律地放大、缩小或是加一圈旋转的光环(可以使用 **ObjectAnimator** 的 **setRepeatCount**(Int)函数使动画反复执行)。

第三个挑战是在海面上显示太阳的倒影。

第四个挑战是单击一次就反转日落或日出场景。如果用户在太阳落下一半时单击屏幕，它将反转，即变回日出。或者，在太阳落下，进入夜晚时单击屏幕，让太阳重新升回天空，就像日出。

第26章

Jetpack Compose简介

本书已经介绍了如何使用 **View** 类和 XML 布局文件来构建 UI。这些 API 由 Android 操作系统提供，是 Android 框架 UI 工具包的一部分，通常将这些 API 称为框架视图。

自 Android 系统首次发布以来，构建具有框架视图的 UI 一直是开发 Android 应用的标准。但近年来，框架视图系统出现很多不足之处。对于初学者来说，由于框架视图是内置在操作系统中的，这意味着，要获得最新功能就需要更新整个操作系统，这不是一个好的选择。它还要求开发人员提高应用的最低 SDK 级别，会让用户留下无法升级的遗憾。

此外，Android 的框架 UI 工具包基于视图层次结构、相互扩展的视图类，以及逐行手动更新视图状态等思想。与此同时，许多前端 UI 框架已经转向更现代的方法，使构建 UI 更容易、更精简。

为了解决这两个问题，Google 创建了一个名为 Jetpack Compose 的新 UI 工具包。Jetpack Compose 取代了内置的框架 UI 工具包，它是 Jetpack 库套件的一部分，因此，使用 Compose 构建的 UI 与 Android 操作系统完全分离。因为它是独立的，所以可以像更新任何外部库一样更新 Compose。

Compose 是在 Kotlin 中设计的（它仅限在 Kotlin 中使用），是一个声明式的 UI 框架。在第 27 章，当学习者了解了 Compose 中的 UI 状态时，声明式 UI 工具包的好处将变得显而易见。当应用状态发生变化时，Compose 会自动更新 UI。学习者可以声明 UI 在任何时候的显示方式，然后 Compose 会去实现。

这标志着与学习者的习惯完全不同。Jetpack Compose 不存储对任何 UI 元素的引用，这意味着没有视图绑定，没有必要的 UI 更新，甚至历史悠久的 **findViewById()** 函数在 Compose 中也不可用。最初，学习者可能会发现 Compose 有点难以理解，因为它需要学习者以不同的方式去思考 UI。然而，正如将在第 27 章中看到的那样，Compose 依靠在本书中用到的现代 Android 编程模式工作得很顺利，例如使 UI 状态可观察和被动更新 UI 元素。

Jetpack Compose 提供了一套比框架 UI 工具包中更优雅简洁的工具来构建 UI。Google 也极力重视 Jetpack Compose，预计未来许多应用将专门使用 Compose，并将框架视图抛在一边。

学习者可能会问，"如果 Compose 是最新、最棒的，为什么还要学习框架 UI 工具包呢？"问得很有道理。

Jetpack Compose 推出了 1.0 版本，在 2021 年夏天趋于稳定。从那时起，Android 开发社区已经开始向 Compose 过渡，但这种规模的过渡需要时间。如果学习者刚刚开始 Android 开发之旅，可能需要熟悉这两个 UI 框架，因为许多现有的应用、库、代码片段和示例仍然依赖于框架视图，并且会持续较长一段时间。

在接下来的 4 章中，将介绍在 Compose 中构建 UI 的基本知识。本书无法涵盖 Compose 提供的所有功能，但最终会为在 Compose 中构建 UI 打下坚实基础。尽管接下来这个项目中的 UI 代码与前面所看到的不同，但不要担心，到目前为止，学习者所学到的一切都将对学习者进入这个新领域有所帮助。

26.1　创建 Compose 项目

开始学习 Compose，创建一个披萨配送服务的应用，允许用户定制披萨的配料。这个应用被称为 **Coda Pizza**，最终成品如图 26-1 所示。本章将专注于构建可滚动的配料列表。

Android Studio 提供了一个模板来创建空的 Compose 应用，但这里 **Coda Pizza** 应用不用这个模板。Android Studio 中的 Compose 模板包含了相当多的代码，这些代码可能会妨碍工作，而且随着 Compose 的发展，当中的代码可能会发生变化。

这里将引导学习者建立一个新项目，然后添加 Jetpack Compose，这样能够更深刻地学习 Compose，如果从框架视图迁移现有应用，则设置 Compose 所涉及的步骤将非常有用。建议学习者在掌握基本知识后，使用 Compose 模板来创建应用。

创建一个名为 **Coda Pizza** 的 Android Studio 新项目，包名选择 com. bignerbranch. android. codapizza。如之前所做的那样，选择空的 **Activity** 模板，将 Minimum SDK 设置为 24，并将项目保存到合适位置。

打开新项目后，第一件事是添加 Jetpack Compose，这个过程有几个步骤。在 **buildFeatures** 块中启用 Compose，与启用 **View Binding** 类似，此时必须指定 Compose 编译器版本并添加几个依赖项到 app/build. gradle 文件中，标记为（Module：Coda_Pizza. app）。现在进行一些更改，见程序清单 26-1。

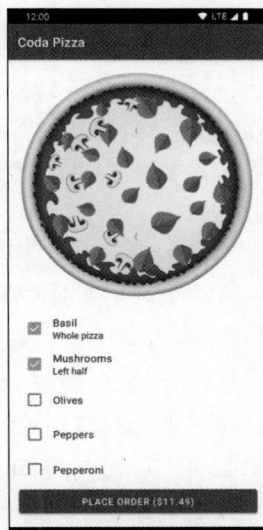

图 26-1　**Coda Pizza** 应用成品

程序清单 26-1　设置 Composer（app/build. gradle）

```
...
android {
    ...
    buildTypes {
        ...
    }

    buildFeatures {
        compose true
    }

    composeOptions {
        kotlinCompilerExtensionVersion '1.1.1'
    }

    compileOptions {
        ...
    }
    ...
}

dependencies {
    ...
    implementation 'androidx. constraintlayout:constraintlayout:2.1.3'
```

```
    implementation 'androidx.compose.foundation:foundation:1.1.1'
    implementation 'androidx.compose.runtime:runtime:1.1.1'
    implementation 'androidx.compose.ui:ui:1.1.1'
    implementation 'androidx.compose.ui:ui-tooling:1.1.1'
    implementation 'androidx.compose.material:material:1.1.1'
    implementation 'androidx.activity:activity-compose:1.4.0'

    testImplementation 'junit:junit:4.13.2'
    ...
}
```

因为 Compose 是基于 Kotlin 的最新功能构建的,所以它对支持哪个版本的 Kotlin 有特定的要求。Compose 1.1.1 需要 Kotlin 1.6.10 的支持,仔细检查项目的 build.gradle 文件,即标记为(Project:Coda_Pizza)的文件是否指定了此版本,否则会遇到构建错误,见程序清单 26-2。

程序清单 26-2　指定匹配的 Kotlin 编译器版本(build.gradle)

```
plugins {
    id 'com.android.application' version '7.1.2' apply false
    id 'com.android.library' version '7.1.2' apply false
    id 'org.jetbrains.kotlin.android' version '1.6.10' apply false
}
...
```

更改完成后,记得同步 Gradle 文件。

接下来,要删除一些缺省代码。**Coda Pizza** 是一个完全的 Compose 应用,所以当前的布局代码有些要删除。首先在 **MainActivity** 中删除对 **setContentView()** 的调用,见程序清单 26-3。

程序清单 26-3　删除对 setContentView 的调用(MainActivity.kt)

```
class MainActivity : AppCompatActivity() {
    override fun onCreate(savedInstanceState: Bundle?) {
        super.onCreate(savedInstanceState)
        setContentView(R.layout.activity_main)
    }
}
```

然后,从布局资源文件夹中删除 activity_main.xml 文件。

26.2　编写第一个 Compose UI

抛开框架视图,现在准备编写第一个 Compose UI。本书中使用的空 **Activity** 项目模板的默认布局是一个包含文本为"Hello World!"的 activity。第一个 Compose UI 将在没有任何框架视图的情况下重新制作。

使用 Compose UI 填充 activity 要用到一个名为 **setContent** 的函数。此函数接收一个 lambda 表达式,通过 lambda 表达式可以读取 Compose UI 元素,这些元素称为 composables。用 **Text composable** 显示文本"Hello World!",见程序清单 26-4。

程序清单 26-4　编写第一个 Compose UI(MainActivity.kt)

```
class MainActivity : AppCompatActivity() {
    override fun onCreate(savedInstanceState: Bundle?) {
        super.onCreate(savedInstanceState)
        setContent {
            Text(text = "Hello World!")
        }
```

```
        }
    }
```

需要为刚刚输入的代码添加两条导入语句。对于 **setContent()** 函数，添加 androidx. activity. compose. setContent 的导入。由于正在设置 activity 的内容，为 **Text composable** 添加 androidx. composite. material. Text 的导入。

在使用 Jetpack Compose 时，学习者会发现有很多导入语句需要处理，而且要从 Android Studio 的建议列表中选择哪一个并不是很清楚。通常，Compose 导入是从 androidx. Compose 包开始。如果想导入一个 composable 函数，可以通过仔细查看 Android Studio 建议导入列表中的图标来快速识别它们，composable 元素的导入有一个标记 🔳。

运行 **Coda Pizza**，并确认文本是否显示，如图 26-2 所示。

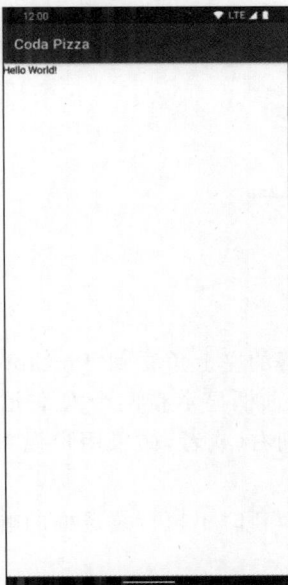

图 26-2 **Hello World!**

> **注意**：**Coda Pizza** 还没有设置为深色模式，如果在测试设备上使用了深色主题，要禁用该主题。如果不禁用，**Coda Pizza** 在黑色背景下显示黑色文本，那么文本可能看不见。在第 29 章之后，**Coda Pizza** 将在两种模式下都清晰可见。

尽管这个例子很初级，但与老式的构建 UI 的方式相比，它是多么的简洁。将文本放在屏幕上只需要一行代码，所有视图代码都在 Kotlin 中，不再需要在 XML 中来回切换。

26.3 Compose 布局

是时候开始构建向用户展示的 **Coda Pizza** 视图了，把重点放在可滚动的配料列表上。首先，与之前 **CriminalIntent** 应用中为 **RecyclerView** 所做的那样，构建一个单元格，该单元格列出每一种配料。在本章结束时，该单元格能实现上下滚动。

该单元格将包含 3 个元素：配料名称、指示配料是否加在披萨上的复选框，以及配料加在披萨上

（左半部分、右半部分或整个披萨）的位置的描述。从定义两个 **Text** 元素开始。

在第 2 章曾介绍过，在操作系统测量和布局时，平面（非嵌套）布局更快。框架视图也是如此，但 Compose 的高效使布局不再是一个问题，它可以嵌套实现创建任意复杂的布局。例如，要从上到下垂直排列元素，可以将它们放置在一个可组合的 **Column** 中。

Column 类似于具有垂直方向的 **LinearLayout**，它接受一个 lambda 表达式，添加到 lambda 中的可组合元素将从上到下排列。现在就试试吧，见程序清单 26-5。

程序清单 26-5　可组合的 Column（MainActivity. kt）

```kotlin
class MainActivity : AppCompatActivity() {
    override fun onCreate(savedInstanceState: Bundle?) {
        super.onCreate(savedInstanceState)
        setContent {
            Text(text = "Hello World!")
            Column {
                Text(
                    text = "Pineapple"
                )

                Text(
                    text = "Whole pizza"
                )
            }
        }
    }
}
```

更改完成后运行应用，应该可在屏幕的左上角看到"Pineapple"，下面是文字"Whole pizza"。

接下来，将重点转移到复选框上，复选框显示在两个文本元素的左侧。可以使用 **Row** 来实现这一点，**Row** 的行为类似于 **Column**，但从左到右（或者，如果用户设备的语言设置为从右到左，则从右到左）排列其内容。

Row 包含文本列和可组合的复选框，暂时不执行复选框的响应行为，第 27 章会重新讨论它，见程序清单 26-6。

程序清单 26-6　可组合的 Row（MainActivity. kt）

```kotlin
class MainActivity : AppCompatActivity() {
    override fun onCreate(savedInstanceState: Bundle?) {
        super.onCreate(savedInstanceState)
        setContent {
            Row {
                Checkbox(
                    checked = true,
                    onCheckedChange = { /* TODO */ }
                )

                Column {
                    Text(
                        text = "Pineapple"
                    )

                    Text(
                        text = "Whole pizza"
                    )
                }
            }
        }
    }
}
```

```
        }
    }
```

再次运行应用。现在,应该看到一个选中的复选框出现在应用的左上角,其右侧有文本,如图 26-3 所示。

图 26-3 可组合的 **Row** 和 **Column**

> **注意**:如果现在按下复选框,其状态将不会改变。这是意料之中的事,将在 27 章中讨论 Jetpack Compose 中的状态时解释原因。

26.4 Composable 函数

在创建可滚动的配料列表之前,还需要一些内部调整。目前整个 UI 已在 **Activity** 中定义,这可能很快会变得难以处理,尤其是对于大型应用。通过将 Compose 代码重构为函数,可以将 UI 分解为更小的块。

Composable 的名称,如 **Row** 和 **Column**,以大写字母开头,就像 **Button** 和 **ImageView** 等框架视图的名称一样。但 **Composable** 不像 **View** 那样是类,它们是函数。

还记得曾经说过不能获得对 Compose UI 元素的引用或对其调用 **findViewById** 吗?不是类意味着没有可以引用的东西。Compose 应用在运行时,通过 Compose 编译器的帮助,**Composable** 函数可以有效地转换为 **draw** 命令。

Compose 为按钮、开关和文本输入字段等基本组件提供了许多预制的 **Composable** 函数,但也可以编写自己的 **Composable** 函数。尽管内置的 **Composable** 函数通常很简单,但自己的 **Composable** 函数可以将其他 **Composable** 函数组合在一起,根据需要或简单或复杂。

现在修改 **setContent()** 函数将其转换为自己的 **Composable** 函数。可以手动进行更改,也可以使用 Android Studio 的内置重构工具自动进行更改。首先加亮突出显示 **setContent()** 函数中的 lambda 代码,如下所示:

```
class MainActivity : AppCompatActivity() {
    override fun onCreate(savedInstanceState: Bundle?) {
        super.onCreate(savedInstanceState)
        setContent {
            Row {
                Checkbox(
                    checked = true,
                    onCheckedChange = { /* TODO */ }
                )

                Column {
                    Text(
                        text = "Pineapple"
                    )

                    Text(
                        text = "Whole pizza"
```

```
                )
            }
        }
    }
}
```

右击代码并选择 Refactor→Function...,弹出 Extract Function 对话框,将函数的 visibility 设置为 public,并将新函数命名为 ToppingCell,如图 26-4 所示。

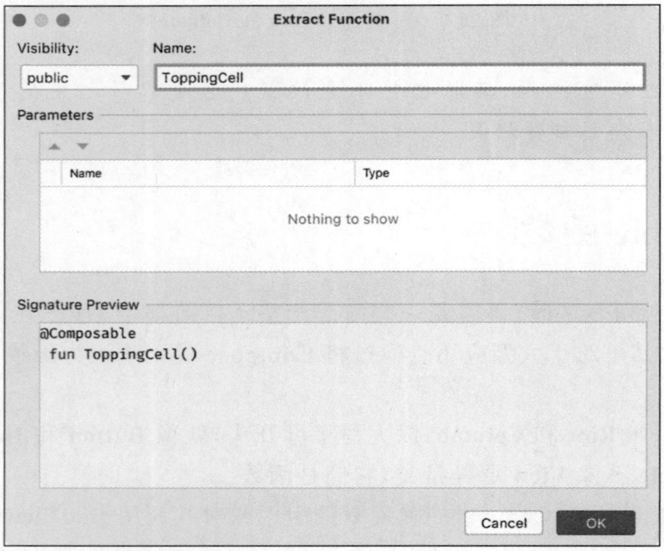

图 26-4　提取 **Composable** 函数

单击 OK 按钮执行重构。Android Studio 将加亮突出显示的代码提取到自己的函数中。更新后的代码应与以下代码一样:

```
class MainActivity : AppCompatActivity() {
    override fun onCreate(savedInstanceState: Bundle?) {
        super.onCreate(savedInstanceState)
        setContent {
            ToppingCell()
        }
    }
}

@Composable
fun ToppingCell() {
    Row {
        Checkbox(
            checked = true,
            onCheckedChange = { /* TODO */ }
        )

        Column {
            Text(
                text = "Pineapple"
            )

            Text(
                text = "Whole pizza"
            )
        }
    }
}
```

```
            }
        }
    }
}
```

新的 **ToppingCell()** 函数看起来几乎与任何 Kotlin 函数没什么不同。事实上只有一个区别：**ToppingCell()** 函数有 @**Composable** 注释。当一个函数被注释为 @**Composable** 时，它就变成了一个 **Composable** 函数。**Composable** 函数可以调用别的 **Composable** 函数，并可以在调用时在屏幕上添加元素。**Composable** 函数也可以调用正则函数，但正则函数不能调用 **Composable** 函数。**setContent()** 函数是个例外，它可以使用 **Composable** 函数，因为它负责创建 composition 自身。

> **注意**：将 Composable 函数命名为 ToppingCell，而不是 toppingCell。Composable 函数的名称通常以大写字母开头，建议遵循这种命名模式。

运行应用并确认重构后没有做任何更改，这时仍然应该可在左上角看到一个复选框和两行文本。

在继续之前，还有一点清理工作需要处理。尽管已经将 UI 组织成一个较小的函数，但它仍然是 **MainActivity** 类上的一个函数。**Composable** 函数不会读取 activity 中的任何信息，因此它可以在自己的文件中声明，使 activity 保持较小的规模。

在 com.bignerdranch.android.codapizza 包下创建一个名为 ui 的新包。在新包中，创建一个名为 ToppingCell.kt 的新文件，然后将 **ToppingCell()** 函数复制到该文件中，见程序清单 26-7。

程序清单 26-7　将 ToppingCell() 函数放入自身的文件中（ToppingCell.kt）

```
@Composable
fun ToppingCell() {
    Row {
        Checkbox(
            checked = true,
            onCheckedChange = { /* TODO */ }
        )
        Column {
            Text(
                text = "Pineapple"
            )

            Text(
                text = "Whole pizza"
            )
        }
    }
}
```

现在，可以从 **MainActivity** 中删除 **ToppingCell()** 函数的实现。更改完成后，需要为重新迁移的 **ToppingCell()** 函数添加导入，见程序清单 26-8。

程序清单 26-8　在另一个文件中使用已定义的 Composable 函数（MainActivity.kt）

```
class MainActivity : AppCompatActivity() {
    override fun onCreate(savedInstanceState: Bundle?) {
        super.onCreate(savedInstanceState)
        setContent {
            ToppingCell()
        }
    }

    @Composable
```

```
fun ToppingCell() {
    Row {
        Checkbox(
            checked = true,
            onCheckedChange = { /* TODO */ }
        )
        Column {
            Text(
                text = "Pineapple"
            )

            Text(
                text = "Whole pizza"
            )
        }
    }
}
```

26.5 Composable 预览

如果学习者很熟悉 Android Studio 的 XML 布局设计视图,可能想知道是否可以用同样的方式预览 Compose 布局。Compose 提供预览功能,但 Android Studio 有一点特殊:必须选择对每个 **Composable** 进行预览。现在用 **@ Preview** 注释对 **ToppingCell composable** 函数进行注释,见程序清单 26-9。

程序清单 26-9 启用 Composable 预览(ToppingCell. kt)

```
@Preview
@Composable
fun ToppingCell() {
    ...
}
```

Android Studio 使用项目的编译代码来生成 **Composable** 的预览,这意味着必须先编译生成后才能在预览中显示所做的更改。现在按下 Android Studio 工具栏中的 🔧 构建图标,开始构建项目。

构建完成后,单击 Split 选项卡,在编辑器中打开 ToppingCell. kt。这时应该可在编辑器的右侧看到预览,如图 26-5 所示。如果没有看到,检查项目是否已成功构建,没有错误。

正如在 XML 布局中看到的那样,预览与 **Composable** 放在屏幕上时看到的一致。请记住,Android Studio 在更新预览之前需要重新编译代码,因此更改不会像使用 XML 布局那样即时有反应。

@Preview 注释有一个限制非常值得注意:默认情况下,它无法显示具有参数的 **Composable** 预览(除非每个参数都有默认值)。这时需要指定这些参数的值才能预览。用@Preview 注释可以实现这一点,但设置起来很麻烦。因而,开发人员创建了一个单独的预览功能,当 **Composable** 自身没有指定输入时,这个专用的预览功能可以将所需的输入参数传递给正在预览的 **Composable**。

稍后,将向 **ToppingCell Composable** 添加参数。为了避免中断预览,在同一文件中预先添加一个单独的预览功能,见程序清单 26-10。

程序清单 26-10 添加一个预览 Composable(ToppingCell. kt)

```
@Preview
@Composable
private fun ToppingCellPreview() {
```

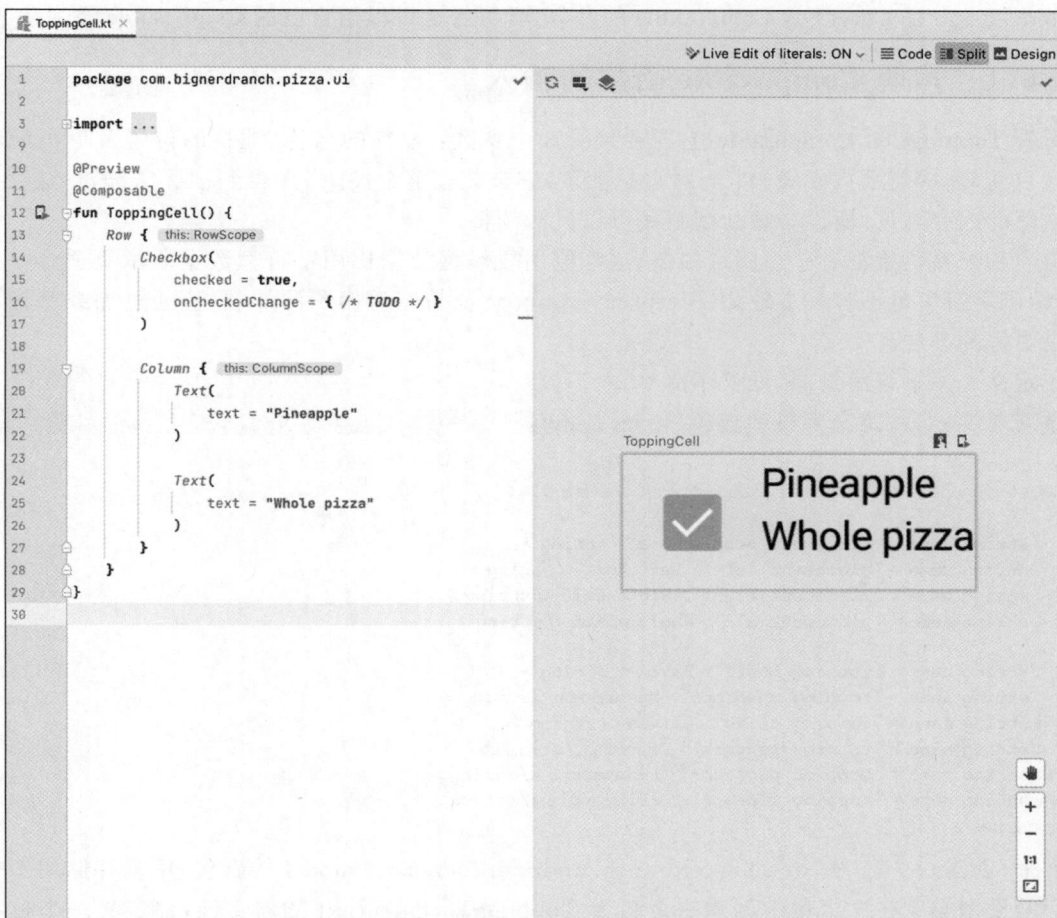

图 26-5 **Composable** 预览

```
        ToppingCell()
    }

@Preview
@Composable
fun ToppingCell() {
...
}
```

这个预览 **Composable** 使用了专用可见性修饰符，可以定义预览，无须将其公开用于生产代码。通过重新生成项目或单击预览窗口中的 🔄 构建刷新按钮来刷新预览。除标记 **ToppingCellPreview** 代替 **ToppingCell** 外，预览看起来没什么不同。

26.6　定制 Composable

Coda Pizza 应用有一个好的开始，现在准备开始让 **Composable** 达到预期效果。之前是用 XML 属性来实现这项工作，现在，在 Compose 中用函数参数来取代 XML 中的属性。

前面在使用的内置 **Composable** 上有一些参数：text 是 **text composable** 的参数，checked 和

onCheckedChange 是 **Checkbox Composable** 的参数,学习者也可以给自己的 **Composable** 添加参数。

26.6.1　声明 Composable 函数的输入

来看看 **ToppingCell Composable**,它需要接受 3 个参数:配料的名称、配料的位置及单击配料时该做什么。目前,这些值都被硬编码:配料总是菠萝,它被放在整个披萨上;配料表无法编辑,这会让不喜欢菠萝披萨的人有意见,所以必须让配料表可以灵活调整。

配料表和配料位置都有一组固定的值,这些值用枚举型数据比用字符型数据表示更适合一点。此外,用硬编码字符串也不容易本地化。Jetpack Compose 支持字符串资源加载,值通过加载字符串资源来获取是更好的办法。

首先定义一些字符串资源,见程序清单 26-11。

程序清单 26-11　定义字符串资源(strings. xml)

```
< resources >
    < string name = "app_name"> Coda Pizza </string>

    < string name = "placement_none"> None </string>
    < string name = "placement_left"> Left half </string>
    < string name = "placement_right"> Right half </string>
    < string name = "placement_all"> Whole pizza </string>

    < string name = "topping_basil"> Basil </string>
    < string name = "topping_mushroom"> Mushrooms </string>
    < string name = "topping_olive"> Olives </string>
    < string name = "topping_peppers"> Peppers </string>
    < string name = "topping_pepperoni"> Pepperoni </string>
    < string name = "topping_pineapple"> Pineapple </string>
</resources>
```

接下来,创建一个名为 com. bignerdranch. android. codapizza. model 的新包,用来存储用于定义和表示披萨的模型类。在这个包中创建一个名为 ToppingPlacement. kt 的新文件,并定义一个枚举来指定披萨的哪个部位用来放置配料。

有 3 种情况需用到枚举类型:整个披萨,披萨的左半部分和披萨的右半部分。如果披萨上没有配料,可以用空值表示,见程序清单 26-12。

程序清单 26-12　指定配料的位置(ToppingPlacement. kt)(strings. xml)

```
enum class ToppingPlacement(
    @StringRes val label: Int
) {
    Left(R. string. placement_left),
    Right(R. string. placement_right),
    All(R. string. placement_all)
}
```

> 注意:@StringRes 注释不是必需的,但它可以帮助 Android Lint 在编译时验证构造函数调用是否提供了有效的字符串资源 ID。

接下来,定义另一个枚举类型来指定可以添加到披萨中的所有配料,将此枚举放入模型包中一个名为 Topping. kt 的新建文件中,见程序清单 26-13。

程序清单 26-13　指定可以添加到披萨中所有配料(Topping. kt)

```
enum class Topping(
```

```
    @StringRes val toppingName: Int
) {
    Basil(
        toppingName = R.string.topping_basil
    ),

    Mushroom(
        toppingName = R.string.topping_mushroom
    ),

    Olive(
        toppingName = R.string.topping_olive
    ),

    Peppers(
        toppingName = R.string.topping_peppers
    ),

    Pepperoni(
        toppingName = R.string.topping_pepperoni
    ),

    Pineapple(
        toppingName = R.string.topping_pineapple
    )
}
```

有了这些模型，就可以向 **ToppingCell()** 函数添加参数了。添加三个参数：toping、nullable placement 和 **onClickTopping()** 回调函数。确保在预览 **Composable** 中提供这些参数的值，否则会出现编译器错误，见程序清单 26-14。

程序清单 26-14 为 Composable 添加参数（ToppingCell.kt）

```
@Preview
@Composable
private fun ToppingCellPreview() {
    ToppingCell(
        topping = Topping.Pepperoni,
        placement = ToppingPlacement.Left,
        onClickTopping = {}
    )
}

@Composable
fun ToppingCell(
    topping: Topping,
    placement: ToppingPlacement?,
    onClickTopping: () -> Unit
) {
...
}
```

还需要更新 **MainActivity**，以便在调用 **ToppingCell()** 函数时提供这些参数。目前，**MainActivity** 有一个编译错误，这会阻止预览更新。现在通过指定 **ToppingCell()** 函数所需的参数来解决此问题，稍后将重新讨论 **onClickTopping()** 函数的回调。现在，用一个空 lambda 表达式来提供这些参数，见程序清单 26-15。

程序清单 26-15 解决编译错误（MainActivity.kt）

```
class MainActivity : AppCompatActivity() {
```

```
        override fun onCreate(savedInstanceState: Bundle?) {
            super.onCreate(savedInstanceState)
            setContent {
                ToppingCell(
                    topping = Topping.Pepperoni,
                    placement = ToppingPlacement.Left,
                    onClickTopping = {}
                )
            }
        }
    }
}
```

返回 ToppingCell.kt 并构建项目来更新预览。由于刚刚对 **ToppingCellPreview()** 函数进行了更改,预览时希望在披萨的左侧显示辣香肠。然而,它仍然在整个披萨上显示菠萝,这是因为还没有在 **ToppingCell()** 函数中使用新的输入。马上来改一改。

1. Compose 中的资源

从配料的名称开始。之前的框架视图,是用 **Context. getString(Int)** 函数将字符串资源转换为可以在屏幕上显示的 **String** 对象。在 Compose 中,可以用 **stringResource(Int)** 函数来完成同样的事情,见程序清单 26-16。

程序清单 26-16　在 Compose 中使用 stringResource(Int)函数(ToppingCell.kt)

```
...
@Composable
fun ToppingCell(
    topping: Topping,
    placement: ToppingPlacement?,
    onClickTopping: () -> Unit
) {
    Row {
        Checkbox(
            checked = true,
            onCheckedChange = { /* TODO */ }
        )

        Column {
            Text(
                text = "Pineapple"
                text = stringResource(topping.toppingName)
            )

            Text(
                text = "Whole pizza"
            )
        }
    }
}
```

生成并刷新预览,这时应该看到配料名称从字符串资源中的硬编码 Pineapple 字符串更改为 Pepperoni 字符串。

> **注意**:如果愿意,也可以指定一个特定的字符串资源,而不是在变量中访问它。stringResource (topping. toppingName)也可以写成 stringResource(R. string. pepperoni),但前者可以从 topping 参数中读取,这样可以跟上 Composable 的动态变化。

2. Composable 中的控制流

接下来，将重点转移到放置文本（Text）上。这有点棘手，因为 placement 输入是可以为 null 的，空值表示披萨上没有配料。在这种情况下，第二个文本不应可见，复选框也不应被选中。

需添加 null 检查，将第二个文本封装在 if 语句中。如果有配料，则将文本标签添加到 UI 中；否则，屏幕上只显示第一个文本。

现在来做这个更改，检查复选框的 checked 输入，判断披萨上是否有配料，见程序清单 26-17。

程序清单 26-17 composable 中的 if 语句（ToppingCell.kt）

```
...
@Composable
fun ToppingCell(
    topping: Topping,
    placement: ToppingPlacement?,
    onClickTopping: () -> Unit
) {
    Row {
        Checkbox(
            checked = true,
            checked = (placement != null),
            onCheckedChange = { /* TODO */ }
        )

        Column {
            Text(
                text = stringResource(topping.toppingName)
            )

            if (placement != null) {
                Text(
                    text = "Whole pizza"
                    text = stringResource(placement.label)
                )
            }
        }
    }
}
```

再次刷新预览，并确认 placement 文本已更新到披萨的左半边，与 **ToppingCellPreview()** 函数中指定的值匹配。

如果没有配料，**ToppingCell()** 函数也能按预期显示，则需要更新 **preview()** 函数，指定 placement 为空值。调整现有预览函数，更改 placement 参数，同时预览 **Composable** 的多个 placement 参数版本还是会有收获的。

创建第二个预览函数，用来显示在披萨中未添加配料时 **ToppingCell()** 函数的外观。给两个预览函数指定不同的名称，来表明它们正在预览的内容，见程序清单 26-18。

程序清单 26-18 添加第二个预览函数（ToppingCell.kt）

```
@Preview
@Composable
private fun ToppingCellPreviewNotOnPizza() {
    ToppingCell(
        topping = Topping.Pepperoni,
        placement = null,
        onClickTopping = {}
    )
}
```

```
    }

    @Preview
    @Composable
    private fun ToppingCellPreviewOnLeftHalf() {
        ToppingCell(
            topping = Topping.Pepperoni,
            placement = ToppingPlacement.Left,
            onClickTopping = {}
        )
    }
    ...
```

刷新预览。现在将看到两个预览。在标记为 ToppingCellPreviewNotOnPizza 的单元格中，只有 Pepperoni 标签显示在单元格中，并且复选框未被选中，如图 26-6 所示。

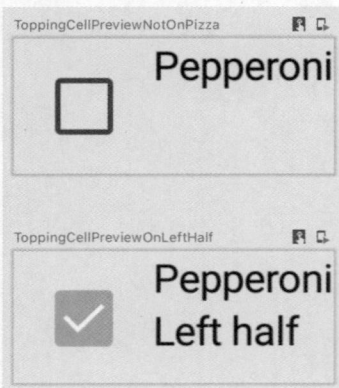

图 26-6 没有/有 **Pepperoni** 对比预览

现在观察到了 Composable 函数内部控制流的效果。因为 **Composable** 是函数，所以可以任意调用，包括有条件地调用。这里，Text **Composable** 没有被调用，所以它没有在屏幕上绘制出来。

将框架视图的 Visibility 属性设置为 gone 也可以实现类似的功能。但使用框架视图，视图本身仍然存在，只是对屏幕上绘制的内容不起作用。在 Compose 中，**Composable** 函数根本不会被调用，因为它根本就不存在。

if 语句不是 **Composable** 函数中唯一可以使用的控制流。**Composable** 函数的核心是 Kotlin 函数，因此在其他函数中可以使用的语法都可以在 **Composable** 函数中使用。例如，when 表达式、for 循环和 while 循环都可用于 **Composable** 函数。

26.6.2 对齐一行中的元素

再看一眼 **ToppingCell()** 函数的预览，学习者可能已经注意到，在未选中配料的状态下，它看起来不是很顺眼，因为复选框和文本没有垂直对齐。别急，有一个参数可以用来对齐布局。

Row 和 **Column Composable** 函数有一些自己的参数，可以使用这些参数来调整其子项的布局。对于 **Row**，可以使用 Alignment 参数来调整其子项的垂直对齐方式。**Column** 的 Alignment 参数用于调整其子项的水平对齐方式。

默认情况下，**Row** 的垂直对齐方式设置为 Alignment.Top，就是每个 **Composable** 的顶部将位于该行的顶部。若要垂直居中 **Composable** 中的子项，则将 Alignment 参数设置为 Alignment.CenterVertically，见程序清单 26-19。

程序清单 26-19 指定对齐方式（ToppingCell.kt）

```
...
@Composable
fun ToppingCell(
    topping: Topping,
    placement: ToppingPlacement?,
    onClickTopping: () -> Unit
) {
    Row(
```

```
        verticalAlignment = Alignment.CenterVertically
    ) {
        ...
    }
}
```

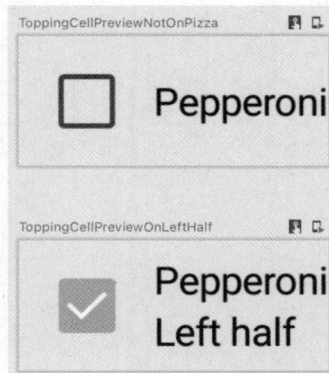

图26-7　对齐一行的内容

要确保从提供的导入选项中导入 androidx. compose. ui. Align。

顺便说一句：不要将 Alignment 参数与 Arrangement 参数混淆，后者指定 **Composable** 子项相关的 **Row** 的额外水平间隔（或列的垂直间隔）。

再次刷新预览，并确认配料名称和复选框垂直对齐，如图 26-7 所示。

26.6.3　指定文本样式

Composable 参数可用于排列内容和设置要显示的值，它们在设计 UI 样式方面也发挥着重要作用。

在第 9 章曾将 android：textAppearance 属性设置为？attr/textAppearanceHeadline5，将内置样式应用于 XML 中的文本元素。在 Compose 中，也可以通过设置 **Text composable** 的 style 参数来完成同样的事情。与框架工具包一样，Compose 也有通过 **MaterialTheme** 对象来访问的内置文本样式。现在将 body1 样式应用于配料名称，将 body2 样式应用到配料位置。

输入这部分代码时，确保在出现提示时选择 **MaterialTheme** 对象，而不是 **MaterialTheme composable** 函数，二者的导入是一样的，所以如果一开始选择错了，也不必担心了，Android Studio 会自动完成不同的代码。在第 29 章会看到 **MaterialTheme** 函数是如何工作的，见程序清单 26-20。

程序清单 26-20　设置文本样式（ToppingCell. kt）

```
...
@Composable
fun ToppingCell(
    ...
) {
    Row(
        verticalAlignment = Alignment.CenterVertically
    ) {
        ...
        Column {
            Text(
                text = stringResource(topping.toppingName),
                style = MaterialTheme.typography.body1
            )

            if (placement != null) {
                Text(
                    text = stringResource(placement.label),
                    style = MaterialTheme.typography.body2
                )
            }
        }
    }
}
```

按下横幅中的 Build & Refresh 标签（显示预览已过期）或通过构建项目来更新预览，可以看到第一行文本比第二行文本大一点点，如图 26-8 所示。两行文本大小差异很细微，但它们的大小的确不同。

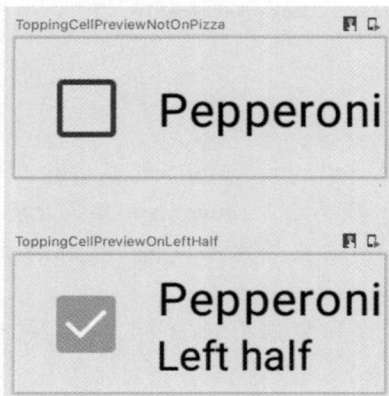

图 26-8　文本样式

26.7　Compose Modifier

背景色、边距、填充和单击监听器等属性如何设置？在框架视图系统中，这些属性是继承的，可以在 **View** 的每个子类上访问它们，但是 **Composable** 函数没有继承这一说。

相反，Compose 定义了一个名为 **Modifier** 的单独类型，它定义了可以在任何 **Composable** 上设置的通用定制。**Modifier** 可以根据需要进行链接和组合。在 **Modifier** 和 **Composable** 函数参数之间，可以实现和框架视图一样的所有定制。

若要修改 **Composable** 函数，需要将一个 **Modifier** 实例传递给 **Composable** 函数的 modifier 参数。首先，通过引用 **Modifier** 对象，获得一个空 **Modifier** 实例；然后，可以将一系列 **Modifier** 实例链接在一起，创建一个最终的 **Modifier** 对象来设置 **Composable** 函数。

26.7.1　padding Modifier

首先使用 padding 修饰符向整个单元格添加 padding。将垂直填充设置为 4dp，将水平填充设置为 16dp，见程序清单 26-21。

程序清单 26-21　添加 padding(ToppingCell.kt)

```
...
@Composable
fun ToppingCell(
    topping: Topping,
    placement: ToppingPlacement?,
    onClickTopping: () -> Unit
) {
    Row(
        verticalAlignment = Alignment.CenterVertically,
        modifier = Modifier
            .padding(vertical = 4.dp, horizontal = 16.dp)
    ) {
        ...
    }
}
```

出现导入提示时，确保选择 androidx.compose.ui.Modifier 导入。

还有一些方法也可以指定 **padding**。常用重载方法在所有边上指定相同的 **padding**（Modifier. padding(all＝16.dp)），或分别为 4 个边指定 **padding**（Modifier.padding(top ＝ 4.dp,bottom ＝ 4.dp, start ＝ 16.dp,end ＝ 16.dp)）。

回想一下,在第 11 章中曾介绍过 dp 单位是指定 **margin** 和 **padding** 的最理想单位。**Composable** 和 **Modifier** 指定了用哪个单位来描述元素位置。.dp 扩展属性返回一个 **Dp** 对象,它增加了额外的类型安全性,以确保使用的单位正确。还有一个.sp 扩展属性,用于指定文本大小的 **Sp** 值。

与框架视图不同,这些单位是不可互换的,如果 Compose API 需要指定文本大小,它会专门请求一个 **Sp** 实例。这也意味着,如果没有指定单位,编译器会出错,因为 **Int** 对象无法自动转换为 **Dp** 或 **Sp** 对象。

生成并刷新预览,应该在 **Composable** 周围看到一些额外的间距,如图 26-9 所示。

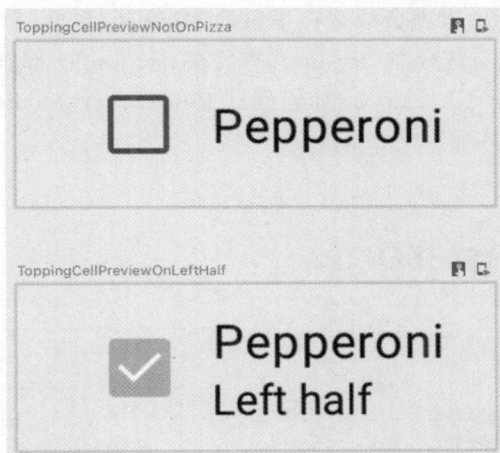

图 26-9　**Composable** 间距

顺便说一句,也可以在 **Composable** 预览中看到元素周围的边框。这些边框表示 **Composable** 对象的边界,利用这些边框可以帮助实现可视化定位。将鼠标光标悬停在预览上会显示这些边界,随便单击其中一个就会导航到与该元素对应的 **Composable**。

26.7.2　链接 Modifier 与 Modifier 排序

如果想进一步定制 **Composable** 的外观,可以将 **Modifier** 链接在一起。但要注意：**Modifier** 的顺序很重要。来看一下为什么,向 **ToppingCell** 添加一个背景,将 **background Modifier** 放置在 padding 之后,见程序清单 26-22。

程序清单 26-22　添加背景（ToppingCell.kt）

```
...
@Composable
fun ToppingCell(
    topping: Topping,
    placement: ToppingPlacement?,
    onClickTopping: () -> Unit
) {
    Row(
        verticalAlignment = Alignment.CenterVertically,
        modifier = Modifier
```

```
        .padding(vertical = 4.dp, horizontal = 16.dp)
        .background(Color.Cyan)
    ) {
        ...
    }
}
```

在使用 **Color** 类时,确保选择导入 androidx.compose.ui.graphics。Compose 给颜色的使用指定了自己的 **Color** 类(与 **Dp** 和 **Sp** 非常相似),并提供了一些颜色常量。

学习者认为背景会出现在哪里?生成并刷新 **Composable** 预览,如图 26-10 所示。这符合预期吗?

使用此代码,背景出现在 padding 中。为什么?

在 Compose 中,**Modifier** 的顺序很重要,**Modifier** 是从上到下调用的。每个 **Modifier** 都会对 **Composable** 的外观有影响,**Modifier** 是一个接一个在 **Composable** 函数内部调用。一旦调用完所有的 **Modifier**,在 **Composable** 函数的内容就会放置在最后的 **Modifier** 里面。

看看当前代码的执行顺序,首先添加 padding,然后在 padding 内部添加背景。最后,**Row** 及其内容被放置在背景中。图 26-11 揭示了 Compose 如何处理 **Row** 和两个 **Modifier**。

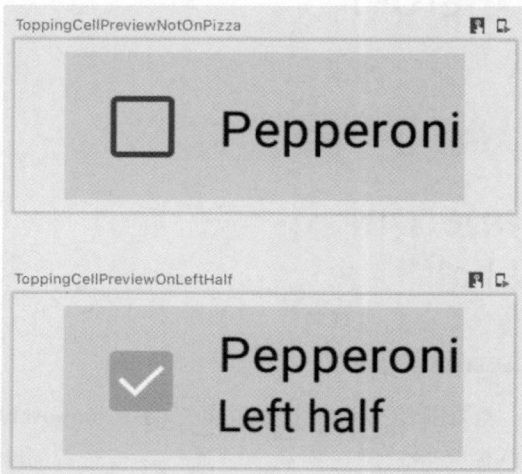

图 26-10　填充背景

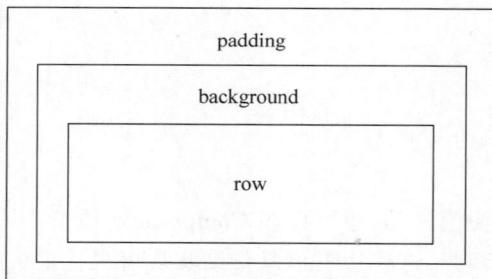

图 26-11　**Compose** 眼中的 **Modifier**

现在将 **background Modifier** 移到 **padding Modifier** 之前,见程序清单 26-23。

程序清单 26-23　将 background Modifier 换个位置(ToppingCell.kt)

```
...
@Composable
fun ToppingCell(
    topping: Topping,
    placement: ToppingPlacement?,
    onClickTopping: () -> Unit
) {
    Row(
        verticalAlignment = Alignment.CenterVertically,
        modifier = Modifier
            .background(Color.Cyan)
            .padding(vertical = 4.dp, horizontal = 16.dp)
            .background(Color.Cyan)
    ) {
        ...
```

```
        }
    }
```

生成并刷新预览。现在，可以看到背景填充了整个 **Composable**，包括 **padding**，其余内容保留在 **padding** 中，如图 26-12 所示。

现在 **padding** 被放置在背景内，因为背景先添加，然后才添加 **padding**，如图 26-13 所示。

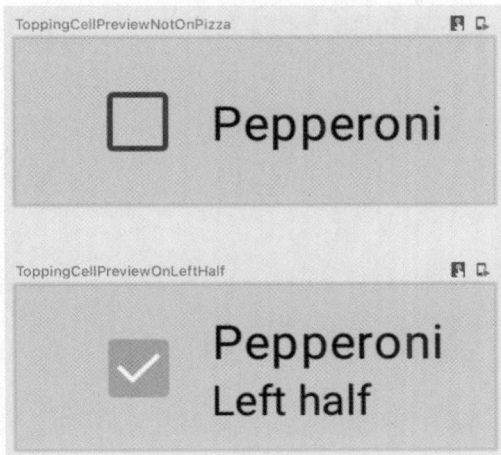

图 26-12　包括 **padding** 的背景

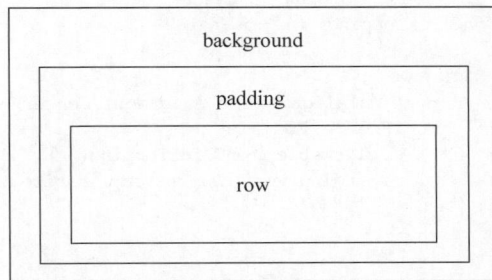

图 26-13　**Compose** 眼中重排后的 **Modifier**

有时，**Modifier** 的顺序并不重要。例如，如果用几个 **padding Modifier** 的实例来指定 **Composable** 的顶部、底部和侧面的边距，那么以什么顺序来声明 **Modifier** 并不重要。但对于许多的 **Modifier** 组合，还是要注意它的顺序。

如果发现 **Composable** 没有像预期的那样显示，就要检查 **Modifier** 的顺序，确保它们之间不会相互干扰和影响。

删除背景，因为它有点花哨，不会成为最终 UI 的一部分，见程序清单 26-24。

程序清单 26-24　删除背景（ToppingCell. kt）

```
...
@Composable
fun ToppingCell(
    topping: Topping,
    placement: ToppingPlacement?,
    onClickTopping: () -> Unit
) {
    Row(
        verticalAlignment = Alignment.CenterVertically,
        modifier = Modifier
            .background(Color.Cyan)
            .padding(vertical = 4.dp, horizontal = 16.dp)
    ) {
        ...
    }
}
```

26.7.3　clickable Modifier

还有一个重要的 **Modifier** 是 **clickable**，它类似于 **setOnClickListener** 方法。**clickable Modifier** 使

Composable 响应单击行为,它接受一个 lambda 表达式来定义单击视图时要执行的操作。现在来试一下,单击 **row** 后调用 **onClickTopping** 回调函数。

确保添加的 **clickable Modifier** 是第一个 **Modifier**。这样整个 **Composable**(包括 **padding**)都能响应单击行为。此外,除定义单击行为外,当单击发生时使 **Composable** 的背景变暗,来表示它被单击中。将 **clickable Modifier** 的顺序放在第一,**Padding** 也能实现这种效果,见程序清单 26-25。

程序清单 26-25　使 Composable 响应单击行为(ToppingCell. kt)

```
...
@Composable
fun ToppingCell(
    topping: Topping,
    placement: ToppingPlacement?,
    onClickTopping: () -> Unit
) {
    Row(
        verticalAlignment = Alignment.CenterVertically,
        modifier = Modifier
            .clickable { onClickTopping() }
            .padding(vertical = 4.dp, horizontal = 16.dp)
    ) {
        ...
    }
}
```

在模拟器中运行 **Coda Pizza**。在 **activity** 的左上角能看到意大利辣香肠配料,与预览的一样。试着在顶部单击一下(一定要在文本 Pepperoni 附近单击),由于没有指定单击事件,所以不会发生什么,但背景会变暗,表明单击被监测到,如图 26-14 所示。

图 26-14　与 **clickable composable** 互动

26.7.4　调整 Composable 的大小

目前,唯一可单击的区域是配料标签附近。如果单击配料单元格的右侧,则没有任何反应。这可能与预想有点出入,预想的是单击配料单元格所在行宽范围内的任何位置都可以与单元格交互。

可单击区域没有覆盖屏幕宽度的原因是，**ToppingCell Composable** 只占用了显示内容所需的空间。实际上，它的大小因其内容换行的原因没有体现出来。

让 **Composable** 充满可用宽度的一种方法是让 **Column** 充满其容器中所有剩余的宽度。可以使用 **weight Modifier** 来实现。

weight Modifier 有点特殊，因为它只能在把 **Composable** 放置在另一个支持 **weight** 的 **Composable** 时使用，如 **Row** 和 **Column**。**weight Modifier** 的行为与 **LinearLayout** 上的 layout_weight 属性相同：任何额外的空间都将根据其 **weight** 按比例分配给布局中的视图。如果只有一个 **Composable** 指定了 **weight**，那么所有额外的空间都将分配给该 **Composable**。

现在就试试。在 **Column** 中添加一个 **Modifier** 时，如果 **Modifier** 有 padding，那么 **padding** 的空间就会分配给复选框和文本，见程序清单 26-26。

程序清单 26-26　使用 weight Modifier（ToppingCell. kt）

```
...
@Composable
fun ToppingCell(
    topping: Topping,
    placement: ToppingPlacement?,
    onClickTopping: () -> Unit
) {
    Row(
        ...
    ) {
        ...
        Column(
            modifier = Modifier.weight(1f, fill = true)
                .padding(start = 4.dp)
        ) {
            ...
        }
    }
}
```

在模拟器中重新运行 **Coda Pizza**，看看更改后的效果。单击 Pepperoni 文本旁边屏幕右半部分的区域，应该能看到配料单元格出现了触摸指示（变暗了），即使单击它旁边的空白区域也能看到，变暗区域延伸到配料单元格所在行的整个屏幕宽度，如图 26-15 所示。

现在只不过触及了 **Modifier** API 的简单使用。例如，通过 **Modifier** 的 wrapContentHeight 和 fillParentWidth 等属性可以更明确地告诉 **Composable** 要占用多少空间。还可以使用诸如 size 等属性指定 **Composable** 的大小，以及用 aspectRatio 和 sizeIn 之类的属性约束 **Composable** 的大小。

在开发者网站上可以找到所有内置 **Modifier** 的列表。开发人员可以尝试通过 **Modifier** 组合来构建更复杂的 UI，届时会发现，**Modifier** 比用框架视图类更灵活、更简洁、预见性更强。

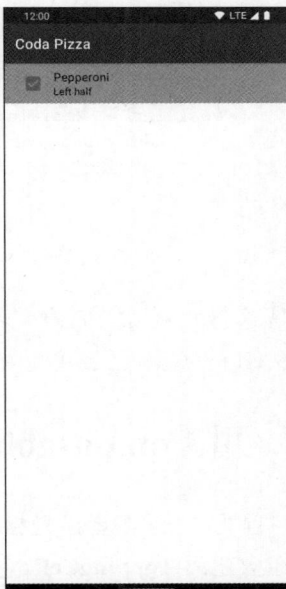

图 26-15　与有 **weight Modifier** 的 clickable **Composable** 互动

26.7.5　指定 Modifier 参数

Modifier 是定制 **composable** 的关键部分,它们为 UI 元素指定了许多常见的自定义项。事实上,它们非常重要,建议定义的每个 **Composable** UI 元素都能接受一个可选的 **Modifier** 输入作为参数。

即使学习者认为不需要在 **Composable** 上指定任何 **Modifier**,但最好有方便的选项,而不是等以后想改时再来添加。对 **ToppingCell** 应用来说,可以稍后再决定是否添加背景、更改 **padding** 或设置 **composable** 的大小。事实上,在本章的后续学习中,就要设置 **ToppingCell** 的宽度。

目前,更改这些属性的唯一方法是修改 **ToppingCell** 本身。但是,这样就必须对应用中每一处用到 **ToppingCell** 的地方对 **Composable** 直接进行更改,这并不是好办法。如果 **ToppingCell** 在多个地方用到,并且每个地方都需要不同的大小,该怎么办? 要打开未来定制化的大门,就要向 **ToppingCell** 添加一个 **Modifier** 参数。

为了避免每次使用都需要一个 **Modifier** 实例,需要为该参数指定 **Modifier** 的默认值,即一组空 modification 表示的 **Modifier** 对象。**Modifier** 参数的官方约定是将其放在必需的参数之后,其他可选参数之前。

要使用 **Modifier** 参数,需将其传递给外部 **Composable** 对象(在本例中为 **Row**)。现在来做这些更改(确保将大写 **Modifier** 更改为小写 **modifier**),见程序清单 26-27。

程序清单 26-27　接收 modifications 参数(ToppingCell.kt)

```
...
@Composable
fun ToppingCell(
    topping: Topping,
    placement: ToppingPlacement?,
    modifier: Modifier = Modifier,
    onClickTopping: () -> Unit
) {
    Row(
        verticalAlignment = Alignment.CenterVertically,
        modifier = Modifier modifier
            .clickable { onClickTopping() }
            .padding(vertical = 4.dp, horizontal = 16.dp)
    ) {
        ...
    }
}
```

就是这样! 在第 27 章讨论状态时,将重新讨论要怎么继续下一步实现,但目前已经完成了 **ToppingCell** 的实现,已经可以在应用中使用了,例如用在可滚动列表中。

26.8　用 Composable 构建屏幕

到目前为止,学习者已经接触了一些 **Composable**。简单的如 **Row** 和 **Text** 这样的原子组件,更复杂的如已经构建的 **ToppingCell**,它是在其他 **Composable** 的基础上构建的。

也可以创建一个 **Composable** 来渲染整个屏幕。实际上,在 **MainActivity** 中调用的 **setContent()** 函数就是一个 lambda 函数,它正是这样做的。由于单个 **Composable** 的功能没有限制,所以不需要另外一个像 **Fragment** 这样的组件来执行导航(可以查看 AndroidX 导航库的帮助文档,该库有 Jetpack

Compose 风格）。

在 Jetpack Compose 中，各种大小的 **Composable** 都是 UI 的构建块。

现在，**Coda Pizza** 只显示了一种配料，最终要显示多种配料，频繁通过修改应用代码来修改 UI 不是好办法。可以将其显示配料的代码提取到一个单独的文件中。这样做的好处是，**MainActivity** 通过调用 **content Composable**，可以减少 **activity** 本身的代码。

先在 com. bignerdranch. android. codapizza. ui 包中定义一个名为 PizzaBuilderScreen. kt 的新文件，在此文件中定义一个名为 **PizzaBuilderScreen** 的 **Composable** 函数。**PizzaBuilderScreen** 绘制 activity 中的所有主要内容。如果有导航代码或其他逻辑，也可以把它放在这个 **Composable** 中。

记住给这个新 **Composable** 一个 **Modifier** 参数。添加一个 **@Preview** 注释为此函数添加快速预览（不再向该函数添加任何参数，因此不需要单独的预览函数），见程序清单 26-28。

程序清单 26-28　定义屏幕（PizzaBuilderScreen. kt）

```
@Preview
@Composable
fun PizzaBuilderScreen(
    modifier: Modifier = Modifier
) {

}
```

按惯例，**Composable** 的名称以 Screen 结束，表示它填充了窗口的整个可视区，并代表了一个唯一的应用 UI 部分。如果应用需要显示几个不同的 UI 并在它们之间导航，那么它们可以有许多屏幕。

当 **Coda Pizza** 编写完成时，**PizzaBuilderScreen** 要显示几个元素：应用栏、披萨定制预览、配料列表和 PLACE ORDER 按钮。现在，先来实现其中的两个元素：配料列表和 PLACE ORDER 按钮。

在添加新的 **Composable** 函数之前，先回到 strings. xml 文件，添加将用于 PLACE ORDER 按钮标签的字符串资源，见程序清单 26-29。

程序清单 26-29　添加 PLACE ORDER 按钮标签的字符串资源（strings. xml）

```
< resources >
    < string name = "app_name"> Coda Pizza </string >

    < string name = "place_order_button"> Place Order </string >

    < string name = "placement_none"> None </string >
    ...
</ resources >
```

接下来，在 PizzaBuilderScreen. kt 文件中创建两个新的私有 **Composable**：一个用于配料列表，另一个用于 PLACE ORDER 按钮。对于配料列表 **Composable**，暂时先调用 **ToppingCell()** 函数一次，在下一节再来实现滚动列表。对于 PLACE ORDER 按钮，用 **Button composable** 定义。

Button Composable 接受两个必需的输入：一个 **onClick()** 函数回调和一组放置在按钮内的 **Composable** 子项。如果需要，可以添加一个图标或任何其他的 **Composable** 来添加按钮的趣味性，但现在只用 **Text Composable**。

Android 系统上的按钮标签通常都是大写的。使用框架按钮视图在默认情况下是这样的，但在 Compose 中不会出现这种情况，按惯例，用 **toUpperCase()** 函数手动将按钮标签字符串转换为大写，见程序清单 26-30。

程序清单 26-30 定义要放在屏幕上的内容（PizzaBuilderScreen. kt）

```kotlin
@Preview
@Composable
fun PizzaBuilderScreen(
    modifier: Modifier = Modifier
) {

}

@Composable
private fun ToppingsList(
    modifier: Modifier = Modifier
) {
    ToppingCell(
        topping = Topping.Pepperoni,
        placement = ToppingPlacement.Left,
        onClickTopping = {},
        modifier = modifier
    )
}

@Composable
private fun OrderButton(
    modifier: Modifier = Modifier
) {
    Button(
        modifier = modifier,
        onClick = {
            // TODO
        }
    ) {
        Text(
            text = stringResource(R.string.place_order_button)
                .toUpperCase(Locale.current)
        )
    }
}
```

如果出现导入提示，请确保选择 androidx. compose. material. Button，以及 androidx. compose. ui. text. toUpperCase 和 androidx. compose. ui. ext. intl. Locale 导入。

现在，可以将这些 **Composable** 放置在 **PizzaBuilderScreen** 中，在屏幕上设置它们的位置。向 **PizzaBuilderScreen()** 函数添加一列，将 **ToppingsList** 放置在屏幕顶部，将 **OrderButton** 放置在屏幕底部。**ToppingsList** 要充满所有可用的高度，因此通过其 **Modifier** 将 weight 设置为 1。此外，让 **OrderButton** 占据屏幕的整个宽度，其 padding 设为 16dp，见程序清单 26-31。

程序清单 26-31 在 PizzaBuilderScreen 中放置内容（PizzaBuilderScreen. kt）

```kotlin
@Preview
@Composable
fun PizzaBuilderScreen(
    modifier: Modifier = Modifier
) {
    Column(
        modifier = modifier
    ) {
        ToppingsList(
            modifier = Modifier
                .fillMaxWidth()
```

```
                    .weight(1f, fill = true)
            )

            OrderButton(
                modifier = Modifier
                    .fillMaxWidth()
                    .padding(16.dp)
            )
        }
    }
...
```

PizzaBuilderScreen 准备就绪后，现在可以更新 **MainActivity** 的 **setContent** 块，不用 **setContent** 来创建 UI，而是委托给 **PizzaBuilderScreen**，见程序清单 26-32。

程序清单 26-32　使用 PizzaBuilderScreen composable（MainActivity.kt）

```
class MainActivity : AppCompatActivity() {
    override fun onCreate(savedInstanceState: Bundle?) {
        super.onCreate(savedInstanceState)
        setContent {
            ToppingCell(
                topping = Topping.Pepperoni,
                placement = ToppingPlacement.Left
            )
            PizzaBuilderScreen()
        }
    }
}
```

运行 **Coda Pizza**，如图 26-16 所示，**PLACE ORDER** 位于屏幕底部，配料信息位于屏幕中央，配料单元格在屏幕上居中，由于已将其设置为充满屏幕的高度，并且其内容放置在其边界内的居中的位置。尽管居中的放置不是很协调，但 **ToppingsList Composable** 的位置是正确的，最终实现版本是它被放置在与屏幕的剩余高度内。

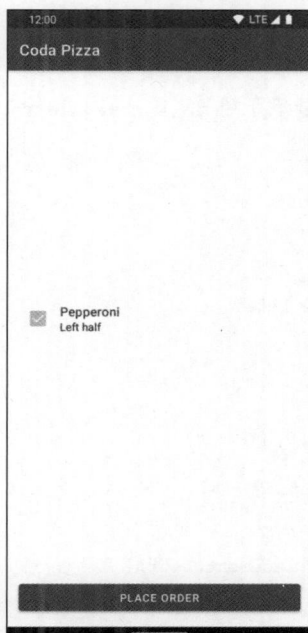

图 26-16　建设中的 **PizzaBuilderScreen**

26.9　用 LazyColumn 实现滚动列表

实现 **Coda Pizza** 应用主体的最后一步是把 **ToppingsList Composable** 变成一个列表。现在它只显示一种配料，要让它显示 **Coda Pizza** 菜单中所有可用的配料。以前的做法是用 **RecyclerView** 来实现，通过 **Adapter**、**View Holder** 和布局管理器来创建最基本的列表。

在 Compose 中，可滚动列表是使用 **LazyColumn**（或者 **LazyRow**，如果要水平滚动而不是垂直滚动）创建的。**LazyColumn** 的作用有点像 **RecyclerView**，它只适用于在屏幕上绘制的 **Composable**，在渲染大型列表时提升效率。与 **RecyclerView** 不同，**LazyColumn** 只需几行代码即可创建。

因为没有视图对象的开销，也不存在对 **Composable** 的引用，所以无须创建 **ViewHolder** 类。Compose 布局引擎功能强大，也不需要 **Adapter**。**Adapter** 的作用是将索引转换为视图，并回收视图再利用，但 Compose 可以自行高效地旋转和分解 **Composable**，因此 **LazyColumn** 只需要知道在给定位置显示什么，至于怎么去做由它负责。

LazyColumn 有一个必需的参数：用于指定列表内容的 lambda 表达式。不过，与本章中看到的大多数 lambda 不同，传递给 **LazyColumn** 的 lambda 不是 @Composable 函数，这意味着不能直接将 **Composable** 内容添加到列表中。

可以通过调用函数（如在 **LazyColumn** 的 lambda 中的 **item**、**items** 或 **itemsIndexed**）将元素添加到列表中。每个构建函数都接受自己的 lambda 创建一个 **Composable** 函数，该 **Composable** 函数定义了其将在列表中的一个或多个位置绘制的内容，可以添加任意数量的项目，如果需要，还可以方便地组合数据集。

Coda Pizza 应用使用 **LazyColumn** 来显示 **Topping** 枚举的所有值。在 **LazyColumn** 中，用 **items()** 函数传递 **Topping** 值的列表，指定它们应显示在列表中。在 **items** 构造器的 lambda 表达式中，把 **Topping** 值传递给 lambda，然后调用 **ToppingCell** 为该 **Topping** 值创建一行。

现在在 PizzaBuilderScreen.kt 文件中进行此更改，删除作为占位符而添加的 **ToppingCell**，见程序清单 26-33。

程序清单 26-33　用 LazyColumn 显示配料表（PizzaBuilderScreen.kt）

```
@Composable
private fun ToppingsList(
    modifier: Modifier = Modifier
) {
    ToppingCell(
        topping = Topping.Pepperoni,
        placement = ToppingPlacement.Left,
        onClickTopping = {},
        modifier = modifier
    )
    LazyColumn(
        modifier = modifier
    ) {
        items(Topping.values()) { topping ->
            ToppingCell(
                topping = topping,
                placement = ToppingPlacement.Left,
                onClickTopping = {
                    // TODO
                }
```

```
            )
        }
    }
}
…
```

输入上述代码时，如果 Android Studio 没有自动导入 **items()** 函数，要确保导入该函数。该函数的导入为 androidx. compose. foundation. lazy. items。如果没有导入，可能会出现类型不匹配的错误。

运行 **Coda Pizza**，将看到按 Topping 枚举中声明的顺序列出了所有配料，它们都被设置为显示在屏幕的左半部分，如图 26-17 所示。

列表仍需改进，例如，topping 列表的位置可以移动。上面用几行代码就实现了 **ToppingsList Composable**，而且代码可以很容易地进行改写，以便向列表中添加更多内容或更改内容的外观。用 **RecyclerView** 来实现编码很难达到这种简洁程度。这证明了使用 Jetpack Compose 构建 Android 应用会更容易。

本章已经完成了相当多的工作，从了解 Compose 布局的基本原理，到持续探索 Jetpack Compose，在此学习过程中为构建 **Coda Pizza** 应用打下坚实的基础。在第 27 章，将使用交互 UI 元素来更新 **Composable()** 函数，对用户输入做出响应，并继续探索 Jetpack Compose 如何处理应用状态。

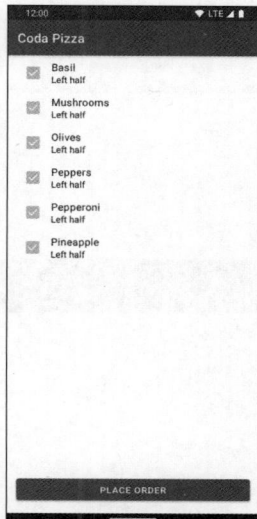

图 26-17　建设中的 **LazyColumn**

26.10　深入学习：live literals

除了预览，Jetpack Compose 还有几个技巧可以让学习者快速迭代 UI 设计。其中之一就是一个叫作 **live literals** 的功能。当启用 **live literals** 时，通过 Android Studio 运行 Compose 应用，在 Compose UI 中对硬编码值所做的任何更改都将在应用运行时自动推送到应用。UI 在键入新值时使用新值进行刷新，这样可以即时预览更改，而无须重新编译。

live literals 仅适用于简单的硬编码值，如 Int、Boolean 和 String 等属性值。它们必须在 IDE 中启用。要检查是否启用了 **live literals**，选择 Android Studio→Preferences…，**live literals** 的选项位于首选项窗口左半部分的 Editor 区里，在 Live Edit of literals 页上。导航到此页面，选中"Live Edit of literals"启用 **live literals**，然后重新启动应用就可以启用该功能。

在 **Coda Pizza** 运行时，通过更改 padding 值来试一下 **live literals** 功能。改变一下值的大小，看看内容是否立即发生变化，显示了最新的值。

修改其他代码，例如添加或删除整个 **modifier**，都不会更新 UI，必须要重新构建并运行 **Coda Pizza** 才会刷新；只有更改 **literals** 才会自动更新。尽管有这种限制，但这种即时更新使 **live literals** 成为对 UI 外观进行最后润色的好工具。

完成了对 **live literals** 的体验后，在继续第 27 章学习之前，确保恢复对 **Coda Pizza** 所做的任何更改。

第27章

Jetpack Compose中UI的状态

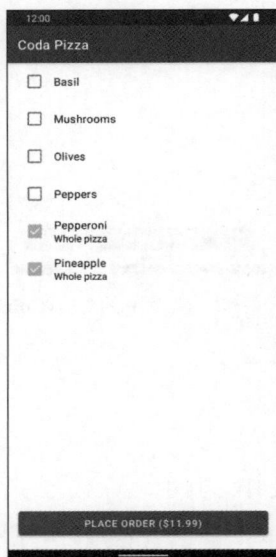

图 27-1　有 UI 状态的 **Coda Pizza**

Coda Pizza 应用有一个良好的开端。在第 26 章中,构建了一个可滚动的列表,创建了一个配料单元格的 **Composable**,并设置了屏幕布局,包括页面底部的订单按钮。但应用仍缺少了一些东西:用户无法与它交互(除了滚动配料列表)。如果用户单击了 **Checkbox**,它不会从选中状态变为未选中状态,反之亦然。

这与习惯用的框架视图不一样。回想一下,在 **CriminalIntent** 应用里用 **Checkbox** 视图来跟踪 **crime** 是否已处理,将 **Checkbox** 添加到 UI 中,它就会通过切换状态来响应单击事件,而不需要额外的代码。

本章将研究为什么当前代码不响应用户输入,并学习如何将 UI 状态合并到 **composable** 中。在本章学习结束时,**Coda Pizza** 应用将允许用户在披萨上放置和移除配料,单击 **Checkbox** 或配料单元格将切换配料状态:放置在披萨上或从披萨上移除。此外还将更新 PLACE ORDER 按钮事件,根据配料数量计算出披萨价格。

本章学习完成后,**Coda Pizza** 应用看起来就如图 27-1 所示。

在第 28 章中,将更进一步显示一个对话框,用于询问用户希望将配料放置在哪里。

27.1　UI 状态的原理

从讨论框架视图如何处理状态开始。本书前面编写的应用实际上有两种 UI 状态表示形式,一种是由学习者构建的,通常用数据类定义,由 **ViewModels** 来管理,这种状态通常被称为 **application state** 或 **appstate**,因为这种状态控制着整个应用的行为,也是应用看待世界的方式,Compose 应用同样也具有应用状态,其定义也类似。

框架视图中 UI 状态的第二种表示形式位于视图内部。想一想框架 **Checkbox** 和 **EditText** 视图,当用户按下 **Checkbox** 或在 **EditText** 中输入文本时,无论学习者是否希望,这些输入都会立即更新 UI。

框架视图的状态碎片化意味着 UI 代码的重要职责之一是保持应用状态和视图状态同步。例如,如果使用单向数据流架构,应用接收响应事件,更新其模型,生成新的 UI 值,然后更新 UI。但是,当视图有自己的状态时,应用接收的事件有可能会在未经同意的情况下缩短此流程并更新 UI,这可能是错误的。

因此,在使用框架视图时,必须确保 UI 按预期更新,有时候这意味着必须立即撤销视图对其自身所做的状态更改。这种来回的数据有点混乱,很难管理,这也是 Android 应用中出现许多 UI 错误的原因。

Compose 不同。在使用 Compose 创建的应用中,UI 状态仅存储在一个地方。实际上,Compose 本身并不存储任何 UI 状态。因而,学习者可以完全控制自己的 UI 状态。

就拿在 **Coda Pizza** 应用中用到的 **Checkbox composable** 来说:

```
Checkbox(
    checked = true,
    onCheckedChange = { /* TODO */ }
)
```

如果这是一个框架视图,学习者可能希望设置 **Checkbox** 的选中初始状态为 checked,并在状态发生变化时调用 **onCheckedChange**。但在 Compose 中,语义有点不同。

checked 参数定义当前是否选中 **Checkbox**,将该值硬编码为 true,这样 **Checkbox** 将一直处于选中状态,除非学习者更改代码。正如学习者可能猜测的那样,这并不是开发人员真正设计 **Checkbox composable** 的方式。在本章后续,会将此参数设置为一个变量,当这个变量重新赋值时让 **composable** 进行更新。

只要 **Checkbox** 的 checked 状态发生更改,就会调用 **onCheckedChange**。在实践中,意味着每次用户与 **Checkbox** 交互时都会调用 **onCheckedChange**,表示用户希望切换 **Checkbox** 的 checked 状态。

通常,可以定义一个 lambda 在 checked 有新状态时更新用户输入,但不是非得这样做,因为在成品 **Coda Pizza** 应用中,学习者希望用户选择放置配料的位置时不要立即切换 **Checkbox** 的状态。

这样就解释了为什么当前 **Checkbox** 忽略用户输入:当组件状态有更改并提出请求时,学习者什么也不用做,这样,**Checkbox** 的 checked 状态一直不会变。

顺便说一句,这种状态的原理就是 Compose 被称为声明性 UI 工具包的原因,声明了希望 UI 的显示方式;Compose 不仅完成了第一次设置 UI 的繁重工作,而且还使其在状态变化时保持最新结果。**composable** 与它们引用的所有状态建立实时连接,对于其状态的更改将直接更新该状态对象的部件,学习者无须再额外做什么。

27.2　定义 UI 状态

将状态添加到 Compose 应用的第一步是定义用于存储它的模型。对于 **Coda Pizza** 应用来说,需要一个地方来保存所选配料的状态。在 com.bignerdranch.android.codapizza.model 包中创建一个名为 Pizza.kt 的新文件,在此文件中,创建一个名为 **Pizza** 的数据类。

给这个数据类一个属性:披萨上的配料,一个 Map < Topping,ToppingPlacement >。如果披萨上有配料,它将作为 **key** 添加到 Map 中。该值是配料在披萨上的位置。如果披萨上没有配料,它就不会被加到 Map 中,见程序清单 27-1。

程序清单 27-1　Pizza 数据类(Pizza.kt)

```
data class Pizza(
    val toppings: Map < Topping, ToppingPlacement > = emptyMap()
)
```

用这种方式来表示披萨可以很容易地确定披萨上是否有配料,以及配料放置的位置,还可以防止出现不支持的配料组合,例如在整个披萨中添加两根意大利辣香肠。

> **注意**：**Coda Pizza** 没有选择配料数量的选项，只有配料的位置选项。

27.3　用 MutableState 更新 UI

Coda Pizza 模型准备好后，可以开始将 UI 状态合并到应用中。要获得 Jetpack Compose 状态的行为，需在 PizzaBuilderScreen.kt 文件中定义一个文件级属性来跟踪选定的配料。默认情况下，将 **Pizza** 属性的初始值设置为：整个披萨上的 pepperoni 和 pineapple。定义好 **Pizza** 状态后，还要更新 **ToppingsList Composable**，根据 **Pizza** 属性来确定配料的位置，见程序清单 27-2。

程序清单 27-2　声明状态（PizzaBuilderScreen.kt）

```
private var pizza =
    Pizza(
        toppings = mapOf(
            Topping.Pepperoni to ToppingPlacement.All,
            Topping.Pineapple to ToppingPlacement.All
        )
    )
...
@Composable
private fun ToppingsList(
    modifier: Modifier = Modifier
) {
    LazyColumn(
        modifier = modifier
    ) {
        items(Topping.values()) { topping ->
            ToppingCell(
                topping = topping,
                placement = ToppingPlacement.Left,
                placement = pizza.toppings[topping],
                onClickTopping = {
                    // TODO
                }
            )
        }
    }
}
...
```

运行 **Coda Pizza**。与之前一样，将看到配料列表，但只有 pepperoni 和 pineapple 所在行被选中，与在 **Pizza** 属性中指定的值相匹配。如果单击某个配料，屏幕上不会有任何变化，因为尚未重新分配状态。

一会再来更新 **ToppingsList Composable** 中的 **onClickTopping** 的 lambda 表达式，实现更改配料选项。首先，在 **Pizza** 数据类中添加一个函数，用于方便添加和删除配料。

定义一个名为 **withTopping()** 的函数，该函数返回给定配料的 **Pizza** 副本。该函数接收一个 **ToppingPlacement** 参数，用以指示放置配料的位置。如果传入的位置是一个空值，则返回的 **Pizza** 副本的配料将被移除，用 **copy()** 函数生成更新后的 **Pizza** 实例，见程序清单 27-3。

程序清单 27-3　方便的 Pizza 更改（Pizza.kt）

```
data class Pizza(
    val toppings: Map< Topping, ToppingPlacement > = emptyMap()
```

```
) {
    fun withTopping(topping: Topping, placement: ToppingPlacement?): Pizza {
        return copy(
            toppings = if (placement == null) {
                toppings - topping
            } else {
                toppings + (topping to placement)
            }
        )
    }
}
```

为什么要创建 **Pizza** 对象的副本,而不是将配料参数设置为 **var** 或 **MutableMap**?稍后将看到,仅当状态对象本身被重新分配时,Compose 才会意识到 UI 状态有更改。如果 UI 状态对象的属性发生更改,UI 不会按预期更新,这可能会导致应用出现问题。出于这个原因,建议让 UI 状态类只包含 **val**属性。

有了这个辅助函数,就可以实现 **onClickTopping** lambda 表达式。现在将 **pizza** 属性设置为更新后的 **pizza**。现在,让这个实现简单一点:如果配料在整个披萨上,lambda 应该将其移除;否则,应该将其添加到整个披萨上。要观察披萨的修改情况,还可以向 **pizza** 属性添加一个定制 **set()** 函数,在每次重新分配 **pizza** 状态时打印一条日志消息,见程序清单 27-4。

程序清单 27-4 更改 UI 状态(PizzaBuilderScreen. kt)

```
private var pizza =
    Pizza(
        toppings = mapOf(
            Topping.Pepperoni to ToppingPlacement.All,
            Topping.Pineapple to ToppingPlacement.Left
        )
    )
    set(value) {
        Log.d("PizzaBuilderScreen", "Reassigned pizza to $ value")
        field = value
    }
...
@Composable
private fun ToppingsList(
    modifier: Modifier = Modifier
) {
    LazyColumn(
        modifier = modifier
    ) {
        items(Topping.values()) { topping ->
            ToppingCell(
                topping = topping,
                placement = pizza.toppings[topping],
                onClickTopping = {
                    // TODO
                    val isOnPizza = pizza.toppings[topping] != null
                    pizza = pizza.withTopping(
                        topping = topping,
                        placement = if (isOnPizza) {
                            null
                        } else {
                            ToppingPlacement.All
                        }
                    )
```

```
                    }
                )
            }
        }
    }
    …
```

运行 **Coda Pizza**,单击标有 Pineapple 的单元格,将 Pineapple 从披萨中移走。(要单击单元格本身,而不是复选框。)在 Logcat 中,应该会看到报告状态已更改的消息以及 **pizza** 属性的新值:

```
D/PizzaBuilderScreen: Reassigned pizza to Pizza(toppings = {Pepperoni = All})
```

但是,尽管 **pizza** 状态发生了变化,正如日志所示,UI 并没有更新。它仍然显示 Pineapple 在整个披萨上。这与使用框架 UI 的经验一样:在不告诉 UI 需要更新的情况下更新应用状态会导致 UI 过时。然而,Jetpack Compose 可以通过状态重新分配自动更新 UI。

在连接 Compose 自动更新 UI 之前,先来执行另一个快速测试,确认一下应用状态是否正确更改。在 **Coda Pizza** 应用运行的情况下,旋转模拟器或设备触发配置更改,这将引起 **activity** 被重新创建,正如之前所看到的,相应地,Compose UI 将被重建。因为应用状态被定义为全局变量,所以它在该配置更改后会保留,并在重新绘制 UI 时使用。因此会看到,旋转之后配料列表会更新,从而匹配 **Pizza** 状态,不再是 Pineapple。

目前,**Composable** 函数只知道如何设置其初始状态。定义 UI 状态的变量可以任意变化,但 UI 还无法了解这些变化,因此 **composable** 永远不会用新数据进行更新。为了解决这个问题,需要一个机制来告诉 **Composable** 函数何时以及如何更新。

在使用框架 UI 工具包开发应用的过程中,由开发者负责在应用状态更改后决定何时进行 UI 更新。但是对 Compose 来说,它是通过观察应用状态来更新 UI 状态的。要构建这种观察,需要一个 **MutableState** 对象。

MutableState(就像它的同类只读 **State** 一样)是一个跟踪单个值的包装对象。每当重新分配其中一个 **State** 对象内的值时,Compose 都会立即收到变化通知。随后,每个可访问 **State** 对象的 **composable** 都将自动更新为 **State** 对象中的新值。

因为 **pizza** 状态不是通过 **State** 对象来跟踪的,所以 Compose 无法对其值的更改做出任何响应。可以通过将 **Pizza** 对象存储在一个 **MutableState** 实例中来解决这个问题。创建 **MutableState** 对象,要用到 **mutableStateOf** 函数,它需要一个初始值。将一个空的 **Pizza** 对象作为参数传递给它,让用户从头开始定制他们的披萨。另外,要删除添加的定制 **set()** 函数,因为这里不再需要日志消息。

可以在不改变任何 **pizza** 用法的情况下进行此更改,方法是用之前曾用过的 by 关键字将属性委派给 **MutableState**。使用委派使属性在语法上看起来像一个正常的属性,但读取和写入将通过 **MutableState**,这样 Compose 就可以跟踪状态的变化。

输入委派语法格式时慢一点输入,因为要导入两个函数才能使用这种语法,Android Studio 有时可能会很严格。这两个函数的完整导入语句,见程序清单 27-5。

程序清单 27-5　把值委派给 MutableState(PizzaBuilderScreen. kt)

```
…
import androidx.compose.runtime.getValue
import androidx.compose.runtime.setValue

private var pizza =
    Pizza(
```

```
    toppings = mapOf(
        Topping.Pepperoni to ToppingPlacement.All,
        Topping.Pineapple to ToppingPlacement.Left
    )
}
set(value) {
    Log.d("PizzaBuilderScreen", "Reassigned pizza to $ value")
    field = value
}
```

private var pizza by mutableStateOf(Pizza())
…

运行 **Coda Pizza**。刚开始，所有配料都没有被选中，与初始化应用时传入的空 **Pizza** 对象状态相匹配。然后单击某一配料的单元格（是单元格本身，而不是复选框）。

这时单击的配料被来回切换：它的复选框被勾选，标签 Whole pizza 出现在配料名称下。再次单击，复选标记和放置的文本标签会消失。

现在单击复选框，这时复选框会出现一个单击指示（一个黑色圆圈），但它不会从选中变为未选中，反之亦然。是时候来解决这个问题了。

对复选框的单击行为与单元格本身的行为一样：它将切换披萨上是否有配料的状态。在第 28 章，当添加一个对话框来询问披萨的配料应该放在哪里时，两者的行为仍然一样，两者都会显示一个对话框。

ToppingCell 应用已经具备响应单击行为的能力了。通过调用与 **clickable modifier** 上使用的相同的 **onClickTopping** lambda，为复选框实现 **onCheckedChange** lambda，见程序清单 27-6。

程序清单 27-6　实现 Checkbox 响应单击（ToppingCell. kt）

```
…
@Composable
fun ToppingCell(
    topping: Topping,
    placement: ToppingPlacement?,
    onClickTopping: () -> Unit,
    modifier: Modifier = Modifier
) {
    Row(
        verticalAlignment = Alignment.CenterVertically,
        modifier = modifier
            .clickable { onClickTopping() }
            .padding(vertical = 4.dp, horizontal = 16.dp)
    ) {
        Checkbox(
            checked = (placement != null),
            onCheckedChange = { / * TODO * / }
            onCheckedChange = { onClickTopping() }
        )
        …
    }
}
```

再次运行 **Coda Pizza** 并选中复选框。这一次，复选框会像单元格一样切换配料是否出现的状态。无论单击哪里，复选框还是 **topping** 单元格，UI 的两个元素都会同时更新。当复选框状态变化时，不需中间步骤去更新标签文本，两者一直是同步的。

27.4　Recomposition 重组

与框架 UI 工具包保持应用状态和 UI 状态同步的工作相比，Compose 的自动 UI 更新似乎有点神奇。要了解 Compose 如何直接更新 UI，在 **ToppingCell composable** 中添加一条日志语句，在每次调用该函数时打印一条消息，见程序清单 27-7。

程序清单 27-7　记录 ToppingCell() 的调用情况（ToppingCell. kt）

```
...
@Composable
fun ToppingCell(
    topping: Topping,
    placement: ToppingPlacement?,
    onClickTopping: () -> Unit,
    modifier: Modifier = Modifier
) {
    Log.d("ToppingCell", "Called ToppingCell for $ topping")
    Row(
        ...
    ) {
        ...
    }
}
```

运行 **Coda Pizza**，然后打开 Logcat。在 **Coda Pizza** 刚开始运行时，日志信息就已经打印好几次了，**LazyColumn** 在屏幕上放置每个配料时都打印一次。

> 注意：当 UI 稳定下来后，这些日志会再次打印一次。重要的是，当配料列表呈现时，**ToppingCell()** 函数会被调用。

```
D/ToppingCell: Called ToppingCell for Basil
D/ToppingCell: Called ToppingCell for Mushroom
D/ToppingCell: Called ToppingCell for Olive
D/ToppingCell: Called ToppingCell for Peppers
D/ToppingCell: Called ToppingCell for Pepperoni
D/ToppingCell: Called ToppingCell for Pineapple
```

单击复选框或配料名称切换 pepperoni 配料，再看一下 Logcat 日志：

```
D/ToppingCell: Called ToppingCell for Basil
D/ToppingCell: Called ToppingCell for Mushroom
D/ToppingCell: Called ToppingCell for Olive
D/ToppingCell: Called ToppingCell for Peppers
D/ToppingCell: Called ToppingCell for Pepperoni
D/ToppingCell: Called ToppingCell for Pineapple
D/ToppingCell: Called ToppingCell for Pepperoni
```

刚刚通过日志消息目睹了 **Recomposition** 的实施。**Recomposition** 是 Compose 在状态更改时用于更新 UI 的技术。

Compose 跟踪每个 **Composable** 正在使用的状态。当 **Composable** 的状态或其输入发生变化时，Compose 需要更新到新状态。它通过重组 **Composable** 来实现这一点。

当 **Composable** 被重组时，Compose 会在运行期间用其新输入再次调用该函数。从一开始该函数就被执行，通过重组创建的任何 UI 都将替换先前显示的 **Composable** 内容。正在重组的函数中的每个表达式都会被再次调用，当然也包括日志表达式。

这里，Compose 知道 Pepperoni 所在的 **ToppingCell()** 函数用 pizza 状态来设置复选框和配料位置标签。单击复选框或单元格会用新值修改 **pizza** 属性，这样会就有一个更新的 **toppings map**。Compose 看到了这个重新分配状态，确定这个更改会影响有 Pepperoni 配料的 **ToppingCell composable**，于是再次调用该函数。

Compose 有很多技巧可以在重组 UI 时避免不必要的工作。这里只有 pepperoni 的 **ToppingCell()** 函数的输入发生了变化，因此它将是唯一一个被重组的函数。其他 **ToppingCell()** 函数都没有被重组，还有 **PizzaBuilderScreen** 和 **OrderButton Composable** 也没有被重组，所以它们不会被再次调用。

因为 Composable 可以随时调用，所以在 Composable 中的操作要小心。**Composable** 是一个纯函数，这意味着它在组织过程中不应该产生副作用。这个副作用是指在相关函数之外引起更改的任何操作。例如，将值写入数据库或函数自身之外定义的变量就会产生副作用，因为这些操作会影响应用其他部分的行为。

Composable 的副作用是很危险的。因为学习者永远不知道什么时候会重组 **Composable**，所以学习者无法控制一个操作何时发生或发生多少次。如果一不小心，很容易陷入重组又触发重组的境地，这可能是一个无休止的循环。

在回调中产生副作用没问题，也是意料之中，就像响应用户输入的单击监听器一样。但副作用永远不应该出现在 **Composition** 内部。

> **注意**：Compose 确实提供了在 **Composable** 中安全承载副作用的机制。详细内容不在本书的讨论范围内。

重组是 Compose 工作方式的关键部分：每当 Compose UI 发生变化时，都会有相应的重组。

也可以在不更改 UI 的情况下进行重组。如果 **Composable** 的输入发生变化，它们一直都会重组，即使它们所呈现的 UI 不受影响。在这种情况下，用户无法察觉到重组发生。

现在学习者已了解了 Compose 的一些精髓，接下来删除调用 **ToppingCell()** 函数时打印的日志，见程序清单 27-8。

程序清单 27-8 删除跟踪状态的日志（ToppingCell.kt）

```
...
@Composable
fun ToppingCell(
    topping: Topping,
    placement: ToppingPlacement?,
    onClickTopping: () -> Unit,
    modifier: Modifier = Modifier
) {
    Log.d("ToppingCell", "Called ToppingCell for $ topping")
    Row(
        ...
    ) {
        ...
    }
}
```

27.5 remember()函数

目前，**pizza** 状态被定义为一个全局变量。这并不是好做法，因为全局变量通常会难以管理和维护。

如果状态只属于 **Composable** 自身,那就更好了。因为 **Composable** 不过是个纯函数,所以封装状态的唯一地方就是函数本身。

这就带来一个问题:因为 Compose 每次重组 UI 时都会从头开始调用整个 **Composable** 函数,所以在 **Composable** 函数中声明的所有局部变量都会在组织过程中丢失。如果试图将状态存储在 **Composable** 中,那么每次调用 **Composable** 时,它都会重置,这不是存储 UI 状态的理想方法。

为了解决这个问题,要用到一个名为 remember 的函数。**remember()** 函数将 lambda 表达式作为其参数。在第一次组织中,调用 lambda 来生成需要记住的值,然后函数返回该值。

在随后的组织中,**remember()** 函数立即返回上一次组织生成的值。这样就可以在组织过程中保持信息,这对于不是源自 **Composable** 输入的信息来说是必不可少的。

Composable 可以有任意数量的记忆值。此外,Compose 保持跟踪 **Composable** 的哪些实例记住了哪些值。如果有多个相同 **Composable** 的实例,它们将各自记住自己的值。

remember() 函数经常与 **mutableStateOf()** 函数一起用来定义 **Composable** 的状态。实际上,如果在 **Composable** 内部调用 **mutableStateOf()** 而不是将其封装在 **remember()** 块中,Android Studio 会用错误来标记代码。

有了这些知识,可以给 **pizza** 状态搬家了。现在,唯一需要 **pizza** 状态的 composable 是 **ToppingsList**,这样,**ToppingsList** 就成为储存状态的理想候选者。

但这并不是 **pizza** 状态的最终储存地,事实上,很快就会发现需要将这种状态储存在不同的 **Composable** 中。不管怎样,随着应用的扩展,定义状态的位置会变化,这是非常常见的,作为 Compose 开发的新人必须面对。庆幸的是,这种重构在 Compose 中非常简单。

将 **pizza** 状态重新放置到 **ToppingsList** composable 中,见程序清单 27-9。

程序清单 27-9 将状态存储在 ToppingsList composable 内部(PizzaBuilderScreen. kt)

```
private var pizza by mutableStateOf(Pizza())
...
@Composable
private fun ToppingsList(
    modifier: Modifier = Modifier
) {
    var pizza by remember { mutableStateOf(Pizza()) }

    LazyColumn(
        modifier = modifier
    ) {
        ...
    }
}
```

尽管这段代码看起来像是在委托给 **remember()** 函数,但请记住 **remember()** 函数将返回一个 **MutableState < Pizza >**,这是 **pizza** 变量要委托的值,其行为与之前设置的状态委托完全相同。

再次运行 **Coda Pizza**,应该可以看到与以前相同的行为,但现在已经删除了 PizzaBuilderScreen. kt 文件的全局变量,该变量在以后可能会增加代码的复杂性。

27.6 状态提升

对于 **Coda Pizza** 应用来说,希望单击 PLACE ORDER 按钮后根据配料情况显示披萨的价格:一个纯奶酪披萨的价格为 9.99 美元,每加一份配料一个披萨价格增加 1.00 美元,或半个披萨增加 0.50 美元。在 **Pizza** 类上定义一个名为 price 的计算属性,用来跟踪价格信息,见程序清单 27-10。

程序清单 27-10　计算 pizza 价格(Pizza. kt)

```
data class Pizza(
    val toppings: Map < Topping, ToppingPlacement > = emptyMap()
) {
    val price: Double
        get() = 9.99 + toppings.asSequence()
            .sumOf { ( _, toppingPlacement) ->
                when (toppingPlacement) {
                    Left, Right - > 0.5
                    All - > 1.0
                }
            }
    ...
}
```

确保导入 **Left**、**Right** 和 **AllToppingPlacement**s,而不是导入具有相同名称的 Compose 常量。

现在,需要使 **OrderButton composable** 中的 pizza 状态可访问。

目前,这种状态由 **ToppingsList** 持有,没有一个好的方式与 **OrderButton** 共享,因为这两个 **Composable** 在 **PizzaBuilderScreen** 中是同级的。从 Compose 的角度来看,这两种 **Composable** 是完全不相关的,它们之间不能直接相互通信。

需要移动 **state** 的位置使得 **ToppingsList** 和 **OrderButton** 都可以访问,就像它们的共享父级 **PizzaBuilderScreen** 一样。

在 Compose 的开发中,将状态从 **Composable** 提升到 **Composable** 的调用方式很常见的,这种方式有一个名称叫状态提升。提升状态的模式包括从 **Composable** 中移除状态,并将其定义为 **composable** 的参数。如果 **Composable** 还需要更新状态,那么它将接受一个 lambda 表达式,该表达式用更新的状态信息调用。

回想一下复选框,它本身并不持有任何状态;相反,它可以访问当前在 **ToppingsList** 中持有的相同 pizza 状态。记住,这就是 UI 元素如何简单高效地保持同步的原因。

事实上,复选框遵循了状态提升模式。其他常用的 **Composable** 也是如此,它们会响应用户的输入来更改外观(如 **TextField**、**Switch** 和 **Slider**)。这使得依赖于这些组件的 **Composable** 能够完全控制其子项的行为。通过将状态从 **Composable** 中提升出来,最终得到了一个可以自定义其行为的灵活组件。

顺便说一句,尽管状态提升是制作更通用组件的好工具,但不是说所有 **Composable** 都是无状态的。许多 **Composable** 可以有效地持有自己的状态,学习者可以自由决定 UI 状态的保存位置。如果想改变,可以很方便地重构代码将状态提升包括进去,稍后马上就能看到。

要将 pizza 状态从 **ToppingsList** 中提升出来,需要进行 3 处更改。

(1) 将 **pizza** 状态的声明移到 **PizzaBuilderScreen** 中。

(2) 在 **ToppingsList** 上定义两个新参数:一个用于显示在列表中的 **Pizza** 对象;另一个用于 lambda 表达式,当 **Pizza** 对象修改后有一个新值时,该表达式将被调用。

(3) 利用这些参数通过对 lambda 的调用更新 **pizza** 属性。

现在来实现这些更改,提升 **pizza** 状态,见程序清单 27-11。

程序清单 27-11　pizza 状态提升(PizzaBuilderScreen. kt)

```
@Preview
```

```
@Composable
fun PizzaBuilderScreen(
    modifier: Modifier = Modifier
) {
    var pizza by remember { mutableStateOf(Pizza()) }

    Column(
        modifier = modifier
) {
    ToppingsList(
        pizza = pizza,
        onEditPizza = { pizza = it },
        modifier = Modifier
            .fillMaxWidth()
            .weight(1f, fill = true)
        )
        ...
    }
}

@Composable
private fun ToppingsList(
    pizza: Pizza,
    onEditPizza: (Pizza) -> Unit,
    modifier: Modifier = Modifier
) {
    var pizza by remember { mutableStateOf(Pizza()) }

    LazyColumn(
        modifier = modifier
) {
        items(Topping.values()) { topping ->
            ToppingCell(
                topping = topping,
                placement = pizza.toppings[topping],
                onClickTopping = {
                    val isOnPizza = pizza.toppings[topping] != null
                    pizza = onEditPizza(pizza.withTopping(
                        topping = topping,
                        placement = if (isOnPizza) {
                            null
                        } else {
                            ToppingPlacement.All
                        }
                    ))
                }
            )
        }
    }
}
...
```

运行 **Coda Pizza**，确认应用行为没有发生变化。

pizza 状态现在由 **PizzaBuilderScreen** 持有，可以在 **OrderButton** 中显示价格信息了。首先，用格式字符占位符更新字符串资源文件，使其包含一个显示价格的位置，见程序清单 27-12。

程序清单 27-12　添加一个价格标签(strings.xml)

```
< resources >
    ...
```

```
< string name = "place_order_button"> Place Order ( % 1 $ s)</string >
...
</resources >
```

接下来，将 **PizzaBuilderScreen** 中的 **Pizza** 实例传递给 **OrderButton**，并用 **NumberFormat** 实例将 price 属性转换为要显示的格式化字符串，见程序清单 27-13。

程序清单 27-13 显示 pizza 价格（PizzaBuilderScreen. kt）

```
@Preview
@Composable
fun PizzaBuilderScreen(
    modifier: Modifier = Modifier
) {
    ...
    Column(
        modifier = modifier
    ) {
        ...
        OrderButton(
            pizza = pizza,
            modifier = Modifier
                .fillMaxWidth()
                .padding(16.dp)
        )
    }
}
...
@Composable
private fun OrderButton(
    pizza: Pizza,
    modifier: Modifier = Modifier
) {
    Button(
        modifier = modifier,
        onClick = {
            // TODO
        }
    ) {
        val currencyFormatter = NumberFormat.getCurrencyInstance()
        val price = currencyFormatter.format(pizza.price)
        Text(
            text = stringResource(R.string.place_order_button, price)
                .toUpperCase(Locale.current)
        )
    }
}
```

运行 **Coda Pizza**，测试一下新功能：当不添加配料时，**OrderButton** 的文本应为 PLACE ORDER （＄9.99）。然后每添加一种配料，价格将增加 1 美元，即整个披萨上配料的价格。

> **注意：ToppingsList composable** 会自动更新 **OrderButton composable**。通过简单编辑支持 UI 的状态，使每个 UI 状态的使用方都会立即收到最新值，不需要额外的工作来追踪 UI 元素是否需要更新。

顺便说一句，**NumberFormat** 对象的资源分配成本有点高，因此在组织过程之间丢弃它们有点浪费。这是 **remember()** 函数的另一个实际应用，可以用它在组织过程之间保持资源可用，可以自己尝试一下将 **NumberFormat** 对象包装在 **remember** 块中，见程序清单 27-14。

程序清单 27-14　NumberFormat 对象的 remember 应用（PizzaBuilderScreen. kt）

```
...
@Composable
private fun OrderButton(
    pizza: Pizza,
    modifier: Modifier = Modifier
) {
    Button(
        modifier = modifier,
        onClick = {
            // TODO
        }
    ) {
        val currencyFormatter = remember{ NumberFormat.getCurrencyInstance() }
        val price = currencyFormatter.format(pizza.price)
        Text(
            text = stringResource(R.string.place_order_button, price)
                .toUpperCase(Locale.current)
        )
    }
}
```

再次运行 **Coda Pizza**，应用的行为不会改变，由于这一开销相当小，而且现代手机的速度非常快，所以性能差异无法察觉。

27.7　状态与配置变化

目前，**Coda Pizza** 还有一个小问题，学习者马上就会知道。运行 **Coda Pizza**，在披萨上添加一两个配料，然后旋转设备或模拟器。

配置更改后，配料的选择将丢失。在重组过程中 **remember** 会维持状态，但它有其局限性：当 **activity** 被销毁并重新创建时状态会丢失，**composition** 也是如此。由于 **composition** 已被丢弃，因此在重新创建 **activity** 并调用 **setContent** 时，它将从头开始。

当将 pizza 状态声明为全局变量时，这不会有问题。但现在，因为状态与 **composition** 层次结构相关联，进而与 activity 相关联，所以它必须遵守 activity 生命周期的规则。使用 **remember** 存储的每个变量在配置更改（和进程终止）后都将丢失，就像存储在 activity 中的值一样。

在使用框架 UI 工具包的过程中，有两种解决此问题的方法：**savedInstanceStatebundle** 和 **ViewModel**。尽管 **ViewModel** 是管理 UI 状态的好工具，可以在 Jetpack Compose 中使用，但要在 **Coda Pizza** 中进行更多的设置。**savedInstanceState** 是更佳的解决方案，通过名为 **rememberSaveable** 的 **member** 变体可以访问它。

此函数名称中的 **Saveable** 指的是，当 **remember** 值被销毁时会自动写入 **Activity** 的 **savedInstanceState bundle**。当 **composition** 重建时，可以恢复保存的 **remember** 值，因此以这种方式 **remember** 值也可以在配置更改后继续存在。

rememberSaveable 的调用方式与 **remember** 相同，用 lambda 表达式进行初始化。现在就试一下（这个更改会在代码中带来一个问题，接下来将对这个问题进行解释），见程序清单 27-15。

程序清单 27-15　remember 值的保存（PizzaBuilderScreen. kt）

```
@Preview
@Composable
```

```
fun PizzaBuilderScreen(
    modifier: Modifier = Modifier
) {
    var pizza by rememberSaveable { mutableStateOf(Pizza()) }
    ...
}
...
```

运行 **Coda Pizza**，应用崩溃了，抛出了以下异常：

```
IllegalArgumentException: MutableState containing Pizza(toppings = {}) can not be saved using the current
SaveableStateRegistry. The default implementation only supports types which can be stored inside the Bundle.
Please consider implementing a custom Saver for this class and pass it as a stateSaver parameter to
rememberSaveable().
```

Coda Pizza 因试图将 **pizza** 状态写入 **Bundle** 而崩溃。存储在 **Bundle** 中的数据类型有严格限制：**Bundle** 只允许 Serializable、Parcelable 以及 String、Int、Long、Float 和 Double 等基本类型的实例。要修复这个问题，需要将 **pizza** 状态转换为可以添加到 **Bundle** 的类型。

将 **pizza** 状态写入 **Bundle** 的最有效方法是让它成为 **Parcelable** 类。**Parcelable** 类是 Android 操作系统提供的一个接口，允许将类转换为 **Parcel** 对象并从中读取。**Parcel** 可以压缩对象，是用于 **Bundle** 的理想选择。

手动实现 **Parcelable** 接口的过程有点复杂，而且哪些数据类型可以出现在 **Parcel** 中也有限制。幸运的是，有一个插件可以提供帮助，通过一些设置，可以自动生成一个 **Parcelable** 实现。

要做到这一点，需要向项目添加一个名为 **Parcelize** 的插件，该插件负责在构建过程中生成 **Parcelable** 实现。由于 **Parcelize** 是一个编译器插件，**Parcelable** 实现将始终与类定义保持同步，从而防止在将 **Parcel** 转换回原始对象时出错。

要添加 **Parcelize** 插件，首先要将插件 ID 和版本添加到标记为（Project：Coda_Pizza）的 build.gradle 文件中，将其注册到项目中，见程序清单 27-16。

程序清单 27-16　添加 Parcelize 插件（build.gradle）

```
plugins {
    id 'com.android.application' version '7.1.2' apply false
    id 'com.android.library' version '7.1.2' apply false
    id 'org.jetbrains.kotlin.android' version '1.6.10' apply false
    id 'org.jetbrains.kotlin.plugin.parcelize' version '1.6.10' apply false
}
...
```

然后，在 app/build.gradle 文件中注册该插件，将其应用于应用，见程序清单 27-17。

程序清单 27-17　启用 Parcelize 插件（app/build.gradle）

```
plugins {
    id 'com.android.application'
    id 'org.jetbrains.kotlin.android'
    id 'org.jetbrains.kotlin.plugin.parcelize'
}
...
```

对构建配置文件进行这些更改后，不要忘记单击 **Sync Now** 按钮，让 Android Studio 知道这些更改。

同步完成后，就可以让 **Pizza** 类来实现 **Parcelable** 接口了。在 **Parcelize** 插件的帮助下，可以通过两个小的更改来实现这一点。首先，用 @Parcelize 注释 **Pizza** 类。其次，让 **Pizza** 类实现 **Parcelable** 接口，见程序清单 27-18。

程序清单 27-18 Pizza 类实现 Parcelable 接口（Pizza. kt）

```
@Parcelize
data class Pizza(
    val toppings: Map<Topping, ToppingPlacement> = emptyMap()
) : Parcelable {
    ...
}
```

> 注意：如果出现导入提示，请确保选择的是 Kotlin. parcelize. parcelize 而不是 Kotlin. android. parcel. parcelize。Kotlin. android 包现在不推荐使用，Kotlin android 扩展插件已经废弃了。

Parcelable 包含一些所有实现者都必须定义的函数。在输入程序清单 27-18 这段代码时，学习者可能会注意到，一旦使用@**Parcelize** 对类进行注释，有关缺少函数重写的错误就会消失。**Parcelize** 会自动提供该接口的全部实现，无须学习者做什么。

运行 **Coda Pizza**。这一次，它不会崩溃了，熟悉的配料列表出现了。在披萨上添加一些配料，然后旋转模拟器或设备。**pizza** 状态在配置更改后仍然有效，无论旋转多少次或 **Coda Pizza** 应用遇到其他的配置更改，都可以看到相同的配料选择，如图 27-2 所示。由于 **pizza** 状态存储在 **savedInstanceState bundle** 中，它甚至在进程死亡后仍然有效。

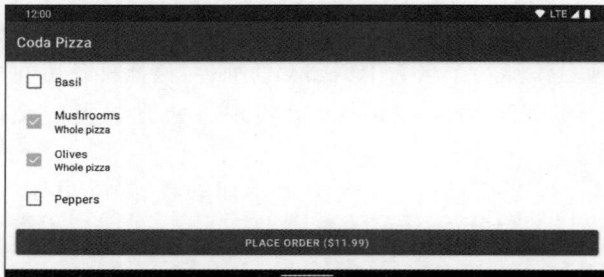

图 27-2 在配置更改过程中保存 **pizza** 状态

状态是所有应用的关键部分，在 Compose 的世界里，它完全掌握在学习者的手中。关于状态的讨论并没有就此结束。第 28 章将在 **Coda Pizza** 中加入一个对话框，看看 Compose 的状态原理如何实现各种各样的应用行为。

27.8 深入学习：Coroutines，Flow 与 Compose

Coda Pizza 应用是 Compose 的一个小应用，让学习者熟悉一下 Compose。但是，对于那些需要存储数据或访问网络服务的大型应用如何使用 Compose？

在第 12 章中用到的 Kotlin 协程非常适合 Compose，这要归功于一些在声明设计和异步服务之间转换的 API。事实上，Compose 本身在一些 API 中使用了协程。在 27.9 节（深入学习：滚动状态）中可以看到其中一个 API 的示例。

在第 12 章还探讨了使用 **StateFlow** 来管理 UI 状态。**StateFlow** 和 Compose 的 **State** 类做的事情大致相同：它们随着时间的推移发射出一系列值，并且可以被观察到。使用 **StateFlow**，观察是明确的：可以调用 **collect** 并指定如何处理每个发射行为。Compose 的 **State** 类以类似的方式工作，但观察是隐含的，每当值发生变化时，所有使用方都会重组来获得更新。

在 **Composable** 对象中使用 **Flow** 中的值的最简单方法是先将 **flow** 对象转换为 **State** 对象，可以使用 **collectAsState()** 函数来执行此操作。**collectAsState()** 收集 **flow** 对象中的所有项目，并将它们转发到可用于 **composition** 的 **State** 对象。**collectAsState()** 不需要从 **coroutine** 作用域调用，它本身就是一个 **Composable** 函数。如果在 **Coda Pizza** 应用中使用了仓库模式，**PizzaBuilderScreen Composable** 就会获得像这样的 **pizza** 状态：

```
@Composable
fun PizzaBuilderScreen(
    repository: PizzaRepository,
    modifier: Modifier = Modifier
) {
    val pizzaFlow: Flow < Pizza > = repository.getCustomizedPizza()
    val pizza: Pizza by pizzaFlow.collectAsState()
    ...
}
```

collectAsState 返回一个 **State** 对象，而不是 **MutableState** 对象，因此不能将值写回到 **flow** 对象。（这也是为什么 pizza 在本例中被声明为 val 而不是 var 的原因）如果需要将更新的值发送回仓库，则需要在仓库里调用。

很有可能，**PizzaRepository** 上更新 pizza 的所有函数都是挂起函数。**Composable** 当前没有设置启动协程，因为它们与协程作用域无关。要解决此问题，需要获得一个协程作用域来启动协程，可以使用 **rememberCoroutineScope()** 函数来执行此操作。

rememberCoroutineScope() 函数创建一个协程作用域，并且记住它，以备将来的 **composition** 用。如果将来从 **composition** 中删除 **Composable** 对象，则协程作用域将被取消。

> **注意**：Composable 函数不能也是挂起函数，所以当使用 Composable 协程时，总是会有一个显式的协程作用域。

通过在仓库内用挂起函数的调用来设置 **ToppingCell()** 函数的方法如下所示：

```
val coroutineScope = rememberCoroutineScope()
ToppingsList(
    pizza = pizza,
    onEditPizza = { updatedPizza ->
        coroutineScope. launch {
            pizzaRepository.setPizza(updatedPizza)
        }
    }
)
```

注意，对启动协程的调用发生在回调函数中，而不是 **Composable** 本身。尽管协程作用域会被记住，但 composition 行为仍然是正常的，这意味着在 composition 期间调用 **launch** 将导致在每个 composition 上重新启动协程。正因如此，不应该直接在 **Composable** 内部调用 **launch**；相反，记住协程作用域，以便在 **Composable** 中的其他地方使用。

通过 Compose 和协程之间的融合，可以像在 **CriminalIntent** 和 **PhotoGallery** 中所做的那样，用强大的数据后端来驱动前端。Compose 还集成了流行的 **reactive** 库，包括 **RxJava** 和 **LiveData**。开发人员可以尝试这些集成，将以前见过的一些模式应用到 Compose 世界中。

27.9 深入学习：滚动状态

Jetpack Compose 关于状态和重组的思想贯穿整个框架。事实上，**Coda Pizza** 应用甚至在学习者添加自己的状态之前就已经利用了这两个思想。

回想一下 **LazyColumn**，它需要自动跟踪滚动位置，但它也使用状态提升模式来允许其父级管理滚动状态。它是如何做到这一点的？来看看它的用法：

```
@Composable
fun LazyColumn(
    modifier: Modifier = Modifier,
    state: LazyListState = rememberLazyListState(),
    ...
)
```

rememberLazyListState 做了两件事：它创建一个初始位置位于列表开头的 **LazyListState** 对象，并通过 **remember()** 函数记住该状态。对于多数列表来说，不需要考虑这种行为，默认情况下自动管理的滚动状态会简单地做正确的事。但是，如果需要读取或控制 **LazyColumn** 的滚动位置，这种行为还是有效的。

要手动控制滚动状态，可以创建自己的 **LazyListState** 并将其作为状态参数传入。执行此操作的代码如下所示：

```
val listState = rememberLazyListState()
LazyColumn(
    state = listState
) {
    // Add items to the LazyColumn
}
```

这段代码有效地实现了与默认的自动管理状态参数相同的操作，但现在有了一个对所使用状态的引用。这既可以读取滚动状态，也根据需要进行修改，像下面代码这样做：

```
// Determine whether the user is currently scrolled to the top of the list
val isAtTopOfList = (listState.firstVisibleItemIndex == 0) &&
    (listState.firstVisibleItemScrollOffset == 0)

// Scroll to the top of the list from the current scroll position
coroutineScope.launch {
    // Suspends until the scroll animation finishes
    listState.scrollToItem(index = 0, scrollOffset = 0)
}
```

LazyListState 用 **State** 对象来支持其滚动位置属性，这意味着可以观察到滚动位置并触发重组，就像在其他状态中看到的那样。大多数内置的 **composable** 都会显式地请求状态，但其他具有隐式或自管理状态的 **composable** 仍将提供一些读取和控制状态的机制，正如在 **LazyColumn** 中看到的那样。

这些设计模式使内置的 **composable** 具有高度的灵活性，如果需要制作灵活、可重复使用的 **composable**，就像 Compose 中包含的 **composable** 一样，则可以将同样的思路应用于自己的 **composable**。

27.10 深入学习：Compose 布局检查

有时需要调试 Compose UI，就像使用框架视图系统调试传统 UI 一样。在第 5 章最后的一个挑战中,探讨了布局检查器。布局检查器允许学习者查看视图的配置,包括它们的嵌套、属性和位置。也可以将视图分解为多个层,通过层来准确地查看给定视图渲染的内容。

布局检查器以及许多其他 Android UI 调试工具完全支持 Jetpack Compose。打开布局检查器,在菜单中选择 Tools→Layout Inspector,然后运行 **Coda Pizza**。布局检查器将在 IDE 的底部打开,如图 27-3 所示。

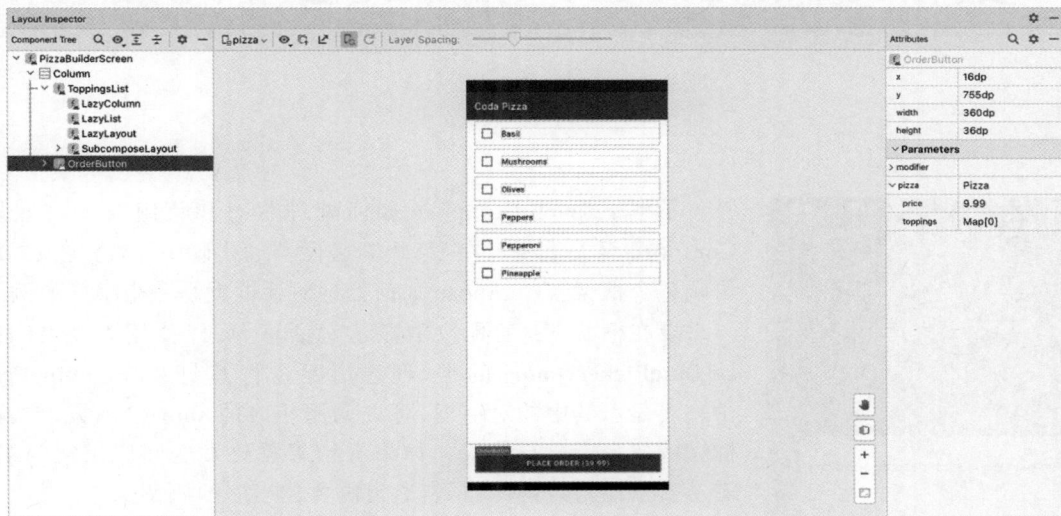

图 27-3　打开布局检查器

研究一下布局检查器左侧的组件树。组件树是布局中看到所有 **Composable**,表示为节点的层次结构。双击一个节点将转到 UI 元素的 **Composable** 调用。

在组件树中找到并选中 **OrderButton composable**。布局检查器中心的预览屏幕将标记按钮的边界框,右侧的属性窗口更新显示 **Composable** 的属性。在右边 **Parameters** 区域,可以看到传递给 **composable** 的所有输入。

不能用布局检查器来编辑 **Composable** 的属性(也不能编辑视图的属性),但能更好地了解布局,对于调试来说是非常有用的。

尝试一下用学到的其他技术来调试应用,可以发现,许多技术仍然可在 Jetpack Compose 的声明性原理下工作。

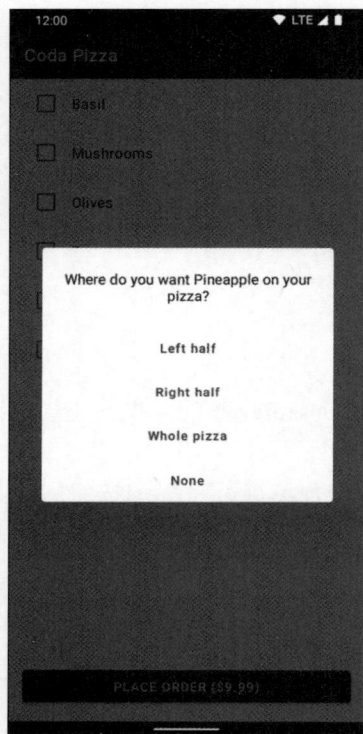

第28章

使用Jetpack Compose显示对话框

了解 Jetpack Compose 如何处理状态和重组对于有效地使用 Compose 至关重要。在 UI 更新触发器的代码中,状态更改的结果会影响整个框架。Compose 如何处理对话框就是一个很好的例子。

要在框架 UI 工具包中显示对话框,可以使用类似 **AlertDialog** 或 **DatePickerDialog** 的类,理想情况是将其封装在 **DialogFragment** 中。要显示其中的对话框,可以调用相应的 **show()** 函数,接着,对话框完成使命后自行消失。如果有结果需要发送回调用它的组件,它需要安全地将数据传输回,通常需要相当多的协调工作。

在 Compose 中,对话框遵循与声明性 UI 相同的规则:如果学习者说应该显示对话框,它就会显示。学习者可以控制对话框何时消失,对话框可以要求取消它,但调用方拥有最终发言权。

因为对话框是否可见的状态是承载对话框的 **Composable** 所知道的,所以不需要将对话框包装在另一个容器中来管理其生命周期。由于对话框是由另一个 **Composable** 直接管理的,因此在两者之间传输数据就像声明一个 lambda 表达式作为回调一样简单,不需要在两个组件之间设置严格的通信方式。

在 **Coda Pizza** 应用中,将使用一个对话框来询问用户他们希望在披萨上放置配料的位置。完成后的对话框如图 28-1 所示,它将在用户从列表中选择配料时出现。

图 28-1 完成后的对话框

28.1 Compose 中的第一个对话框

Compose 中有几种类型的对话框可用,包括 **AlertDialog composable**,它能模仿对应框架的 **AlertDialog** 外观。也可以使用 **Dialog()** 函数,它可以构建更加灵活的自定义 UI。无论选择哪种对话框风格,语义在很大程度上都是相同的,尤其是涉及如何管理对话框的状态时。

Dialog() 函数本身会提供一个空窗口,因此需要创建一个新的 **Composable** 来构建 **Dialog()** 函数并提供对话框的视图。构建这个 UI 需要相当多的代码,所以这个对话框的 **Composable** 应该放在它自己的文件中,来保持代码的条理性。

在 ui 包中创建一个名为 ToppingPlacementDialog.kt 的新文件。在新文件中,定义一个 **Composable**

函数 **ToppingPlacementDialog()**，该函数将调用 **Dialog()** 函数。

Dialog() 函数需要两个输入参数：onDismissRequest lambda 和 content lambda。后面将重新讨论 onDismissRequest 的角色，暂时将其留空。开始处理 content 的工作，创建一个占位符 UI，用于对话框中显示一个红色框，在添加更多功能之前，先用它来预设置所有内容。在代码中添加一个 **Box composable**，将其背景颜色设置为 Color.Red，并使其可见，宽度和高度均设为 64dp，见程序清单 28-1。

程序清单 28-1　绘制一个红色对话框（ToppingPlacementDialog.kt）

```
@Composable
fun ToppingPlacementDialog() {
    Dialog(onDismissRequest = { /* TODO */ }) {
        Box(
            modifier = Modifier
                .background(Color.Red)
                .size(64.dp)
        )
    }
}
```

> **注意**：确保导入的是 androidx.compose.ui.window.Dialog，而不是 android.app.Dialog。

若要查看对话框的运行情况，需要调用 **ToppingPlacementDialog()** 函数。因为 **Dialog()** 函数显示在它自己的窗口中，所以这个函数调用出现在 composition 中的哪个位置并不重要。结果是一样的：一个具有指定内容的全屏对话框，建议在 **ToppingsList()** 函数中显示对话框。

ToppingsList() 函数是管理对话框的较佳选择，因为它管理对话框状态比较方便。当单击 **LazyColumn** 中的任何一个 **ToppingCell()** 函数时，应显示这个对话框。**ToppingsList()** 函数对 **ToppingCell()** 函数是如何创建的具有可见性，因此这只是一个小小的更改。

状态的存储不要离 composition 层次结构的上方太远，因为 **ToppingsList()** 函数之上的每个级别都意味着需要另一对参数来访问和更改状态。**Coda Pizza** 应用中没有别的组件需要知道这种状态，因此直接在 **ToppingsList()** 函数中来管理它，防止代码出现不必要的混乱，而且代码也更易于阅读。

在 **ToppingsList()** 函数中添加对 **ToppingPlacementDialog()** 函数的调用，见程序清单 28-2。

程序清单 28-2　显示对话框（PizzaBuilderScreen.kt）

```
...
@Composable
private fun ToppingsList(
    pizza: Pizza,
    onEditPizza: (Pizza) -> Unit,
    modifier: Modifier = Modifier
) {
    ToppingPlacementDialog()

    LazyColumn(
        modifier = modifier
    ) {
        ...
    }
}
...
```

运行 **Coda Pizza**，当应用启动时，在窗口中心的一个红色正方形的深色覆盖层后面将看到熟悉的配料列表,如图 28-2 所示。

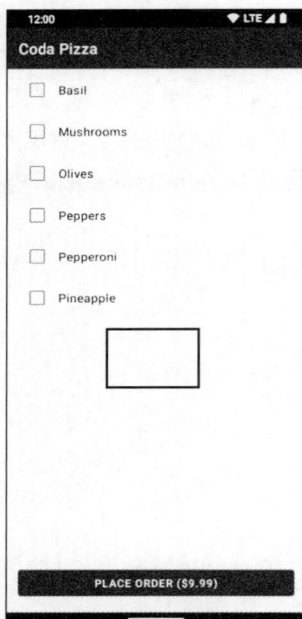

图 28-2 测试对话框

　　红色方块就是对话框,而深色覆盖层是由系统添加的(在框架 UI 工具包中的对话框后面也有相同的覆盖层出现)。在对话框已打开的情况下,用 Back 按钮或在对话框外部单击(在深色背景上)想要取消它,但没反应,取消不了。

28.2 关闭对话框

　　只要 composition 中有一个对话框,它就会出现在屏幕上。因为没有告诉 **ToppingPlacementDialog()** 函数何时应该停止显示对话框,所以尝试关闭它时不会有任何反应。Compose 的所有对话框函数都没有设置对话框可见性的参数,因此需要用其他方法来关闭对话框。

　　在第 26 章曾创建了一个仅在某些时候可见的 UI 元素:**ToppingCell()** 函数中的 placement 标签,当希望 **Text compositable** 可见时,使用 if 语句才会调用它,这里使用相同的方法来显示和隐藏对话框。

　　由于对话框的可见性由 if 语句控制,**onDismissRequest** lambda 的工作是更新 if 语句中设置的条件,以便在重组 UI 时不会再次调用 **Dialog()** 函数。这意味着,为了正确管理对话框的可见性,**ToppingPlacementDialog()** 函数将需要转发其要被关闭的请求。

　　声明一个名为 onDismissRequest 的新参数,从基本 **Dialogcompositable** 中镜像该参数,并将其传递给 **Dialog**,见程序清单 28-3。

程序清单 28-3 转发关闭请求(ToppingPlacementDialog.kt)

```
@Composable
fun ToppingPlacementDialog(
    onDismissRequest: () -> Unit
) {
    Dialog(onDismissRequest = { /* TODO */ }onDismissRequest) {
```

```
        Box(
            modifier = Modifier
                .background(Color.Red)
                .size(64.dp)
        )
    }
}
```

有了这个参数，**ToppingPlacementDialog()** 函数现在就可以管理其可见性了。若要跟踪对话框是否可见，可以定义一个新的 MutableState 属性，并将对 **ToppingPlacementDialog()** 函数的调用包含在检查此状态的 if 语句中。由于希望对话框状态在配置中保持不变，因此要用 **rememberSaveable** 而不是 **remember** 来保存状态。

新状态将由两个事件驱动：单击顶部时，应显示对话框。当对话框请求关闭时，应将其隐藏，通过设置 **onClickTopping** 和 **onDismissRequest** 回调实现用状态的更新来驱动，见程序清单 28-4。

程序清单 28-4 管理对话框状态（PizzaBuilderScreen. kt）

```
...
@Composable
private fun ToppingsList(
    pizza: Pizza,
    onEditPizza: (Pizza) -> Unit,
    modifier: Modifier = Modifier
) {
    var showToppingPlacementDialog by rememberSaveable { mutableStateOf(false) }

    if (showToppingPlacementDialog) {
        ToppingPlacementDialog(
            onDismissRequest = {
                showToppingPlacementDialog = false
            }
        )
    }

    LazyColumn(
        modifier = modifier
    ) {
    items(Topping.values()) { topping ->
        ToppingCell(
            topping = topping,
            placement = pizza.toppings[topping],
            onClickTopping = {
                val isOnPizza = pizza.toppings[topping] != null
                    onEditPizza(pizza.withTopping(
                    topping = topping,
                    placement = if (isOnPizza) {
                        null
                    } else {
                        ToppingPlacement.All
                    }
                ))
                showToppingPlacementDialog = true
            }
        )
    }
    }
}
...
```

尽管从技术上讲可以使用 Kotlin 的尾随 lambda 语法来省略 **ToppingPlacementDialog** 之后的参数名称和括号,但不建议这样做。**Composable** 的回调是通过其名称来有效地识别,当与尾随 lambda 语法一起使用时,很难确定 lambda 在 Compose 中的作用。

当传入主要的 content 时,将尾随 lambda 语法与 **Composable** 一起使用。如果参数名称除 content 之外,是 **Composable** 的原始 content 的惯用名,则尾随 lambda 语法会删除一个标签,而该标签对理解 UI 的显示方式很重要。

运行 **Coda Pizza**。现在,应用会像以前一样显示配料列表。单击某个配料将显示占位符对话框,现在可以通过在对话框外部单击或按下 Back 按钮来取消该对话框。如果用户单击红色方块本身,则不会关闭对话框,这样用户就可以在不关闭对话框的情况下与对话框进行交互。

28.3 设置对话框内容

现在,对话框可以显示和隐藏,接着把重心放到它的内容上。首先添加在对话框中要显示的字符串资源,见程序清单 28-5。

程序清单 28-5 添加对话框字符串资源(strings.xml)

```xml
< resources >
...
< string name = "place_order_button"> Place order ( %1$s)</string >

< string name = "placement_prompt"> Where do you want %1$s on your pizza?</string >
< string name = "placement_none"> None </string >
< string name = "placement_left"> Left half </string >
< string name = "placement_right"> Right half </string >
< string name = "placement_all"> Whole pizza </string >
...
</resources >
```

现在已经准备好构建真实的对话框 UI。用卡片(card)将之前的占位符方框替换掉,卡片包含背景、阴影和圆角,这些都是设计对话框所需要的。卡片的子项一个个叠放在一起(就像 **FrameLayout** 子项一样),所以只能在卡片中包含一个直接的子项。

在卡片中,添加一个 Text,用于显示刚才声明的提示。将 Text 放在 Column 中,因为很快就需要在提示下面添加按钮,还需要添加一个参数来接受添加到披萨中的配料名称,见程序清单 28-6。

程序清单 28-6 用卡片替换占位符方框(ToppingPlacementDialog.kt)

```kotlin
@Composable
fun ToppingPlacementDialog(
    topping: Topping,
    onDismissRequest: () -> Unit
) {
    Dialog(onDismissRequest = onDismissRequest) {
        Box(
            modifier = Modifier
                .background(Color.Red)
                .size(64.dp)
        )
        Card {
            Column {
                val toppingName = stringResource(topping.toppingName)
                Text(
                    text = stringResource(R.string.placement_prompt, toppingName),
```

```
            style = MaterialTheme.typography.subtitle1,
            textAlign = TextAlign.Center,
            modifier = Modifier.padding(24.dp)
        )
    }
  }
 }
}
```

由于向 **ToppingPlacementDialog()** 函数添加了一个新参数，**ToppingsList** 现在会出现编译错误。对话框不仅需要知道它是否应该可见，还需要知道它应该显示什么内容。更具体地说，对话框需要知道选择了哪种配料，而不仅仅是选择一种配料。

为了跟踪这些信息，需要对存储的对话框状态处理得灵活一点。状态要跟踪的是哪种配料放置在披萨上，而不是跟踪对话框是否应该出现。

如果用户还没有选择配料，则此状态为 null，表示未选择配料；否则，记住最近选择的配料并将其显示在对话框中。现在来修改一下，替换当前的 **showToppingPlacementDialog** 状态，见程序清单 28-7。

程序清单 28-7　灵活的状态处理（PizzaBuilderScreen.kt）

```
@Composable
private fun ToppingsList(
    pizza: Pizza,
    onEditPizza: (Pizza) -> Unit,
    modifier: Modifier = Modifier
) {
    var showToppingPlacementDialog by rememberSaveable { mutableStateOf(false) }
    var toppingBeingAdded by rememberSaveable { mutableStateOf <Topping?>(null) }

    if (showToppingPlacementDialog) {
    toppingBeingAdded?.let { topping ->
        ToppingPlacementDialog(
            topping = topping,
            onDismissRequest = {
                showToppingPlacementDialog = false
                toppingBeingAdded = null
            }
        )
    }

    LazyColumn(
        modifier = modifier
    ) {
        items(Topping.values()) { topping ->
            ToppingCell(
                topping = topping,
                placement = pizza.toppings[topping],
                onClickTopping = {
                    showToppingPlacementDialog = true
                    toppingBeingAdded = topping
                }
            )
        }
    }
}
...
```

再次运行 **Coda Pizza**，然后选择一种配料。现在，将看到一个对话框出现，它这次看起来更像一个对话框，要求用户确认刚刚选择的配料，如图 28-3 所示。对话框可以关闭，但由于还没有 placement 选项,用户仍然感觉不到发生了什么。

是时候来添加这些配料的放置选项了。向对话框添加 4 个选项：Whole pizza、Left half、Right half 和 None。有几个 **Composable** 可用于创建这些选项,但 **TextButton** 更适合这里的需求。

添加到对话框中的每个按钮都需要一组相似的设置：要填满对话框的宽度、8dp padding、从配料的字符串资源中提取标签。为了更方便地添加这些按钮,首先在 ToppingPlacementDialog. kt 文件中声明一个 **ToppingPlacementOption Composable**,利用这个 **Composable** 将选项按钮添加到对话框中,见程序清单 28-8。

程序清单 28-8　定义一个可复用的按钮(ToppingPlacementDialog. kt)

```
@Composable
fun ToppingPlacementDialog(
    topping: Topping,
    onDismissRequest: () -> Unit
) {
    ...
}

@Composable
private fun ToppingPlacementOption(
    @StringRes placementName: Int,
    onClick: () -> Unit,
    modifier: Modifier = Modifier
) {
    TextButton(
        onClick = onClick,
        modifier = modifier.fillMaxWidth()
    ) {
        Text(
            text = stringResource(placementName),
            modifier = Modifier.padding(8.dp)
        )
    }
}
```

图 28-3　对话框的初始样子

与 **Button** 非常相似,**TextButton** 接收 lambda 表达式来定义按钮的标签。这意味着,不用在乎它的名字,可以在 **TextButton** 中放置类似图标的东西。**TextButton** 只是进行了一些优化,使其成为托管 **Text** 的理想选择,例如可以用合适的按钮颜色自动设置文本颜色。但是,即使有了这些方便的默认定制,也不希望为添加到对话框中的每个按钮都复制这种层次结构。通过 **ToppingPlacementOption Composable** 在对话框中添加一个按钮,只需调用一个函数。

接下来,在对话框中声明 4 个按钮。可以一个个地声明,但用控制流可以使用循环语句在屏幕上同时添加多个项目。现在通过迭代 **ToppingPlacement** 的所有值来添加按钮(暂时将每个按钮的 **onClick** 回调留空)。这里没有将 none 选项添加到 **ToppingPlacement**,因此需要手动将第四个选项添加到对话框中,见程序清单 28-9。

程序清单 28-9　添加选项按钮(ToppingPlacementDialog. kt)

```
@Composable
fun ToppingPlacementDialog(
    topping: Topping,
    onDismissRequest: () -> Unit
```

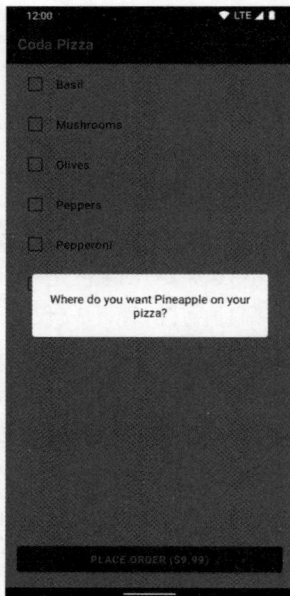

```
) {
    Dialog(onDismissRequest = onDismissRequest) {
        Card {
            Column {
                val toppingName = stringResource(topping.toppingName)
                Text(
                    ...
                )

                ToppingPlacement.values().forEach { placement ->
                    ToppingPlacementOption(
                        placementName = placement.label,
                        onClick = { /* TODO */ }
                    )
                }

                ToppingPlacementOption(
                    placementName = R.string.placement_none,
                    onClick = { /* TODO */ }
                )
            }
        }
    }
}
...
```

运行 **Coda Pizza**。当单击一个配料时，能看到放置配料位置的完整选项列表，如图 28-4 所示。

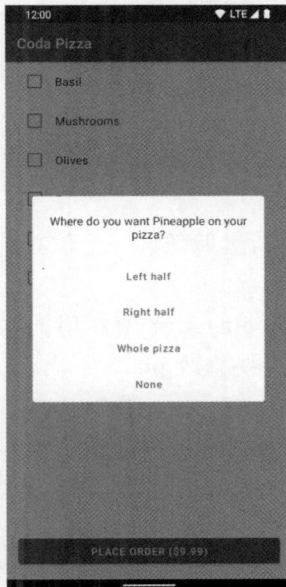

图 28-4　对话框显示完整选项列表

28.4　从对话框发回结果

最后一项任务是连接对话框中的所有按钮，以便正确地更新 **pizza** 的状态。目前这个对话框中的选项只能确认它们实际上被按下了，但没有其他动作。

当按下按钮时,对话框中的每个选项都应该做两件事:通知对话框的创建者选择了哪个选项,然后关闭对话框。选中一个选项,然后对话框正在请求关闭,这时可以重用 **onDismissRequest** 回调。

更新两个置空的 **onClick** 回调来实现,见程序清单 28-10。

程序清单 28-10　关闭对话框(ToppingPlacementDialog.kt)

```
@Composable
fun ToppingPlacementDialog(
    topping: Topping,
    onDismissRequest: () -> Unit
) {
    Dialog(onDismissRequest = onDismissRequest) {
        Card {
            Column {
                ...
                ToppingPlacement.values().forEach { placement ->
                    ToppingPlacementOption(
                        placementName = placement.label,
                        onClick = { /* TODO */ }
                            onDismissRequest()
                        }
                    )
                }

                ToppingPlacementOption(
                    placementName = R.string.placement_none,
                    onClick = { /* TODO */ }
                        onDismissRequest()
                    }
                )
            }
        }
    }
}
...
```

运行 **Coda Pizza**。单击任意一个配料,然后任选一个位置。尽管 **pizza** 本身没有变化,但注意对话框已被关闭。

要更新 **pizza** 的状态,需再次用到 **ToppingsList** 中使用的状态提升模式。**ToppingPlacementDialog** 不会控制 **pizza** 的状态,但其父级可以。若要修改 **pizza** 的状态,**ToppingPlacementDialog** 需要接收一个 lambda 来请求更改 **pizza** 的状态。

添加一个名为 onSetToppingPlacement 的函数参数。此参数传递所选 ToppingPlacement 值的 lambda(如果选择了 None,则为 null 值)。设置好此参数后,在每个按钮的 **onClick** 回调中调用它,然后再关闭对话框,见程序清单 28-11。

程序清单 28-11　发回对话框结果(ToppingPlacementDialog.kt)

```
@Composable
fun ToppingPlacementDialog(
    topping: Topping,
    onSetToppingPlacement: (placement: ToppingPlacement?) -> Unit,
    onDismissRequest: () -> Unit
) {
    Dialog(onDismissRequest = onDismissRequest) {
        Card {
            Column {
                ...
```

```
                    ToppingPlacement.values().forEach { placement ->
                        ToppingPlacementOption(
                            placementName = placement.label,
                            onClick = {
                                onSetToppingPlacement(placement)
                                onDismissRequest()
                            }
                        )
                    }

                    ToppingPlacementOption(
                        placementName = R.string.placement_none,
                        onClick = {
                            onSetToppingPlacement(null)
                            onDismissRequest()
                        }
                    )
                }
            }
        }
}
...
```

要用这个返回值来处理配料放置位置，并更新 **ToppingsList**。**ToppingsList** 随后将委托给它的 **onEditPizza** 回调去处理，这样 **PizzaBuilderScreen** 就可以提交更改，见程序清单 28-12。

程序清单 28-12　处理返回值（PizzaBuilderScreen.kt）

```
...
@Composable
private fun ToppingsList(
    pizza: Pizza,
    onEditPizza: (Pizza) -> Unit,
    modifier: Modifier = Modifier
) {
    var toppingBeingAdded by rememberSaveable { mutableStateOf<Topping?>(null) }

    toppingBeingAdded?.let { topping ->
        ToppingPlacementDialog(
            topping = topping,
            onSetToppingPlacement = { placement ->
                onEditPizza(pizza.withTopping(topping, placement))
            },
            onDismissRequest = {
                toppingBeingAdded = null
            }
        )
    }
    ...
}
...
```

对话框现在已完成。运行 **Coda Pizza**，开始定制披萨。欣赏一下这个作品：UI 以及 **PLACE ORDER** 按钮，每当选择一个配料就会自动更新。

这就是 Jetpack Compose 中声明性编程的能力：不需要告诉屏幕上的组件进行更新，也没有指定更新的来源。由于将状态值包装在 **State** 对象中，Compose 自己会负责 UI 更新，不管 UI 需要如何更新或为什么更新。因为对话框是简单的 **Composable**，所以可以灵活地直接与它通信，没有任何障碍。

第 29 章将通过添加披萨预览图并定制应用的一些视觉元素完成 **Coda Pizza** 应用的最终工作。

28.5 挑战练习：披萨的大小和下拉菜单

这一挑战任务是扩展 **Coda Pizza** 应用中的定制选项。目前，只能订购单一尺寸的披萨，通过添加另一个 UI 元素来提示用户选择披萨的尺寸。

对于某些 UI 交互，对话框可能有点烦扰。它强制用户与特定消息进行交互，并遮掩了部分 UI。作为替代方案，可以使用下拉菜单来显示一组选项，下拉菜单只会遮掩很小块的 UI。在第 15 章用过一个下拉菜单，当时应用栏中的菜单被降级为溢出菜单。

在 Compose 中创建下拉菜单与创建对话框的方式类似。下拉菜单可以用 **DropdownMenu Composable** 显示。下面复制了下拉菜单的特征代码，可以在开发者网站找到下拉菜单以及其他 **Composable** 的完整文档。

```
@Composable
fun DropdownMenu(
    expanded: Boolean,
    onDismissRequest: () -> Unit,
    modifier: Modifier = Modifier,
    offset: DpOffset = DpOffset(0.dp, 0.dp),
    properties: PopupProperties = PopupProperties(focusable = true),
    content: @Composable ColumnScope.() -> Unit
)
```

使用下拉菜单的方式和使用对话框的方式有两个显著的区别。首先，**DropdownMenu** 指定一个菜单展开的参数，该参数控制菜单是展开（可见）还是折叠（隐藏）。这意味着不需要像使用 **Dialog** 那样，将 **DropdownMenu** 的使用包装在 if 语句中。

其次，下拉菜单在屏幕上的绘制位置直接受其在 composition 层次结构中的位置影响。**Dialog** 总是填满应用的全部大小，并覆盖所有其他 **Composable** 内容。但是 **DropdownMenu** 被锚定在其父 **Composable** 上，这意味着它将与承载菜单的 **Composable** 显示在屏幕的同一区域。Android 上的菜单通常从引起菜单显示的 UI 元素位置开始向外扩展到其顶部。所以决定在何处放置下拉菜单时，要记住这一点。

在屏幕顶部附近添加一个下拉菜单，让用户可以选择披萨的尺寸。**DropdownMenuItem Composable** 可以非常方便的将选项添加到下拉菜单中。挑战的具体任务是：为用户提供 4 种披萨尺寸选择：small、medium、large 和 extra large。小尺寸的披萨应该比大尺寸的披萨便宜，默认情况下披萨尺寸为 large。

需要定义一个新的 UI 状态来跟踪所选中的披萨尺寸。建议定义一个名为 Size 的枚举类型来声明披萨尺寸，并向 **Pizza** 数据类添加一个 Size 属性来跟踪用户的选择。

第29章

Compose UI主题

Coda Pizza 应用的用户现在可以定制披萨了,但应用本身功能太普通了,只是实现了定制,没有特别的个性。在本书关于 Jetpack Compose 基础知识的最后一章中,将花一些时间来打磨 **Coda Pizza** 应用,添加一些视觉元素。

首先添加用户自定义披萨的预览,预览将放置在配料列表上方,每次用户更改披萨上的配料时都会自动更新。同时学习者还将学习如何在 Compose 中指定主题,该主题的工作方式与在 themes.xml 文件中看到的应用不同。

最后,通过对 Jetpack Compose 开发应用的总结,思考 **Coda Pizza** 应用与之前构建的其他应用的不同之处,以及 Compose 技术对未来 Android 开发的意义。

Coda Pizza 应用完成后的成品如图 29-1 所示。

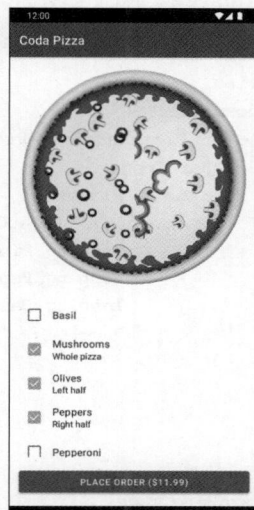

图 29-1　**Coda Pizza** 应用完成后的成品

29.1　图像

Coda Pizza 提供了 4096 种配料组合供用户选择。为每个组合都创建预览图像不现实,因此需要动态生成披萨的预览,通过多个图像的组合,将它们叠放在一起来生成最终的预览。

预览先从一张普通奶酪披萨的图片开始。当用户添加了一种配料浇头,在基本图像上铺上该配料的图像。如果配料只放置在披萨的半边,则裁剪配料图像,使其只出现在披萨图像的半边。

首先导入将用于构建披萨预览的图像。如果没有这些图片,从相关网站上下载本书练习的素材。解压缩下载文档,找到目录 28.Theming Compose UIs/Solution/CodaPizza,然后打开目录 app/src/main/res/drawable,将该目录中的.web 文件复制到项目的 app/src/main/res/drawable 目录中。

刚刚复制到项目中的图像格式是.webp,而不是以前使用过的.xml 矢量图。矢量图是 UI 元素和简单设计的最好选择,但并非所有图像都可以有效地表示为矢量图,特别是复杂的图像和照片,不大可能转换为矢量图,如果非要转换为矢量图,则可能影响性能。

披萨预览图像属于复杂图像,所以需要另一种格式,例如.webp。Android 也支持其他图像格式,包括.png 和.jpeg 图像格式。在此处选择.webp 格式图像是因为这种格式的图像体积较小。

有了这些素材,就可以开始创建用于披萨预览的 **Composable**。最初只显示基本的披萨图像,稍后以编程的方式在此图像的上方绘制配料图像。

要在 **Compose** 中显示图像,需要用到 **Image composable**。在调用 **Image** 对象时,要提供一个 **Painter** 对象来指定要显示的图像。**Painter** 类似于以前使用过的 **Drawable** 类,它声明了可以绘制到屏幕上的内容,如矢量图像、位图图像、纯色图或渐变图。

通过调用 **painterResource()** 函数为可绘制资源获得一个 **Painter()** 对象。就像前面看到的 **stringResource()** 函数一样,**painterResource()** 将触发 Compose 来查询资源,然后加载正确的图像,并将其转换为 **Painter**,与 **Image** 对象一起使用。

在 ui 包中创建一个名为 PizzaHeroImage.kt 的新文件(hero 图像是指放置在页面顶部显著位置的大图像)。定义一个名为 **PizzaHeroImage** 的 **composable** 用于显示披萨预览图,**PizzaHeroImage** 有两个参数:一个 **Pizza** 对象实例和必需的 **Modifier** 参数。用 **Image** 对象显示基础披萨的图像,并为 **PizzaHeroImage** 提供预览功能,以便在 Android Studio 中查看更改,见程序清单 29-1。

程序清单 29-1   定义 PizzaHeroImage(PizzaHeroImage. kt)

```
@Preview
@Composable
private fun PizzaHeroImagePreview() {
    PizzaHeroImage(
        pizza = Pizza(
            toppings = mapOf(
                Topping.Pineapple to ToppingPlacement.All,
                Topping.Pepperoni to ToppingPlacement.Left,
                Topping.Basil to ToppingPlacement.Right
            )
        )
    )
}


@Composable
fun PizzaHeroImage(
    pizza: Pizza,
    modifier: Modifier = Modifier
) {
    Image(
        painter = painterResource(R.drawable.pizza_crust),
        contentDescription = null,
        modifier = modifier
    )
}
```

确保从 androidx. compose. foundation 包中导入 **Image**。

将编辑器窗口更改为拆分视图,然后构建项目来更新预览。构建完成后,在预览中应该看到一个基础的披萨图像,如图 29-2 所示。

29.1.1   图像 contentDescription

添加图像时,还必须指定 contentDescription 参数。就像在第 19 章中学习的 android:contentDescription XML 属性一样,contentDescription 参数用于可访问性,它为屏幕阅读器提供要读取的文本。但与 android:contentDescription 不同,此参数是强制性的,必须始终提供。

初始化时将 contentDescription 参数设置为 null。但必须遵守这个参数的规定,给图像提供一个内容描述。首先添加一个字符串资源来描述图像,见程序清单 29-2。

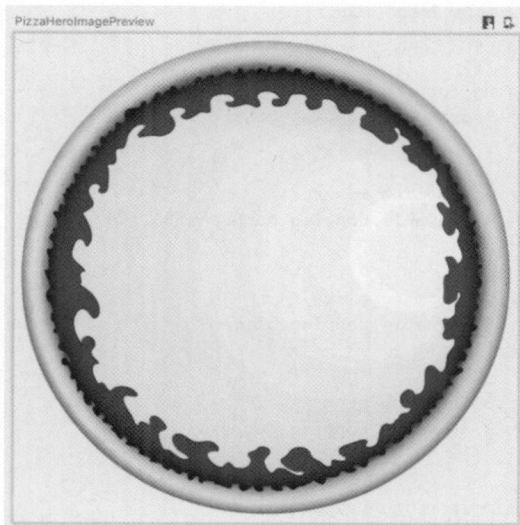

图 29-2　基础的披萨图像

```
< resources >
    …
    < string name = "pizza_preview"> Pizza preview </string >
</resources >
```

有了字符串资源，就可以指定 **Image** 的内容描述，见程序清单 29-3。

程序清单 29-3　指定 Image 的内容描述（PizzaHeroImage. kt）

```
@Composable
fun PizzaHeroImage(
    pizza: Pizza,
    modifier: Modifier = Modifier
) {
    Image(
        painter = painterResource(R. drawable.pizza_crust),
        contentDescription = null,
        contentDescription = stringResource(R. string.pizza_preview),
        modifier = modifier
    )
}
```

适当的内容描述不会改变应用外观，但它确实会让依赖屏幕阅读器的用户更容易访问应用。

29.1.2　添加更多图像

接下来，在基础披萨图像上堆叠配料图像，形成最终预览。第一步是跟踪在披萨上放置配料时要绘制的图像。

在 **Topping** 枚举中添加一个名为 pizzaOverlayImage 的新属性，它用于跟踪每个配料使用的图像。属性添加好后，为每个枚举项指定一个值，将配料与其图像相关联，见程序清单 29-4。

程序清单 29-4　关联配料预览图（Topping. kt）

```
enum class Topping(
    @StringRes val toppingName: Int,
```

```
    @DrawableRes val pizzaOverlayImage: Int
) {
    Basil(
        toppingName = R.string.topping_basil,
        pizzaOverlayImage = R.drawable.topping_basil
    ),
    Mushroom(
        toppingName = R.string.topping_mushroom,
        pizzaOverlayImage = R.drawable.topping_mushroom
    ),
    Olive(
        toppingName = R.string.topping_olive,
        pizzaOverlayImage = R.drawable.topping_olive
    ),
    Peppers(
        toppingName = R.string.topping_peppers,
        pizzaOverlayImage = R.drawable.topping_peppers
    ),
    Pepperoni(
        toppingName = R.string.topping_pepperoni,
        pizzaOverlayImage = R.drawable.topping_pepperoni
    ),
    Pineapple(
        toppingName = R.string.topping_pineapple,
        pizzaOverlayImage = R.drawable.topping_pineapple
    )
}
```

现在,可以在披萨预览中添加配料了。最终布局预览将显示与 **PizzaHeroImagePreview** 中指定的配料相匹配的配料图像: 左半部分是 pepperoni,整个披萨上是 pineapple,右半部分是 basil,如图 29-3 所示。

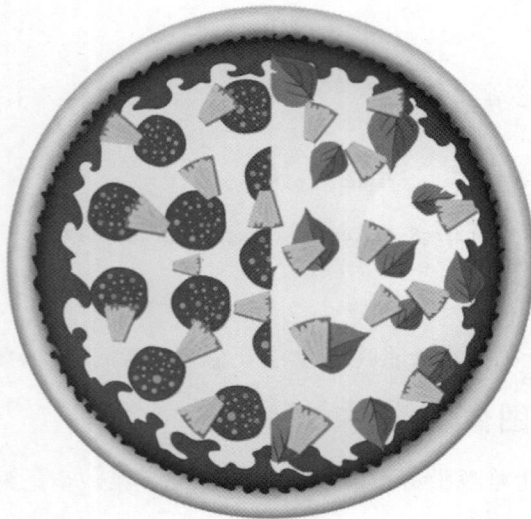

图 29-3　要实现的披萨图像

要做到这一点,须在基础披萨图像的上层放置多个 **Image Composable**。

首先将基础 **Image** 包装在一个 **Box Composable** 中。不像 **Column** 和 **Row Composable**,它们是将内容一个接一个地放置进去,**Box Composable** 可以堆叠内容。然后,使用 for 循环为每种配料添加一个新图像。现在,让每种配料都出现在整个披萨上,见程序清单 29-5。

程序清单 29-5　显示每一种配料图像（PizzaHeroImage.kt）

```
...
@Composable
fun PizzaHeroImage(
    pizza: Pizza,
    modifier: Modifier = Modifier
) {
    Box(
        modifier = modifier
    ) {
        Image(
            painter = painterResource(R.drawable.pizza_crust),
            contentDescription = stringResource(R.string.pizza_preview),
            modifier = modifier
        )

        pizza.toppings.forEach { (topping, placement) ->
            Image(
                painter = painterResource(topping.pizzaOverlayImage),
                contentDescription = null,
                modifier = Modifier.focusable(false)
            )
        }
    }
}
```

对于这个 **Image Composable** 来说，可以用 **focusable Modifier** 来禁用聚焦，告诉依赖屏幕阅读器的用户忽略配料图像，这样他们就不会将披萨预览看成多个组件。因为禁用了焦点，所以不需要指定 **contentDescription**。

刷新预览。应该可以看到 pepperoni、pineapple 和 basil，所有这些配料都以 cheese 为中心在整个披萨上。到目前为止，一切都很顺利。

29.1.3　定制 Image composable

所有的配料图片都包含在同一个 **Box** 中。因为它们的大小相同，所以它们叠在一起，形成了一个带有所需配料的披萨图像。如果配料都放在整个披萨上，这种设置非常有效，但 **Coda Pizza** 应用不能限制用户订购全披萨配料。下一个任务是当配料放置在披萨的半边时，只显示一半的配料图像。

在完成这项任务之前，思考一下配料图像的结构：屏幕上呈现的每个图像都是由 **Painter** 绘制的，并由 **Image Composable** 托管。**Image** 和 **Painter** 都有自己的边界。记住，**Painter** 是在 UI 中显示的配料图像。

图 29-4 显示了配料图像和 **Image Composable** 之间的关系。在处理 **Coda Pizza** 应用的下一个功能时，请记住这一关系，下一个功能需要自定义 **Image Composable** 显示图像的方式。

尽管配料图像的边界当前与其 **Image** 容器的边界相同，但不久就会有变化了。

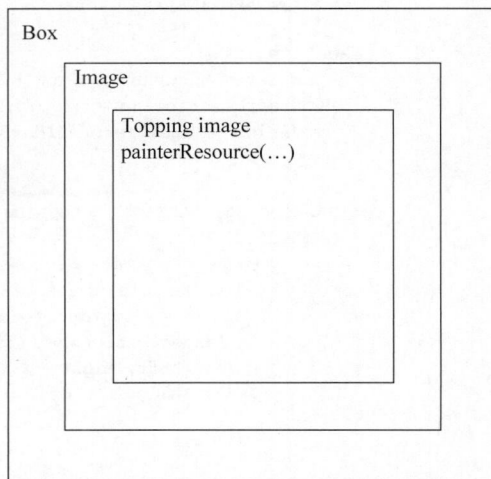

图 29-4　披萨的层次结构

撇开理论不谈,现在来实现显示放置在披萨半边的配料图像的预览,这需要 4 步。

(1) 将 **Image Composable** 的大小设置为披萨的高和宽度的一半。

(2) 在 **Image** 的边界内裁剪配料图像,这样只有一半的配料图像可以看到。

(3) 将配料图像与裁剪边界对齐,以确保一半的配料图像可见。

(4) 排列 **Image Composable**,使其出现在披萨的半边。

1. 宽高比 aspectRatio

首先设置配料 **Image** 的大小。默认情况下,**Image** 的大小由显示的图像决定。如果要以不同的大小显示 **Image**,可以使用 **Modifier** 来更改其尺寸。有几个 **Modifier** 可以实现,包括设置图像精确大小的 **size Modifier**。

但披萨预览图的大小是动态的,因为它要适应用户设备的宽度。因此,不要硬编码图像的大小;相反,要设置每个配料图像层相对于其容器的大小,借助 **aspect ratio**(宽高比)可以实现这一点。

aspect ratio 是矩形的宽度和高度的比值。披萨预览图的宽高比为 1∶1,它是一个正方形,高和宽一样。显示在半边披萨上的配料图像与预览图的高度相同,但宽度为一半。这意味着,当配料图像位于披萨的半边时,其宽高比应为 1∶2,即它的高度是宽度的两倍。

要设置 **Composable** 的宽高比,可以使用 **aspectRatio Modifier**。如果配料在披萨的半边,则将其宽高比设置为 1∶2。宽高比作为参数传递,它是一个浮点值,不是一个比率形式,因此将 1∶2 的宽高比设为 0.5。当配料放置在整个披萨上时,宽高比设为 1.0。为了确保基础披萨图始终是一个正方形,也可以将其宽高比设置为 1∶1。最后,通过添加 **fillMaxSize Modifier**,确保披萨图像始终填满 **PizzaHeroImage** 的全部边界,见程序清单 29-6。

程序清单 29-6　设置宽高比(PizzaHeroImage. kt)

```
...
@Composable
fun PizzaHeroImage(
    pizza: Pizza,
    modifier: Modifier = Modifier
) {
    Box(
        modifier = modifier
            .aspectRatio(1f)
    ) {
        Image(
            painter = painterResource(R.drawable.pizza_crust),
            contentDescription = stringResource(R.string.pizza_preview),
            modifier = Modifier.fillMaxSize()
        )

        pizza.toppings.forEach { (topping, placement) ->
            Image(
                painter = painterResource(topping.pizzaOverlayImage),
                contentDescription = null,
                modifier = Modifier.focusable(false)
                    .aspectRatio(when (placement) {
                        Left, Right -> 0.5f
                        All -> 1.0f
                    })
            )
        }
    }
}
```

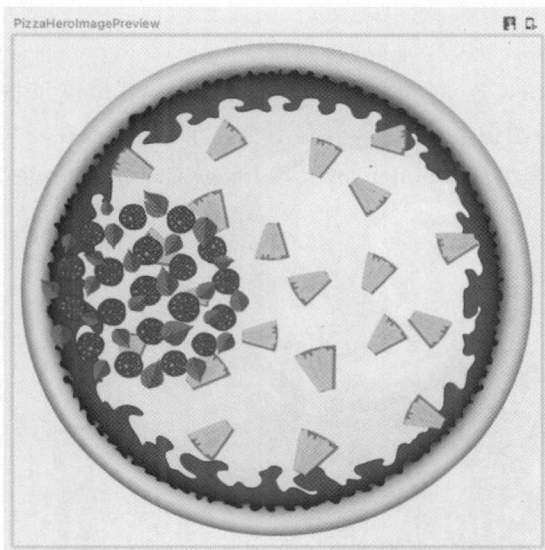

> **注意**：在使用 **ToppingAlignment** 枚举值时，如想省略 ToppingAlignment. 前缀，需在文件顶部添加 com. bignerdranch. android. codapizza. model. ToppingPlacement. * 的导入。

更新 **PizzaHeroImagePreview** 预览。这时会看到 pepperoni 和 basil 配料现在是原来大小的一半，垂直居中，位于披萨的左半部分，如图 29-5 所示。

图 29-5　变小的配料图片

虽然 pepperoni 和 basil **Image Composable** 是原来大小的一半，但它们通过缩小内容来显示整个图像。下一步来优化一下。

2．内容缩放 contentScale

当显示的图像和容纳该图像的容器的宽高比不匹配时，Compose 需要一些策略来进行调整。这里 pepperoni 和 basil **Image** 的宽高比为 1：2，但容纳它们的 **Box** 的宽高比为 1：1。

要告诉 Compose 如何处理这种宽高比差异，需设置 **Image** 的 contentScale。默认的 contentScale 为"Fit"，它缩放整个图像内容来适应 **Image** 的边界，同时保留其原始的宽高比。这不是所期望的，期望的是显示配料图像的左半部分或右半部分。

要实现这个操作，可以在调用 **Image** 时添加 contentScale 参数，指定裁剪行为缩放图像来适应 **Image** 的边界，将超出 **composable** 边界的多余部分裁剪掉，见程序清单 29-7。

程序清单 29-7　指定内容缩放（PizzaHeroImage. kt）

```
...
@Composable
fun PizzaHeroImage(
    pizza: Pizza,
    modifier: Modifier = Modifier
) {
    Box(
        ...
    ) {
        ...
        pizza.toppings.forEach { (topping, placement) ->
```

```
            Image(
                painter = painterResource(topping.pizzaOverlayImage),
                contentDescription = null,
                contentScale = ContentScale.Crop,
                modifier = Modifier.focusable(false)
                ...
            )
        }
    }
}
```

刷新 **PizzaHeroImagePreview** 预览。现在，pepperoni 和 basil 填满了披萨预览的高度，但它们也延伸出了披萨的边缘。尽管配料图像被裁剪了，但看不全左半部分，现在看到的是配料图像的中间部分，如图 29-6 所示。这是因为图像本身(**Painter**)位于其 **Image Composable** 边界内的中央。

图 29-6　裁剪后的配料图片

3. 图像对齐

若要更改显示或裁剪的图像部分，可以在 **Image** 上设置 alignment 属性。将配料放置在披萨的左半部分时，需要将配料图像的左边缘与 **Image** 的左边缘对齐，通过将 **Image** 的 alignment 属性设置为 TopStart 来完成此操作。TopStart 的作用是将内容的左上角与 **Composable** 自身的左上角对齐。同样，如果配料在披萨的右半部分，可以使用 TopEnd 对齐来显示配料的右半部分。如果配料在披萨的两侧，则可以使用默认的 Center 对齐方式，见程序清单 29-8。

程序清单 29-8　对齐图像(PizzaHeroImage.kt)

```
...
@Composable
fun PizzaHeroImage(
    pizza: Pizza,
    modifier: Modifier = Modifier
) {
    Box(
        ...
    ) {
        ...
```

```
pizza.toppings.forEach { (topping, placement) ->
    Image(
        painter = painterResource(topping.pizzaOverlayImage),
        contentDescription = null,
        contentScale = ContentScale.Crop,
        alignment = when (placement) {
            Left -> Alignment.TopStart
            Right -> Alignment.TopEnd
            All -> Alignment.Center
        },
        modifier = Modifier.focusable(false)
        ...
    )
    }
}
```

再次刷新预览。pepperoni 现在被正确地放置在披萨上,它覆盖了披萨的左半部分,没有溢出。但是 basil 还是放错地方了。虽然它的大小和形状填满披萨的右半部分很适合,但它放置在披萨的左半部分时,从披萨饼皮的左边缘溢出了,如图 29-7 所示。

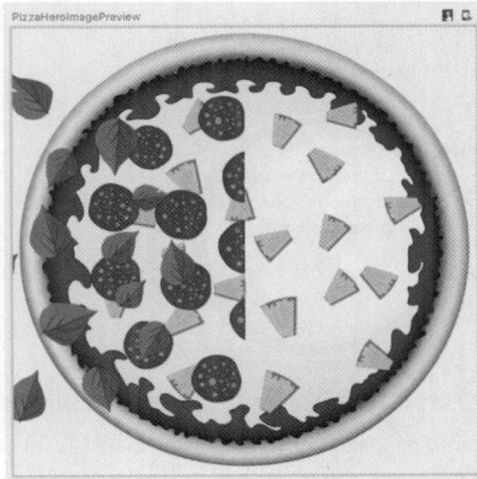

图 29-7　部分对齐的配料图片

4. align modifier

要在披萨预览图的右半部分放置配料,还需要对 **PizzaHeroImage** 进行最后一次更改。通过设置 alignment 参数,可以指定在 **Image Composable** 的边界内绘制配料图像的位置。但是 **Image Composable** 本身始终与容器 **Box** 的左上角对齐。

对 **Image Composable** 定位,需要另一个工具:**align Modifier**。**align Modifier** 用于对齐 **Box** 中的 **Composable** 子项。与之前使用的 **weight Modifier** 非常相似,只有当内容显示在 **Box** 中时,**align Modifier** 才在上下文中可用。

设置配料图像的对齐方式为 CenterEnd,使披萨右半部分的配料图像与 **Box** 的右边缘对齐,这将使配料图像显示在 **Box** 的末端(右侧)并垂直居中。尽管配料放置在左半部分或整个披萨上时已经对齐,但也要指定对齐方式,分别为 CenterStart 和 Center,这将让学习者可以使用简单流畅的函数调用链来构建 **Modifier**,见程序清单 29-9。

程序清单 29-9　排列配料图像（PizzaHeroImage.kt）

```
...
@Composable
fun PizzaHeroImage(
    pizza: Pizza,
    modifier: Modifier = Modifier
) {
    Box(
        ...
    ) {
        ...
        pizza.toppings.forEach { (topping, placement) ->
            Image(
                painter = painterResource(topping.pizzaOverlayImage),
                contentDescription = null,
                contentScale = ContentScale.Crop,
                alignment = when (placement) {
                    Left -> Alignment.TopStart
                    Right -> Alignment.TopEnd
                    All -> Alignment.Center
                },
                modifier = Modifier.focusable(false)
                    .aspectRatio(when (placement) {
                        Left, Right -> 0.5f
                        All -> 1.0f
                    })
                    .align(when (placement) {
                        Left -> Alignment.CenterStart
                        Right -> Alignment.CenterEnd
                        All -> Alignment.Center
                    })
            )
        }
    }
}
```

再次刷新预览。这时披萨上的配料位置可以准确地出现在预览中了。在整个披萨上有 pineapple，在左半部分有 pepperoni，在右半部分有 basil。所有配料的大小都正确，并垂直居中，披萨外没有配料溢出来，如图 29-8 所示。

图 29-8　预览成品

29.1.4　添加 LazyColumn 标头

PizzaHeroImage 现在已经完成了，但如果运行 **Coda Pizza** 应用，发现还欠缺很多功能。为应用完善功能，将 **PizzaHeroImage** 添加到 **ToppingsList** 的 **LazyColumn** 中，见程序清单 29-10。

程序清单 29-10　向 LazyColumn 添加项目（PizzaBuilderScreen. kt）

```
...
@Composable
private fun ToppingsList(
    pizza: Pizza,
    onEditPizza: (Pizza) -> Unit,
    modifier: Modifier = Modifier
) {
    ...
    LazyColumn(
        modifier = modifier
    ) {
        item {
            PizzaHeroImage(
                pizza = pizza,
                modifier = Modifier.padding(16.dp)
            )
        }

        items(Topping.values()) { topping ->
            ToppingCell(
                topping = topping,
                placement = pizza.toppings[topping],
                onClickTopping = {
                    toppingBeingAdded = topping
                }
            )
        }
    }
}
...
```

运行 **Coda Pizza**。现在，可以看到披萨的预览图出现在配料列表上方。在披萨上加上想要的配料，因为已经用 **State** 类跟踪了 **Pizza** 对象，所以预览将自动更新，无须额外的工作，如图 29-9 所示。当滚动配料列表时，披萨预览图也将一起滚动。

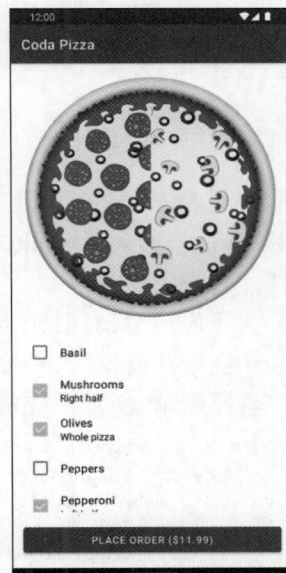

图 29-9　运行中的披萨预览

29.2　MaterialTheme 主题

披萨预览完成了，是时候给 **Coda Pizza** 应用添加一个主题了。目前，**Coda Pizza** 应用使用的是默认主题，但可以添加自定义主题，为按钮和卡片等各种组件指定应用的颜色、样式和形状。来更改一下 **Coda Pizza** 应用的颜色，其他项目的更改步骤类似。

首次学习主题是在第 11 章，主题是用 XML 定义的，通过框架视图应用样式设置。但 Compose 有自己的主题系统，它不是利用 XML 样式或框架视图使用的主题。

Compose 主题存储在一个名为 **MaterialTheme** 的对象中，在第 26 章中曾用它来设置文本样式。目前使用的是默认主题，应用的颜色就是默认主题的颜色。这里更改一下。

要更改 **MaterialTheme** 对象中的值,将用到 **MaterialTheme Composable** 函数,此函数通过传入的参数来更改主题的颜色、样式和组件形状。**MaterialTheme Composable** 函数还可传入 lambda 表达式参数,该表达式指明内容的放置位置。所有指定的主题配置都只影响放置在此 lambda 表达式中的内容,这意味着主题应该在 composition 中很早就被指定。

在 ui 包中创建一个名为 AppTheme.kt 的新文件,这是主题信息的存储位置。在这个文件中创建一个名为 **AppTheme** 的 **Composable**,这个函数将调用 **MaterialTheme**,传递自定义 **Coda Pizza** 应用外观的所有主题属性,见程序清单 29-11。

程序清单 29-11　声明主题(AppTheme.kt)

```
@Composable
fun AppTheme(
    content: @Composable () -> Unit
) = MaterialTheme(
    colors = lightColors(
        primary = Color(0xFFB72A33),
        primaryVariant = Color(0xFFA6262E),
        secondary = Color(0xFF03C4DD),
        secondaryVariant = Color(0xFF03B2C9),
    )
) {
    content()
}
```

将主题的 colors 属性设置为具有浅色背景和 **Coda Pizza** 的一些特定颜色的调色板。可以指定其他几种颜色,但必须是 **lightColors** 提供的默认颜色。这里没有提供应用的样式信息,因此使用默认的样式。

为了应用主题,必须将应用内容包装在 **AppTheme Composable** 中。在 **MainActivity** 的 **setContent** 调用中执行此操作,以确保主题应用于整个应用,见程序清单 29-12。

程序清单 29-12　应用主题(MainActivity.kt)

```
class MainActivity : AppCompatActivity() {
    override fun onCreate(savedInstanceState: Bundle?) {
        super.onCreate(savedInstanceState)
        setContent {
            AppTheme {
                PizzaBuilderScreen()
            }
        }
    }
}
```

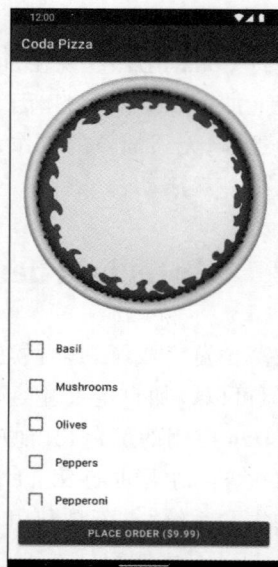

完成上述更改后,Compose 中的 UI 元素就知道了学习者的主题。也可以通过 **MaterialTheme** 对象手动访问 composition 中的这些值。例如,要访问主题的原色,可以调用 **MaterialTheme. colors. primary**。

运行 **Coda Pizza**。PLACE ORDER 按钮现在是红色,与主题中指定的值相匹配,但应用栏和状态栏仍然是紫色,如图 29-10 所示(应用栏和按钮是不同的颜色)。

回想一下第 15 章的内容,当 activity 扩展自 **AppCompatActivity** 并使用内置应用栏的样式时,它们会自动获得一个应用栏,**MainActivity** 正是这样做的。由于应用栏是作为框架视图提供的,因此它并不知

图 29-10　部分主题的 **Coda Pizza**

道在 Compose 代码中创建的任何主题。

　　尽管可以手动保持 Compose 主题和框架主题同步，但如果 Compose 主题是应用的实际主题来源，那就更好了。幸运的是，可以控制应用栏并使用 **Composable** 进行渲染。在进行更改之前，需要先删除内置的应用栏。

　　在项目中，由 Compose 管理的主题风格中有很多东西都不再需要了，所以可以从主题中删除一些东西。首先，由于应用的主题是在 Compose 中定义的，所以不需要在框架主题中指定主题属性来定义相同的自定义项。在某些情况下，即使在百分之百 Compose 的应用中，仍需要编辑主题，例如，自定义系统栏的颜色或为应用设置自定义启动屏幕等，但现在 **Coda Pizza** 应用没有涉及这些问题。

　　此外，由于颜色完全在 Compose 代码中定义，**Coda Pizza** 应用也不需要 colors.xml 文件。最后，也不需要 **Material** 组件库，因为它只提供了框架视图的样式。

　　现在从整理应用主题开始。创建 **Coda Pizza** 应用的项目模板包括日间模式和夜间模式两种主题，由于 Jetpack Compose 完全控制应用主题，因此不需要为应用提供单独的夜间模式主题，删除 Android Studio 中标记为 night 的 res/values/themes/themes.xml 文件。

　　接下来，需要从 **activity** 中删除默认的应用栏。为此，可以将主题修改为一个带有 NoActionBar 后缀的主题。使用 AppCompat 提供的 Theme.AppCompat 主题，可以消除对 **Material** 组件库的依赖。同时，从主题中删除所有样式声明，这是不必要的，因为这些值现在已在 Compose 主题中设置了，见程序清单 29-13。

程序清单 29-13　删除框架样式（themes.xml）

```
< resources xmlns:tools = "http://schemas.android.com/tools">
    <!--  Base application theme.  -->
    <style name = "Theme.CodaPizza"
        parent = "Theme.MaterialComponents.DayNight.DarkActionBar">
    < style name = "Theme.CodaPizza" parent = "Theme.AppCompat.Light.NoActionBar">
    <!-- Primary brand color. -->
    <item name = "colorPrimary">@color/purple_500 </item>
    <item name = "colorPrimaryVariant">@color/purple_700 </item>
    <item name = "colorOnPrimary">@color/white </item>
    <!-- Secondary brand color. -->
    <item name = "colorSecondary">@color/teal_200 </item>
    <item name = "colorSecondaryVariant">@color/teal_700 </item>
    <item name = "colorOnSecondary">@color/black </item>
    <!-- Status bar color. -->
    <item name = "android:statusBarColor" tools:targetApi = "l">
        ?attr/colorPrimaryVariant </item>
    <!-- Customize your theme here. -->
    </style>
</resources>
```

　　然后删除 colors.xml 资源文件，不再需要读取这些颜色，并且在删除主题属性时删除了对它们的唯一引用。

　　由于不再引用 **Material** 组件库，因此可以将其从项目中删除。删除未使用的依赖项可以减少应用的大小，消除不必要的类（这些类会扰乱 IDE 的自动补全建议），并可以提高编译性能。在 app/build.gradle 文件里删除此依赖项，见程序清单 29-14。

程序清单 29-14　删除 Material 组件（app/build.gradle）

```
...
dependencies {
    implementation 'androidx.core:core - ktx:1.7.0'
```

```
        implementation 'androidx.appcompat:appcompat:1.4.1'
        implementation 'com.google.android.material:material:1.5.0'
        implementation 'androidx.constraintlayout:constraintlayout:2.1.3'
        ...
    }
```

记住，这些更改完成后执行 Gradle 同步。同步完成后，运行 **Coda Pizza**。应用栏已经不见了，现在屏幕上唯一显示的是 **Composable** 内容，如图 29-11 所示。

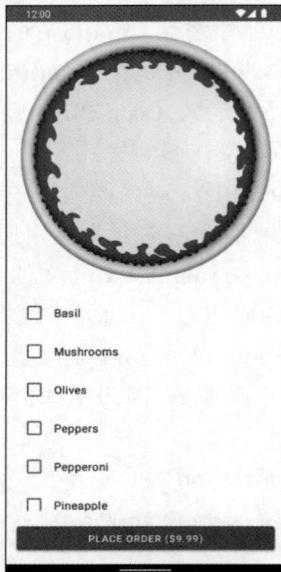

图 29-11　全屏显示的 **Composable**

29.3　Scaffold 和 TopAppBar

应用栏是应用的重要组成部分，无论对于视觉效果还是导航和菜单功能都很重要。**Coda Pizza** 应用最好包括一个应用栏，即使只是为了显示标题。

要恢复应用栏，将用到 **TopAppBar Composable**。**TopAppBar** 接受几个 **Composable** 作为输入参数，每个 **Composable** 都可以在应用栏的特定区域中添加内容。现在只需设置 title 参数用来显示应用名称，应用栏行为与 **TopAppBar** 的默认行为一致，这就是使用 Compose 主题的好处。

如果需要，还可以提供一个 navigationIcon 参数，用来添加一个元素生成"向上"按钮。还有一个名为 actions 的参数，它的作用是将项目添加到应用栏的右侧，就像在框架应用栏中使用菜单所实现的效果一样。

这种接受几个 **Composable** lambda 作为输入参数的模式被称为 **slotting**，因为每个组件都插入应用栏的特定区域。与大多数框架视图相比，**slotting** 使 **Composable** 在显示内容方面更加灵活，可以将任意 **Composable** 传递到任意 **slot** 中，这样就可以完全控制每个 **slot** 中出现的内容。

在框架 UI 工具包中，只能将字符串显示为标题。当添加了 **TopAppBar** 时，通常是为 title **slot** 传递一个 Text。但是，由于 title 参数包含了一个 **Composable**，所以可以使用图像、进度条、下拉菜单或复选框等元素。

将 **TopAppBar composable** 放在 **PizzaBuilderScreen composable** 的顶部，见程序清单 29-15。

```
@Preview
@Composable
fun PizzaBuilderScreen(
    modifier: Modifier = Modifier
) {
    var pizza by rememberSaveable { mutableStateOf(Pizza()) }

    Column(
        modifier = modifier
    ) {
        TopAppBar(
            title = { Text(stringResource(R.string.app_name)) }
        )

        ToppingsList(
            ...
        )
        ...
    }
}
...
```

运行 **Coda Pizza**。在屏幕顶部出现了一个应用栏，很像以前在 **Coda Pizza** 中看到的应用栏，但这一次，应用栏是红色的，与在 **AppTheme Composable** 中设置的颜色相匹配，如图 29-12 所示。

应用栏现在可以使用了。现在有几个元素在 **PizzaBuilderScreen** 的 **Column** 里面，这有点不大妙。随着应用的复杂性不断增加，应用 UI 使用这些大型构建块可能会变得很困难。以 **TopAppBar** 为例，如果要放在屏幕顶部，它必须位于列的第一行。如果一不小心在它之前添加了另一个 **Composable**，则应用栏会出现在屏幕中间。

可以使用一个名为 **Scaffold** 的 **Composable**，它能使 UI 中的组件更易于管理。**Scaffold** 为应用布局提供帮助，它充当了应用布局的骨架。**Scaffold** 使用 **slotting** 模式来定义应用中可以标记和始终放置内容的区域。这里主要的 slot 有两个：topBar slot 和 contentslot。

topBar slot 是为 **TopAppBar** 等组件设计的。放置在此 slot 中的 **Composable** 始终显示在屏幕顶部，位于主要内容上方。contentslot 用于展示应用的主要内容。还有其他一些元素的 slot，如 bottom bar 和 snackbar，它们总是相应地出现在内容周围。

更新 **PizzaBuilderScreen** 来使用 **Scaffold**。还是用 **Column** 来布置配料列表和 order 按钮，但 **Scaffold** 会将应用栏与内容分开，见程序清单 29-16。

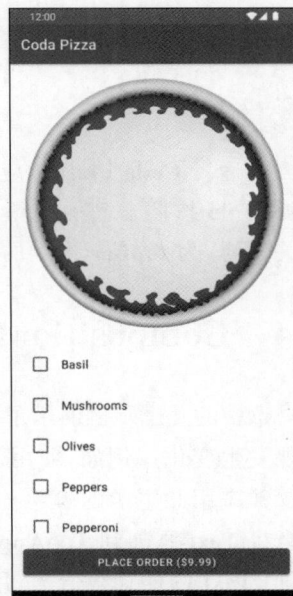

图 29-12　运行中的 **TopAppBar** 和 **AppTheme**

```
@Preview
@Composable
fun PizzaBuilderScreen(
    modifier: Modifier = Modifier
```

```
) {
    var pizza by rememberSaveable { mutableStateOf(Pizza()) }

    Column(
        modifier = modifier
    ){
    Scaffold(
        modifier = modifier,
        topBar = {
            TopAppBar(
                title = { Text(stringResource(R.string.app_name)) }
            )
        },
        content = {
            Column {
                TopAppBar(
                    title = { Text(stringResource(R.string.app_name)) }
                )

                ToppingsList(
                    ...
                )

                OrderButton(
                    ...
                )
            }
        }
    )
}
```

再次运行 **Coda Pizza**。应用的外观和行为都没什么变化，但 **TopAppBar** 现在有一个固定的设计空间。**Scaffold** 按照自己的蓝图来定位 slot 的内容，因此无论对于 slot 的内容还是放入 slot 的顺序来说都无关紧要，为 **topBar** 提供的参数决定了它始终显示在屏幕顶部。

29.4 CompositionLocal

本章中的几个示例演示了将一个 **Composable** 嵌套在另一个 **Composable** 内部会导致内部 **Composable** 的外观发生变化。例如，使用 **MaterialTheme composable** 会使嵌套在其中的所有组件都注意到学习者的主题并应用此主题的颜色。

当将 **Text** 添加到 **TopAppBar** 时，出现了一些有意思的事。尽管除了 text 本身之外，没有指定任何参数，但 **Text** 的样式很恰当，用恰当的字体大小和颜色显示在应用栏中。这是怎么发生的？

在用 Jetpack Compose 构建 UI 时，会在运行时为所有 **Composable** 创建一个 composition 层次结构，这与框架 UI 的视图层次结构非常相似。每当调用 **Composable** 函数向应用添加 UI 元素时，就会在该 composition 层次结构中添加相应的节点。

学习者无法获得对此层次结构或其节点的引用，但它们依旧会在结构中整理 **Composable**（而 View 对象本身就是框架 UI 层次结构中的节点，可以随时直接访问它们）。

对 **Coda Pizza** 应用来说，composition 层次结构如图 29-13 所示。

ToppingsList 和 **OrderButton** 都有自己的子项，就是屏幕上显示的 **Text** 和 **Checkbox**。

在第 11 章曾提醒过，嵌套视图层次结构过深可能会降低应用的性能。尽管 **Coda Pizza** 应用的 UI

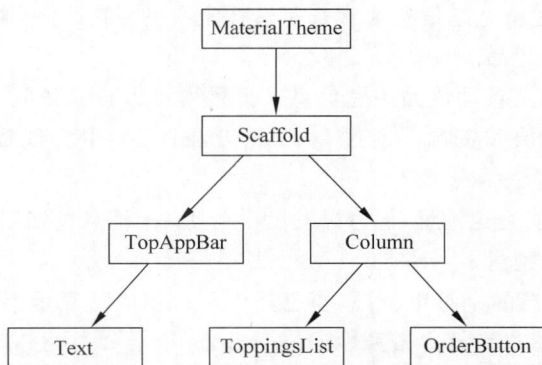

图 29-13 **Coda Pizza** 的 UI 层次结构

层次有很多层，但不用担心。在管理、布局和绘制 UI 元素方面，Jetpack Compose 比 Android 的框架 UI 工具包效率高得多。用 Compose 构建深度嵌套布局对性能的影响很细微，这也是为什么没有在 **Coda Pizza** 应用中使用 **ConstraintLayout** 这样的布局工具。

层次结构的顶部是 **MaterialTheme Composable**。正如在本章示例中所看到的，使用 **MaterialTheme Composable** 来设置 **MaterialTheme** 对象返回的值，这些值是有作用域的。

当调用 **MaterialTheme Composable** 时，主题的值会存储起来，供其所有子项访问。每当组件需要访问主题属性时，可以使用 **MaterialTheme** 对象的 MaterialTheme. colors. primary 方法来读取颜色、形状或版式，以这种方式引用的值由一个名为 **CompositionLocal** 的类的实例进行跟踪，这样，作为 **MaterialTheme** 子节点的每个 **Composable** 都可以得到学习者的主题信息。

将 **MaterialTheme Composable** 放在 composition 的根部，是因为希望主题可以影响 composition 中显示的所有内容。如果将 **Composable** 作为 **MaterialTheme** 的同级添加到层次结构中，它将不知道在 UI 层次结构中其他位置设置的主题，只好使用默认的 MaterialTheme 主题。

如果出于某种原因，想在 composition 的不同部分使用不同的主题，也可以将一个 **MaterialTheme Composable** 嵌套在另一个中。内部主题将覆盖外部 **MaterialTheme Composable** 的主题值，但仅作用于内部 MaterialTheme 的子项。

回到 **TopAppBar** 中 Text 的样式来源的问题。除了在 themes. xml 资源文件和 **AppTheme Composable**（如果有）中设置的主题属性外，一些 **Composable** 也可以指定 Compose 涉及的首选主题属性（这些属性的官方术语叫当前主题属性，但这个词有点令人困惑）。

例如，当应用文本有颜色规范时，在对话框中用于配料放置位置选项的 **TextButton Composable** 会覆盖指定的颜色值，从而设置一种适合整个主题但特定于其自身环境的样式。当 **TextButton** 的 Text 子项请求设置文本颜色时，它会用这个覆盖的值来着色，而不是用来自主题的颜色值。

TopAppBar 对其文本也是执行相同的操作，设置了一种与应用主题设置的背景色相匹配的颜色。通过这种方式，当前主题属性（如 **TextButton** 和 **TopAppBar** 设置的属性）提供了与应用整体主题相协调的自动本地化主题。**Text Composable** 首先查看其父项设置的文本大小、颜色等，然后再回到主题看看哪些样式没有设置，从而来确定其样式。

在幕后，这些行为都是由前面提到的同一个 **CompositionLocal** 类来驱动的。

CompositionLocal 是为 composition 层次结构中的部分范围而定义的变量。当定义了 **CompositionLocal** 时，该范围内的所有 **Composable** 的子项都可以访问它，如果再次设置相同的 **CompositionLocal**，则可以在层次结构中更深层地覆盖它。主题信息通常都是这样定义的,许多子项需要共享和访问主题信息,而 **CompositionLocal** 使共享变得容易。

CompositionLocal 的实例会自动传播主题信息。但是也可以自己访问 **CompositionLocal** 变量,以获得更多与 composition 相关的值和资源。通过在 **Coda Pizza** 应用中实现最后一个功能:完善 PLACE ORDER 按钮功能,来看看这个效果。

Coda Pizza 应用现在还没有运送地址,但可以发出一个 Toast 消息通知用户订购成功。在 OrderButton 的 onClick 回调中实现 Toast 消息。

首先,添加显示 Toast 消息的字符串资源,当已经下了订单时就显示消息,见程序清单 29-17。

程序清单 29-17　Toast 消息字符串资源(strings. xml)

```
< resources >
    < string name = "app_name"> Coda Pizza </string>
    < string name = "place_order_button"> Place Order ( %1 $ s)</string>
    < string name = "order_placed_toast"> Order submitted!</string>
    ...
</resources >
```

需要获取 context 来显示 Toast 消息。通过向 **OrderButton** 添加一个 context 参数并将 activity 内容一直向下传递到 composition 层次结构来实现这一点,但如果需要存取多个属性,会变得很混乱,而且无法适应扩展。

相反,Compose 包含一个很好用的 **CompositionLocal**,它可以存储托管在 **Composable** UI 的 context。利用 **CompositionLocal** 来访问 context,可以不用理会 context 在 composition 中的位置。

要读取 **CompositionLocal** 变量的值,首先要获取对相应的 **CompositionLocal** 类自身的引用。然后,通过其当前属性获得在 composition 层次结构中当前位置的变量值。**CompositionLocal** 的命名约定是使用前缀"Local",后跟所提供变量的名称或类型。这样,composition 的本地 context 就存储在 LocalContext 属性中。

使用 LocalContext 属性,获取一个 **Context**。然后,实现 **OrderButton** 的 **onClick** lambda 来显示 Toast 消息。因为 **CompositionLocal** 提供的是变量的当前值,所以它们只能在 composition 内部读取。这意味着必须在 click 监听器之外获取 context,因为 click 监听器无法访问 composition 层次结构,见程序清单 29-18。

程序清单 29-18　在 composable 内部使用 Context(PizzaBuilderScreen. kt)

```
...
@Composable
private fun OrderButton(
    pizza: Pizza,
    modifier: Modifier = Modifier
) {
    val context = LocalContext.current
    Button(
        modifier = modifier,
        onClick = {
            // TODO
            Toast.makeText(context, R.string.order_placed_toast, Toast.LENGTH_LONG)
                .show()
        }
    ) {
        val currencyFormatter = remember { NumberFormat.getCurrencyInstance() }
        val price = currencyFormatter.format(pizza.price)
```

```
        Text(text = stringResource(R.string.place_order_button, price))
    }
}
```

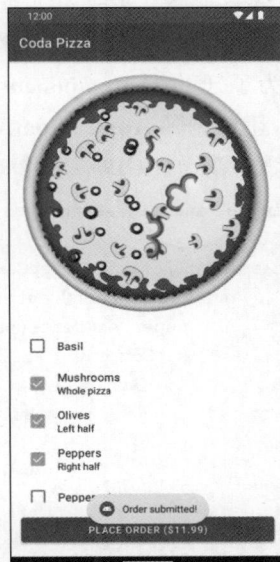

运行 **Coda Pizza** 并按下 PLACE ORDER 按钮，这时，在靠近屏幕底部的地方应该看到一个 toast 消息，上面写着"Order submittedi（订单已提交！）"，如图 29-14 所示。

CompositionLocal 是一种获取 composition 信息的很方便的方法。许多 **CompositionLocal** 都是预定义的，如果需要，它们随时可用。其中一些值，如主题值，可以让学习者很轻松地自定义 UI 层次结构的某一部分。同时，在 composition 层次结构中的其他 **CompositionLocal** 的值不会受影响，随时可以提供有关 composition 自身的信息。

使用内置的 **CompositionLocal** 可以访问各种值，包括托管 composition 的组件的生命周期、剪贴板和显示器的大小。因为 **CompositionLocal** 是由 Compose 自身跟踪的，所以访问所有这些值时无须声明新的参数。这种灵活性使 **CompositionLocal** 成为存储需要在整个 UI 中偶尔访问的信息的绝佳选择。

如果需要，也可以定义自己的 **CompositionLocal**。在 **Coda Pizza** 应用中没这个必要，如果想了解更多关于自定义 **CompositionLocal** 的信息，请参阅本章后面 29.7 节"深入学习：创建自己的 Composition"的内容。

图 29-14　**Coda Pizza** 的 toast 消息

29.5　删除 AppCompat

Coda Pizza 应用现在可以全面投入运行了，但展望未来，还要做出一个改变。目前构建的每个应用都依赖于几个 Jetpack 库，其中最基本的是 AppCompat 库。

AppCompat 向后移植了许多重要的 UI 行为，以确保 Android 版本之间的一致性。它充当许多 Jetpack 库的构建块，包括 ConstraintLayout 和 Material Design Components。它还提供了许多学习者曾使用过的工具，包括 Fragment。

尽管这些组件在构建应用中很重要，但这些依赖项是为框架 UI 工具包设计的。Compose 不依赖于 AppCompat；它重新创建了如此多的 API，以至于 AppCompat 没有为框架视图的应用提供等同的价值。事实上，如果 UI 仅使用了 Compose，那么 AppCompat 可以说没有提供任何价值。

但是 AppCompat 仍然存在于应用中，增加了应用的大小，在项目构建时添加了更多要下载的依赖项。可以从项目中删除 AppCompat 来回收这些资源，并完全放弃框架视图。

但是不要直接跳到 build.gradle 文件去删除依赖项，有一些对 AppCompat 的引用必须先删除。

需要删除的第一个对 AppCompat 的引用在 **MainActivity** 中。**MainActivity** 是从 **AppCompatActivity** 扩展而来，它遵循所有使用框架 UI 工具包的应用建议。除将行为反向移植到旧版本的 Android 之外，**AppCompatActivity** 还提供了 ViewModel 等 Jetpack 库所需的 hook。

如果将 **AppCompatActivity** 替换为平台提供的 **Activity** 类，则无法使用其他几个 Jetpack 库，这并不理想；相反，可以使用 **ComponentActivity**，它位于基本 **Activity** 类和完整 **AppCompatActivity** 类之间的

中间位置。

ComponentActivity 位于 AppCompat 之外,它提供了 hook 方法以便 AndroidX Lifecycle 库和 ViewModel 等需要深入访问 activity 的库可以执行它们需要执行的操作。使用 **ComponentActivity** 可以使这些库继续工作,同时消除对 AppCompat 库的依赖。

为了迁移到 **ComponentActivity**,要更新 **MainActivity** 类,将它更改为扩展自 **ComponentActivity**。此外,还要删除 **AppCompatActivity** 的导入语句,见程序清单 29-19。

程序清单 29-19 移除 AppCompatActivity(MainActivity. kt)

```
import androidx.appcompat.app.AppCompatActivity
...
class MainActivity :AppCompatActivity() ComponentActivity() {
    override fun onCreate(savedInstanceState: Bundle?) {
        super.onCreate(savedInstanceState)
        setContent {
            AppTheme {
                PizzaBuilderScreen()
            }
        }
    }
}
```

AppCompat 的最后一个在项目中使用的地方是为 **Coda Pizza** 应用指定的主题。若要删除这个引用,需要更改应用主题的 Theme. CodaPizza。

AppCompat 主题为平台提供了许多自定义设置的内置主题,以确保应用外观的一致性,并为视图提供了新功能。但这些好处只适用于框架视图,而在 **Coda Pizza** 应用中没有这些框架视图。

由于这些自定义主题是不必要的,所以可以安全地删除对 Theme. AppCompat 的引用,将其替换为平台附带的 Theme. Material 的引用。尽管不同版本的主题外观可能存在差异,但主题中的任何内容都不会影响到 Compose UI,版本差异可以忽略不计,见程序清单 29-20。

程序清单 29-20 使用平台附带的主题(themes. xml)

```
< resources xmlns:tools = "http://schemas.android.com/tools">
    <!-- Base application theme. -->
    < style name = "Theme.CodaPizza" parent = "Theme.AppCompat.Light.NoActionBar">
    < style name = "Theme.CodaPizza" parent = "android:Theme.Material.NoActionBar">
    </style>
</resources >
```

此时,**Coda Pizza** 应用不再引用 AppCompat 库中的任何内容。要确认这一点,可以使用组合键"Ctrl＋Shift＋F"(macOS 系统中使用组合键"Command＋Shift＋F")打开 Find in Files 对话框。在对话框中输入 appcompat,在项目中的每个文件中搜索该关键词,如图 29-15 所示。

在 Gradle 构建文件中找到一个,但在 Kotlin 文件中找不到了。如果在查询结果中看到 Kotlin 文件里有命中,请仔细检查这些文件中的代码是否与本书中的代码完全匹配,并看看是否完全删除了对 AppCompat 的引用。如果 Android Studio 没有自动删除项目中的一些延迟导入语句,学习者可能还需要手动删除它们。

在清除了对 AppCompat 的所有引用后,最后一步是从项目中删除这个依赖项。在删除 AppCompat 的依赖项时,还要删除 ConstraintLayout 的依赖项,该依赖项是使用空白项目模板自动添加的,见程序清单 29-21。

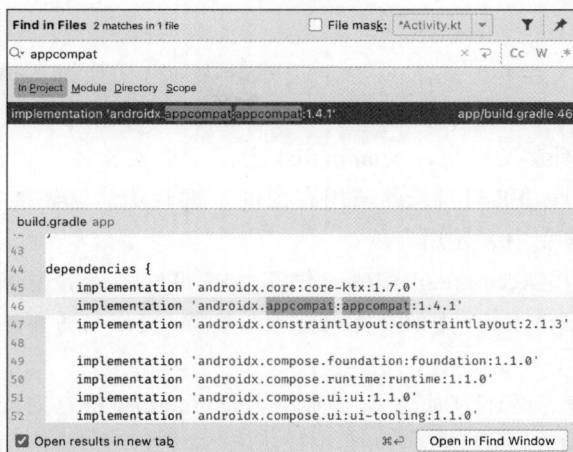

图 29-15　搜索 **appcompat**

程序清单 29-21　删除 AppCompat 依赖项（app/build. gradle）

```
...
dependencies {
    implementation 'androidx.core:core‒ktx:1.7.0'
    implementation 'androidx.appcompat:appcompat:1.4.1'
    implementation 'androidx.constraintlayout:constraintlayout:2.1.3'
    ...
}
```

同步更改，然后最后一次运行 **Coda Pizza** 应用。它的表现应该和以前完全一样，但现在，Android Studio 可以更快地构建项目，应用大小也会变得更小。

尽管删除对 AppCompat 依赖的好处不是很显著，但这一变化标志着 Jetpack Compose 推动的重大范式转变的开始。在 Jetpack Compose 的支持下，之前许多熟悉的工具不再是必需的，像 **RecyclerView** 和 **Fragment** 这样的组件以前是复杂 Android 应用的主要开发工具，但在 Compose 中不需要它们了。

Jetpack Compose 招人喜欢，是因为它在 Android 应用构建 UI 的易用性和有效性。目前只触及了 Jetpack Compose 的表面，学习者可在自己后续的应用中进行深度实验。作为 Android 开发人员，肯定会遇到并创建许多框架视图，因为十多年来，它们一直是构建 UI 的唯一方法。但随着 Compose 技术在 Android 开发领域的兴起，框架 UI 会越来越少。

29.6　深入学习：Accompanist

Jetpack Compose 很稳定，但仍处于早期流行阶段。对于大多数应用来说，在 **Coda Pizza** 应用中使用的 Compose 依赖项提供了构建完美 UI 所需的所有组件和 API。不过，对于某些应用来说，Compose 库并没有完全具备所期望的所有功能。

例如，Jetpack Compose 1.1 版没有提供一种内置的方式来更改状态栏或导航栏的颜色，无法向 **Composable** 请求权限，或让 UI 实现显示的平滑过渡。但不用担心，除了主流的 Compose API，Google 还提供了一组组件库来实现这些功能。

Accompanist 库是一组不断发展的库，提供了尚未内置于主流 Compose 依赖项中的功能。它们为开发人员提供了一种在 Compose 应用中快速访问这些功能的方法，绝大多数 **Accompanist** 库的目标是成为官方标准库的一部分。

例如，**Accompanist** 之前支持在 Compose 中使用 **Coil** 来加载图像，但该功能已移植到 **Coil** 内部了。通过这种方式，Compose 团队可以更有效地设计和试验这些 API。

由于 **Accompanist** 的不断发展变化，**Accompanist** 更像是个实验库。无论如何，鼓励学习者了解一下 **Accompanist**，看看它的哪些功能对自身的应用有帮助。这些功能已经准备就绪，尽管被认为是一种试验性质，但仍可以在生产应用中去使用。

如果学习者确定选择使用 **Accompanist**，请记住其 API 可能会随着时间的推移而不断变化。进入官方 Compose 依赖项的 **Accompanist** 中的功能最终会被删除（变成官方标准库），这要求学习者在应用中必须进行更新。

现在说 Compose 的未来怎样还为时过早，但似乎 **Accompanist** 将是支持 Compose 实现更多功能的有力工具。有关 **Accompanist** 的更多信息，包括其最新版本以及可以提供的功能，请参阅官方文档，网址为 https://www.google.github.io/accompanist。

29.7 深入学习：创建自己的 Composition

在本章，学习了几个内置的 **CompositionLocal**，并使用 LocalContext 在 **Composable** 中获取 Context。如果需要，还可以定义自己的 **CompositionLocal**。

当在不引入额外参数的情况下为 **Composable** 对象提供对新值的访问时，声明 **CompositionLocal** 特别有用。当所提供的信息适用于许多 **Composable** 的内容，并且可以在 composition 层次结构的整区中共享时，这种方法效果最好。就像全局变量一样，如果随意使用 **CompositionLocal** 可能会很危险。如果一个值只能用于一个 **Composable**，建议坚持使用参数。

假设应用需要跟踪分析，查看用户最依赖的功能，可以创建一个名为 **AnalyticsManager** 的类来自己实现分析日志记录。但可能许多 composable 都需要报告分析，并且不想通过一层又一层的 composable 来传递 **AnalyticsManager** 的实例，这时 **CompositionLocal** 就有用武之地了。

使用 **CompositionLocal** 需要两个步骤。首先，需要定义 **CompositionLocal**。其次，需要在 UI 层次结构中设置 **CompositionLocal** 的值。

CompositionLocal 是通过创建 **CompositionLocal** 类型的公共文件级属性来定义的，例如 LocalAnalyticsManager。这个值基本上充当了要获取的相应值的 key，可以使用 compositionLocalOf() 函数为这个属性指定值。

compositionLocalOf() 函数利用 lambda 表达式为 **CompositionLocal** 提供默认值。对大多数 **CompositionLocal** 来说，包括假设的 LocalAnalyticsManager，都没有默认值，必须始终在 composition 自身中显式的设置一个值。如果没有设置，可以简单地抛出一个异常，提示 **CompositionLocal** 在读取之前没有设置。

```
val LocalAnalyticsManager = compositionLocalOf < AnalyticsManager > {
    error("AnalyticsManager not set")
}
```

定义好 **CompositionLocal** 后，就可以在运行时指定它的值，可以使用 **CompositionLocalProvider** **Composable** 来完成此操作。**CompositionLocalProvider** 接受一组 **CompositionLocal**，以及每个 **CompositionLocal** 要指定的值。当 component 请求 **Provider** 中的某个 **CompositionLocal** 时，将返回指定的值。

```
@Composable
fun PizzaBuilderScreen(
    analyticsManager: AnalyticsManager,
    modifier: Modifier = Modifier
) {
    CompositionLocalProvider(
        LocalAnalyticsManager provides analyticsManager
    ) {
        Scaffold(
            modifier = modifier,
            ...
        )
    }
}
```

学习者可能会问："好吧，但 **PizzaBuilderScreen** 是如何获得 analyticsManager 的？"这个问题有几个答案，学习者必须自己在代码中决定如何回答这个问题。如果 **AnalyticsManager** 易于创建，可以直接在 **PizzaBuilderScreen** 中实例化它。

或者，可以在应用的其他地方创建这个值（可能是作为一个单例），并将它作为一个参数传递给 composition 层次结构。两种方法都有效，由学习者自己来决定像 analyticsManager 这样的依赖项应该如何通过代码来处理。

有了 **CompositionLocal** 及它的 provider，LocalAnalyticsManager 就可以使用了。要获得 AnalyticsManager，可在 **Composable** 函数内调用 LocalAnalyticsMnager.current。Compose 运行时将查看 composition 层次结构，为该值找到合适的 provider。一旦找到 provider，CompositionLocal 将返回设置的值。

如果找到多个 provider，将选择层次结构中最近的父级的 provider，并使用其返回值。如果找不到 provider，就提供一个 CompositionLocal 的默认值（由 **compositionLocalOf**() 指定）。

以这种方式存储值可以很容易地访问整个 composition 层次结构，但建议谨慎使用 **CompositionLocal**，它们更适合访问普通或常用的依赖项。但是，如果将应用状态保持在 **CompositionLocal** 中，可能会会有麻烦，因为这会使学习者很难准确地跟踪值的来源。

29.8 挑战练习：Animation

Jetpack Compose 提供了许多动画 API，可以为 UI 增添活力。在网站 developer.android.com/jetpack/compose/animation 上可以找到完整的动画 API 列表。列表页面上也有一些提示，可以帮助学习者决定使用哪种函数来实现某种类型的动画。

这个挑战的任务是，将动画融入 UI，为 **Coda Pizza** 应用增添一些活力。目前在 **Coda Pizza** 应用中添加配料会导致披萨的预览突然发生变化。通过添加动画，在配料抹在披萨上时，使这种预览变化更加的优雅（提示：试一下使用 **Crossfadecomposable**）。

再加一点挑战，在下单时增加一些兴奋感。当用户按下 PLACE ORDER 按钮时，让披萨预览旋转一圈。

上述挑战需要对代码进行一些修改，包括使用新的 lambda 参数重构 **OrderButton**，以便在下订单时调用。还需要更新 **ToppingsList compositable**，以接收有关披萨预览旋转的信息。披萨预览可以使用 **Modifier.rotate**（**Float**）modifier 进行旋转。有几个动画 API 可以驱动这个动画，但建议使用 **animateFloatAsState** 或 **Animatable**。